高等院校工程造价
与管理专业"十二五"
规划教材

建筑工程定额与清单计价
第二版

唐明怡 石志锋 编著

中国水利水电出版社
www.waterpub.com.cn

内 容 提 要

本书在第一版的基础上，根据最新《建设工程工程量清单计价规范》和新版费用定额对第一版内容进行了全面修订，有意识地增补了一些例题，并将一些规定进行重新编排，使本书结构更加清晰。对于造价人员不易掌握的措施项目费中的内容，采用了表格的形式加以表达，更加直观易懂。

本书共 14 章，主要内容包括：定额原理，施工定额、预算定额、费用定额的说明，建筑面积工程量计算，分部分项工程费用、装饰工程费用、措施项目费用的定额计价及清单计价等。

本书既可作为普通高等院校建筑工程类专业工程造价类课程教材，也可作为成教、高职、电大、职大、函大、自考及培训班教学用书，同时可供相关从业人员参考。

图书在版编目（CIP）数据

建筑工程定额与清单计价/唐明怡，石志锋编著
. —2 版 . —北京：中国水利水电出版社，2011.1（2015.8 重印）
高等院校工程造价与管理专业"十二五"教材
ISBN 978 - 7 - 5084 - 8095 - 4

Ⅰ.①建… Ⅱ.①唐…②石… Ⅲ.①建筑经济定额
-高等学校-教材②建筑工程-工程造价-高等学校-教材 Ⅳ.①TU723.3

中国版本图书馆 CIP 数据核字（2011）第 007037 号

书 名	高等院校工程造价与管理专业"十二五"规划教材 **建筑工程定额与清单计价 第二版**
作 者	唐明怡 石志锋 编著
出版发行	中国水利水电出版社 （北京市海淀区玉渊潭南路 1 号 D 座 100038） 网址：www. waterpub. com. cn E - mail：sales@waterpub. com. cn 电话：（010）68367658（发行部）
经 售	北京科水图书销售中心（零售） 电话：（010）88383994、63202643、68545874 全国各地新华书店和相关出版物销售网点
排 版	中国水利水电出版社微机排版中心
印 刷	北京瑞斯通印务发展有限公司
规 格	184mm×260mm 16 开本 20.5 印张 486 千字
版 次	2006 年 1 月第 1 版 2011 年 1 月第 2 版 2015 年 8 月第 13 次印刷
印 数	47001—51000 册
定 价	**36.00 元**

第 二 版 前 言

随着招标投标法的实施和加入 WTO 对建设工程造价计算市场化的推进，我国的工程造价正快速向着国际惯例靠拢。为了推进工程造价的市场化，国家在"03 计价规范"的基础上于 2008 年 12 月 1 日发布了《建设工程工程量清单计价规范》（GB 50500—2008），新的计价方法是和招标投标制度以及计价市场化相适应的。为了能够让造价人员尽快掌握"08 计价规范"和《建筑工程定额与清单计价》这门课程，编者在参考了大量文献资料的基础上，编写了本书。

本书在编写过程中，力求浅显易懂，既注重了基本理论的学习，又注意了理论的实际应用，将基础理论与实际应用相结合，为了能够让大家尽快掌握工程造价的计算方法，本书编写了大量的例题，详细介绍了工程量计算规则和投标报价的应用要点，几乎每一条理论都有对应的例题对其进行进一步的阐述，希望初学者能够通过学习本书尽快熟悉和应用《建设工程工程量清单计价规范》和《江苏省建筑与装饰工程计价表》（2004 年）。

本书第一版于 2006 年 1 月出版以来，得到大中专院校、培训机构的广泛采用，受到了广大读者的喜爱。在总结经验和吸纳新知识的基础上，编者对原书进行了修订。

本次修订的原则是保持了第一版的特色、风格和基本结构，增加和补充了新内容，并对一些内容作了调整，以适应目前快速发展的计价改革的要求。本书主要修订了以下内容：

（1）按照 2008 年 12 月 1 日发布的《建设工程工程量清单计价规范》（GB 50500—2008）对本书进行了调整。

（2）按照 03G101 系列规范对本书中钢筋计算部分进行了调整。

（3）按照《建筑工程建筑面积计算规范》（GB/T 50353—2005）重新调整了建筑面积的计算。

（4）按照《江苏省建设工程费用定额》（2009 年）调整了计价表计价的费用计算。

（5）按照苏建价站［2006］8 号、苏建招办［2006］5 号、苏建价

[2005] 349 号文重新调整了现场安全文明施工措施费的计算。

（6）按照苏建价 [2010] 494 号文重新调整了人工工日单价。

（7）按照最新的规定对第一版图书中的内容进行了修订。

（8）为了让读者能更清楚地理解计价方法，在第一版的基础上又增补了一些例题。

（9）将第一版收录的规则、说明进行重新编辑，除了在逻辑上更加清晰之外，又采用了表格的直观形式加以表达，尤其是对造价人员感觉难以把握的措施项目费中的内容。

本书第 1~4、14 章由江苏省节能工程设计研究院石志锋（高级工程师）编写，第 5~13 章由南京工业大学土木工程学院唐明怡老师（全国注册造价工程师、全国注册监理工程师）编写。此外，本书在编写过程中，参考了国家及江苏省颁发的预算定额、编制依据、造价辅导资料、造价信息以及各类预算书籍等，在此一并致谢！

目前适逢我国建设工程造价管理的变革时期，相关的法律、法规、规章、制度陆续出台，许多问题有待在实践中逐步解决，加之编者学术水平所限，书中难免存在不足之处，恳请读者批评指正。

为了便于读者进行自学、练习，与本书配套的《建筑工程定额与清单计价习题集》也将一并出版。

编　者

2010 年 11 月

第一版前言

建筑工程定额与预算是建筑工程类专业的一门专业课程，由于这门课程既需要以建筑识图、房屋建筑学、建筑材料及建筑施工等课程作为学习的基础，又是一门注重实际运用的课程，因此一直以来各届学生都感觉难以熟练掌握。

随着招投标法的实施和加入 WTO 对建设工程造价计算市场化的推进，我国的工程造价正快速向国际惯例靠拢。为了推进工程造价的市场化，国家在 2003 年 7 月 1 日推出了《建设工程工程量清单计价规范》，新的计价方法是与招标投标制度以及计价市场化相适应的，但由于新的计价理念和以往有很大的不同，使得一些从事计价工作的人员也感觉难以把握。为了能够让造价人员尽快掌握这门课程，作者在参考了大量文献的基础上，编写了本书。

本书在编写过程中，力求将基础理论和实际应用相结合。为了让大家能够尽快掌握工程造价的计算方法，本书还收入了大量的例题，详细介绍了工程量计算规则和投标报价的应用要点，希望初学者能够通过学习本书尽快熟悉和应用《建设工程工程量清单计价规范》和《江苏省建筑与装饰工程计价表》（2004 年）。

本书第 1、2、3、4、13、14 章由江苏省节能工程设计研究院石志锋编写，第 5、6、7、8、9、10、11、12 章由南京工业大学土木工程学院唐明怡老师（全国注册造价工程师）编写。此外，本书在编写过程中，参考了国家和江苏省颁发的预算定额、编制依据、造价辅导资料、造价信息和各类预算书籍等，在此一并致谢！

由于编写时间仓促和水平有限，书中难免存在缺点和错误，恳请读者批评，以便再版时修改完善。

为了便于读者自学和练习，与本教材配套的《建筑工程定额与预算习题集》亦同时出版。

编 者
2005 年 11 月

目　　录

第1章 建筑工程定额与预算概述

建筑业是国民经济中一个独立的生产部门，建筑工程是建筑业生产的产品。产品需要计算价格，预算就是对建筑工程这种产品在施工之前预先计算价格。

直接准确确定一个还不存在的建筑工程的价格是有很大难度的。为了计价，我们需要研究生产产品的过程（建筑施工过程）。通过对建筑产品的生产过程的研究，我们发现：任何一种建筑产品的生产总是消耗了一定的人工、材料和机械。因此，我们转而研究生产产品所消耗的人工、材料和机械，通过确定生产产品直接消耗掉的人工、材料和机械的数量，计算出对应的人工费、材料费和机械费，进而在人工费、材料费和机械费的基础上组成产品的价格。

定额是用来规定生产产品的人工、材料和机械的消耗量的。它反映的是生产关系和生产过程的规律，即用现代的科学技术方法找出建筑产品生产与劳动消耗间的数量关系，并且联系生产关系和上层建筑的影响，以寻求最大地节约劳动消耗和提高劳动生产率的途径。

建筑工程定额与预算的含义是使用定额对建筑产品预先进行计价。

1.1 工 程 建 设 概 述

1.1.1 工程建设的含义

工程建设是人们使用各种施工机具、机械设备对各种建筑材料等进行建造和安装，使之成为固定资产的过程，包括固定资产的更新、改建、扩建和新建。与此相关的工作，如征用土地、勘察设计等也属于工程建设的内容。

所谓固定资产，是指在生产和消费领域中实际发挥效能并长期使用着的劳动资料和消费资料，是使用年限在一年以上，且单位价值在规定限额以上的一种物质财富。

1.1.2 工程建设项目的划分

工程建设项目是一个有机的整体，为了便于建设项目的科学管理和经济核算，将建设项目由大到小划分为建设项目、单项工程、单位工程、分部工程、分项工程。

1. 建设项目

建设项目是指按一个总体设计进行施工的一个或几个单项工程的总体。建设项目在行政上具有独立的组织形式，经济上实行独立核算。如新建一个工厂、一所学校、一个住宅小区等都可称为一个建设项目。一个建设项目一般由若干个单项工程组成，特殊情况下也可以只包含一个单项工程。

2. 单项工程

单项工程又称为工程项目，是指具有独立的设计文件，竣工后可以独立发挥生产设计能力或效益的工程。一个建设项目如果只包括一个单项工程，这个单项工程也可以称为建设项目。如××小区中的01幢住宅。每一个单项工程由若干单位工程组成。

　　3. 单位工程

　　单位工程是指不能独立发挥生产能力或效益但具有独立设计的施工图，可以独立组织施工的工程。如01幢住宅中的土建工程。一个单位工程由若干分部工程所组成。

　　4. 分部工程

　　分部工程是单位工程的组成部分，它是按照单位工程的部位或工种划分的部分工程。如土建工程中的土石方工程、打桩及基础垫层、砌筑工程、钢筋工程、混凝土工程、金属结构工程、构件运输及安装工程、木结构工程等。一个分部工程由若干分项工程所组成。

　　5. 分项工程

　　分项工程是建筑工程计价的基本构成单元，通过较为简单的施工过程就能完成。如土方工程中的人工挖地槽一类干土深度1.5m以内。

1.1.3　工程建设项目的内容

　　工程建设项目一般包括以下4个部分的内容：建筑工程，设备安装工程，设备、工器具及生产家具的购置，其他工程建设工作。

　　1. 建筑工程

　　建筑工程包括：永久性和临时性的建筑物、构筑物的土建、装饰、采暖、通风、给排水、照明工程；动力、电信导线的敷设工程；设备基础、工业炉砌筑、厂区竖向布置工程；水利工程和其他特殊工程等。

　　2. 设备安装工程

　　设备安装工程包括：动力、电信、起重、运输、医疗、实验等设备的装配、安装工程；附属于被安装设备的管线敷设、金属支架、梯台和有关保温、油漆、测试、试车等工作。

　　3. 设备、工器具及生产家具的购置

　　设备、工器具及生产家具的购置指车间、实验室等所应配备的，符合固定资产条件的各种工具、器具、仪器及生产家具的购置。

　　4. 其他工程建设工作

　　其他工程建设工作是指在上述内容之外的，在工程建设程序中所发生的工作。如征用土地、拆迁安置、勘察设计、建设单位日常管理、生产职工培训等。

1.2　工 程 建 设 定 额 概 述

　　工程建设定额是建筑产品生产中需消耗的人力、物力与资金的数量规定，是在正常的施工条件下，为完成一定量的合格产品所规定的消耗标准。它反映了一定社会生产力条件下建筑行业的生产与管理水平。

1.2.1　定额的产生和形成

　　定额是客观存在的，但人们对这种数量关系的认识与其存在和发展并不是同步的，而是随着生产力的发展、生产经验的积累和人类自身认识能力的提高，随着社会生产管理的客观需要由自发到自觉，又由自觉到定额制定与管理这样一个逐步深化和完善的过程。

在人类社会发展的初期，以自给自足为特征的自然经济，其目的在于满足生产者家庭或经济单位（如原始氏族、奴隶主或封建主）的消费需要，生产者是分散的、孤立的，生产规模小，社会分工不发达，这使得个体生产者并不需要什么定额，他们往往凭借个人的经验积累进行生产。随着简单商品经济的发展，以交换为目的而进行的商品生产日益扩大，生产方式也发生了变化，出现了作坊和手工场。此时，作坊主或工场的工头依据他们自己的经验指挥和监督他人劳动和物资消耗。但这些劳动和物资消耗同样是依据个人经验而建立，并不能科学地反映生产与生产消耗之间的数量关系。这一时期是定额产生的萌芽阶段，是从自发走向自觉形成定额和定额管理雏形的阶段。

19 世纪末 20 世纪初，随着科学管理理论的产生和发展，定额和定额管理才由自觉管理阶段走向了科学制定和科学管理的阶段。

国际上公认最早提出定额制度的是美国工程师弗·温·泰勒（1856—1915 年），当时，美国正值工业的高速发展阶段，但由于旧的管理方法，工人的劳动生产率低下，远远落后于当时科学技术成就所应当达到的水平。在这种情况下，泰勒提出了工时定额，以提高工人的劳动生产率。通俗地说，就是泰勒对于各种工作制定一个定额（标准），达到就可以获得基本工资，超过就可以获得超额工资，而达不到就可能无法获得基本工资。这种模式实际上就是我们目前在生产企业中广为采用的计件工资制。例如，泰勒先制定某一工种的定额——一天需生产 10 件产品，再根据当地社会工资平均水平确定日工资水平——80 元/天，从而确定生产每件产品的人工工资标准——8 元/件。这样就可以采用按件计价的模式，促进工人为了获得高额工资而努力提高劳动生产率。

为了降低工时消耗，从 1880 年开始，泰勒进行了各种试验，努力把当时科学技术的最新成就应用于企业管理。他着重从工人的操作方法上研究工时的科学利用，把工作时间分成若干组成部分（工序），并利用秒表来记录工人每一动作及其消耗的时间，制定出工时定额作为衡量工人工作效率的尺度。他还十分重视研究工人的操作方法，对工人在劳动中的操作和动作，逐一记录分析研究，把各种最经济、最有效的动作集中起来，制定出最节约工作时间的所谓标准操作方法，并据以制定更高的工时定额。为了降低工时消耗，使工人完成这些较高的工时定额，泰勒还对工具和设备进行了研究，使工人使用的工具、设备、材料标准化。

泰勒通过研究，提出了一整套系统的标准的科学管理方法，形成了著名的"泰勒制"。"泰勒制"的核心可以归纳为：制定科学的工时定额，实行标准的操作方法，强化和协调职能管理以及有差别的计件工资。"泰勒制"为资本主义企业管理带来了根本性变革，对提高劳动效率作出了卓越的科学贡献。

1.2.2　我国建筑工程定额的发展过程

虽然国际上公认是由美国工程师泰勒最早提出的定额制度，但实际上我国在很早以前就存在着定额的制度，只不过没有明确定额的形式而已。在我国古代工程中，一直是很重视工料消耗计算的，并形成了许多则例。这些则例可以看做是工料定额的原始形态。我国在北宋时期就由李诫编写了《营造法式》，清朝时工部编写了整套的《工程做法则例》。这些著作对工程的工料消耗量做了较为详细的描述，可以认为是我国定额的前身。由于消耗量存在较为稳定的性质，因此，这些著作中的很多消耗量标准在现今的《仿古建筑及园林定额》中仍具有重要的参考价值，这些著作也仍然是《仿古建筑及园林定额》的重要编制依据。

民国期间，由于国家一直处于混乱之中，定额在国民经济中未能发挥其重要作用。新中国成立后，党和国家对建立和加强劳动定额工作十分重视。

我国建筑工程劳动定额工作从无到有，从不健全到逐步健全，经历了一个分散—集中—分散—集中统一领导与分级管理相结合的发展过程。大体上可划分为如下几个阶段。

1. 国民经济恢复时期（1949～1952年）

我国东北地区开展劳动定额工作较早。从1950年开始，该地区铁路、煤炭、纺织等部门，大部分实行了劳动定额。建筑部门1951年制定了《东北地区统一劳动定额》，1952年前后，华东、华北等地也相继编制劳动定额或工料消耗定额。这一时期是我国劳动定额工作创立阶段，主要是培训干部，建立定额机构，开展劳动定额工作试点。

随着建筑企业进行民主改革和生产改革，在分配上也逐步改革了旧的工资制度，出现了计件工资制。这对鼓励工人学习技术，提高劳动生产率起到了积极作用。

2. 第一个五年计划时期（1953～1957年）

随着大规模社会主义经济建设的开始，为了加强企业管理，合理安排劳动力，推行了计件工资制，劳动定额工作得到了迅速发展。全国大部分省（市）国营建筑企业都建立了定额管理机构，建筑工程部在上海、天津两地设立了干部学校，培训了大批劳动定额干部，充实到基层。当时，由于各地区所制定的劳动定额水平高低不一，项目粗细不同，工人苦乐不均，不利于工人在地区之间调动，给企业管理带来很多问题。因此，各地要求由中央统一管理。

1954年，大区机构撤销后，为适应生产管理需要，劳动部、建筑工程部于1955年联合主持编制了《全国统一劳动定额》，编有项目4964个。这是建筑业第一次编制的全国统一定额，标志着建筑工程劳动定额集中管理的开始。1956年，建筑工程部对1955年统一定额进行了修订，增加了材料消耗和机械台班定额部分，编制了《1956年全国统一定额》，定额共有5册49个分册，项目增加到8998个。到1957年底，执行劳动定额的计件工人已占生产工人总数的70％。这个时期，定额在促进我国经济发展以及施工管理方面取得了很大的成绩。

3. 从"大跃进"到"文化大革命"前的时期（1958～1966年）

第二个五年计划（1958～1966年），这一时期的头两年，撤销了一切定额机构。到1960年建筑安装企业实行计件工资的工人占生产工人的比重不到5％。

为了解决建筑工程劳动定额存在的问题，建筑工程部于1962年正式修订颁发了《全国建筑安装工程统一劳动定额》，1963～1964年，全国建筑安装企业的各项经济指标达到新中国成立以来最好的水平，劳动定额的作用进一步显现出来。

1966年，为适应用定额工日计算劳动生产率的需要，建筑工程部修订颁发了《1966年全国统一劳动定额》。这套定额采取细算粗编的方法，扩大工作内容，项目比1962年减少了2/3，水平比1962年有所提高。这套定额才开始执行，就因受"文化大革命"的冲击而中断了。

4. "文化大革命"时期（1967～1976年）

"文化大革命"期间，定额机构被撤销，定额资料大部分被焚毁，造成了劳动无定额，效率无考核，生产不用管，职工的报酬与劳动贡献脱节，企业的经济效益与生产经营成果无关，阻碍了生产发展。建筑企业的生产同整个国民经济一样遭到了极大破坏，导致全行业性的亏损。这个时期是劳动定额工作遭到破坏的时间最长、损失最大的时期。

5. 定额稳步发展时期（1977 年～至今）

这个时期，建筑业劳动定额工作得到了迅速恢复和发展。1979 年，国家建筑工程总局再次修订颁发了《全国建筑安装工程统一劳动定额》，明确统一劳动定额管理体制为"统一领导、分级管理"。1985 年，国家城乡建设环境保护部修订颁发了《全国建筑安装工程统一劳动定额》。1995 年，国家建设部又颁发了《全国统一建筑工程基础定额》（以下简称《基础定额》）。

《基础定额》是以保证工程质量为前提，完成按规定计量单位计量的分项工程的基本消耗量标准。在《基础定额》中，按照量、价分离，工程实体性消耗与措施性消耗分离的原则来确定定额的表现形式。《基础定额》在项目划分、计量单位、工程量计算规则等方面统一的基础上实现了消耗量的基本统一，是编制全国统一定额、专业统一定额和地区统一定额的基础，是国家对工程造价计价消耗量实施宏观调控的基础，对建立全国统一建筑市场、规范市场行为、促进和保护平等竞争起到了积极作用。

1.2.3　定额与劳动生产率

定额是一本规定了生产某种合格产品的人工、材料、机械消耗量的一本书，而人工、机械的消耗量与工人及机械的效率有关，对生产同一种产品而言，效率高的比效率低的花费的时间少。定额是对生产各种产品规定其消耗量标准的一本书。换言之，定额是规定了生产各种产品的劳动生产率标准的一本书。随着社会的进步，劳动生产率也会变化，那么定额也应该变化，因此定额不会是一成不变的，它会随着劳动生产率的变化而变化。劳动生产率的变化是渐进的，是在原来基础上变化的，因此，定额也就在原来的基础上不断地改版。

1.2.4　工程建设定额的种类

1. 按主编单位和管理权限分类

工程建设定额按主编单位和管理权限可分类如下：

$$
工程建设定额
\begin{cases}
全国统一定额 \\
地区统一定额 \\
行业统一定额 \\
企业定额 \\
补充定额
\end{cases}
$$

（1）全国统一定额：由国家有关主管部门综合全国工程建设中技术和施工组织管理的情况编制。是根据全国范围内社会平均劳动生产率的标准而制定的，在全国都具有参考价值。

（2）地区统一定额：我国幅员辽阔、人口众多，各地区的劳动生产率发展极不平衡。对于具体的地区而言，全国统一定额的针对性不强。因此，各地区在全国统一定额的基础上，制定自己的地区统一定额。地区统一定额的特点是在全国统一定额的基础上结合本地区的实际劳动生产率情况而制定的，在本地区的针对性很强，但也只能在本地区内使用。例如，江苏省在 2000 年《全国统一建筑工程预算定额》的基础上制定了 2001 年《江苏省建筑工程单位估价表》；在 2003 年全国《建设工程工程量清单计价规范》发布后，江苏省发布了 2004 年《江苏省建筑与装饰工程计价表》。

（3）行业统一定额：针对各行业部门专业工程的技术特点，以及施工生产和管理水平，由行业编制的定额。一般只是在本行业和相同专业性质的范围内使用。如由中华人民共和国交通部发布的《公路工程预算定额》。

（4）企业定额：在企业内部制定的本企业的劳动生产率状况标准的定额。前面三种定额都反映的是一定范围内的社会劳动生产率的标准（社会群体标准），是公开的信息；而企业定额反映的是企业内部劳动生产率的标准（企业群体标准），属于商业秘密。企业定额在我国目前还处于萌芽状态，但在不久的将来，它将成为市场经济的主流。

（5）补充定额：定额是一本书，一旦出版就固定下来，不易更改，但社会还在不断发展变化，一些新技术、新工艺、新方法还在不断涌现，为了新技术、新工艺、新方法的出现就再版定额肯定是不现实的，那么这些新技术、新工艺、新方法又如何计价呢？就需要做补充定额，以文件或小册子的形式发布。补充定额享有与正式定额同样的待遇。江苏省于 2007 年出版的《江苏省建筑与装饰、安装、市政工程补充定额》就属于这种类型。

上述各种定额虽然适用于不同的情况和用途，但是它们是一个互相联系、有机的整体，在实际工作中配合使用。

2. 按定额反映的生产要素消耗内容分类

工程建设定额按定额反映的生产要素消耗内容可分类如下：

$$工程建设定额\begin{cases}人工消耗定额\\材料消耗定额\\机械台班消耗定额\end{cases}$$

（1）人工消耗定额（劳动定额）：是一种人工的消耗定额，又称技术定额或时间技术定额，它表示在正常施工技术条件下，完成规定计量单位合格产品所必须消耗的活劳动数量标准。

（2）材料消耗定额：表示在正常施工技术条件下，完成规定计量单位合格产品所必须消耗的一定品种规格的原材料、燃料、半成品或构件的数量标准。

（3）机械台班消耗定额：又称为机械使用定额，表示在正常施工技术条件下，完成规定计量单位合格产品所必须消耗的施工机械工作的数量标准。

3. 按定额的编制程序和用途分类

工程建设定额按定额的编制程序和用途可分类如下：

$$工程建设定额\begin{cases}施工定额\\预算定额\\概算定额\\概算指标\\投资估算指标\end{cases}$$

（1）施工定额：表示在正常施工技术条件下，以同一性质的施工过程——工序——作为研究对象，表示生产数量与生产要素消耗综合关系的定额。施工定额是施工企业为组织、指挥生产和加强管理而在企业内部使用的一种定额，属于企业定额的性质。为了适应组织生产和管理的需要，施工定额的项目划分很细，是工程建设定额中分项最细、定额子目最多的一种定额，也是工程建设定额中的基础性定额。

施工定额是为施工生产服务的，本身由人工消耗定额、材料消耗定额和机械台班消耗定额三个独立的部分组成。施工定额只有生产产品的消耗量而没有价格，反映的劳动生产率是平均先进水平，是编制预算定额的基础。

（2）预算定额：表示在正常施工技术条件下，以分项工程或结构构件为对象编制的定额。与施工定额不同，预算定额不仅有消耗量，而且有价格。从编制程序上看，预算定额是以施工定额为基础综合扩大编制的，同时它也是编制概算定额的基础。

预算定额是在编制施工图预算阶段，计算工程造价和计算工程中的人工、材料和机械需要量时使用。

（3）概算定额：表示在正常施工技术条件下，以扩大分项工程或扩大结构构件为对象，完成规定计量单位合格产品所必须消耗的人工、材料和机械的数量与资金标准。与预算定额相似的是，概算定额也是既有消耗量也有价格，但与预算定额不同的是，概算定额较概括。概算定额是编制扩大初步设计概算、确定建设项目投资额的依据。概算定额的项目划分粗细，与扩大初步设计的深度相适应，一般是在预算定额的基础上综合扩大而成的，且每一综合分项概算定额都包含了数项预算定额。

（4）概算指标：表示在正常施工技术条件下，以分部工程或单位工程为对象，完成规定计量单位合格产品所必须消耗的人工、材料和机械的数量与资金标准。为了增加概算定额的适用性，也可以建筑物或构筑物的扩大的分部工程或结构构件为对象编制，称为扩大结构定额。概算指标是概算定额的扩大与合并。

由于各种性质的建设定额所需要的人工、材料和机械数量不一样，概算指标通常按照工业建筑与民用建筑分别编制。工业建筑又按照各工业部门类别、企业大小、车间结构编制，民用建筑则按照用途性质、建筑层高、结构类别编制。

概算指标的设定与初步设计的深度相适应，一般是在概算定额和预算定额的基础上编制，比概算定额更加综合扩大。它是设计单位编制工程概算或建设单位编制年度任务计划、施工准备期间编制材料和机械设备供应计划的依据，也供国家编制年度建设计划参考。

（5）投资估算指标：表示在正常施工技术条件下，以建设项目或单项工程为对象，完成规定计量单位合格产品所必须消耗的资金标准。投资估算是在项目建议书和可行性研究阶段编制的。投资估算指标往往根据历史的预、决算资料和价格变动等资料编制，但其编制基础仍然离不开预算定额、概算定额。

上述各种定额的相互关系参见表 1-1。

表 1-1　　　　　　　　　　各种定额间的关系比较

定额分类	施工定额	预算定额	概算定额	概算指标	投资估算指标
对象	工序	分项工程	扩大的分项工程	单位工程或分部工程	建设项目或单项工程
用途	编制施工预算	编制施工图预算	编制扩大初步设计概算	编制初步设计概算	编制投资估算
项目划分	最细	细	较粗	粗	很粗
定额水平	平均先进	平均	平均	平均	平均
定额性质	生产性定额	计价性定额			

4. 地区性定额按定额专业分类

工程建设定额按定额专业可分类如下：

$$
\text{工程建设定额}
\begin{cases}
\text{建筑与装饰工程定额} \\
\text{安装工程定额} \\
\text{房屋修缮工程定额} \\
\text{市政工程定额} \\
\text{仿古建筑及园林工程定额}
\end{cases}
$$

（1）建筑与装饰工程定额：适用于一般工业与民用建筑的新建、扩建、改建工程及其单独装饰工程。

（2）安装工程定额：适用于新建、扩建项目中的机械、电气、热力设备安装、炉窑砌筑工程，静置设备与工艺金属结构制作安装工程，工业管道工程，消防及安全防范设备安装工程，给排水、采暖、燃气、通风空调工程，自动化控制仪表安装工程，刷油、防腐蚀、绝热工程。

（3）房屋修缮工程定额：适用于房屋修缮工程，电气照明、给排水、卫生器具、采暖、通风、空调等的拆除，安装、大、中维修，以及建筑面积在 300m² 以内的翻建、搭接、增层工程。不适用于新建、扩建工程，单独进行的抗震加固工程。

（4）市政工程定额：适用于城镇管辖范围内的新建、扩建及大中修市政工程，不适用于市政工程的小修保养。

（5）仿古建筑及园林工程定额：适用于新建、扩建的仿古建筑及园林绿化工程，不适用于修缮、改建和临时性工程。

1.2.5　工程建设定额的特性

1. 科学性

工程建设定额的科学性包括两重含义。一重含义是指工程建设定额和生产力发展水平相适应，反映出工程建设中生产消费的客观规律；另一重含义是指工程建设定额管理在理论、方法和手段上适应现代科学技术和信息社会发展的需要。

工程建设定额的科学性，首先表现在用科学的态度制定定额，尊重客观实际，力求定额水平合理；其次表现在制定定额的技术方法上，利用现代科学管理的成就，形成一套系统的、完整的、在实践中行之有效的方法；最后表现在定额制定和贯彻的一体化。制定是为了提供贯彻的依据，贯彻是为了实现管理的目标，也是对定额的信息反馈。

2. 系统性

工程建设定额是相对独立的系统。它是由多种定额结合而成的有机的整体。它的结构复杂、层次分明、目标明确。

工程建设定额的系统性是由工程建设的特点决定的。按照系统论的观点，工程建设就是庞大的实体系统。工程建设定额是为这个实体系统服务的。因而工程建设本身的多种类、多层次决定了以它为服务对象的工程建设定额的多种类、多层次。从整个国民经济来看，进行固定资产生产和再生产的工程建设，是一个有多项工程集合体的整体，其中包括农林水利、轻纺、机械、煤炭、电力、石油、冶金、化工、建材工业、交通运输、邮电工程，以及商业物资、科学教育文化、卫生体育、社会福利和住宅工程等。这些工程的建设又划分为建设项目、单项工程、单位工程、分部工程和分项工程；在计划和实施过程中又分为规划、可行性研究、设计、施工、竣工交付使用、投入使用后的维修等阶段。与此相适应必然形成工程建设定额的多种类、多层次。

3. 统一性

工程建设定额的统一性，主要是由国家对经济发展的有计划的宏观调控职能决定的。为了使国民经济按照既定的目标发展，就需要借助于某些标准、定额、参数等，对工程建设进行规划、组织、调节、控制。

工程建设定额的统一性按照其影响力和执行范围来看，有全国统一定额、地区统一定额和行业统一定额等；按照定额的制定、颁布和贯彻使用来看，有统一的程序、统一的原则、统一的要求和统一的用途。

我国工程建设定额的统一性与工程建设本身的巨大投入与巨大产出有关。它对国民经济的影响不仅表现在投资的总规模和全部建设项目的投资效益等方面，还表现在具体建设项目的投资数额及其投资效益方面。

因此，虽然按不同形式对定额有各种分类，但无论是建筑与装饰工程定额、安装工程定额、房屋修缮工程定额、市政工程定额，还是仿古建筑及园林工程定额，它们的基本原理与表现形式是统一的，骨架的组成也是一致的，因此了解了一类定额的组成，就能明白所有定额的组成。

4. 指导性

随着我国建设市场的不断成熟与规范，工程建设定额尤其是统一定额原来具备的法令性特点逐步弱化，转变成为对整个建设市场和具体建设产品交易的指导性。

工程建设定额的指导性的客观基础是定额的可行性。只有可行性的定额才能正确地指导客观的交易行为。工程建设定额的指导性体现在两个方面：一是工程建设定额作为国家各地区和行业颁布的指导性依据，不仅可以规范建设市场的交易行为，在具体的建设产品定价过程中也起到了相应的参考性作用，同时，统一定额还可以作为政府投资项目定价以及进行造价控制的重要依据；二是在现行的工程量清单计价方式下，体现交易双方自主定价的特点，承包商报价的主要依据是企业定额，但企业定额的编制和完善仍然离不开统一定额的指导。

5. 稳定性与时效性

定额是对劳动生产率的反映，而劳动生产率是会变化的，因此定额也应具有一定的时效性；但定额又是一定时期技术发展和管理水平的反映，因此在一段时间内又应表现出相应的稳定性。保持定额的稳定性是维护定额的指导性所必须的，更是有效地贯彻定额所必要的。如果定额失去了稳定性，那么必然造成执行中的困难与混乱，使人们感到没有必要去认真对待它，从而最终丧失定额的指导性。工程建设定额的不稳定也会给定额的编制工程带来极大的困难，也就是说，稳定性是定额存在的前提，但同时定额必定是有时效性的。

1.3　我国现行工程造价的含义及工程计价特点

1.3.1　工程造价的含义

工程造价指的是工程建造的价格。工程计价指的是计算工程造价。按照计价的范围与内容的不同，工程造价分为广义的工程造价与狭义的工程造价两种情况。

1.3.1.1　广义的工程造价

广义的工程造价是指完成一个工程建设项目固定资产部分所需费用的总和，它包括了工程建设所含 4 部分内容的费用。在造价问题上的有些论述，例如工程决算问题，工程造价管理的改革目标是要努力提高投资效益，对工程造价进行全过程、全方位管理等，基本上是建立在广义的工程造价的基础之上的。

根据建设部《关于印发〈建筑安装工程费用项目组成〉的通知》（建标〔2003〕206号），我国现行广义的工程造价的构成主要划分为设备及工器具购置费，建筑安装工程费，工程建设其他费，预备费，建设期贷款利息，固定资产投资方向调节税（根据国务院的决定，自 2000 年 1 月 1 日起新发生的投资额，暂停征收）等几项。具体构成内容如下所示：

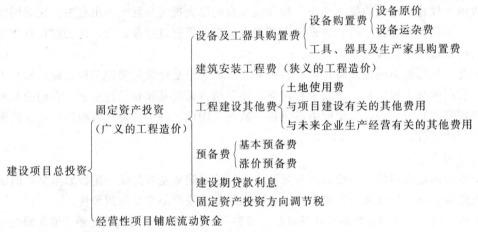

1. 设备及工器具购置费

设备及工器具购置费是由设备购置费和工具、器具及生产家具购置费组成的。

2. 建筑安装工程费

（1）建筑工程费：建筑工程费是指各类房屋建筑（包括一般建筑安装工程、室内外装饰装修、各类设备基础、室外构筑物）、道路、绿化、铁路专用线、码头、围护等工程费。

一般建筑安装工程是指建筑物（构筑物）附属的室内供水、供热、卫生、电气、燃气、通风空调、弱电设备的管道安装及线路敷设工程。

（2）设备安装工程费：设备安装工程费包括专业设备工程费和管线安装工程费。

专业设备安装工程费是指在主要生产、辅助生产、公用等单项工程中，需安装的工艺、电气、自动控制、运输、供热、制冷等设备装置和各种工艺管道安装及衬里、防腐、保温等工程费。

管线安装费是指供电、通信、自控等管线安装工程费。

3. 工程建设其他费

工程建设其他费是指除上述费用以外的，经省级以上人民政府及其授权单位批准的各类必须列入工程建设成本的费用。包括建设单位管理费、土地使用费、试验研究费、评估咨询费、勘察设计费、工程监理费、生产准备费、水增容费、供配电贴费、引进技术和进口设备其他费、施工机构迁移费、联合试运转费等。

　　工程建设其他费可分为三类。第一类为土地使用费，它包括土地征用及迁移补偿费、土地使用权出让金；第二类是与项目建设有关的其他费用，它包括建设单位管理费、勘察设计费、试验研究费等；第三类是与未来生产经营有关的其他费用，包括联合试运转费、生产准备费、办公及生产家具购置费等费用。

　　4. 预备费

　　预备费包括基本预备费和涨价预备费。

　　（1）基本预备费。基本预备费是指在初步设计及概算编制阶段难以包括的工程及其他支出发生的费用。

　　（2）涨价预备费。涨价预备费是指工程建设项目在建设期由于物价上涨而预留的费用，包括建设项目在建设期由于人工、设备、材料、施工机械价格及国家和省级政府发布的费率、利率、汇率等变化而引起工程造价变化的预测预留费用。

　　5. 建设期贷款利息

　　建设期贷款利息是指建设项目使用投资贷款，在建设期内应归还的贷款利息。

　　6. 固定资产投资方向调节税

　　固定资产投资方向调节税是指按照《中华人民共和国固定资产投资方向调节税暂行条例》规定，应交纳的固定资产投资方向调节税。

1.3.1.2　狭义的工程造价

　　狭义的工程造价是指建筑市场上发包建筑安装工程的承包价格。发包的内容有建筑工程、有安装工程，也有的是包括建筑、安装在内的、范围更广的"交钥匙"工程，但主要是指施工的承包价格，即建筑工程产品价格。在造价问题上的有些论述，例如控制量、指导价、竞争费是工程造价改革的主要方向，工程造价要求建立由市场形成价格的机制等，基本上是建立在狭义的工程造价的基础之上的。本书的主要内容是关于狭义的工程造价的。

　　与两种造价含义相对应，就产生了两种造价管理，一种是建设成本的管理，另一种是承包价格的管理。前者属于投资管理范畴，需要努力提高投资效益，是需要投资主体、建设单位具体实施，并努力提高投资效益国家对此进行政策指导和监督的管理形式；后者属于建筑市场价格管理范畴，是需要国家通过宏观调控、市场管理来求得建筑产品价格的总体合理，建筑单位、施工单位对具体项目的工程承包实施微观管理的管理形式。

1.3.1.3　经营性项目铺底流动资金

　　经营性项目铺底流动资金是指生产经营性项目为保证生产和经营正常进行，按其所需流动资金的30％作为铺底流动资金计入建设项目总概算。竣工投产后计入生产流动资金，但不构成建设项目总造价。

1.3.2　工程计价特点

　　1. 单件性计价

　　建筑工程的特点是先设计后施工。由于建筑工程的用途不同，技术水平、建筑等级和建筑标准的方面差别，以及工程所在地气候、地质、地震、水文等自然条件方面的差异，使得每一个建筑都需要不同的设计。对于采用不同设计建造的建筑，必须单独计算造价，而不能像一般产品那样按品种、规格等批量定价。这就决定了建筑工程的计价必须是单件性计价。

2. 组合性计价

建筑工程包含的内容很多，为了进行计价，首先需要将工程分解到计价的最小单元（分项工程），通过计算分项工程的价格而汇总得到分部工程价格，由分部工程价格汇总得到单位工程价格，由单位工程价格汇总得到单项工程的价格。这就是建筑工程计价的组合性特点。

3. 多次性计价

工程计价是伴随着工程建设的进程而不断进行的。对于同一个工程，为了达到控制造价的目的，在工程建设的不同时期都要进行计价。这就决定了工程计价的多次性。

工程建设程序为：项目建议书→可行性研究→初步设计→施工图设计→建设准备→建设实施→生产准备→竣工验收→交付使用。

（1）项目建议书阶段：按照有关规定编制初步投资估算（利用投资估算指标），经有关部门批准，作为拟建项目列入国家中长期计划和开展前期工作的控制造价。

（2）可行性研究阶段：按照有关规定再次编制投资估算，经有关部门批准，即为该项目国家计划控制造价。

（3）初步设计阶段：按照有关规定编制初步设计总概算（利用概算指标或概算定额），经有权部门批准，即为控制拟建项目工程造价的最高限额。

（4）施工图设计阶段：按照有关规定编制施工图预算（利用预算定额），用于核实施工图阶段造价是否超过批准的初步设计概算。招投标中，施工单位的投标价、建设单位的标底价以及中标价都属于施工图预算价。

（5）建设实施阶段：按照有关规定编制结算，结算价是在预算价的基础上考虑了工程变更因素所组成的价格，计价方式与预算基本一致。

（6）竣工验收阶段：全面汇集在工程建设过程中实际花费的全部费用，由建设单位编制竣工决算，如实体现该建设工程的实际造价。如果说结算是针对狭义的工程造价而言的话，那决算则是指广义的工程造价。

建设程序及各阶段工程造价确定示意图见图 1-1。

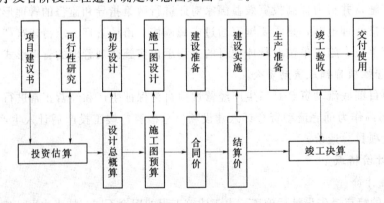

图 1-1　建设程序及各阶段工程造价确定示意图

综上所述，在工程建设的程序中，经历了估算→概算→预算→结算→决算的多次性计价。

第2章 建筑工程定额原理

如第1章所述，对产品计价是通过对生产产品所消耗的人工、材料和机械的数量进行计价进而组成产品的价格。人工、材料和机械的价格分别用人工费、材料费和机械费来表达。为了计算生产产品所直接消耗的人工费、材料费和机械费，我们将费用分成消耗量和单价两部分来考虑，即

$$人工费＝人工消耗量×人工工日单价$$

$$材料费＝材料消耗量×材料预算单价$$

$$机械费＝机械消耗量×机械台班单价$$

人工和机械消耗量的确定方法与材料消耗量的确定方法有所不同：前者是通过研究人工和机械的抽象劳动（时间）来确定其消耗量的，即对于人工和机械，在考虑其消耗量时，定额是不对其具体劳动加以区分的，区分的只是其消耗的时间；而后者则是通过研究具体的劳动来确定其消耗量的。正因如此，定额需要对人工和机械的工作时间进行研究。

2.1 工 时 研 究

2.1.1 工时研究的含义

所谓工时研究，是指在一定的标准测定条件下，确定工人工作活动所需时间总量的一套程序和方法。其目的是要确定施工的时间标准（时间定额或产量定额）。

对工人和机械的作业时间的研究，是为了把工人和机械在整个生产过程中所消耗的作业时间，根据其性质、范围和具体情况，予以科学的划分、归纳和分析，确定哪些时间属于定额时间或非定额时间，哪些时间可以计价或不能计价，进而研究具体措施，以减少或消除不能计价的时间，保证工作时间的充分利用，促进劳动生产率的提高。

为了进行工时研究，必须首先对引起工时的工作进行研究，也就是对施工过程进行研究。

2.1.2 施工过程研究

对施工过程的细致分析，使我们能够更深入地确定施工过程各个工序组成的必要性及其顺序的合理性，从而正确地制定各个工序所需要的工时消耗。

2.1.2.1 施工过程的概念

施工过程，就是在建筑工地范围内所进行的生产过程，其最终目的是要建造、改建、扩建或拆除工业、民用建筑物和构筑物的全部或其一部分。例如，砌筑墙体、敷设管道等

都是施工过程。

建筑安装施工过程与其他物质生产过程一样，也包括一般所说的生产力三要素，即劳动者、劳动对象和劳动工具。

（1）劳动者（工人）是施工过程中最基本的因素。建筑工人依其所从事的工作不同而分为不同的专业工种。例如砖瓦工、抹灰工、木工、管道工、电焊工、筑炉工及推土机、铲运机驾驶员等。

建筑工人的专业工种及其技术等级由国家颁发的《工人技术等级标准》确定。工人的技术等级是按其所从事工作的复杂程度、技术熟练程度、责任大小、劳动强度等确定的。工人的技术等级越高，其技术熟练程度也越高。施工过程中的建筑工人，必须是专业工种工人，其技术等级应与工作物的技术等级相适应，否则就会影响施工过程的正常工时消耗。

（2）劳动对象，是指施工过程中所使用的建筑材料、半成品、构件和配件等。建筑材料根据其在施工过程中的用途和作用，一般分为基本材料和辅助材料两大类。基本材料系指直接用于建筑产品的材料；辅助材料系指施工过程中消耗的材料，它不构成建筑产品的一部分（如油漆工用的砂纸，机械工作时用的各种油料）。

（3）劳动工具，是施工过程中的工人用以改变劳动对象的手段。施工过程中的劳动工具可分为手动工具、机具和机械三大类。机具与机械不同点在于机具不设置床身，操作时拿在工人手中。也有的简单机具没有发动机（如绞磨、千斤顶、滑轮组等），而是用以改变作用力的大小和方向。在研究施工过程中，应当把机具与机械加以区分。

除了劳动工具以外，在许多施工过程中还需使用用具，它能使劳动者、劳动对象、劳动工具和产品处于必要的位置上。如电气安装工程使用的合梯（人字梯），木工使用的工作台，砖瓦工使用的灰浆槽等。

在施工过程中，有时还需借助自然的作用，使劳动对象发生物理和化学变化。如混凝土的养护，预应力钢筋的时效，白灰砂浆的气硬过程等。

每个施工过程的结果都会获得一定的产品，该产品可能改变了劳动对象的外表形态、内部结构或性质（由于制作和加工的结果），也可能改变了劳动对象的空间位置（由于运输和安装的结果）。

施工过程中所获得的产品的尺寸、形状、表面结构、空间位置和质量，必须符合建筑物设计及现行技术规范的标准要求，只有合格的产品才能计入施工过程中消耗工作时间的劳动成果。

2.1.2.2 施工过程的分类

将施工过程进行分类（见表2-1）的目的，是通过对施工过程中的各类活动进行分解，并按其不同的劳动分工、不同的操作方法、不同的工艺特点及不同的复杂程度来区别和认识其内容与性质，以便采用技术测定的方法，研究其必需的工作时间消耗，从而取得编制定额和改进施工管理所需要的技术资料。

1. 按施工过程的完成方法分类

手动过程只需计算人工消耗量而无需计算机械消耗量，机动过程只需计算机械消耗量而无需计算人工消耗量（操作机械的人的消耗是在机械费中考虑的），半机械化过程则需同时考虑其中的人工和机械消耗量。

表 2 - 1　　　　　　　　　　　　　　施 工 过 程 分 类

依　据	分　类	依　据	分　类
按施工过程的 完成方法分类	手动过程	按施工过程 是否循环分类	循环施工
	机动过程		非循环施工
	半机械化过程		
按施工过程劳动 分工的特点分类	个人完成	按施工过程组织上 的复杂程度分类	工序
	工人班组完成		工作过程
	施工队完成		综合工作过程

2. 按施工过程劳动分工的特点分类

个人完成的施工过程，将个人生产消耗的时间与个人产量挂钩，计算产品中人工消耗量；工人班组完成的施工过程，将班组生产消耗的时间与班组产量挂钩，计算产品中人工消耗量；施工队完成的施工过程，将施工队生产消耗的时间与施工队产量挂钩，计算产品中人工消耗量。

3. 按照施工过程是否循环分类

施工过程的工序或组成部分，如果以同样的次序不断重复，并且每重复一次都可以生产出同一种产品，则称为循环的施工过程。若施工过程的工序或组成部分不是以同样的次序重复，或者生产出来的产品各不相同，则称为非循环的施工过程。

对于循环施工，定额是通过研究其一个循环过程的消耗进而推得整个工作日的消耗；而非循环施工，则是通过研究一段时间的消耗进而获得整个工作日的消耗。

4. 按施工过程组织上的复杂程度分类

（1）工序：在组织上分不开的和技术上相同的施工过程，即一个工人（或一个小组）在一个工作地上，对同一个（或几个）劳动对象所完成的一切连续活动的综合，称为工序。工序的特征是：劳动者、劳动对象和使用的劳动工具均不发生变化。如果其中有一个条件发生变化时，就意味着从一个工序转入了另一个工序。产品生产一般要经过若干道工序，如钢筋工程可分为平直、切断、弯曲、绑扎等几道主要工序。

从施工的技术操作和组织的观点看，工序是最简单的施工过程。但是如果从劳动过程的观点看，工序又可以分解为许多“操作”，而“操作”本身又由若干“动作”所组成。若干个“操作”构成为一道工序。每一个“操作”和“动作”，都是完成施工工序的一部分。例如，“弯曲钢筋”工序，可分解为以下“操作”：①将钢筋放到工作台上；②对准位置；③用扳手弯曲钢筋；④扳手回原；⑤将弯好的钢筋取出。而“将钢筋放到工作台上”这个操作，又可以分解为以下“动作”：①走到已整直的钢筋堆放处；②弯腰拿起钢筋；③拿着钢筋走向工作台；④把钢筋放到工作台上。

工序可由一个人来完成，也可由班组或施工队的几名工人协同完成。前者称为个人工序，后者则称为小组工序。工序可以手动完成，也可由机械操作完成。在机械化的施工工序中，还可以包括由工人自己完成的各项操作和由机器完成的工作两部分。

在编制施工定额时，工序是基本的施工过程，是主要的研究对象，因此测定定额时只需分解和标定到工序为止。但如果是进行某项先进技术或新技术的工时研究，就需要分解到操作甚至动作为止，从中研究可加以改进操作或节约工时的方法。

（2）工作过程：由同一工人或同一工人班组所完成的在技术操作上相互联系的工序的综合，称为工作过程。工作过程的特征是：劳动者不变、工作地点不变，而材料和工具可以变换。如砌墙和勾缝。

由一个工人完成的工作过程称为个人工作过程，而由小组共同完成的工作过程则称为小组工作过程。工作过程又分为手动工作过程和机械工作过程两种。机械工作过程又分为两种：一种是完全机械的工作过程，即全部由机械工序所组成。如混凝土预制构件厂集中搅拌混凝土时，原材料运输、上料、搅拌、出料等全部由机械完成；又如挖土机挖土等。另一种是部分机械的工作过程，即其中包括一个或几个手工工序。如现场搅拌机搅拌混凝土时，用双轮车运材料、人工上料。

（3）综合工作过程：凡是同时进行的，并在组织上彼此有直接关系而又为一个最终产品结合起来的各个工作过程的综合，称为综合工作过程。综合工作过程的特征是：劳动者、工作地点、材料和工具都可以变换。如现浇混凝土构件是由调制、运送、浇灌、捣实混凝土四个工作过程组成的。

预算定额中的子目（分项工程）所针对的施工过程往往是工作过程或综合工作过程。

2.1.3　工作时间消耗的分类

工作时间，指的是工作班延续时间（不包括午休）。

人工和机械是通过研究其消耗的时间来决定其价格，那么该如何避免只见时间消耗而不见出产品这种"磨洋工"的情况发生呢？这就需要用定额规定了。定额在这方面相当于给出了一个标准：对应于每一个产品定额给了对应的时间标准，完成了产品也就可以获得对应定额标准的相关费用，效率高，一天可能获得两天的费用；效率低，一天可能就只能获得半天的费用。

既然定额给出了一个计时的标准，就需要了解哪些时间可以计价，哪些时间不能计价；可以计价的时间，哪些在定额里已经计算了，哪些又没有计算。对于那些可以计价而定额又没有计算的时间，若在实际的施工中发生，则要及时以索赔的形式获得补偿。

2.1.3.1　工人工作时间消耗的分类

工人在工作班内消耗的工作时间，按其消耗的性质，基本可以分为两大类：必需消耗的时间和损失的时间。

必需消耗的时间是指工人在正常施工条件下，为完成一定产品（工作任务）所消耗的时间。它是制定定额的主要根据。

损失的时间是指与产品生产无关，而与施工组织和技术上的缺点有关，与工人在施工过程的个人过失或某些偶然因素有关的时间消耗。

工人工作时间的分类一般如下：

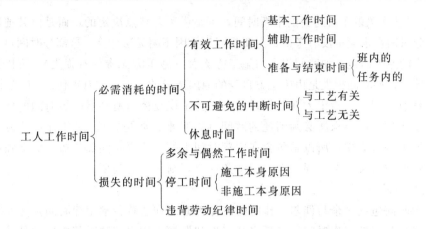

1. 必需消耗的时间

必需消耗的时间包括有效工作时间、不可避免的中断时间和休息时间。

（1）有效工作时间：是指从生产效果来看与产品生产直接有关的时间消耗。其中包括基本工作时间、辅助工作时间、准备与结束工作时间的消耗。这类时间消耗应该计价并在定额中已计算

1）基本工作时间。是指直接与施工过程的技术操作发生关系的时间消耗。通过基本工作，使劳动对象直接发生变化：可以使材料改变外形，如钢管煨弯；可以改变材料的结构和性质，如混凝土制品；可以使预制构件安装组合成型；可以改变产品的外部及表面的性质，如粉刷、油漆等。基本工作时间的消耗量与任务大小成正比。

2）辅助工作时间。是指与施工过程的技术操作没有直接关系的工序，为了保证基本工作的顺利进行所做的辅助性工作所需消耗的时间。辅助性工作不直接导致产品的形态、性质、结构或位置发生变化。如工具磨快、校正、小修、机械上油、移动合梯、转移工作地、搭设临时跳板等，均属辅助性工作。它的时间长短与工作量大小有关。

3）准备与结束时间。是工人在执行任务前的准备工作和完成任务后的结束工作所消耗的时间。准备与结束时间一般分为班内的准备与结束时间和任务内的准备与结束时间两种。班内的准备与结束工作，具有经常的每天的工作时间消耗之特性，如领取料具、工作地点布置、检查安全技术措施、调整和保养机械设备、清理工作地、交接班等。任务内的准备与结束工作，系由工人接受任务的内容所决定，如接受任务书、技术交底、熟悉施工图纸等。准备与结束的工作时间与所担负的工作量大小无关，但往往与工作内容有关。

（2）不可避免的中断时间：是指由于施工过程的技术操作或组织的、独有的特性而引起的不可避免的或难以避免的中断时间。分为与工艺有关和与工艺无关的不可避免的中断时间两类。

1）与工艺有关的不可避免的中断时间，是由工艺特点决定的，如汽车司机在等待汽车装、卸货时消耗的时间，这种中断是由汽车装、卸货的工作特点决定的，应该计价并已考虑入定额，但在实际工作中应尽量缩短此类实际消耗。

2）与工艺无关的不可避免的中断时间，不是由工艺特点决定的，而是由其他原因造成的。这部分时间在定额里没有考虑，主要是因为原因不明无法计算。这部分时间可否计算要视时间损失的原因而定：如时间损失与施工方无关（施工方无责任有损失），可以计价，以索赔形式计价；如时间损失是由施工方自身的原因造成的（施工方有责任），不应计价。

（3）休息时间：是指工人在工作过程中，为了恢复体力所必需的短时间的休息，以及他本人由于生理上的要求所必须消耗的时间（如喝水、如厕等）。这种时间是为了保证工人精力充沛地进行工作，所以是包含在定额时间中的。休息时间的长短与劳动强度、工作条件、工作性质有关。劳动强度大、劳动条件差，则休息时间要长。

2. 损失的时间

损失的时间包括多余与偶尔工作时间、停工时间和违背劳动纪律时间。

（1）多余与偶然工作时间：包括多余工作和偶然工作引起的时间损失两种情况。

1）多余工作。是指工人进行的任务以外的而又不能增加产品数量的工作。对产品计价有一个重要的前提——合格产品，不合格产品是不计价的。例如工人砌筑 $1m^3$ 墙体，经检验质量不合格，推倒重砌，合格后虽然工人共完成了 $2m^3$ 墙体的砌墙工作，但只能计算 $1m^3$ 合格墙体的价格，不合格产品消耗的时间就是多余工作时间。

2）偶然工作。指的是工人在计划任务之外进行的偶然发生的、零星的工作。例如，在施工合同中土建施工单位不承建电缆的施工工作，但在实际施工中，甲方要求土建施工单位配合电缆施工单位在构件上开槽，这种工作在当初的合同中是没有的（计划任务之外），且是偶然发生的（甲方要求）、零星的（工作量不大）。由于这种工作能产生产品，也应计价，但不适合用定额计价（人工降效严重），实际发生时应以索赔形式计价较为合理。

（2）停工时间：是指工作班内停止工作所发生的时间损失。停工时间按其性质可分为施工本身原因造成的停工时间和非施工本身原因造成的停工时间。属于施工本身原因造成的，即施工方有责任、有损失，不予计价；非施工本身原因造成的，即施工方无责任、有损失，应以索赔的形式计价。

（3）违背劳动纪律时间。是指由工人不遵守劳动纪律而造成的时间损失，如迟到早退、擅离工作岗位、工作时间内聊天、办私事以及个别工人违反劳动纪律而使他人无法工作的时间损失。这种时间损失不应允许存在，也不应计价。

2.1.3.2　机械工作时间消耗的分类

在机械化施工过程中，对工作时间消耗的分析和研究，除了需要分类研究工人工作时间的消耗以外，还需要分类研究机械工作时间的消耗。

机械工作时间的消耗与工人工作时间的消耗虽然有许多共同点，但也具有其自身特点。机械工作时间的消耗，按其性质可作如下分类。

机械在工作班内消耗的工作时间按其消耗的性质也分为两大类：必需消耗的时间和损失的时间。

1. 必需消耗的时间

必需消耗的时间包括有效工作时间、不可避免的中断时间和不可避免的无负荷工作时间。必需消耗的机械工作时间全部计入定额。

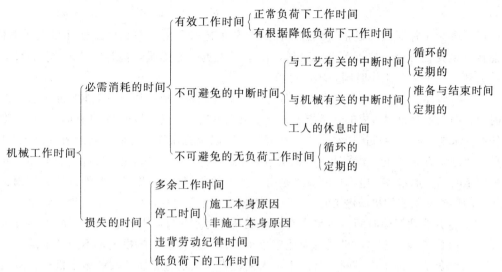

（1）有效工作时间：包括正常负荷下工作时间和有根据降低负荷下工作时间。

1）正常负荷下工作时间。是指机械在与机械说明书规定的负荷相符的正常负荷下进行工作的时间。

2）有根据降低负荷下工作时间。是指在个别情况下由于技术上的原因，机械在低于额定功率、额定吨位下工作的时间。例如，卡车有额定吨位，但由于卡车运送的是泡沫塑料，虽然卡车已装满但仍未达到额定吨位，这种时间消耗即属于有根据降低负荷下的工作时间。

（2）不可避免的中断时间：是由于施工过程的技术操作和组织的特性而造成的机械工作中断时间。包括与工艺有关的中断时间、与机械有关的中断时间和工人休息时间。

1）与工艺有关的中断时间。包括循环的和定期的两种。循环的不可避免中断，是指在机械工作的每一个循环中重复一次，如汽车装货和卸货时的停车；定期的不可避免中断，是指经过一定时期重复一次，如喷浆器喷白，从一个工作地点转移到另一工作地点时，喷浆器工作的中断时间。

2）与机械有关的中断时间。是指使用机械工作的工人在准备与结束工作时而使机械暂停的中断时间；或者在维护保养机械时必须使其停转所发生的中断时间。前者属于准备与结束工作的不可避免的中断时间，后者属于定期的不可避免的中断时间。

3）工人的休息时间。是指工人必需的休息时间。即不可能利用机械的其他不可避免的停转空闲机会，而且组织轮班又不方便时所引起的机械工作中断时间。

（3）不可避免的无负荷工作时间。是指由于施工过程的特性和机械结构的特点所造成的机械无负荷工作时间。一般分为循环的和定期的两类。

1）循环的不可避免的无负荷时间。是指由于施工过程的特性所引起的空转所消耗的时间。它在机械工作的每一个循环中重复一次。如铲运机回到铲土地点。

2）定期的不可避免无负荷时间。主要是指发生在运货汽车或挖土机等的工作中的无负荷时间。例如，汽车运输货物，汽车必须首先放空车过来装货。

2．损失的时间

损失的时间包括多余工作时间、停工时间、违背劳动纪律时间和低负荷下的工作时间。

（1）多余工作时间。是指机械进行任务内和工艺过程内未包括的工作而延续的时间。如搅拌机搅拌混凝土，按规范 90s 出料，由于工人责任心不足，搅拌了 120s 才出料，多搅拌的 30s 属于多余工作时间，不应计价。

（2）机械停工时间。按其性质也可分为施工本身原因造成的和非施工本身原因造成的停工时间。施工本身原因造成的，是指由于施工组织不当而引起的机械停工时间，如临时没有工作面，未能及时供给机械用水、燃料和润滑油，以及机械损坏等所引起的机械停工时间。这种情况施工方有责任，不予计价。非施工本身原因造成的，是指由于外部的影响而引起的机械停工时间，如水源、电源中断（不是由于施工的原因），以及气候条件（特大暴雨、冰冻等）的影响而引起的机械停工时间。这种情况施工方无责任，可以计价（现场索赔）。

（3）违背劳动纪律时间。机械当然不可能违背劳动纪律，是指操作机械的人违背劳动纪律，人违背了劳动纪律，机械也因此停止了工作，这种时间的损失是不予计价的。

（4）低负荷下的工作时间。是由于工人或技术人员的过错所造成的施工机械在降低负荷情况下工作的时间。例如，卡车的额定吨位是 6t/车，现在有 60t 石子要运输，正常情况下需要运 10 车，但由于工人的上料责任心不足，每次上到 5t/车就让车子走了，这样就需要运 12 车，这多运 2 车的时间就属于低负荷下的工作时间损失，是不予计价的。

2.2　技 术 测 定 法[①]

技术测定是一项科学的调查研究工作，运用技术测定法研究施工过程，是制定劳动定额的重要步骤之一。它是通过对施工过程中的具体活动进行实地观察，详细地记录施工中的工人和机械的工作时间消耗、完成产品的数量及有关影响因素，并将记录的结果予以整理，去伪存真，客观地分析各种因素对于产品的工作时间消耗量的影响，在取舍的基础上获得可靠的数据资料，从而为制定劳动定额或者标准工时规范提供科学依据。

2.2.1　技术测定的作用和要求

1. 技术测定的作用

就技术测定本身来说，其作用主要表现在以下几方面：

（1）技术测定是制定与修订劳动定额必要的科学方法。采用技术测定法编制劳动定额，具有比较充分的可靠依据，以此确定的定额水平较能符合平均先进的原则，具有较强的说服力。历次编制劳动定额的实践证明，凡主要项目以技术测定资料为编制依据的，定额水平就比较准确稳定；反之，定额水平往往出现偏高或偏低现象，从而削弱了劳动定额对组织生产和按劳分配的积极作用。

（2）技术测定是加强施工管理的重要手段。采用技术测定法研究施工过程，在施工中实地观察记录各类活动的情况，并对结果进行分析，可以发现施工管理中存在的问题，诸如劳动力的使用、机械利用率、施工条件等方面是否正常，以便有关部门抓住薄弱环节，拟订改善施工管理的具体措施，不断促进生产过程的科学化、合理化。

----

❶　本节内容为选讲内容。

（3）技术测定是总结与推广先进经验的有效方式。通过技术测定，可以对先进班组、先进个人以及新技术或新机具、新材料、新工艺等，从操作技术、劳动组织、工时利用、机具效能等方面加以系统地总结，从而推动广大工人学习新技术和先进经验。

（4）技术测定是具体帮助工人班组完成和超额完成劳动定额，不断提高劳动效率的根本途径。通过对长期不能完成劳动定额的班组的测定，研究其操作方法、技术水平、工时利用、劳动组织以及有关因素，从而找出不能完成定额的原因，提出改进措施，创造条件，有针对性地帮助班组完成或超额完成定额。

2. 技术测定的要求

为了使技术测定真正起到上述作用，在开展技术测定的过程中，必须要求技术测定人员做到以下几点：

（1）保证技术测定工作的科学性。由于基础测定是一项具体、细致和技术性比较强的工作，因此，测定人员在测定工作过程中，必须严肃认真地对待测定工作，坚守工作岗位，集中精力，详细地观察测定对象的全部活动，并认真记录各类时间消耗和有关影响因素，保证原始记录资料的客观真实性。技术测定人员严肃地对待技术测定工作是十分必要的。粗估概算，凭空想象或主观臆造，就会失去测定资料的真实性和科学性，也就失去了技术测定的真实意义。

（2）保证测定资料的完整准确。每次测定的工时记录、完成产品数量、因素反映、汇总整理等有关数字、图示、文字说明，必须齐全。在分析整理资料时，消耗工时的分类和统计要准确，影响因素的说明要清楚，有关数字取舍要有技术依据，各种数字技术不能有误，结论意见和改进措施要提得合理并切合实际。

（3）依靠群众来进行工作。技术测定的资料来自工人的生产实践。因此，在测定过程中必须自始至终取得工人的支持与合作。测定开始之前，要向工人和管理人员讲明测定目的，以利于测定的顺利进行；测定结束之后，应就测定结果征求他们的意见，使测定资料更加完善准确。有条件的单位还可以组织工人进行自我测定，使测定工作广泛开展起来，更好地发挥其促进生产的积极作用。要反对那种单纯依靠专业人员，把技术测定工作神秘化的错误做法。

2.2.2　技术测定前的准备工作

1. 确定需要进行计时观察的施工过程

计时观察之前的第一个准备工作，是研究并确定有哪些施工过程需要进行计时观察，对于需要进行计时观察的施工过程要编出详细的目录，拟订工作进度计划，制定组织技术措施，并组织编制定额的专业技术队伍，按计划认真开展工作。

2. 对施工过程进行预研究

对于已确定的施工过程的性质应进行充分的研究，其目的是为了正确地安排计时观察和收集可靠的原始资料。研究的方法是：全面地对各个施工过程及其所处的技术组织条件进行时间调查和分析，以便设计正常的（标准的）施工条件和分析研究测时数据。

（1）熟悉与该施工过程有关的现行技术规范和技术标准等文件和资料。

（2）了解新采用的工作方法的先进程度和已经得到推广的先进施工技术及操作，还应该了解施工过程中存在的技术组织方法的缺点和由于某些原因造成的混乱现象。

（3）注意系统地收集完成定额的统计资料和经验资料，以便与计时观察所得到的资料进行对比分析。

（4）将施工过程划分为若干个组成部分（一般划分到工序）。例如，混凝土搅拌机拌和混凝土的施工过程可以划分为装料入鼓、搅拌、出料三个工序。其目的是便于计时观察。如果计时观察的目的是为了研究先进工作法，或是分析影响劳动生产率提高或降低的因素，则必须将施工过程划分到"操作"以至"动作"。

（5）确定定时点和施工过程产品的计量单位。

1）定时点是上下两个相衔接的组成部分之间时间上的分界点。确定定时点，对于保证计时观察的精确性是不容忽视的因素。例如，混凝土搅拌机拌和混凝土的施工过程中装料入鼓这个组成部分，它的开始是工人装料，结束是装料完成。

2）确定产品计量单位，要能具体地反映产品的数量，并具有最大限度的稳定性。

3. 选择施工的正常条件

绝大多数企业和施工队、班组，在合理组织施工的条件下所处的施工条件，称之为施工的正常条件。选择施工的正常条件是技术测定中的一项重要内容，也是确定定额的依据。

施工条件一般包括工人的技术等级是否与工作等级相符、工具与设备的种类和质量、工程机械化程度、材料实际需要量、劳动的组织形式、工作报酬形式、工作地点的组织及其准备工作是否及时、安全技术措施的执行情况、气候条件、劳动竞赛开展情况等。所有这些条件，都有可能影响产品生产中的工时消耗。

施工的正常条件应该符合下列各项内容：有关的技术规范、正确的施工组织与劳动组织条件以及已经推广的先进的施工方法、施工技术和操作。

4. 选择观察对象

应根据测定的目的来选择测定对象：

（1）制定劳动定额，应选择有代表性的班组或个人，包括各类先进的或比较后进的班组或个人。

（2）总结推广先进经验，应选择先进的班组或个人。

（3）帮助后进班组提高工效，应选择长期不能完成定额的班组或个人。

5. 调查所测定施工过程的影响因素

施工过程的影响因素包括技术、组织及自然因素。例如产品和材料的特征（规格、质量、性能等），工具和机械性能、型号，劳动组织和分工，施工技术说明（工作内容、要求等），并附施工简图和工作地点平面布置图。

6. 其他准备工作

此外，还必须准备好必要的用具和表格。例如，测时用的秒表或电子计时器，测量产品数量的工器具，记录和整理测时资料用的各种表格等。如果有条件并且也有必要，还可配备摄像和电子记录设备。

2.2.3　计时观察法的分类

对施工过程进行观察、测时，计算实物和劳务产量，记录施工过程所处的施工条件和确定影响工时消耗的因素，是计时观察法的三项主要内容和要求。计时观察法的种类很多，最主要的有以下三种：

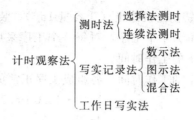

- 计时观察法
  - 测时法
    - 选择法测时
    - 连续法测时
  - 写实记录法
    - 数示法
    - 图示法
    - 混合法
  - 工作日写实法

2.2.3.1 测时法

测时法是一种精确度比较高的计时观察法，主要用于测定循环工作的工时消耗，而且测定的主要是“有效工作时间”中的“基本工作时间”。按照测时的具体方式测时法可分为选择法测时和连续法测时两种类型。

1. 选择法测时

选择法测时是间隔选择施工过程中非紧连接的组成部分（工序或操作）测定工时，精确度达1s。

选择法测时又称为间隔法测时。采用选择法测时，当被观察的某一循环工作的组成部分开始时，观察者按动秒表，当该组成部分终止，则停止秒表，将秒表上指示的延续时间记录到选择法测时记录表上，并将秒表回归到零点。下一组成部分开始，再按动秒表，如此依次观察，并依次记录下延续时间。

当所测定的工序的延续时间较短，连续测定比较困难时，采用选择法测时则较为简便。这是在标定定额中常用的方法。

表2-2为选择法测时记录表示例

表2-2 选择法测时记录表示例

测定对象：单斗正铲挖土机挖土（斗容量$1m^3$） 观察精确度：每一循环时间精确度为1s	施工单位名称	工地名称	观察日期	开始时间	终止时间	延续时间	观察号次
	施工过程名称：用正铲挖松土，装上自卸载重汽车，挖土机斗臂回转角度为120°～180°						

序号	工序或操作名称	每一循环内各组成部分的工时消耗（台·s）										记录整理			
		1	2	3	4	5	6	7	8	9	10	延续时间总计	有效循环次数	算术平均值	占一个循环比例（%）
1	土斗挖土并提升斗臂	17	15	18	19	19	22	16	18	18	16	178	10	17.8	38.12
2	回转斗臂	12	14	13	25①	10	11	12	11	12	13	108	9	12.0	25.70
3	土斗卸土	5	7	6	5	6	6	5	8	6	5	59	10	5.9	12.63
4	返转斗臂并落下土斗	10	12	11	10	12	10	9	12	10	14	110	10	11.0	23.55
	一个循环总计	44	48	48	59	47	49	42	49	46	48			46.7	

① 由于载重汽车未组织好，使挖土机等候，不能立刻卸土。

在测时中，如有某些工序遇到特殊技术上或组织上的问题而导致工时消耗骤增时，在记录表上应加以注明（如表2-2中的①），供整理时参考。

由选择法测时所获得的是必需消耗时间中的基本工作时间（人工）或正常负荷下的工作时间（机械），是选择某一工序所测定的基本工作时间或正常负荷下的工作时间。最终要获得施工过程的定额时间，还需由工序的基本工作时间或正常负荷下的工作时间组成施工过程的基本工作时间或正常负荷下的工作时间，再由施工过程的基本工作时间或正常负荷下的工作时间组成施工过程的有效工作时间，进而形成施工过程的定额时间。

【例 2-1】　对某单斗正铲挖土机挖土（斗容量 1m³），装上自卸载重汽车的施工过程进行测时。将该施工过程分解为 4 个工序，对每一个工序采用选择法测时（数据见表 2-1）。求该施工过程正常负荷下的工作时间。

解：施工过程正常负荷下的工作时间 = 各组成工序正常负荷下的工作时间之和

$$= 17.8 + 12.0 + 5.9 + 11.0$$
$$= 46.7s$$

答：该施工过程正常负荷下的工作时间为 46.7s。

2. 连续法测时

连续法测时又称为接续法测时，是连续测定一个施工过程各工序或操作的延续时间。连续法测时每次要记录各工序或操作的终止时间，并计算出本工序的延续时间。

连续法测时由于需要对各组成部分进行连续的时间测定，因此采用的是双针秒表。双针秒表的一个指针一直在转动计时，另一根指针（辅助指针）一开始与主指针同步工作，一旦要计时，按动秒表，辅助针停止在某一时间，计下时间，放开手，停止的指针立即跟上一直转动的那根指针；再次按动秒表，又可以计下下一次的时间。使用这种秒表，只需要记录下各次的终止时间，将两次终止时间相减，即可获得各工序的延续时间。

表 2-3 为连续法测时记录表示例。

表 2-3　　　　　　　　　　　　连续法测时记录表示例

测定对象：混凝土搅拌机拌和混凝土 观察精确度为1s	施工单位名称	工地名称	观察日期	开始时间	终止时间	延续时间	观察号次
	施工过程名称：混凝土搅拌机（J₅B—500型）拌和混凝土						

序号	工序或操作名称	时间	1 min	s	2 min	s	3 min	s	4 min	s	5 min	s	6 min	s	7 min	s	8 min	s	9 min	s	10 min	s	延续时间总计	有效循环次数	算术平均值
1	装料入鼓	终止时间	0	15	2	16	4	20	6	30	8	33	10	39	12	44	14	56	17	4	19	5	148	10	14.8
		延续时间		15		13		13		17		14		15		16		19		12		14			
2	搅拌	终止时间	1	45	3	48	5	55	7	57	10	4	12	9	14	20	16	28	18	33	20	38	915	10	91.5
		延续时间		90		92		95		87		91		90		96		92		89		93			
3	出料	终止时间	2	3	4	7	6	13	8	19	10	24	12	28	14	37	16	52	18	51	20	54	191	10	19.1
		延续时间		18		19		18		19		19		17		24		16							

连续法测时可以一次性完成一个施工过程所包含的各个工序的基本工作时间（人工）或正常负荷下的工作时间（机械）的测定，而选择法测时往往一次只能完成一个施工过程中的某一个工序的基本工作时间或正常负荷下的工作时间的测定。

【例 2-2】　对某混凝土搅拌机拌和混凝土的施工过程进行测时，将该施工过程分解为 3 个工序，对每一个工序采用连续法测时（数据见表 2-2）。求该施工过程正常负荷下的工作时间。

解：施工过程正常负荷下的工作时间 = 各组成工序正常负荷下的工作时间之和

$$= 14.8 + 91.5 + 19.1$$
$$= 125.4s$$

答：该施工过程正常负荷下的工作时间为 125.4s。

3. 计时观察数据的整理

由于实验方法和实验设备的不完善，周围环境的影响，以及人的观察力、测量程序等限制，实验观测值与真值之间，总是存在一定的差异。

（1）真值的确定。所谓真值，是待测物理量客观存在的确定值，又称为理论值或定义值。通常真值是无法测得的。在实验中，若测量的次数无限多时，根据误差的分布定律，正负误差的出现几率相等。再经过细致地消除系统误差，将测量值加以平均，可以获得非常接近于真值的数值。但实际上实验测量的次数总是有限的，因此，用有限测量值求得的平均值只能是近似真值，在科学研究中，数据的分布较多属于正态分布，所以通常采用算术平均值来近似真值。

设 x_1、x_2、$\cdots$、x_n 为各次测量值，n 代表测量次数，则算术平均值为

$$\overline{x} = \frac{x_1 + x_2 + \cdots + x_n}{n} = \frac{\sum\limits_{i=1}^{n} x_i}{n} \tag{2-1}$$

（2）误差。测量值与真值之差称为测量误差，简称为误差。

观察次数越多，取得的时间数据就越充足，误差就越小。因此，观察次数和观察延续时间极大地影响着工时消耗计算的准确性和可靠性。但是，不同的施工过程对精度的要求是不同的，因而对观察次数和延续时间的要求也不同。在采用测时法的情况下，通常对一个观察对象进行 8~10 次的观测基本可以保证其精确度。

4. 测时法定额时间的确定

测时法测得的是工序的基本工作时间（人工）或正常负荷下的工作时间（机械），要确定工序的定额时间，首先要获得工序的作业时间，既而加上规范时间得到定额时间。计算公式如下：

$$工序作业时间 = 基本工作时间 + 辅助工作时间 = \frac{基本工作时间}{1-辅助时间百分比}$$

或　　　工序作业时间 = 正常负荷下的工作时间 + 有根据降低负荷下的工作时间

$$= \frac{正常负荷下的工作时间}{1-有根据降低负荷下的工作时间百分比}$$

　　　规范时间 = 准备与结束工作时间 + 不可避免的中断时间 + 休息时间

或　　　规范时间 = 不可避免的中断时间 + 不可避免的无负荷工作时间

$$定额时间 = 工序作业时间 + 规范时间 = \frac{工序作业时间}{1-规范时间百分比}$$

【例 2-3】 对某单斗正铲挖土机挖土（斗容量 $1m^3$），装上自卸载重汽车的施工过程进行测时。将该施工过程分解为 4 个工序，对土斗挖土并提升斗臂的工序采用选择法测时（数据见表 2-1）。由工时规范查得，该工序的辅助工作时间占工序作业时间的 6%，规范时间占定额时间的 12%。求该工序的定额时间。

解：工序作业时间 $= \dfrac{正常负荷下的工作时间}{1-辅助时间百分比} = \dfrac{17.8}{1-6\%} = 18.94s$

$$定额时间 = \frac{工序作业时间}{1-规范时间百分比} = \frac{18.94}{1-12\%} = 21.5s$$

答：该工序的定额时间为21.5s。

2.2.3.2　写实记录法

测时法的优点是实测时所花费的时间比较短，效率比较高；缺点是测定的只是定额时间中的基本工作时间。由基本工作时间获得定额时间，采用的是按比例测算的方式。这种测定方式的准确度直接受到辅助工作时间占工序作业时间的百分比和规范时间占定额时间的百分比的影响。百分比的误差，将直接影响到工序定额时间的误差。

为了尽量减小定额时间的误差，可以将测定的时间拉长，测定的时间范围扩大。时间拉长到1h以上，时间范围将不仅包括基本工作时间，而且包括在此时间段内所消耗的所有定额时间。这种测定定额时间的方法称为写实记录法。

与测时法相比，写实记录法的优点是能较真实地反映时间消耗的情况，且可对多人同时进行测时（测时法只能对单人进行测定）；缺点是精确度不及测时法高。

写实记录法根据其记录成果的方式又可分为数示法、图示法和混合法。

1. 数示法

数示法写实记录，是三种写实记录法中精确度较高的一种，可以同时对两名以内的工人进行观察，观察的工时消耗，记录在专门的数示法写实记录表中。数示法的特征是用数字记录工时消耗，精确度达5～15s。表2-4为数示法写实记录表示例。

表2-4　　　　　　　　　　　数示法写实记录表示例

工地名称		开始时间		9：00		延续时间		65min45s		调查号次		
施工单位名称		终止时间		10：05：45		记录日期				页次		
施工过程：双轮车 运土方（运距150m）				观察记录				观察记录				
序号	施工过程组成部分名称	时间消耗量	组成部分序号	起止时间 时：分：秒	延续时间	完成产品 计量单位	数量	组成部分序号	起止时间 时：分：秒	延续时间	完成产品 计量单位	数量
1	装土	25min35s	（开始）	9：00：00				1	9：38：40	3min40s	m³	0.288
2	运输	14min55s	1	9：02：50	2min50s	m³	0.288	2	9：40：20	1min40s	次	1
3	卸土	8min00s	2	9：05：10	2min20s	次	1	3	9：41：20	1min00s		
4	空返	13min25s	3	9：06：30	1min20s			4	9：43：00	1min40s		
5	等候装土	2min10s	4	9：08：30	2min00s			5	9：45：10	2min10s		
6	喝水	1min40s	1	9：12：00	3min30s	m³	0.288	1	9：49：05	3min55s	m³	0.288
			2	9：14：00	2min00s	次	1	2	9：51：50	2min45s	次	1
			3	9：15：00	1min00s			3	9：53：15	1min25s		
			4	9：16：50	1min50s			4	9：55：15	2min00s		
			1	9：21：00	4min10s	m³	0.288	1	9：59：05	3min50s	m³	0.288
			2	9：23：00	2min00s	次	1	2	10：01：05	2min00s	次	1
			3	9：24：10	1min10s			3	10：02：05	1min00s		
			4	9：26：20	2min10s			6	10：03：45	1min40s		
			1	9：30：00	3min40s	m³	0.288	4	10：05：45	2min00s		
			2	9：32：10	2min10s	次	1					
			3	9：33：15	1min05s							
			4	9：35：00	1min45s							
	合计	65min45s			35min00s					30min45s		

2. 图示法

图示法写实记录，可同时对三名以内的工人进行观察，观察资料记入图示法写实记录表中（见表 2-5）。观察所得时间消耗资料记录在表的中间部分。表的中部是由 60 个小纵列组成的网格，每一小纵列的长度代表 1min。观察开始后，根据各组成部分的延续时间用横线划出相应的长度，横线的起止点与该组成部分的开始和结束时间相对应；每一个工序所对应的行中间设置了一根辅助直线，采用在辅助线的上方、辅助线上和辅助线下方划横线的方法就可以实现对同一工序中三名工人工作时间消耗的分别记录。

表 2-5　　　　　　　　　　　　　图示法写实记录表示例

观测对象：五级瓦工 1 人 三级瓦工 1 人	施工单位名称	工地名称	观测日期	开始时间	终止时间	延续时间	观测号次	页次
				8：00	12：00	4h	3	3/4

施工过程名称：砌筑 0.54m 厚的块石墙

序号	工作名称	时间（min）	延续时间 个人	延续时间 总体	产品数量	备注
1	铺设灰浆			16		
2	搬块石放于墙上			16		
3	斩块石		21 / 5	26		
4	砌墙身两侧块石		31	31		
5	砌墙身中心块石			20		
6	填缝			2		
7	清理			2		
8	休息		4 / 3	7		
	总计		60 / 60	120		

备注栏：完成产品数量按照一个工作组产量测量

3. 混合法

混合法写实记录，吸取了数示法和图示法两种方法的优点，可以同时对三名以上工人进行观察，记录观察资料的表格仍采用图示法写实记录表。填写表格时，各组成部分延续时间用图示法填写，完成每一组成部分的工人人数则用数字填写在该组成部分时间线段的上面。

混合法的方法，是将表示分钟数的线段与标在线段上面的工人人数相乘，算出每一组成部分的工时消耗，计入图示法写实记录表工分总计栏，然后再将总计垂直相加，计算出工时消耗总量，该总计数应符合参加该施工过程的工人人数乘以观察时间（见表 2-6）。

表 2-6　　　　　　　　　　　　　混合法写实记录表示例

工地名称		开始时间	9:00	延续时间	60min00s	观测号次	
施工单位名称		终止时间	10:00	观测日期		页次	
施工过程名称	浇捣混凝土柱	观测对象		四级混凝土工:3人		三级混凝土工:3人	

序号	工作名称	时间(min) 5 10 15 20 25 30 35 40 45 50 55 60	延续时间(工分)	产品数量	备注
1	撒锹	2　12　21　2　1　1　212	78	1.85m³	
2	振捣	4　24　21 2 1　4　34　21 1　4 2 3	148	1.85m³	
3	转移	513 2 56　3564 6 3　3	103	3次	
4	等待混凝土	63　3	21		
5	做其他工作	1　1　1	10		
	总计		360		

2.2.3.3　工作日写实法

写实记录法相比较测时法精确度下降，但准确度提升。虽然写实记录法已经较测时法准确地反映了一些定额考虑的辅助工作时间、休息时间等，但由于写实记录法历时尚短了一些，不足以准确地反映定额的时间消耗。

工作日写实法的特点就是时间要足够长——8h。采用的方法还是写实记录法中的方法，只不过时间要用 8h，也就是一个工作日。对施工过程用一个工作日的时间历程来进行测定，在一个工作日内对发生的所有时间进行记录，然后整理，分析出定额时间，进而建立起自己的施工过程时间消耗量。

工作日写实法在记录时间时也按工时消耗的性质分类记录，定额时间也分为有效工作时间、休息时间和不可避免的中断时间，但不需要将有效工作时间分为基本工作时间、准备与结束工作时间和辅助工作时间，只将有效工作时间划分为适合于技术水平和不适合于技术水平两类来记录。

运用工作日写实法主要有两个目的：一是取得编制定额的基础资料；二是检查定额的执行情况，找出缺点，改进工作。当它被用来达到第一个目的时，工作日写实的结果要获得观察对象在工作班内的工时消耗的全部情况，以及产品数量和影响工时消耗的影响因素，其中工时消耗应该按它的性质分类记录。当它被用来达到第二个目的时，通过工作日写实应该做到：查明工时损失量和引起工时损失的原因，制定消除工时损失、改善劳动组织和工作地点组织的措施；查明熟练工人是否能发挥自己的专长，确定合理的小组编制和合理的小组分工；确定机器在时间利用和生产率方面的情况，找出使用不当的原因，提出改善机器使用情况的技术组织措施；计算工人或机器完成定额的时间百分比和可能百分比。

采用数示法、图示法或混合法记录下一个工作日的时间消耗后，将记录结果整理后填入工作日写实结果表中（见表 2 - 7）。

表 2 - 7　　　　　　　　　工 作 日 写 实 结 果 表

| 工作日写
实结果表 | 观察的对象和工地：造船厂工地甲种宿舍 | | | | | | | |
| | 工作队（小组）：小组　　　工种：瓦工 | | | | | | | |

施工过程名称：砌筑二砖混水墙 观察日期：1984 年 7 月 20 日 工作班：自 8：00～17：00，共 8h	工作队（小组）的工人组成							
	一级	二级	三级	四级	五级	六级	七级	共计
				2		2		4

工 时 平 衡 表

序号	工时消耗种类	消耗量 （工分）	百分比 （％）	劳动组织的主要缺点
	定额时间			
1	适合于技术水平的有效工作	1120	58.3	
2	不适合于技术水平的有效工作	67	3.5	
3	有效工作共计	1187	61.8	
4	休息	176	9.2	（1）架子工搭设脚手板的工作没有保证质量，同时架子工的工作未按计划进度完成，以致影响了砌砖工人的工作。
5	不可避免的中断	0	0	
Ⅰ	定额时间共计	1363	71.0	
	非定额时间			（2）由于灰浆搅拌机时有故障发生，使灰浆不能及时供应。
6	由于砖层砌筑不正确而加以更改	49	2.6	
7	由于架子工把脚手板铺得太差而加以修正	54	2.8	（3）工长和工地技术人员，对于工人工作指导不及时，并缺乏经常的检查、督促，致使砌砖返工。架子工搭设脚手板后未校验，又没有及时指示，造成砌砖工停工。
8	多余与偶然工作共计	103	5.4	
9	由于没有灰浆而停工	112	5.9	
10	因脚手板准备不及时而停工	64	3.3	
11	因工长耽误指示而停工	100	5.2	
12	施工本身原因而停工共计	276	14.4	（4）由于工人宿舍距施工地点远，工人经常迟到
13	因雨停工	96	5.0	
14	因电流中断而停工	12	0.6	
15	非施工本身原因而停工共计	108	5.6	
16	工作班开始时迟到	34	1.7	
17	午后迟到	36	1.9	

工 时 平 衡 表

序号	工时消耗种类	消耗量 （工分）	百分比 （％）	劳动组织的主要缺点
18	违背劳动纪律共计	70	3.6	
Ⅱ	非定额时间共计	557	29.0	
Ⅲ	总共消耗的时间	1920	100	

完成工作数量：6.66 千块   测定者：

完成定额情况的计算

序号	定额编号	定额子目	计量单位	完成工作数量	定额工时消耗		备注
					单位	总计	
1		二砖混水墙	千块	6.66	4.3	28.64	现行定额为4.3 工时/千块

完成定额情况	实际：$\dfrac{60\times28.64}{1920}\times100\%=89.5\%$
	可能：$\dfrac{60\times28.64}{1363}\times100\%=126\%$

建议和结论

建议	1. 建议工长和技术人员加强对砌砖工人工作的指导，并及时检查督促。 2. 工人开始工作前要先检验脚手板，工地领导和安全技术人员必须负责贯彻技术安全措施。 3. 立即修好灰浆搅拌机。 4. 采取措施，消除上班迟到现象
结论	全工作日中实际损失占29％，主要原因是施工技术人员指导不力。如果能够保证对工人小组的工作给予切实有效的指导，改善施工组织管理，劳动生产率就可以提高36.5％

【例 2-4】 对某小组砌筑二砖清水墙的施工过程进行定额时间的测定，经过 8h 的跟踪测定，整理数据如下（具体数据见表 2-7）：有效工作时间 1187min，休息时间 176min，多余和偶然工作时间 103min，施工本身原因停工 276min，非施工本身原因停工 108min，违背劳动纪律时间 70min。求该施工过程的定额时间。

解： 定额时间＝有效工作时间＋不可避免的中断时间＋休息时间

$\qquad\qquad$ ＝1187＋0＋176

$\qquad\qquad$ ＝1363min

答： 该施工过程的定额时间为 1363min。

表 2-7 是对某一小组的施工过程进行观测所得到的结果。根据定额的原理，定额所测定的时间标准不应该仅依据一个个体的结果来确定，而应该依据群体的结果来确定。也就是说，为了得到定额的时间标准，需要对同一施工过程针对不同的对象进行多次观测，多次观测的结果汇总在工作日写实汇总表中（见表 2-8）。

由于工作日写实法所获得的时间最能反映施工的实际时间消耗情况，因此，工作日写实法是我国目前广为采用的基本定额测定方法。

表 2－8　　　　　　　　　　**工 作 日 写 实 汇 总 表**

施工单位名称												测定时间：	
施工过程名称		砌筑二砖厚混水墙											

序号	工时消耗分类	小组编号及人数（总数28人）										加权平均值	备注
		第1组	第2组	第3组	第4组	第5组	第6组	第7组	第8组	第9组	第10组		
		4人	2人	2人	3人	4人	3人	2人	2人	4人	2人	28人	
	定额时间												
1	适合于技术水平的有效工作	58.3	67.3	67.7	50.3	56.9	50.6	77.1	62.8	75.9	53.1	61.5	
2	不适合于技术水平的有效工作	3.5	17.3	7.6	31.7	0	21.8	0	6.5	12.8	3.6	10.5	
	有效工作共计	61.8	84.6	75.3	82.0	56.9	72.4	77.1	69.3	88.7	56.7	72.0	
3	休息	9.2	9.0	8.7	10.9	10.8	11.4	8.6	17.8	11.3	13.4	11.0	
	定额时间合计	71.0	93.6	84.0	92.9	67.7	83.8	85.7	87.1	100	70.1	83.0	
	非定额时间												
4	多余和偶然工作共计	5.4	5.2	6.7	0	0	3.3	6.9	0	0	0	2.5	
5	施工本身原因而停工共计	14.4	0	6.3	2.6	26.0	3.8	4.4	11.3	0	29.9	10.2	
6	非施工本身原因而停工共计	5.6	0	1.3	3.6	6.3	9.1	3.0	0	0	0	3.4	
7	违背劳动纪律时间共计	3.6	1.2	1.7	0.9	0	0	0	1.6	0	0	0.9	
	非定额时间共计	29.0	6.4	16.0	7.1	32.3	16.2	14.3	12.9	0	29.9	17.0	
	总共消耗时间	100	100	100	100	100	100	100	100	100	100	100	
完成定额	实际	89.5	115	107	113	95	98	102	110	116	97	103.5	
	可能	126	123	128	122	140	117	199	126	116	138	131.2	

第3章 施 工 定 额

施工定额和预算定额是目前采用较多的两种定额，作为一个优秀的施工造价人员，应该学会熟练地使用这两种定额。这两种定额反映了两种不同的劳动生产率水平：施工定额是企业定额，反映了社会平均先进水平；预算定额是社会性定额，反映的是社会平均合理水平。使用施工定额和工人计价，使用预算定额和甲方计价，除了可以获取预算定额水平的合理利润外，还可以获得两种定额水平差异的额外利润。

目前，相当多的施工企业缺乏自己的施工定额，这是施工管理的薄弱环节。施工企业应根据本企业的具体条件和可能挖掘的潜力，考虑市场的需求和竞争环境，根据国家有关政策、法律和规范、制度，自己编制定额，自行决定定额的水平。同类企业和同一地区的企业之间存在施工定额水平的差距，这样在建筑市场上才能形成竞争。同时，施工企业应将施工定额的水平对外作为商业秘密进行保密。

在市场经济条件下，国家定额和地区定额不再是强加给施工企业的约束和指令，而是对企业的施工定额管理进行引导，从而实现对工程造价的宏观调控。

3.1 施工定额的作用

1. 施工定额是施工单位计划管理的依据

施工定额在企业计划管理方面的作用，表现在它既是企业编制施工组织设计的依据，也是企业编制施工作业计划的依据。

施工组织设计内容如下所列：

$$施工组织设计内容\begin{cases} 所建工程的资源需要量 \\ 适用这些资源的最佳时间安排 \\ 施工现场平面规划 \end{cases}$$

施工定额规定了施工生产产品的人工、材料和机械等资源的需要量标准，利用施工定额即可算出所建工程的资源需要量。用总资源量除以单位时间的资源量获得所需时间，对单位时间的资源量进行调整即可获得资源的最佳时间安排。施工现场的平面规划将影响到相关资源的需要量，因此，对现场进行平面规划应在施工定额的指导下进行。

【例 3-1】 某浇筑 1000m³ 满堂混凝土基础混凝土的工作，混凝土为非泵送商品混凝土，强度等级为 C20，按混凝土工配备 10 人考虑。请计算该工程的资源需要量和完成该项工作需要的时间（塔吊台班不计算）。

解：经查建筑施工定额知：浇注 1m³ 的 C20 满堂基础（商品混凝土、非泵送）的人工消耗量为 0.39 工日、C20 混凝土为 1.02m³，塑料薄膜 1.87m²，水 1.15m³，插入式混凝土振动器 0.069 台班，机动翻斗车（1t）0.131 台班，则

人工需要量：$1000 \times 0.39 = 390$ 工日

材料需要量：C20 混凝土 $= 1000 \times 1.02 = 1020 m^3$

　　　　　　塑料薄膜 $= 1000 \times 1.87 = 1870 m^2$

　　　　　　水 $= 1000 \times 1.15 = 1150 m^3$

机械需要量：混凝土振动器 $= 1000 \times 0.069 = 69$ 台班

　　　　　　机动翻斗车 $= 1000 \times 0.131 = 131$ 台班

按人工配备计算所需时间 $= 390 \div 10 = 39$ 天

按人工时间配备机械：灰浆拌和机 $= 69 \div 39 \approx 2$ 台

　　　　　　　　　　　机动翻斗车 $= 131 \div 39 \approx 4$ 辆

答： 该工程需要人工 390 工日，C20 混凝土 $1020 m^3$，塑料薄膜 $1870 m^2$，水 $1150 m^3$，混凝土振动器 69 台班，机动翻斗车 131 台班，按混凝土工配备 10 人考虑，工程所需时间为 39 天，混凝土振动器需配备 2 台，机动翻斗车需配备 4 辆。

上例说明了施工定额在施工组织设计的资源需要量和时间安排中所起的作用，施工组织设计中的资源需要量是完全通过施工定额计算出来的，作为最佳的时间安排则需要结合施工中的知识和施工定额计算得出。施工现场平面规划并不是施工定额决定的，它是由施工作出的规划，一旦施工作出了规划，就将对计价产生影响。例如材料的运距就是由施工平面规划所决定的。因此，施工现场平面规划应在施工定额的指导下进行。

施工组织设计是在施工之前对整个工程的全局计划，但在实际的施工中，由于各方面的原因，工程的发展可能与原计划不相符。为了确保工程按计划进行，在实际施工中，需定期地采用施工作业计划对原计划进行检查，并制订阶段性的近期计划。施工作业计划内容如下所列：

$$\text{施工作业计划内容} \begin{cases} \text{本月（旬）应完成的施工任务} \\ \text{完成施工任务的资源需要量} \\ \text{提高劳动生产率和节约措施计划} \end{cases}$$

施工作业计划中完成任务和资源需要量是根据施工组织设计和施工定额计算得出的。

【例 3-2】 已知例 3-1 中满堂基础混凝土浇筑工程需要人工 390 工日，C20 混凝土 $1020 m^3$，塑料薄膜 $1870 m^2$，水 $1150 m^3$，混凝土振动器 69 台班，机动翻斗车 131 台班，按混凝土工配备 10 人考虑，工程所需时间为 39 天，混凝土振动器需配备 2 台，机动翻斗车需配备 4 辆。工程按平均进度考虑，请计算本月应完成的施工任务和对应的人工费、材料费和机械费。

解： 本月应完成的混凝土施工任务 $= \dfrac{1000}{39} \times 30 = 769.2 m^3$

人工需要量 $= 769.2 \times 0.39 = 300$ 工日

材料需要量：C20 混凝土 $= 769.2 \times 1.02 = 784.6 m^3$

　　　　　　塑料薄膜 $= 769.2 \times 1.87 = 1468.4 m^2$

　　　　　　水 $= 769.2 \times 1.15 = 884.6 m^3$

机械需要量：混凝土振动器 $= 769.2 \times 0.069 = 53.1$ 台班

　　　　　　机动翻斗车 $= 769.2 \times 0.131 = 100.8$ 台班

需要人工费＝300 工日×26 元/工日＝7800.00 元

需要材料费＝784.6m³×257.00 元/m³＋1468.4m²×0.86 元/m²＋884.6m³×2.80 元/m³＝205381.90 元

需要机械费＝53.1 台班×12 元/台班＋100.8 台班×85.35 元/台班＝9240.48 元

答：本月应完成 769.2m³ 混凝土的浇注工作。完成该工程需要人工费 7800.00 元，材料费 205381.90 元，机械费 9240.48 元。

施工作业计划内容中的第三部分，指的是施工单位可以在自己的施工作业计划中献计献策，以达到提高劳动生产率和节约的目的，由此而产生的收益，可以与甲方协商按比例进行分配。

【例 3－3】　某甲方需要在一山坡上建设一建筑物，对此项目采用了招标方式来确定最终的承建商，某施工单位经招投标活动后最终被确定为中标方。由于建筑物位于山坡上，原材料和机械设备无法一次运送就位，该施工单位在投标书中的施工方案中考虑材料和设备运送到山坡下后，采用垂直吊装机械将材料和设备吊放到山坡上，再采用人力运输的方式将材料和设备运送到建筑物附近进行堆放。根据这个方案，该施工单位在报价中计算了 80 万元的材料、设备二次搬运费。最终施工方以 3780 万元中标。在准备开始施工前，施工方发现当地的人都是采用毛驴进行物品的运送，受此启发，施工单位的材料二次搬运全部改用毛驴进行，最终只花费了 20 万元。但施工方并未就方案的变更和甲方进行协商。最终，工程结束时，甲方委托的审计单位只认可 20 万元的二次搬运费，要扣除当初报价中的 60 万元的二次搬运费。请问：（1）审计单位的做法正确吗？说明理由。（2）施工方正确的做法是什么？

答：（1）审计单位的做法是正确的。

理由如下：在合同签订过程中有两个法定的程序，即要约和承诺。对于法定程序中的具体内容视同合同内容。投标属于要约，施工方在要约中明确说明其采用吊装机械结合人力的方式进行材料和设备的二次搬运，实际施工中采用的是毛驴运送，该行为应视为工程变更，变更应遵循变更的程序，施工方未按程序就履行了变更的事实，视同违约，故而审计单位扣除其违约所得是合理的。

（2）施工方的正确做法是：在施工作业计划中将此想法提出，同意由自己承担由于变更而带来的一切风险，如果变更产生收益，提出与甲方的利益分配比例。该提议经甲方确认后就完成了变更，最终结算时，施工方必将获得其商定的额外收益。

2. 施工定额是组织和指挥生产的有效工具

企业组织和指挥施工，是按照作业计划通过下达施工任务书和限额领料单来实现的。

施工任务书既是下达施工任务的技术文件，也是班、组经济核算的原始凭证。它表明了应完成的施工任务，也记录着班、组实际完成任务的情况，并且进行班、组工人的工资结算。施工任务书上的计量单位、产量定额和计件单位，均需取自施工定额，工资结算也要根据施工定额的完成情况计算。

限额领料单是施工队随施工任务单同时签发的领取材料的凭证，根据施工任务的材料定额填写。其中领料的数量，是班组为完成规定的工程任务消耗材料的最高限额。领料的最高限额是根据施工任务和施工定额计算而得。

3. 施工定额是计算工人劳动报酬的依据

施工定额是衡量工人劳动数量和质量及提供成果和效益的标准。因此,施工定额是计算工人工资的依据。这样,才能做到完成定额好的工资报酬就多,达不到定额的工资报酬就会减少。真正实现多劳多得、少劳少得的社会主义分配原则。

4. 施工定额有利于推广先进技术

施工定额水平中包含着某些已成熟的先进的施工技术和经验,工人要达到和超过定额,就必须掌握和运用这些先进技术;要想大幅度超过定额,就必须创造性地劳动,不断改进工具和改进技术操作方法,注意原材料的节约,避免浪费。当施工定额明确要求采用某些较先进的施工工具和施工方法时,贯彻施工定额就意味着推广先进技术。

5. 施工定额是编制施工预算,加强企业成本管理的基础

施工定额中的消耗量直接反映了施工中所消耗的人、材、机的情况,只需将有关的量与相应的单价相乘即可获得施工人工费、材料费和机械费,进而获得施工造价。利用施工定额编制造价,既要反映设计图纸的要求,也要考虑在现有条件下可能采取的节约人工、材料和降低成本的各项具体措施。这就有效地控制了人力、物力消耗,节约了成本开支。严格执行施工定额不仅可以起到控制消耗、降低成本和费用的作用,同时为贯彻经济核算制、加强班组核算和增加盈利创造良好的条件。

3.2　施工定额中"三量"的确定

施工定额中的"三量"是指人工、材料和机械三者的定额消耗数量。

3.2.1　劳动消耗定额

3.2.1.1　概念

劳动消耗定额是指在正常的技术条件、合理的劳动组织下,生产单位合格产品所消耗的合理活劳动时间,或者是活劳动一定的时间所生产的合理产品数量。也就是说,经过了定额测定,我们将获得一个定额时间和一个定额时间内的产量,将这两者联系起来就获得了定额(标准)。根据联系的情况可分为时间定额和产量定额两种形式。

1. 时间定额

时间定额指的是生产单位合格产品所消耗的工日数。对于人工而言,工分指 1min,工时指 1h,而工日则代表 1 天(以 8h 计)。也就是说,时间定额规定了生产单位产品所需要的工日标准。

时间定额的对象可以是一人也可以是多人。

【例 3-4】 对一工人挖土的工作进行定额测定,该工人经过 3 天的工作(其中 4h 为损失的时间),挖了 25m³ 的土方。请计算该工人的时间定额。

解:消耗总工日数 = (3×8-4) h÷8h/工日 = 2.5 工日

完成产量数 = 25m³

时间定额 = 2.5 工日÷25m³ = 0.10 工日/m³

答:该工人的时间定额为 0.10 工日/m³。

【例 3-5】 对一个 3 人小组进行砌墙施工过程的定额测定,3 人经过 3 天的工作,砌

筑完成 $8m^3$ 的合格墙体。请计算该组工人的时间定额。

　　解：消耗总工日数＝3 人×3 工日/人＝9 工日

　　　　　　完成产量数＝$8m^3$

　　　　　　　时间定额＝9 工日÷$8m^3$＝1.125 工日/m^3

　　答：该组工人的时间定额为 1.125 工日/m^3。

　　2. 产量定额

　　产量定额与时间定额同为定额（标准），只不过角度不同。时间定额规定的是生产产品所需的时间，而产量定额正好相反，它规定的是单位时间生产的产品的数量。

　　【例 3-6】 对一名工人挖土的工作进行定额测定，该工人经过 3 天的工作（其中 4h 为损失的时间），挖了 $25m^3$ 的土方。请计算该工人的产量定额。

　　解：消耗总工日数＝（3×8－4）h÷8h/工日＝2.5 工日

　　　　　　完成产量数＝$25m^3$

　　　　　　　产量定额＝$25m^3$÷2.5 工日＝$10m^3$/工日

　　答：该工人的产量定额为 $10m^3$/工日。

　　从时间定额和产量定额的定义可以看出，两者互为倒数关系。

　　当然，不管是时间定额还是产量定额，它都是给了我们一个标准，而这个标准的应用是有前提的：正常的技术条件、合理的劳动组织、合格产品。没有了这些前提，这个标准将毫无意义。前提不同，使用这个结果也是不恰当的。因此，后面我们就会明白为什么定额要换算，为什么有时候不能使用土建定额，而要使用装饰、修缮定额。

3.2.1.2　制定劳动定额的方法

　　1. 技术测定法

　　技术测定法是最基本的方法，也是我们到目前一直介绍的方法，即通过测定定额的方法，可以用工作日写实法，也可以用测时法和写实记录法，形成定额时间，然后将这段时间内生产的产品进行记录，建立起时间定额或产量定额。

　　这种方法看起来很简单，但存在一个定额水平的问题，也就是说，定额的测定不可能是一个个体水平，而必须是一个群体水平的反映。既然是群体，那一个定额子目就必须测若干对象才能获得真正意义上的科学的消耗量。由此带来的问题是费时费力费钱（从第 2 章的内容知道，测定定额时间出于逼近真值的考虑，一个对象往往要测定 8～10 次）。因此在最基本的技术测定法之外，还有一些较简便的定额测定法。

　　2. 比较类推法

　　对于一些类型相同的项目，可以采用比较类推法来测定定额。方法是取其中之一为基本项目，通过比较其他项目与基本项目的不同来推得其他项目的定额。但这种方法要注意基本项目一定要选择恰当，结果要进行一些微调。

　　计算公式：

$$t = p t_0$$

式中　t——其他项目工时消耗；

　　　p——耗工时比例；

　　　t_0——基本项目工时消耗。

【**例 3 - 7**】 人工挖地槽干土，已知作为基本项目的一类土在 1.5m、3m、4m 及 4m 以上四种情况的工时消耗，同时已获得几种不同土壤的耗工时比例（见表 3 - 1）。用比较类推法计算其余状态下的工时消耗。

表 3 - 1　　　　　　　　　　　　不同土壤的耗工时比例　　　　　　　　　　单位：工时/m³

土壤类别	耗工时比例 p	挖地槽干土深度 (m)			
		1.5	3	4	>4
一类土（基本项目）	1.00	0.18	0.26	0.31	0.38
二类土	1.25				
三类土	1.96				
四类土	2.80				

解：根据 $t = p \times t_0$、二类土 $p = 1.25$、三类土 $p = 1.96$、四类土 $p = 2.80$ 进行计算。

答：计算结果见表 3 - 2。

表 3 - 2　　　　　　　　　　　　　计 算 结 果　　　　　　　　　　　单位：工时/m³

土壤类别	耗工时比例 p	挖地槽干土深度 (m)			
		1.5	3	4	>4
一类土（基本项目）	1.00	0.18	0.26	0.31	0.38
二类土	1.25	1.25×0.18	1.25×0.26	1.25×0.31	1.25×0.38
三类土	1.96	1.96×0.18	1.96×0.26	1.96×0.31	1.96×0.38
四类土	2.80	2.80×0.18	2.80×0.26	2.80×0.31	2.80×0.38

3. 统计分析法

统计分析法与技术测定法很相似，所不同的是技术测定法有意识地在某一段时间内对工时消耗进行测定，一次性投入较大，而统计分析法采用的是细水长流的方法，让施工单位在其施工中建立起数据采集的制度，然后根据积累的数据获得工时消耗。

【**例 3 - 8**】 某公交公司拟采用统计分析法测定 1 路车的定额水平，最终希望确定司机一天所跑的次数和一天应该完成的营业额，由此确定司机应完成的定额水平。请设计统计分析的方法。

答：在 1 路车起点和终点站各设置一执勤人员，负责记录下 1 路车的到站和离站时间，例如，1 路车 6：00 从起点站出发，6：40 到达终点站，6：42 从终点站出发，7：30 回到起点站，7：32 再次出发，用 7：32 减去 6：00 得到 1h32min，就得到了 1 路车跑一个来回所需时间……一天工作结束后，再将车开到指定地点收集刷卡和投币的数额，就可以得到一天的营业额。长年累月的记录，就可以得到延续时间的真值以及一天正常所能跑车的次数和一天正常完成的营业额，由此也就确定了司机工作的定额水平。

统计分析法的优点在于减少了重复劳动，将定额的集中测定转化为分别测定，将专门的定额测定工作转化为施工中的一个工序，但采用这种方法的准确性不易保证，需要对施工单位和班组、原始数据的获得和统计分析做好事先控制、事后处理的工作。

4. 经验估计法

测定时间确定定额消耗的方法利用的是经济学中关于"社会必要劳动时间决定产品价值"的观点，产品价格应该是围绕着价值受市场影响而波动，最终必将回归价值。技术测定法测定的是按价值观点确定的价格，一般情况下是科学的，但遇到新技术、新工艺就会出现问题。

新技术、新工艺在一开始出现的时候，拥有该技术的人或单位对该技术占据垄断地位，因此是不可能同意按照正常情况下的定额测定来计价的，换言之，即使按正常情况测定了，也会处于有价无市的状况（没人做），更谈不到拥有技术的人会让你来测定其施工技术的工时消耗了。因此，这种情况下就要用到经验估计法了。

经验估计法的特点是完全凭借个人的经验，具体来说就是邀请一些有丰富经验的技术专家、施工工人参加座谈，通过对图纸的分析、现场的研究来确定工时消耗。

按照上述特点，可以看出，经验估计法准确度较低（相对于价值而言，价格偏高）。因此，采用经验估计法获得的定额必须及时通过实践检验，实践检验不合理的，应及时修订。

3.2.2　施工机械台班消耗定额

3.2.2.1　概念

施工机械台班消耗定额是指在正常的技术条件、合理的劳动组织下，生产单位合格产品所消耗的合理的机械工作时间，或者是机械工作一定的时间所生产的合理产品数量。同样，施工机械台班消耗定额也分为时间定额和产量定额两种形式。

1. 时间定额

时间定额是指生产单位产品所消耗的机械台班数。对于机械而言，台班代表 1 天（以8h 计）。

2. 产量定额

产量定额是指在正常的技术条件、合理的劳动组织下，每一个机械台班时间所生产的合格产品的数量。

3.2.2.2　施工机械台班消耗定额的编制方法

施工机械台班消耗定额的编制方法只有一个，即技术测定法。根据机械是循环动作还是非循环动作，其测定的思路是不同的。

1. 循环动作机械台班消耗定额

(1) 选择合理的施工单位、工人班组、工作地点及施工组织。

(2) 确定机械纯工作 1h 的正常生产率：

机械纯工作 1h 正常循环次数＝3600（s）÷一次循环的正常延续时间

机械纯工作 1h 正常生产率＝机械纯工作 1h 正常循环次数×一次循环生产的产品数量

(3) 确定施工机械的正常利用系数。机械工作与工人工作相似，除了正常负荷下的工作时间（纯工作时间），还有不可避免的中断时间、不可避免的无负荷时间等定额包含的时间，考虑机械正常利用系数是将机械的纯工作时间转化为定额时间。

机械正常利用系数＝机械在一个工作班内纯工作时间÷一个工作班延续时间（8h）

（4）施工机械台班消耗定额。

施工机械台班消耗定额＝机械纯工作 1h 正常生产率×工作班纯工作时间

＝机械纯工作 1h 正常生产率×工作班延续时间

×机械正常利用系数

【例 3－9】 一斗容量为 1m³ 的单斗正铲挖土机挖土一次延续时间为 48s（包括土斗挖土并提升斗臂、回转斗壁、土斗卸土、返转斗壁并落下土斗），一个工作班的纯工作时间为 7h。请计算该搅拌机的正常利用系数和产量定额。

解： 机械纯工作 1h 正常循环次数＝3600s÷48s/次＝75 次

机械纯工作 1h 正常生产率＝75 次×1m³/次＝75m³

机械正常利用系数＝7h÷8h＝0.875

搅拌机的产量定额＝75m³/h×8h/台班×0.875＝525m³/台班

答： 该搅拌机的正常利用系数为 0.875，产量定额为 525m³/台班。

2. 非循环动作机械台班消耗定额

（1）选择合理的施工单位、工人班组、工作地点及施工组织。

（2）确定机械纯工作 1h 的正常生产率：

机械纯工作 1h 正常生产率＝工作时间内完成的产品数量÷工作时间（h）

（3）确定施工机械的正常利用系数：

机械正常利用系数＝机械在一个工作班内纯工作时间÷一个工作班延续时间（8h）

（4）施工机械台班消耗定额。

施工机械台班消耗定额＝机械纯工作 1h 正常生产率×工作班纯工作时间

＝机械纯工作 1h 正常生产率×工作班延续时间

×机械正常利用系数

【例 3－10】 采用一液压岩石破碎机破碎混凝土，现场观测机器工作了 2h 完成了 56m³ 混凝土的破碎工作，一个工作班的纯工作时间为 7h。请计算该液压岩石破碎机的正常利用系数和产量定额。

解： 机械纯工作 1h 正常生产率＝56m³÷2h＝28m³/h

机械正常利用系数＝7h÷8h＝0.875

液压岩石破碎机的产量定额＝28m³/h×8h/台班×0.875＝196m³/台班

答： 该搅拌机的正常利用系数为 0.875，产量定额为 196m³/台班。

3.2.3 材料消耗定额

3.2.3.1 概念

材料消耗定额指的是在正常的技术条件、合理的劳动组织下，生产单位合格产品所消耗的合理的品种、规格的建筑材料（包括半成品、燃料、配件、水、电等）的数量。

材料消耗定额是编制材料需用量计划、运输计划、供应计划，计算仓库面积、签发限额领料单和经济核算的依据。

根据材料消耗的情况，可以将材料分为非周转性材料（直接性材料）和周转性材料（措施性材料）。这两种材料的消耗量的计算方法是不同的，在计价中的地位也不一样。直接性材料是不允许随意让利的，而措施性材料可以随意让利。

3.2.3.2 非周转性材料消耗

1. 非周转性材料消耗的组成

非周转性材料是指在建筑工程施工中，一次性消耗并直接构成工程实体的材料。如砖、钢筋、水泥等。非周转性材料的组成如下：

$$
\text{非周转性材料消耗}
\begin{cases}
\text{必需消耗的材料}
\begin{cases}
\text{直接用于建筑工程的材料（材料净耗量）}\\
\text{不可避免的施工废料（材料损耗量）}\\
\text{不可避免的施工操作损耗（材料损耗量）}
\end{cases}\\
\text{损失的材料}
\end{cases}
$$

直接用于建筑工程的材料：直接转化到产品中的材料，应计入定额；

不可避免的施工废料：如加工制作中的合理损耗；

不可避免的施工操作损耗：场内运输、场内堆放中的材料损耗，由于不可避免，应计入定额。

$$\text{材料消耗量}=\text{材料净耗量}+\text{材料损耗量}$$

$$\text{材料损耗率}=\frac{\text{材料损耗量}}{\text{材料消耗量}}\times100\%$$

则

$$\text{材料消耗量}=\frac{\text{材料净耗量}}{1-\text{材料损耗率}}$$

2. 非周转性材料消耗定额的制定

（1）现场观测法。现场观测法又称为现场测定法，与劳动消耗定额中的技术测定法相似。采用现场测定生产产品所消耗的原材料的数量，将两者挂钩就获得了材料的消耗定额。

这种方法简便易行，在定额中常用来测定材料的净耗量和损耗量。但要注意判断损耗量的性质——是属于不可避免的施工废料、施工操作损耗还是损失的材料，否则就可能造成数据的不准确。

【例 3-11】 一施工班组砌筑一砖内墙，经现场观测共使用砖 2660 块，M5 水泥砂浆 1.175m³，水 0.5m³，最终获得 5m³ 的砖墙。请计算该砖墙的材料消耗量。

解： 砖消耗量 = 2660 块 ÷ 5m³ = 532 块/m³

M5 水泥砂浆消耗量 = 1.175m³/5m³ = 0.235m³/m³

水消耗量 = 0.5m³/5m³ = 0.1m³/m³

答： 该砖墙消耗砖 532 块/m³，M5 水泥砂浆 0.235m³/m³，水 0.1m³/m³。

（2）试验室试验法。

试验室试验法是指专业材料实验人员，通过实验仪器设备确定材料消耗定额的一种方法。它只适用于在试验室条件下测定混凝土、沥青、砂浆、油漆涂料等材料的消耗定额。

由于试验室工作条件与现场施工条件存在一定的差别，施工中的某些因素对材料消耗量的影响，不一定能充分考虑到。因此，对测出的数据还要用观测法进行校核修正。

表 3-3 为定额中使用试验法获得消耗量的混凝土配比表（江苏省计价表附录 1021 页）。

表 3 - 3   现浇混凝土、现场预制混凝土配合比表   单位：m³

代 码 编 号			001002		001003	
项 目	单 位	单 价	碎石最大粒径 16mm，坍落度 35～50mm			
			混凝土强度等级			
			C25			
			数量	合价	数量	合价
基价	元		190.80		190.09	
材料 水泥 32.5 级	kg	0.28	470.00	131.60		
水泥 42.5 级	kg	0.33			386.00	127.38
中砂	t	38.00	0.682	25.92	0.775	29.45
碎石 5～16mm	t	27.80	1.176	32.69	1.175	32.67
水	m³	2.80	0.21	0.59	0.21	0.59

（3）统计分析法。与劳动定额中的统计分析法类似，是指在现场施工中，对分部分项工程发出的材料数量、完成建筑产品的数量、竣工后剩余材料的数量等资料，进行统计、整理和分析而编制材料消耗定额的方法。这种方法主要是通过工地的工程任务单、限额领料单等有关记录取得所需要的资料，因而不能将施工过程中材料的合理损耗和不合理损耗区别开来，得出的材料消耗量准确性也不高。

（4）理论计算法。理论计算法是指根据设计图纸、施工规范及材料规格，运用一定的理论计算公式制定材料消耗定额的方法。理论计算法主要适用于计算按件论块的现成制品材料。例如砖石砌体、装饰材料中的砖石、镶贴材料等。其计算方法比较简单，先计算出材料的净耗量，再算出材料的损耗量，然后两者相加即为材料消耗定额。

1）每立方米砖砌体材料消耗量的计算：

$$砖净耗量 = \frac{墙厚砖数 \times 2}{墙厚 \times （砖长 + 灰缝） \times （砖厚 + 灰缝）}$$

$$砖消耗量 = \frac{砖净耗量}{1 - 砖损耗率}$$

$$砂浆净耗量 = 1 - 砖净耗量 \times 每块砖体积$$

$$砂浆消耗量 = \frac{砂浆净耗量}{1 - 砂浆损耗率}$$

墙厚砖数是指墙厚对应于砖长的比例关系。以黏土实心砖（240mm × 115mm × 53mm）为例，墙厚砖数如表 3 - 4 所示。

表 3 - 4   墙 厚 对 应 砖 数 表

墙厚砖数	$\frac{1}{2}$	$\frac{3}{4}$	1	$1\frac{1}{2}$	2
墙厚（m）	0.115	0.178	0.24	0.365	0.49

【例 3 - 12】　请计算用黏土实心砖砌筑 1m³ 一砖内墙（灰缝 10mm）所需砖、砂浆定

额用量（砖、砂浆损耗率按 1% 计算）。

解：砖净耗量 $= \dfrac{墙厚砖数 \times 2}{墙厚 \times (砖长 + 灰缝) \times (砖厚 + 灰缝)}$

$= \dfrac{1 \times 2}{0.24 \times (0.24 + 0.01) \times (0.053 + 0.01)}$

$= 529.1$ 块

砂浆净耗量 $= 1 -$ 砖净耗量 $\times$ 每块砖体积

$= 1 - 0.24 \times 0.115 \times 0.053 \times 529.1$

$= 0.226 \text{m}^3$

砖消耗量 $=$ 砖净耗量 $+$ 砖损耗量

$= \dfrac{砖净耗量}{1 - 砖损耗率}$

$= \dfrac{529.1}{1 - 1\%}$

$= 534$ 块

砂浆消耗量 $= \dfrac{砂浆净耗量}{1 - 砂浆损耗率}$

$= \dfrac{0.226}{1 - 1\%}$

$= 0.23 \text{m}^3$

答：砌筑 1m^3 一砖内墙定额用量砖 534 块，砂浆 0.23m^3。

2）100m^2 块料面层材料消耗量计算：

面层材料净耗量 $= \dfrac{100}{(块料长 + 灰缝) \times (块料宽 + 灰缝)}$

面层材料消耗量 $= \dfrac{面层材料净耗量}{1 - 面层材料损耗率}$

【例 3-13】 某办公室地面净面积 100m^2，拟粘贴 $300 \text{mm} \times 300 \text{mm}$ 的地砖（灰缝 2mm）。请计算地砖定额消耗量（地砖损耗率按 2% 计算）。

分析：地面面积由地砖和灰缝共同占据。没有灰缝，用地面面积直接除以一块地砖的面积即可获得地砖用量；有灰缝，可以用地面面积除以扩大的一块地砖面积即可获得地砖用量。

解：地砖净耗量 $= \dfrac{地面面积}{(地砖长 + 灰缝) \times (地砖宽 + 灰缝)}$

$= \dfrac{100}{(0.3 + 0.002) \times (0.3 + 0.002)}$

$= 1096.4$ 块

地砖定额消耗量 $= \dfrac{地砖净耗量}{1 - 地砖损耗率}$

$= \dfrac{1096.4}{1 - 2\%}$

$= 1119$ 块

答：地砖定额消耗量为 1119 块。

3.2.3.3　周转性材料消耗定额

周转性材料是指在施工过程中能多次使用、周转的工具型材料。如各种模板、活动支架、脚手架、支撑等。

周转性材料的计算按摊销量计算。按照周转材料的不同，摊销量的计算方法不一样，主要分为周转摊销和平均摊销两种，对于易损耗材料（现浇构件木模板）采用周转摊销，而对损耗小的材料（定型模板、钢材等）采用平均摊销。

1. 现浇构件木模板消耗量计算

（1）材料一次使用量。材料一次使用量是指周转性材料在不重复使用条件下的第一次投入量，相当于非周转性消耗材料中的材料用量。通常根据选定的结构设计图纸进行计算。计算公式如下：

$$一次使用量 = \frac{混凝土和模板接触面积 \times 每平方米接触面积模板用量}{1 - 模板制作安装损耗率}$$

（2）投入使用总量。由于现浇构件木模板的易耗性，在第一次投入使用结束后（拆模），就会产生损耗，还能用于第二次的材料量小于第一次的材料量，为了便于计算，我们考虑每一次周转的量都与第一次量相同，这就需要在每一次周转时补损，补损的量为损耗掉的量，一直补损到第一次投入的材料消耗完为止。补损的次数与周转次数有关，应等于（周转次数－1）。

周转次数是指周转材料从第一次使用起可重复使用的次数。计算公式如下：

$$投入使用总量 = 一次使用量 + 一次使用量 \times （周转次数 - 1） \times 补损率$$

（3）周转使用量。不考虑其他因素，按投入使用总量计算的每一次周转使用量。计算公式如下：

$$周转使用量 = \frac{投入使用总量}{周转次数}$$

$$= \frac{一次使用量 + 一次使用量 \times （周转次数 - 1） \times 补损率}{周转次数}$$

$$= 一次使用量 \times \frac{1 + （周转次数 - 1） \times 补损率}{周转次数}$$

（4）材料回收量。材料回收量是指在一定周转次数下，每周转使用一次平均可以回收材料的数量。计算公式如下：

$$回收量 = \frac{一次使用量 - （一次使用量 \times 补损率）}{周转次数}$$

$$= 一次使用量 \times \left(\frac{1 - 补损率}{周转次数} \right)$$

（5）摊销量。摊销量是指周转性材料在重复使用的条件下，一次消耗的材料数量。计算公式如下：

$$摊销量 = 周转使用量 - 回收量$$

【例 3-14】　按某施工图计算一层现浇混凝土柱接触面积为 160m²，混凝土构件体积为 20m³，采用木模板，每平方米接触面积需模量 1.1m²，模板施工制作安装损耗率为 5%，周转补损率为 10%，周转次数 8 次。请计算所需模板单位面积、单位体积摊销量。

解： 一次使用量 $= \dfrac{混凝土和模板接触面积 \times 每平方米接触面积模板用量}{1 - 模板制作安装损耗率}$

$$= \frac{160 \times 1.1}{1 - 5\%}$$

$$= 185.26 \text{m}^2$$

投入使用总量 = 一次使用量 + 一次使用量 × （周转次数 - 1）× 补损率

$$= 185.26 + 185.26 \times （8 - 1）\times 10\%$$

$$= 314.94 \text{m}^2$$

周转使用量 = 投入使用总量 ÷ 周转次数

$$= 314.94 \div 8$$

$$= 39.37 \text{m}^2$$

回收量 = 一次使用量 × $\left(\dfrac{1 - 补损率}{周转次数} \right)$

$$= 185.26 \times \frac{1 - 10\%}{8}$$

$$= 20.84 \text{m}^2$$

摊销量 = 周转使用量 - 回收量

$$= 39.27 - 20.84$$

$$= 18.43 \text{m}^2$$

模板单位面积摊销量 = 摊销量 ÷ 模板接触面积

$$= 18.43 \div 160$$

$$= 0.115 \text{m}^2/\text{m}^2$$

模板单位体积摊销量 = 摊销量 ÷ 混凝土构件体积

$$= 18.43 \div 20$$

$$= 0.922 \text{m}^2/\text{m}^3$$

答： 所需模板单位面积摊销量为 $0.115 \text{m}^2/\text{m}^2$，单位体积摊销量为 $0.922 \text{m}^2/\text{m}^3$。

2. 预制构件模板及其他定型构件模板计算

预制构件模板及其他定型构件模板的消耗量计算方法与现浇构件木模板不同，前者不考虑每次周转的损耗（因为损耗率很小），按一次使用量除以周转次数以平均摊销的形式计算。同时，在定额中要比木模板多计算一项回库修理、保养费。

【例 3-15】 按某施工图计算一层现浇混凝土柱接触面积为 160m^2，采用组合钢模板，每平方米接触面积需模量 1.1m^2，模板施工制作损耗率为 5%，周转次数 50 次。请计算所需模板单位面积摊销量。

解： 一次使用量 $= \dfrac{混凝土和模板接触面积 \times 每平方米接触面积模板用量}{1 - 模板制作安装损耗率}$

$$= \frac{160 \times 1.1}{1 - 5\%}$$

$$=185.26\text{m}^2$$

摊销量＝一次使用量÷周转次数

$$=185.26\div 50$$

$$=3.71\text{m}^2$$

模板单位面积摊销量＝$3.71\div 160$

$$=0.023\text{m}^2/\text{m}^2$$

答：所需模板单位面积摊销量为 $0.023\text{m}^2/\text{m}^2$。

第4章 建筑工程预算定额

预算定额是规定在正常的施工条件、合理的施工工期、施工工艺及施工组织条件下，消耗在合格质量的分项工程产品上的人工、材料、机械台班的数量及单价的社会平均水平标准。

预算定额在江苏省的具体表现为计价表。

预算定额的作用表现在以下几方面：

（1）编制工程标底、招标工程结算审核的指导。

（2）工程投标报价、企业内部核算、制定企业定额的参考。

（3）一般工程（依法不招标工程）编制与审核工程预结算的依据。

（4）编制建筑工程概算定额的依据。

（5）建设行政主管部门调解工程造价纠纷、合理确定工程造价的依据。

4.1 预算定额中"三量"的确定

4.1.1 人工工日消耗量的确定

人工的工日数可以有两种确定方法。一种是以劳动定额为基础确定（本节介绍的方法）；另一种是以现场观察测定资料为基础计算。

预算定额中人工工日消耗量是由分项工程所综合的各个工序劳动定额包括的基本用工、其他用工两部分组成的：

$$预算定额用工 \begin{cases} 基本用工 \\ 其他用工 \end{cases}$$

1. 基本用工

基本用工是指完成定额计量单位的主要用工，按工程量乘以相应劳动定额计算，是以施工定额子目综合扩大而得出的。计算公式如下：

$$基本用工 = \sum（综合取定的工程量 \times 劳动定额）$$

例如，工程实际中的砖基础，有一砖厚、一砖半厚、二砖厚等之分，用工各不相同。在预算定额中由于不区分厚度，需要按照统计的比例，加权平均，即公式中的综合取定，得出用工。

2. 其他用工

其他用工通常包括超运距用工、辅助用工和人工幅度差三部分内容。

（1）超运距用工。在定额用工中已考虑将材料从仓库或集中堆放地搬运至操作现场的水平运输用工。劳动定额综合按 50m 运距考虑，而预算定额是按 150m 考虑的，增加的 100m 运距用工就是在预算定额中有而劳动定额没有的。计算公式如下：

超运距用工＝∑（超运距材料数量×超运距劳动定额）

需要指出的是，实际工程现场运距超过预算定额取定运距时，可另行计算现场二次搬运费。

（2）辅助用工。指技术工种劳动定额内部未包括而在预算定额内又必须考虑的用工。例如，机械土方工程配合用工，材料加工（筛砂、洗石、淋化石膏）用工，电焊点火用工等。计算公式如下：

辅助用工＝∑（材料加工数量×相应的加工劳动定额）

（3）人工幅度差。指在劳动定额中未包括而在正常施工情况下不可避免但又很难精确计算的用工和各种工时损失。例如，各工种间的工序搭接及交叉作业相互配合或影响所发生的停歇用工；施工机械在单位工程之间转移及临时水电线路移动所造成的停工；质量检查和隐蔽工程验收工作的时间；班组操作地点转移用工；工序交接时后一工序对前一工序不可避免的修整用工；施工中不可避免的其他零星用工。计算公式如下：

人工幅度差＝（基本用工＋超运距用工＋辅助用工）×人工幅度差系数

人工幅度差系数一般为 10%～15%。

4.1.2 机械台班消耗量的确定

预算定额中的机械台班消耗量的确定有两种方法：一种是以施工定额为基础确定（本节介绍的方法）；另一种是以现场测定资料为基础确定。

根据施工定额确定机械台班消耗量的方法是指施工定额或劳动定额中机械台班产量加机械台班幅度差获得预算定额中机械台班消耗量的方法；以现场测定资料为基础确定机械台班消耗量的方法，其预算定额中的机械台班量等同于施工定额中的机械台班量。

1. 根据施工定额确定预算定额机械台班量

$$预算定额机械台班量\begin{cases}基本机械台班\\机械台班幅度差\end{cases}$$

（1）基本机械台班。指完成定额计量单位的主要台班量。按工程量乘以相应机械台班消耗定额计算。相当于施工定额中的机械台班消耗量。计算公式如下：

基本机械台班＝∑（各工序实物工程量×相应的施工机械台班消耗定额）

（2）机械台班幅度差。指在基本机械台班中未包括而在正常施工情况下不可避免但又很难精确计算的台班用量。例如，正常施工组织条件下不可避免的机械空转时间；施工技术原因的中断及合理的停置时间；因供电供水故障及水电线路移动检修而发生的运转中断时间；因气候变化或机械本身故障影响工时利用的时间；施工机械转移及配套机械相互影响损失的时间；配合机械施工的工人因与其他工种交叉造成的间歇时间；因检查工程质量造成的机械停歇时间；工程收尾和工程量不饱满造成的机械停歇时间等。

大型机械幅度差系数：土方机械 25%，打桩机械 33%，吊装机械 30%。砂浆、混凝土搅拌机由于按小组配用，以小组产量计算机械台班产量，不另增加机械幅度差。其他分部工程中如钢筋加工、木材、水磨石等各项专用机械的幅度差为 10%。

综上所述，根据施工定额确定预算定额的机械台班消耗量按下式计算：

预算定额机械台班量＝基本机械台班×（1＋机械幅度差系数）

2. 停置台班量的确定

机械台班消耗量中已经考虑了施工中合理的机械停置时间和机械的技术中断时间，但特殊原因造成机械停置，可以计算停置台班。也就是说，在计取了定额中的台班量之后，当发生某些特殊情况（例如图纸变更）造成机械停置后，施工方有权另外计算停置台班量，并按实际停置的天数计算。

注意：台班是按 8h 计算的，一天 24h，机械工作台班一天最多可以算 3 个，但停置台班一天只能算 1 个。

4.1.3 材料消耗量的确定

预算定额中材料也分为非周转性材料和周转性材料。

与施工定额相似，实体性消耗量也是净耗量加损耗量，损耗量还是采用消耗量乘以损耗率获得，计算的方式和施工定额完全相同，唯一可能存在差异的是损耗率的大小。施工定额是平均先进水平，损耗率应较低，预算定额是平均合理水平，损耗率较施工定额稍高。周转性材料的计算方法也与施工定额相同，存在差异的一个是损耗率（制作损耗率、周转损耗率），另一个是周转次数。也就是说，施工定额和预算定额的材料消耗量的确定如果硬做区别还是有的，但在实际工作中，一般就不做区分了，也就是认为两种定额中材料的消耗量的确定方法是一样的。

1. 预算定额中材料的种类

预算定额中的材料，按用途可划分为以下四种：

(1) 主要材料。指直接构成工程实体的材料，其中也包括成品、半成品的材料。

(2) 辅助材料。指构成工程实体除主要材料以外的其他材料。如垫木钉子、铅丝等。

(3) 周转性材料。指脚手架、模板等多次周转使用的不构成工程实体的摊销性材料。

(4) 其他材料。指用量较少，难以计量的零星用量。如棉纱，编号用的油漆等。

2. 预算定额中材料消耗量的计算方法

(1) 主要材料、辅助材料、周转性材料消耗量的计算方法主要有以下几种：

1) 计算法。凡有标准规格的材料，按规范要求计算定额计量单位的耗用量，如砖、块料面层等。

凡设计图纸标注尺寸及下料要求的，按设计图纸尺寸计算材料净耗量，如门窗制作用材料，方、板材等。

2) 换算法。各种胶结、涂料等材料的配合比用料，可以根据要求条件换算，得出材料用量。

3) 测定法。包括试验室试验法和现场观察法。指各种强度等级的混凝土及砌筑砂浆配合比的耗用原材料数量的计算，需按照规范要求试配经过试压合格以后并经过必要的调整后得出的水泥、砂子、石子、水的用量。对新材料、新结构又不能用其他方法计算定额消耗用量时，需用现场测定法来确定，根据不同条件可以采用写实记录法和观察法，得出定额的消耗量。

(2) 其他材料消耗量的计算方法。其他材料消耗量的确定。一般按工艺测算，在定额项目材料计算表内列出名称、数量，并依编制期价格以其他材料占主要材料的比率计算出价格，以"元"的形式列在定额材料栏之下（可不列材料名称及耗用量）。

4.2　预算定额中"三价"的确定

预算定额中的"三价"是指人工、材料和机械三者的定额预算单价。根据前面的介绍，预算定额是计价性定额，人工费、材料费和机械费是通过各自的消耗量乘以各自的单价获得的，本章 4.1 节我们介绍了消耗量的确定方式，下面介绍"三价"的确定方式。

4.2.1　人工工日单价的确定

4.2.1.1　人工工日单价的组成

人工工日单价的组成如下：

$$人工工日单价\begin{cases}基本工资\\工资性津贴\\生产工人辅助工资\\职工福利费\\劳动保护费\end{cases}$$

（1）基本工资：是指发放给生产工人的基本工资，包括基础工资、岗位（职级）工资、绩效工资等。

（2）工资性津贴：是指企业发放的各种性质的津贴、补贴。包括物价补贴、交通补贴、住房补贴、施工补贴、误餐补贴、节假日（夜间）加班费等。

（3）生产工人辅助工资：是指生产工人年有效施工天数以外非作业天数的工资。包括职工学习、培训期间的工资，探亲、休假期间的工资，因气候影响的停工工资，女工哺乳时间的工资，病假在六个月以内的工资及产、婚、丧假期的工资。

（4）职工福利费：是指按规定标准计提的职工福利费。

（5）劳动保护费：是指按规定标准发放的劳动保护用品、工作服装补贴、防暑降温费、高危险工种施工作业防护补贴费等。

4.2.1.2　人工工日单价的确定

1. 定额人工单价发展史

根据前面的介绍，既然牵涉到价格，不同时期的人工工日单价当然是不一样的。以江苏省为例，在 2004 年土建与装饰定额之前，人工工日单价的确定都是不分工种、不分等级，执行统一标准。江苏省在 1990 年土建定额中规定人工工日单价为 4.16 元/工日；1997 年土建定额中规定人工工日单价为 22 元/工日；2001 年土建定额中规定人工工日单价为 26 元/工日。人工工日单价的变化也再一次验证了我们在第 1 章所介绍的：消耗量可以长期稳定，而价格变化是很大的。定额将消耗量与单价分离也是出于对他们两者的不同特点的考虑。从另外一方面我们也应该理解最新的计价革命（清单计价）：在企业定额还未形成、招投标采用最低价中标、但低于成本价除外的情况下，社会性的预算定额中的非周转性消耗量一般不允许竞争（照搬使用），周转性材料消耗量由于周转次数与管理水平有关，因此可以竞争。而定额中的价格只具有参考作用（允许竞争）。

2. 预算定额人工单价标准

以江苏省为例，2004 年土建与装饰定额的人工工日单价的确定方法与以前定额不同，工日单价开始与工人等级挂钩。一类工 28.00 元/工日、二类工 26.00 元/工日、三类工 24.00 元/工日。

3. 人工单价指导标准

以江苏省为例，2004 年计价表中的人工工日单价自 2010 年 11 月 1 日进行了调整，根据苏建价〔2010〕494 号文件：

（1）包工包料工程建筑用工，一类工为 56.00 元/工日，二类工为 53.00 元/工日，三类工为 50.00 元/工日；单独装饰工程人工单价为 61.00～78.00 元/工日。

（2）包工不包料工程人工单价为 70.00 元/工日；单独装饰工程人工单价为 78.00～96.00 元/工日。

（3）点工人工单价为 58.00 元/工日；单独装饰工程人工单价为 67.00 元/工日。

【例 4 - 1】　以 26 元/工日为例，介绍一下单价的组成。

解：（1）年工作日计算：

$$365 天-10 天（法定假日）-52×2 天（双休日）=251 天$$

（2）预算工资组成：

生产工人基本工资：280 元/月×12 月＝3360 元

工资性津贴：80 元/月×12 月＝960 元

房租补贴：（3360＋960）×7.5%＝324 元

流动施工津贴：3.5 元/天×251 天＝878.5 元

职工福利费：（3360＋960＋324＋878.5）×14%＝773.15 元

劳动保护费：0.92 元/天×251 天＝230.92 元

（3）工日单价计算：

$$（3360＋960＋324＋878.5＋773.15＋230.92）÷251＝26.00 元/工日$$

4.2.2　材料预算价格的确定

4.2.2.1　材料预算价格的组成

材料预算价格的组成如下：

$$材料预算价格\begin{cases} 材料原价 \\ 材料运杂费 \\ 运输损耗费 \\ 采购及保管费 \end{cases}$$

（1）**材料原价：**是指材料的出厂价格，或者是销售部门的批发牌价和市场采购价格。在预算定额中，材料购买只有一种来源的，这种价格就是材料原价。材料的购买有几种来源的，按照不同来源加权平均后获得定额中的材料原价。计算公式如下：

$$材料原价总值＝\sum（各次购买量×各次购买价）$$

$$加权平均原价＝材料原价总值÷材料总量$$

（2）**材料运杂费：**是指材料自来源地运至工地仓库或指定堆放地点所发生的全部费用。要了解运杂费，首先要了解材料预算价格所包含的内容。材料预算价格是指从材料购买地开始一直到施工现场的集中堆放地或仓库之后出库的费用。材料原价只是材料的购买价，材料购买后需要装车运到施工现场，到现场之后需要下材料，堆放在某地点或仓库。从购买地到施工现场的费用为运输费，装车（上力）、下材料（下力）及运至集中地或仓库的费用为杂费。

（3）运输损耗费：材料在运输装卸过程中不可避免的损耗。

（4）采购及保管费：为组织采购、供应和保管材料过程所需要的各项费用。包括采购费、工地保管费、仓储费和仓储损耗。

采购费与保管费是按照材料到库价格（材料原价＋材料运杂费＋运输损耗费）的费率进行计算的。江苏省规定：采购、保管费费率各为 1％。

4.2.2.2 材料预算价格的取定

1. 原材料的价格取定

预算定额中原材料的价格取定就是由上述四大部分组成的。

【例 4 - 2】 某施工队为某工程施工购买水泥，从甲单位购买水泥 200t，单价 280 元/t；从乙单位购买水泥 300t，单价 260 元/t；从丙单位第一次购买水泥 500t，单价 240 元/t，第二次购买水泥 500t，单价 235 元/t（这里的单价均指材料原价）。采用汽车运输，甲地距工地 40km，乙地距工地 60km，丙地距工地 80km。根据该地区公路运价标准：汽运货物运费为 0.4 元/（t·km），装、卸费各为 10 元/t，未发生运输损耗。求此水泥的预算价格。

分析： 由于该施工队在一项工程中所购买的水泥价格有几种，在计算时分开计算是很麻烦的，也无此必要。我们往往是将其转化为一个价格来计算，采用的就是加权平均的方法，然后再根据预算价格的组成形成该水泥的预算价格。

解： 材料原价总值＝∑（各次购买量×各次购买价）

$$＝200×280＋300×260＋500×240＋500×235$$
$$＝371500 元$$

材料总量＝200＋300＋500＋500＝1500t

加权平均原价＝材料原价总值÷材料总量 ＝371500÷1500 ＝247.67 元/t

材料运杂费＝［0.4×（200×40＋300×60＋1000×80）＋10×2×1500］

$$÷1500$$
$$＝48.27 元/t$$

采购及保管费＝（247.67＋48.27）×2％ ＝5.92 元/t

水泥预算价格＝247.67＋48.27＋5.92 ＝301.86 元/t

答： 此水泥的预算价格为 301.86 元/t。

2. 配比材料的价格取定

配比材料在定额中是以成品形式来记录其消耗量和单价的，例如表 4-1，矩形柱子目中选用的是现浇 C30 混凝土，混凝土代号 001030，子目中混凝土消耗量为 0.985m³，混凝土单价为 192.87 元/m³。

混凝土单价 192.87 元/m³ 的预算价格的由来参见表 4-2。即采用各组成成分的预算价格乘以各组成成分的数量之和来获得。计算公式如下：

配比材料预算价格＝∑（定额配比材料各组成成分用量×各组成成分材料预算单价）

表 4-1　　　　　　　　　　**自拌混凝土现浇柱构件定额示例**　　　　　　　计量单位：m³

定 额 编 号			单位	单价	5—13	
					矩形柱	
项 目					数量	合价
综合单价			元		277.28	
其中	人工费		元		49.92	
	材料费		元		200.23	
	机械费		元		6.32	
	企业管理费		元		14.06	
	利润		元		6.75	
二类工			工日	26.00	1.92	49.92
材料	013003	水泥砂浆 1:2	m³	212.43	0.031	6.59
	605155	塑料薄膜	m²	0.86	0.28	0.24
	613206	水	m³	2.80	1.22	3.42
机械	13072	混凝土搅拌机 400L	台班	83.39	0.056	4.67
	15004	混凝土振动器（插入式）	台班	12.00	0.112	1.34
	06016	灰浆拌和机 200L	台班	51.43	0.006	0.31
小计						66.49
(1)	001026	现浇 C20 混凝土 合计	m³	172.42	(0.985)	(169.83) (236.32)
(2)	001027	现浇 C25 混凝土 合计	m³	186.50	(0.985)	(183.70) (250.19)
(3)	001030	现浇 C30 混凝土 合计	m³	192.87	0.985	189.98 256.47
(4)	001031	现浇 C35 混凝土 合计	m³	206.31	(0.985)	(203.22) (269.71)

注　预算定额项目中带括号的材料价格供选用，不包括在综合单价内。

表 4-2　　　　　　　　　　**现浇混凝土、现场预制混凝土配合比表**　　　　　　　单位：m³

代 码 编 号				001029		001030	
				碎石最大粒径 31.5mm，坍落度 35~50mm			
				混凝土强度等级			
项 目		单位	单价	C30			
				数量	合价	数量	合价
基价			元	203.67		192.87	
材料	水泥 32.5 级	kg	0.28	486.00	136.08		
	水泥 42.5 级	kg	0.33			365.00	120.45
	中砂	t	38.00	0.625	23.75	0.69	26.22
	碎石 5~16mm	t	27.80	1.234	43.31	1.301	45.67
	水	m³	2.80	0.19	0.53	0.19	0.53

以代号为 001030 混凝土为例：

$192.87 = 120.45 + 26.22 + 45.67 + 0.53$

$\qquad = 0.33 \times 365 + 38.00 \times 0.69 + 27.80 \times 1.301 + 2.80 \times 0.19$

4.2.3　施工机械台班单价的确定

4.2.3.1　施工机械台班单价的组成

施工机械台班单价的组成如下：

$$
\text{施工机械台班单价}
\begin{cases}
\text{折旧费} \\
\text{大修理费} \\
\text{经常修理费} \\
\text{安拆及场外运费}
\begin{cases}
\text{固定式机械；可自行机械；} \\
\text{大、特大型机械台班} \\
\text{价格中无安拆及场外运费}
\end{cases} \\
\text{燃料动力费} \\
\text{人工费} \\
\text{车辆使用费}
\end{cases}
$$

1. 折旧费

折旧费是指机械设备在规定的使用年限内，陆续收回其原值及所支付贷款利息的费用。计算公式如下：

$$
\text{台班折旧费} = \frac{\text{机械预算价格} \times (1 - \text{残值率}) \times \text{贷款利息系数}}{\text{耐用总台班}}
$$

机械预算价格包含机械出厂价格以及从出厂时开始到使用单位验收入库期间的所有费用。按照机械报废规定，机械报废时可回收一部分价值，这部分价值是按照机械原值的一定比例进行取定的，这个比例称为残值率。单位的资金都是一部分自有资金，一部分贷款资金，购买机械设备的贷款资金要一并考虑利息的因素。耐用总台班是指机械在正常施工作业条件下，从投入使用起到报废止，按规定应达到的使用总台班数。计算公式如下：

$$
\text{耐用总台班} = \text{大修间隔台班} \times \text{大修周期}
$$

大修间隔台班是指每两次大修之间应达到的使用台班数；大修周期是将耐用总台班按规定的大修理次数划分为若干个使用周期。计算公式如下：

$$
\text{大修周期} = \text{寿命期大修理次数} + 1
$$

2. 大修理费

大修理费是指施工机械按规定的大修理间隔台班进行必要的大修理，以恢复其正常功能所需的费用。台班大修理费是将机械寿命周期内的大修理费用分摊到每一个台班中。计算公式如下：

$$
\text{台班大修理费} = \frac{\text{一次大修理费} \times \text{寿命期内大修理次数}}{\text{耐用总台班}}
$$

3. 经常修理费

经常修理费是指施工机械除大修理以外的各级保养和临时故障排除所需的费用，包括为保障机械正常运转所需替换设备与随机配备工具附具的摊销和维护费用，机械运转及日常保养所需润滑与擦拭的材料费用，以及机械停置期间的维护和保养费用等。台班经常修理费是将寿命周期内所有的经常修理费之和分摊到台班费中。计算公式如下：

$$台班经常修理费 = \frac{一次经常修理费 \times 寿命期内经常修理次数}{耐用总台班}$$

4. 安拆及场外运费

安拆费是指机械在施工现场进行安装、拆卸所需的人工费、材料费、机械费、试运转费用以及安装所需的辅助设施的费用，包括基础、底座、固定锚桩、行走轨道、枕木和大型履带吊、汽车吊工作时行走路线加固所用的路基箱等的折旧费及其搭设、拆除费用，但不包括固定式塔式起重机或自升式塔式起重机下现浇钢筋混凝土基础或轨道式基础等费用。场外运输费（进退场费）是指机械整体或分体自停放场地运至施工现场或由一施工地点运至另一施工地点，在城市范围以内的机械进出场运输及转移费用（包括机械的装卸、运输及辅助材料费和机械在现场使用期需回基地大修理的因素等）。

机械在运输中缴纳的过路费、过桥费、过隧道费按交通运输部门的规定另行计算费用。如遇道路桥梁限载、限高、公安交通管理部门保安护送所发生的费用计入独立费用。

远征工程在城市之间的机械调运费按公路、铁路、航运部门运输的标准计算，列入独立费用。

有三种情况下的机械台班价中未包括安拆及场外运费这项费用：一是金属切削加工机械等安装在固定的车间房屋内的机械，一般不应考虑本项费用，如发生再据实计算；二是不需要拆卸安装，自身能开行的机械（履带式除外），如自行式铲运机、平地机、轮胎式装载机及水平运输机械等，其场外运输费（含回程费）按 1 个台班费计算；三是不适于按台班摊销本项费用的大、特大型机械，可据实计算场外运费和安拆费。

一般大、特大型施工机械在一个工程地点只计算一次场外运费（进退场费）及安拆费。大型施工机械在施工现场内单位工程或幢号之间的拆、卸转移，其安装、拆卸费用按实际发生次数套安拆费计算，机械转移费按其场外运输费用的 75％ 计算。

5. 燃料动力费

燃料动力费是指机械在运转施工中所耗用的电力、固体燃料（煤、木柴）、液体燃料（汽油、柴油）和水等费用。计算公式如下：

$$台班燃料动力费 = 台班燃料动力消耗量 \times 各地规定的相应单价$$

6. 人工费

人工费是指机上司机、司炉及其他操作人员的工作日以及上述人员在机械规定的年工作台班以外的费用。

7. 车辆使用费

车辆使用费是指施工机械按照国家规定和有关部门规定应缴纳的车船使用税、保险费及年检费等。

4.2.3.2　自有施工机械台班单价的取定

1. 自有施工机械工作台班单价的取定

自有施工机械工作台班单价是根据施工机械台班消耗定额来取定的。表 4 - 3～表 4 -

5 摘录自《江苏省施工机械台班 2007 年单价表》。

表 4 - 3　　　　　　　　　江苏省施工机械台班 2007 年单价表示例 (一)

编码	机械名称	规格型号	机型	台班单价	费　用　组　成						
					折旧费	大修理费	经常修理费	安拆费及场外运费	人工费	燃料动力费	车辆使用费
				元	元	元	元	元	元	元	元
01048	履带式单斗挖掘机	斗容量 (m³)	1	大	744.16	165.87	59.77	166.16		92.50	259.86	
01049			1.5	大	898.47	178.09	64.17	178.40		92.50	385.31	
04013	自卸汽车	装载重量 (t)	2	中	243.57	34.40	5.51	24.45		46.25	98.44	34.52
04014			5	中	398.64	52.65	8.43	37.42		46.25	178.64	75.25
06016	灰浆搅拌机	拌筒容量 (L)	200	小	65.19	2.88	0.83	3.30	5.47	46.25	6.46	
06017			400	小	68.87	3.57	0.44	1.76	5.47	46.25	11.38	

表 4 - 4　　　　　　　　　江苏省施工机械台班 2007 年单价表 (二)

编码	机械名称	规格型号	机型	台班单价	人工及燃料动力用量						
					人工	汽油	柴油	电	煤	木炭	水
				元	工日	kg	kg	kW·h	kg	kg	m³
01048	履带式单斗挖掘机	斗容量 (m³)	1	大	744.16	2.5		49.03				
01049			1.5	大	898.47	2.5		72.70				
04013	自卸汽车	装载重量 (t)	2	中	243.57	1.25	17.27					
04014			5	中	398.64	1.25	31.34					
06016	灰浆搅拌机	拌筒容量 (L)	200	小	65.19	1.25			8.61			
06017			400	小	68.87	1.25			15.17			

注　1. 定额中单价: 人工 37 元/工日, 汽油 5.70 元/kg, 柴油 5.30 元/kg, 煤 580.00 元/t, 电 0.75 元/(kW·h),
　水 4.10 元/m³, 木柴 0.35 元/kg。
　2. 实际单价与取定单价不同, 可按实调整价差。

2. 自有施工机械停置台班单价的取定

前面在机械消耗量中我们提到了停置机械的台班量的计算, 停置机械的台班单价的计算与工作机械的台班单价的计算也是不同的。计算公式如下:

$$机械停置台班单价 = 机械折旧费 + 人工费 + 车辆使用费$$

【例 4 - 3】　由于甲方出现变更, 造成施工方两台斗容量为 1m³ 的履带式单斗挖掘机各停置 3 天。请计算由此产生的停置机械费用。

解: 停置台班量 = 3 天 × 2 台 × 1 台班/(天·台) = 6 台班

停置台班价 = 机械折旧费 + 人工费 + 车辆使用费 (查表 4 - 3)

= 165.87 + 92.50 + 0.00

= 258.37 元/台班

停置机械费用 = 停置台班量 × 停置台班价 = 6 × 258.37 = 1550.22 元

答: 由此产生的停置机械费用为 1550.22 元。

表 4 - 5　　　　　　**2007 年江苏省大、特大型机械场外运输及组装、拆卸费用表示例**

编　号			14042		14043	
项　目			塔式起重机 150kN·m			
			场外运输费用		组装拆卸费	
台　次　单　价（元）			17953.11		24054.02	
名称	单位	单价（元）	数量	合价（元）	数量	合价（元）
人工	工日	37.00	31.00	1147.00	270.00	9990.00
镀锌铁丝 D4.0	kg	3.65	13.00	47.45	30.00	109.50
螺栓	个	0.30			84.00	25.20
草袋	片	1.00	26.00	26.00		
本机使用台班	台班				0.50	282.42
汽车起重机 5t	台班	468.27	2.00	936.54		
汽车起重机 20t	台班	1000.55	4.00	4002.20	5.00	5002.75
汽车起重机 40t	台班	1578.83			5.00	7894.15
载重汽车 8t	台班	459.31	4.00	1837.24		
载重汽车 15t	台班	857.13	4.00	3428.52		
平板拖车组 40t	台班	1468.77	2.00	2937.54		
回程	%		25.00	3590.62		
起重机械检测费	元					750.00

4.2.3.3　租赁施工机械费用计算

　　前面介绍的施工机械台班价格是按照自有机械来进行考虑的，在实际的施工工作中存在着大量的租赁机械，租赁机械的费用计算也可以参照自有机械进行。具体方式如下：

　　租赁双方可按施工机械台班消耗定额中对应的机械台班单价乘以 0.8～1.2 的系数再乘以租赁时间计算。由施工方自己操作机械、自己运输机械、自己购买燃料的则应在机械台班单价中扣除相应费用后再乘以系数计算。系数由租赁双方合同约定。

4.3　预算定额的有关说明

4.3.1　预算定额的适用范围、编制依据及组成

　　为了贯彻执行建设部《建设工程工程量清单计价规范》，适应建设工程计价改革的需要，江苏省建设厅组织有关人员，对《江苏省建筑工程单位估价表》（2001 年）以及《江苏省建筑装饰工程预算定额》（1998 年）进行修订，形成了《江苏省建筑与装饰工程计价表》（2004 年）（以下简称为计价表）。该计价表共计两册，与《江苏省建设工程费用定额》（2009 年）配套使用。

4.3.1.1　预算定额的适用范围

　　2004 建筑与装饰工程预算定额作为地区性定额，主要适用于该地区行政区域范围内一般工业与民用建筑的新建、扩建、改建工程及其单独装饰工程，不适用于修缮工程。全部使用国有资金或国有资金投资为主的建筑与装饰工程应执行该预算定额；其他形式投资的建筑与装饰工程可参照使用该预算定额；当工程施工合同约定按 2004 建筑与装饰工程

预算定额规定计价时，应遵守该预算定额的有关规定。

该预算定额中未包括的拆除、铲除、拆换、零星修补等项目，应按照 1999 年《江苏省房屋修缮工程预算定额》及其配套费用定额执行；未包括的水电安装项目按照 2004 年《江苏省安装工程计价表》及其配套费用计算规则执行。

4.3.1.2 预算定额的编制依据

(1)《江苏省建筑工程单位估价表》(2001 年)。

(2)《江苏省建筑装饰工程预算定额》(1998 年)。

(3)《全国统一建筑工程基础定额》(GJD—101—95)。

(4)《全国统一建筑装饰装修工程消耗量定额》(GYD—901—2002)。

(5)《建筑安装工程劳动定额》[LD/T 72—94 (DE)]。

(6)《建筑装饰工程劳动定额》[LD/T 73—94 (DE)]。

(7)《全国统一建筑安装工程工期定额》(2000 年)。

(8)《全国统一施工机械台班费用编制规则》(2004 年江苏地区预算价格)。

(9) 南京市 2003 年下半年建筑工程材料指导价格。

(10) 江苏省颁发的地方标准《江苏省建筑安装工程施工技术操作规程》(DB32)、现行的施工及验收规范和江苏省颁发的部分建筑构、配件通用图作法。

4.3.1.3 预算定额的组成

1. 章、节组成

2004 建筑与装饰工程预算定额由二十三章及九个附录组成（见表 4-6），其中，第一章～第十八章为工程实体项目，第十九章～第二十三章为工程措施项目，另有部分难以列出定额项目的措施费用，应按照该预算定额费用计算规则中的规定进行计算。

表 4-6　　　　2004 建筑与装饰工程预算定额章、节、子目、页码一览表

章　号	各 章 名 称	节数	子目数	页　码
	工程实体项目			
第一章	土、石方工程	2	345	1～55 页
第二章	打桩及基础垫层	2	122	57～96 页
第三章	砌筑工程	3	83	97～126 页
第四章	钢筋工程	4	32	127～141 页
第五章	混凝土工程	3	423	143～257 页
第六章	金属工程	8	45	259～272 页
第七章	构件运输及安装工程	2	154	273～321 页
第八章	木结构工程	3	81	323～341 页
第九章	屋、平、立面防水及保温隔热工程	5	242	343～405 页
第十章	防腐耐酸工程	5	195	407～448 页
第十一章	厂区道路及排水工程	10	68	449～469 页
第十二章	楼地面工程	6	177	471～526 页
第十三章	墙柱面工程	4	244	527～598 页
第十四章	天棚工程	5	123	599～631 页
第十五章	门窗工程	5	384	633～750 页
第十六章	油漆、涂料、裱糊工程	2	375	751～828 页
第十七章	其他零星工程	14	139	829～878 页

2. 单价组成

2004 建筑与装饰工程预算定额中的单价与 2001 年及以前的土建预算定额的规定有很大的变化。以前的预算定额中的单价（又称为直接费）由人工费、材料费和机械费三部分组成。2004 计价表的单价称为综合单价，不仅包括人工费、材料费和机械费，还将企业管理费及利润包括在内。也就是说，2004 建筑与装饰工程预算定额的综合单价由人工费、材料费、机械费、企业管理费、利润等五项费用组成，表 4-7 以 2004 建筑与装饰工程预算定额中砖砌内墙定额子目为例介绍定额中综合单价的组成。

表 4-7　　　　　　　　　砖砌内墙定额子目示例

工作内容：1. 清理地槽、递砖、调制砂浆、砌砖

　　　　　2. 砖砌过梁、砖平拱、模板制作、安装、拆除

　　　　　3. 安放预制过梁板、垫块、木砖　　　　　　计量单位：m³

定额编号				3—33	
项目		单位	单价	一砖内墙 标准砖	
				数量	合价
综合单价		元		192.69	
其中	人工费	元		32.76	
	材料费	元		144.49	
	机械费	元		2.42	
	企业管理费	元		8.80	
	利润	元		4.22	

续表

定　额　编　号			单位	单价	3—33	
项　　目					一砖内墙	
					标准砖	
					数量	合价
二类工			工日	26.00	1.26	32.76
材料	201008	标准砖 240mm×115mm×53mm	百块	21.42	5.32	113.95
	613206	水	m³	2.80	0.106	0.30
	301023	水泥 32.5 级	kg	0.28	0.30	0.08
	401035	周转木材	m³	1249.00	0.0002	0.25
	511533	铁钉	kg	3.60	0.002	0.01
机械	06016	灰浆拌和机 200L	台班	51.43	0.047	2.42
	小计					149.77
(1)	012004	水泥砂浆 M10 合计	m³	132.86	(0.235)	31.22 180.99
(2)	012003	水泥砂浆 M7.5 合计	m³	124.46	(0.235)	29.25 179.02
(3)	012002	水泥砂浆 M5 合计	m³	122.78	(0.235)	28.85 178.62
(4)	012008	混合砂浆 M10 合计	m³	137.50	(0.235)	32.31 182.08
(5)	012007	混合砂浆 M7.5 合计	m³	131.82	(0.235)	30.98 180.75
(6)	012006	混合砂浆 M5 合计	m³	127.22	0.235	29.90 179.67

部分预算定额项目在引用了其他项目综合单价时，引用的项目综合单价列入材料费一栏，但其五项费用数据汇总时已作拆解分析。例如表 4-8，材料栏中列入了 6—40 综合子目，但实际上已将 6—40 综合子目中的五项费用拆分后进入了 8—61 的五项费用中。

表 4-8　　　　　　　　方木梁定额示例　　　　　　　计量单位：m³ 竣工木料

定　额　编　号			单位	单价	8—61	
项　　目					梁	
					方木	
					数量	合价
综合单价			元			1952.25
其中		人工费	元			89.15
		材料费	元			1809.88
		机械费	元			14.77
		企业管理费	元			25.98
		利润	元			12.47
二类工			工日	26.00	2.93	76.18
材料	401029	普通成材	m³	1599.00	1.10	1758.90
	6—40	铁件	kg	6.32	13.80	87.22
	611001	防腐油	kg	1.71	0.60	1.03
		其他材料费	元			0.55

3. 定额子目

2004 建筑与装饰工程预算定额中每一个子目都有一个名字（编号），编号的前面一位数字代表的是章号，后面数字是子目编号，从 1 开始顺序编号。例如 3—33，代表第三章（砌筑工程）的第 33 个子目。查定额就可以获得 3—33 的进一步信息：砌筑 $1m^3$ 一标准砖内墙综合单价为 192.69 元，其中人工费 32.76 元，材料费 144.49 元，机械费 2.42 元，企业管理费 8.80 元，利润 4.22 元……

4. 定额的使用

预算定额是计价性定额，我们前面就介绍过，价格是不断变化的，定额规定的价格不符合实际，就不能照搬。

按照定额的使用情况，主要可分为三种形式：

（1）完全套用：只有实际施工做法、人工、材料和机械价格与定额水平完全一致，或虽有不同但不允许换算的情况下才采用完全套用，也就是直接使用定额中的所有信息。

（2）换算套用：实际使用的频率最高。当实际施工做法、人工、材料、机械与定额有出入，又不属于不允许换算的情况，一般根据两者的不同来获得实际做法的综合单价。

1）手工换算的计算公式如下：

换算价格＝定额价格－换出价格＋换入价格

　　　　＝定额价格－换出部分工程量×单价＋换入部分工程量×单价

2）计算机软件换算：采用直接代换，将定额中需换算的部分直接用代换部分的数值代入即可。

（3）补充定额：对于一些新技术、新工艺、新方法，实际施工做法与定额无可比性，即定额中没有相近的子目可以套用，就需要作补充定额。补充定额就是采用前面介绍的定额测定的方法，测定出相关的人工、材料和机械的消耗量，进而获得人工费、材料费和机械费，在人工费、材料费和机械费的基础上组成综合单价。

【例 4-4】 某工程砌筑标准砖一砖内墙，砌筑砂浆采用水泥砂浆 M5，其余与定额规定相同。求其综合单价。

分析： 根据题意，实际施工采用的材料与定额选用材料不同，现在要计算实际情况下的综合单价，很显然要使用定额换算的方法。换算的是变化的部分，人工、材料和机械中只有材料发生变化，企业管理费、利润与材料无关（第 5 章 5.1.1 小节会介绍），故只需换算材料一项。

解： 查计价表，相近子目编号为 3—33（见表 4-7）。

换算后综合单价＝原综合单价－原混合砂浆 M5 价格＋现水泥砂浆 M5 价格

　　　　　　　　＝192.69－29.90＋28.85

　　　　　　　　＝191.64 元/m^3

答： 换算后的综合单价为 191.64 元/m^3。

4.3.2　预算定额的有关规定

（1）预算定额中规定的工作内容，均包括完成该项目过程的全部工序以及施工过程中所需的人工、材料、半成品和机械台班数量。除计价表中有规定允许调整外，其余不得因具体工程的施工组织设计、施工方法和人工、材料、机械等耗用与计价表有出入而调整计价表用量。

（2）预算定额中的檐高是指设计室外地面至檐口的高度。檐口高度按以下情况确定（见图 4-1）：

1）坡（瓦）屋面按檐墙中心线处屋面板面或椽子上表面的高度计算。

2）平屋面以檐墙中心线处平屋面的板面高度计算。

3）屋面女儿墙、电梯间、楼梯间、水箱等高度不计入。

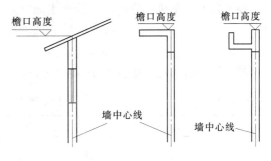

图 4-1　檐口高度示意图

（3）预算定额中人工工资分别按一类工 28.00 元/工日、二类工 26.00 元/工日、三类工 24.00 元/工日计算。人工单价变化的可进行调整后执行。每工日按八小时工作制计算。工日中包括基本用工、其他用工。

（4）材料消耗量及有关规定：

1）预算定额中材料预算价格的组成：

材料预算价格＝（采购原价＋材料运杂费＋运输损耗费）×1.02（采购保管费）

2）预算定额项目中的主要材料、辅助材料、成品、半成品均按合格的品种、规格加附录中的操作损耗以数量列入定额，其他材料以"其他材料费"按"元"列入。

3）周转性材料已按"规范"及"操作规程"的要求以摊销量列入相应项目。

4）预算定额中，混凝土以现场搅拌常用的强度等级列入项目，实际使用现场集中搅拌混凝土时综合单价应调整。

本计价表按 C25 以下的混凝土以 32.5 级水泥、C25 以上的混凝土以 42.5 级水泥列入综合单价，混凝土实际使用水泥级别与计价表取定不符，竣工结算时以实际使用的水泥级别按配合比的规定进行调整。

【例 4-5】　某工程采用自拌混凝土现浇 C30 混凝土柱，混凝土中的水泥采用 32.5 级水泥。求其子目单价。

解： 查计价表，相近子目编号为 5—13（见表 4-1）。

换算后子目单价＝原子目单价－原 C30 混凝土材料费＋现 C30 混凝土消耗量

　　　　　　×现 C30 混凝土材料单价（参见表 4-2）

　　　　　＝277.28－189.98＋0.985×203.67

　　　　　＝287.91 元/m³

答： 换算后的子目单价为 287.91 元/m³。

本计价表砌筑砂浆与抹灰砂浆以 32.5 级水泥的配合比列入综合单价。砌筑、抹灰砂浆使用水泥级别与计价表取定不符，水泥用量不调整，价差应调整。

【例 4-6】　某工程砌筑标准砖一砖内墙，砌筑砂浆采用混合砂浆 M5，砂浆中的水泥采用 42.5 级水泥，已知 32.5 级水泥 0.28 元/kg，42.5 级水泥 0.33 元/kg，其余与定额规定相同。求其综合单价。

解： 查计价表，相近子目编号为 3—33（见表 4-7）。

换算后综合单价＝原综合单价＋水泥材差（参见表4－9）

$$＝192.69＋0.235×202×（0.33－0.28）$$

$$＝195.06 元/m^3$$

答：换算后的综合单价为195.06元/m^3。

表4-9　　　　　　　　　**砌 筑 砂 浆 配 合 比 表**　　　　　　　　　单位：m^3

代 码 编 号			012006		012007	
项　　目	单　位	单　价	混合砂浆			
			砂浆强度等级			
			M5		M7.5	
			数量	合价	数量	合价
基价		元	127.22		131.82	
材料	32.5级水泥　kg	0.28	202.00	56.56	230.00	64.40
	中砂　　　　t	38.00	1.61	61.18	1.61	61.18
	石灰膏　　　m^3	108.00	0.08	8.64	0.05	5.40
	水　　　　　m^3	2.80	0.30	0.84	0.30	0.84

本计价表各章项目综合单价取定的混凝土、砂浆强度等级，设计与计价表不符时可以调整。

5）预算定额项目中的黏土材料是按外购黏土考虑的，如就地取土者，应扣除黏土价格，另增挖、运土方费用（参见计价表2—109子目）。

6）现浇、预制混凝土构件内的预埋铁件，应另列预埋铁件制作、安装等项目进行计算。

7）凡建设单位供应的材料（甲供材），建设单位完成了采购和运输并将材料运至施工工地仓库交施工单位保管，施工单位退价时应按计价表附录中材料预算价格除以1.01退给建设单位（1%作为施工单位的现场保管费）。

【例4-7】 某工程施工招标中甲方确定钢筋为甲供材，以3000元/t计入工程造价，实际按甲方钢筋购买价组成预算价格为4000元/t，结算中定额钢筋含量为200t，施工方从甲方领钢筋197t，现场甲方签证每吨钢筋下力费10元。请计算施工单位应退价的数额。

分析：甲供材退价，数量应按实领数量；只要未超过定额数量，单价应按照怎么进工程造价，怎么退的原则扣除；退价时，要注意保留材料预算价格中的杂费和下力费。

解：应退价的数量＝实领数量＝197t

应退价的单价＝3000÷1.01－10＝2960.30元

应退价＝197×2960.30＝583179.10元

答：施工单位应退价583179.10元。

【例4-8】 例4-7中如施工单位实际领钢筋220t。请计算施工单位应退价的数额。

分析：施工方领料超过定额含量（甲方超供），超出部分材料按市场价退价。超出部分的下力费由施工方自行承担。

解：应退价的数量＝实领数量＝220t

应退价的单价：定额含量内单价＝3000÷1.01＝2970.30 元

超供部分单价＝4000÷1.01＝3960.40 元

施工方保留下力费＝200t×10 元/t＝2000 元

应退价＝200×2970.30＋20×3960.40－2000＝671268.00 元

答：施工单位应退价 671268.00 元。

8) 预算定额中，凡注明规格的木材及周转木材单价中，均已包括方板材改制成定额规格木材或周转木材的加工费，即

木材预算单价＝材料原价＋材料运杂费＋运输损耗费＋采购保管费＋加工费

方板材改制成定额规格木材或周转木材的出材率按 91％ 计算（所购置方板材＝定额用量×1.0989），圆木改制成方板材的出材率及加工费按各市造价处（站）规定执行。

凡甲供木材中板材（25mm 厚以内）到现场退价时，如建设单位完成了采购和运输并将材料运至施工工地仓库交施工单位保管的，按计价表分析用量和每立方米预算价格除以 1.01 再减去 49 元（方板材改制成定额规格木材或周转木材的加工费）后的单价退给甲方。

【例 4-9】　某工程施工招标中甲方确定木材为甲供材，以 2000 元/m³ 计入工程造价，实际按甲方木材购买价组成预算价格为 2500 元/m³，结算中定额木材含量为 200m³，施工方从甲方领方板材 205m³，现场甲方签证每立方米方板材下力费 10 元。请计算施工单位应退价的数额。

分析：定额中的木材是按规格木材或周转木材考虑消耗量和单价的，而在实际工程中市场上购买的木材为方板材，在定额中的木材单价已考虑了有关方板材改制成规格木材或周转木材的损耗（计价表硬性规定，对具体工程不一定恰当）及加工费，因此，当木材为甲供时，退价的方式与其余材料有很大的不同。应采用对应退价的原则，即计价表分析用量（定额用量）和定额价扣除保管费、下力费、加工费后的单价退价给甲方。如出现超供，超供部分按市场价扣除。

解：定额方板材量＝200（规格材）×1.0989＝219.78m³＞205m³（未超供）

应退价的数量＝定额数量＝200m³

应退价的单价＝2000÷1.01－49（加工费）＝1931.20 元

保留下力费＝205×10＝2050.00 元

应退价＝200×1931.20－2050.00＝384190.00 元

答：施工单位应退价 384190.00 元。

注意：这种退价方式有可能导致施工方恶意多领甲供方板材。作者建议在实际工程中可以考虑让施工方在投标报价时附带报上工程的木材出材率，这样在退价时仍按超供、欠供的原则来退价就可以达到控制造价的目的了。

(5) 预算定额的垂直运输机械费已包含了单位工程在经本省调整后的国家定额工期内完成全部工程项目所需要的垂直运输台班费用。凡檐高在 3.6m 以内的平房、围墙、层高在 3.6m 以内单独施工的一层地下室工程，不得计取垂直运输机械费。

(6) 预算定额的机械台班单价是按《江苏省施工机械台班费用定额》（2007 年）取定；其中人工工资单价为 26.00 元/工日；汽油 3.81 元/kg；柴油 3.28 元/kg；煤 0.39 元

/kg；电 0.75 元/（kW·h）；水 2.80 元/m³。工程实际发生的燃料动力价差由各市造价处（站）另行处理。

注意：《江苏省施工机械台班费用定额》已出 2007 版，其中，人工、燃料的单价已调整过，但 2004 计价表中价格仍是按（6）中的确定的，并且 2007 版台班定额中的单价仍要调整。

（7）预算定额中，除脚手架、垂直运输费用定额已注明其适用高度外，其余章节均按檐口高度在 20m 以内编制的。超过 20m 时，建筑工程另按建筑物超高增加费用定额计算超高增加费，单独装饰工程则另外计取超高人工降效费。

（8）预算定额中的塔吊、施工电梯基础、塔吊电梯与建筑物连接件项目，供编制施工图预算、标底及投标报价之用，竣工结算时按施工实际情况调整钢筋、铁件（包括连接件）、混凝土含量，其余不变。大型机械进退场费按计价表附录二中的有关子目执行。

（9）为方便发承包双方的工程量计算，预算定额在计价表附录一中列出了混凝土构件的模板、钢筋含量表，供参考使用。按设计图纸计算模板接触面积或使用混凝土含模量折算模板面积，同一工程两种方法仅能使用其中一种，不得混用。竣工结算时，使用含模量者，模板面积一般不得调整；使用含钢量者，钢筋应按设计图纸计算的重量进行调整，表 4-10 为混凝土及钢筋混凝土构件模板、钢筋含量表示例。

表 4-10 混凝土及钢筋混凝土构件模板、钢筋含量表示例

分类	项目名称	混凝土计量单位	含模量（m²）	含钢量（t/m³）	
				钢筋 φ12 以内	钢筋 φ12 以外
现 浇 构 件					
满堂基础	垫层	m³	0.20		
	无梁式	m³	0.52	0.024	0.056
	有梁式	m³	1.52	0.034	0.079

【例 4-10】 某钢筋混凝土现浇单梁，截面尺寸 $b \times h = 300\text{mm} \times 400\text{mm}$，梁长 3m。请计算该梁的含模量。

分析：钢筋混凝土单梁采用左、下、右三面支模。

解：含模量 $= \dfrac{\text{构件模板接触面积}}{\text{构件混凝土体积}} = \dfrac{3 \times (0.4 + 0.3 + 0.4)}{0.3 \times 0.4 \times 3} = 9.17\text{m}^2/\text{m}^3$

答：该梁的含模量为 9.17m²/m³。

（10）钢材理论重量与实际重量不符时，钢材数量可以调整；调整系数由施工单位提出资料与建设单位、设计单位共同研究确定。

（11）市区沿街建筑在现场堆放材料有困难，汽车不能将材料运入巷内的建筑，材料不能直接运到单位工程周边需再次中转，建设单位不能按正常合理的施工组织设计提供材料、构件堆放场地和临时设施用地的工程而发生的二次搬运费用，按计价表第二十三章子目执行。

（12）工程施工用水、电（性质类同甲供材），应由建设单位在现场装置水、电表，交施工单位保管使用，施工单位按电表读数乘以预算单价付给建设单位；如无条件装表计量，由建设单位直接提供水电，在竣工结算时按定额含量乘以预算价格单价付给建设单

位。生活用电按实际发生金额支付。

　　注意：由于在现场未能装表计量的，定额规定按定额含量来扣除水、电费，而定额含量中的水、电费是指生产用水、电费。无表计量的，生活用电往往难以扣除。因此，现场管理人员为免于工程纠纷，最好在现场装表计量。

　　（13）同时使用两个或两个以上系数时，采用连乘方法计算。

　　（14）本计价表的缺项项目，由施工单位提出实际耗用的人工、材料和机械含量测算资料，经工程所在市工程造价管理处（定额站）批准并报省定额总站备案后方可执行。

　　（15）预算定额中凡注有"×××以内"均包括×××本身，"×××以上"均不包括×××本身。

　　（16）预算定额由各省工程建设标准定额总站负责解释。

4.4　工　期　定　额

4.4.1　工期定额的含义和作用

　　工期定额是指在一定的经济和社会条件下，在一定时期内由建设行政主管部门制定并发布的工程项目建设消耗时间标准。

　　2000 年 2 月 16 日颁布的《全国统一建筑安装工程工期定额》是在原城乡建设环境保护部 1985 年制定的《建筑安装工程工期定额》基础上，依据国家建筑安装工程质量检验评定标准、施工及验收规范等有关规定，按正常施工条件、合理的劳动组织，以施工企业技术装备和管理的平均水平为基础，结合各地区工期定额执行情况，在广泛调查研究的基础上修编而成。

　　工期定额具有一定的法规性，是编制招标文件的依据，是签订建筑安装工程施工合同、确定合理工期及施工索赔的基础，也是施工企业编制施工组织设计、确定投标工期、安排施工进度的参考，同时还是预算定额中计算垂直运输费的重要依据。

4.4.2　《全国统一建筑安装工程工期定额》的有关规定

　　1. 工期定额的适用范围

　　（1）由于我国幅员辽阔、各地气候条件差别较大，故将全国划分为Ⅰ、Ⅱ、Ⅲ类地区，分别制定工期定额。

　　Ⅰ类地区：上海、江苏、浙江、安徽、福建、江西、湖北、湖南、广东、广西、四川、贵州、云南、重庆、海南。

　　Ⅱ类地区：北京、天津、河北、山西、山东、河南、陕西、甘肃、宁夏。

　　Ⅲ类地区：内蒙古、辽宁、吉林、黑龙江、西藏、青海、新疆。

　　（2）同一省、自治区内由于气候条件不同，也可按工期定额地区类别划分原则，由省、自治区建设行政主管部门在本区域内再划分类区，报建设部批准后执行。

　　（3）本定额是按各类地区情况综合考虑的，由于各地施工条件不同，允许各地有15％以内的定额水平调整幅度，各省、自治区、直辖市建设行政主管部门可按上述规定，制定实施细则，报建设部备案。

2. 工期定额的内容

工期定额包括：民用建筑工程（单项工程、单位工程）、工业及其他建筑工程（工业建筑工程、其他建筑工程）、专业工程（设备安装工程、机械施工工程）三部分内容。

（1）民用建筑工程。

1）单项工程包括：±0.00 以下工程（无地下室工程、有地下室工程）、±0.00 以上工程（住宅工程，宾馆、饭店工程，综合楼工程，办公、教学楼工程，医疗、门诊楼工程，图书馆工程）、影剧院、体育馆工程（影剧院工程、体育馆工程）。

2）单位工程包括：结构工程（±0.00 以下结构工程、±以上结构工程）、装修工程（宾馆、饭店工程，其他建筑工程）。

（2）工业及其他建筑工程。

1）工业建筑工程包括：单层厂房（一类）工程、单层厂房（二类）工程、多层厂房（一类）工程、多层厂房（二类）工程、降压站工程、冷冻机房工程、冷库冷藏间工程、变电室工程、开闭所工程、锅炉房工程。

2）其他建筑工程包括：地下汽车库工程、汽车库工程、仓库工程、独立地下工程、服务用房工程、停车场工程、园林庭院工程、构筑物工程。

（3）专业工程。

1）设备安装工程包括：电梯的安装、起重机安装、锅炉安装、供热交换（热力点）设备安装、空调设备安装、通风空调安装、变电室安装、开闭所安装、降压站安装、发电机房安装、肉联厂屠宰间安装、冷冻机房安装、冷库冷藏间安装、空压站安装、自动电话交换机安装、金属容器安装、锅炉砌筑。

2）机械施工工程包括：构件吊装工程、网架吊装工程、机械土方工程、机械打桩工程、钻孔灌注桩工程、人工挖孔桩工程。

3. 工期定额说明

（1）单项工程工期是指单项工程从基础破土开工（或原桩位打基础桩）起至完成建筑安装工程施工全部内容，并达到国家验收标准之日止的全过程所需的日历天数。

（2）本定额工期以日历天数为单位。对不可抗力的因素造成工程停工，经承发包双方确认，可顺延工期。

（3）因重大设计变更或发包方原因造成停工，经承发包双方确认后，可顺延工期。因承包方原因造成停工，不得增加工期。

（4）施工技术规范或设计要求冬季不能施工而造成工程主导工序连续停工，经承发包双方确认后，可顺延工期。

（5）本定额项目包括民用建筑和一般通用工业建筑。凡定额中未包括的项目，各省、自治区、直辖市建设行政主管部门可制定补充工期定额，并报建设部备案。

（6）有关规定：

1）单项、单位工程中层高在 2.2m 以内的技术层计算层数。

2）出屋面的楼（电）梯间、水箱间不计算层数。

3）单项、单位工程层数超出本定额时，工期可按定额中最高相邻层数的工期差值增加。

4）一个承包方同时承包 2 个以上（含 2 个）单项、单位工程时，工期的计算以一个单项、单位工程的最大工期为基数，另加其他单项、单位工程时，工期应综合乘以相应系数计算：加一个乘以 0.35 系数；加 2 个乘以 0.2 系数；加 3 个乘以 0.15 系数；加 4 个以上的单项、单位工程不另增加工期。

5）坑底打基础桩，另增加工期。

6）开挖一层土方后，再打护坡桩的工程，护坡桩施工的工期承发包双方可按施工方案确定增加天数，但最多不超过 50 天。

7）基础施工遇到障碍物或古墓、文物、流砂、溶洞、暗滨、淤泥、石方、地下水等需要进行基础处理时，由承发包双方确定增加工期。

8）单项工程的室外管线（不包括直埋管道）累计长度在 100m 以上，增加工期 10 天；道路及停车场的面积在 500m² 以上、1000m² 以下者，增加工期 10 天；在 5000m² 以内者，增加工期 20 天；围墙工程不另增加工期。

4. 工期定额示例

【例 4-11】 ±0.00 以下有地下室单项工程工期定额示例（见表 4-11）。

表 4-11　　　　　　　　±0.00 以下有地下室单项工程工期定额示例

编　号	层　数	建筑面积 （m²）	工　期　天　数	
			一、二类土	三、四类土
1—10	1	500 以内	75	80
1—11	1	1000 以内	90	95
1—12	1	1000 以外	110	115
1—13	2	1000 以内	120	125
1—14	2	2000 以内	140	145
1—15	2	3000 以内	165	170

【例 4-12】 ±0.00 以上办公、教学楼单项工程，现浇框架结构工期定额示例（见表 4-12）。

表 4-12　　　±0.00 以上办公、教学楼单项工程现浇框架结构工期定额示例

编　号	层　数	建筑面积 （m²）	工　期　天　数		
			Ⅰ类地区	Ⅱ类地区	Ⅲ类地区
1—1010	6 以下	3000 以内	220	230	260
1—1011	6 以下	5000 以内	235	245	275
1—1012	6 以下	7000 以内	250	260	290
1—1013	6 以下	7000 以外	270	280	310
1—1014	8 以下	5000 以内	295	305	335
1—1015	8 以下	7000 以内	305	320	350
1—1016	8 以下	10000 以内	325	340	370
1—1017	8 以下	15000 以内	350	365	395
1—1018	8 以下	15000 以外	380	395	425

第5章 建筑工程费用定额

5.1 建筑工程造价的费用组成

建筑工程造价由分部分项工程费、措施项目费、其他项目费、规费和税金五大部分组成。具体组成如下：

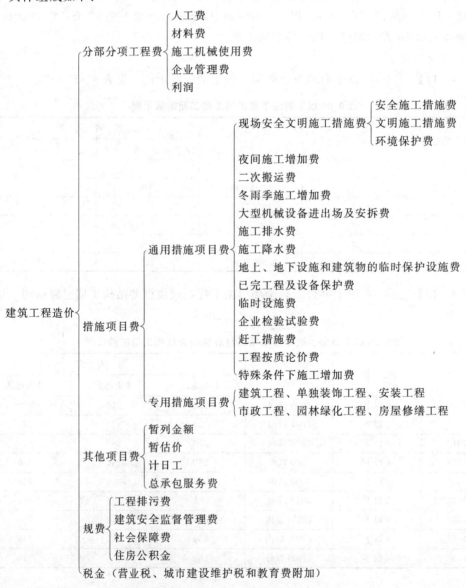

5.1.1　分部分项工程费的组成及计算标准

5.1.1.1　分部分项工程费的组成

$$分部分项工程费＝分部分项工程工程量×分部分项工程综合单价$$

分部分项工程费是指施工过程中耗费的构成工程实体性项目的各项费用，由人工费、材料费、施工机械使用费、企业管理费和利润五部分内容组成。人工费、材料费、施工机械使用费（机械费）的组成和计算在第 4 章中已介绍过了，接下来还需要介绍的就是企业管理费和利润的组成及计算了。

1. 企业管理费的内容

企业管理费：是指施工企业组织施工生产和经营管理所需的费用。内容如下：

企业管理费 {
管理人员的基本工资、工资性津贴、职工福利费、劳动保护费等
差旅交通费
办公费
固定资产使用费
生产工具用具使用费
工会经费及职工教育经费
财产保险费
劳动保险补助费
财务费
税金
意外伤害保险费
工程定位、复测、点交、场地清理费
非甲方所为 4h 以内的临时停水停电费用
企业技术研发费
其他
}

（1）管理人员的基本工资、工资性津贴、职工福利费、劳动保护费等：具体内容同 4.2.1 中人工工日单价组成内容。

（2）差旅交通费：指企业职工因公出差、住勤补助费，市内交通费和误餐补助费，职工探亲路费、劳动力招募费、工地转移费以及交通工具油料、燃料、牌照费等。

（3）办公费：指企业办公用文具、纸张、账表、印刷、邮电、书报、会议、水、电、燃煤、燃气等费用。

（4）固定资产使用费：指企业属于固定资产的房屋、设备、仪器等的折旧、大修、维修或租赁费。

（5）生产工具用具使用费：指企业管理使用不属于固定资产的工具、用具、家具、交通工具、检验、试验、消防等的购置、维修和摊销费，以及支付给工人自备工具的补贴费。

（6）工会经费及职工教育经费：工会经费是指企业按职工工资总额计提的工会经费；职工教育经费是指企业为职工学习培训按职工工资总额计提的费用。

（7）财产保险费：指企业管理用财产、车辆保险费用。

（8）劳动保险补助费：包括由企业支付的 6 个月以上的病假人员工资、职工死亡丧葬补助费、按规定支付给离休干部的各项经费。

（9）财务费：指企业为筹集资金而发生的各种费用。

（10）税金：指企业按规定缴纳的房产税、车船使用税、土地使用税、印花税等。

（11）意外伤害保险费：企业为从事危险作业的建筑安装施工人员支付的意外伤害保险费。

（12）工程定位、复测、点交、场地清理费：指工程进行定位测量、再次测量、测量点交接及现场场地清理所发生的费用。

（13）非甲方所为 4h 以内的临时停水停电费用。

（14）企业技术研发费：指建筑企业为转型升级、提高管理水平所进行的技术转让、科技研发、信息化建设等所发生的费用。

（15）其他：包括业务招待费、远地施工增加费、劳务培训费、绿化费、广告费、公证费、法律顾问费、审计费、咨询费、联防费等。

2. 利润

利润是指施工企业完成所承包工程获得的盈利。

5.1.1.2　综合单价中费用的计算

1. 人工费

$$人工费＝\sum（人工消耗量×人工工日单价）$$

2. 材料费

$$材料费＝\sum（材料消耗量×材料预算价格）$$

3. 机械费

$$机械费＝\sum（机械台班消耗量×机械台班单价）$$

4. 企业管理费和利润

建筑工程的企业管理费和利润是以分项工程的人工费和机械费之和为计算基础计取一定的费率而得。费率标准是：2004 计价表中的企业管理费基本是以建筑工程三类工程的标准列入子目，利润不分工程类别基本按建筑工程类别计算。一、二类建筑工程或其他工程类型应根据表 5-1，对企业管理费和利润进行调整后计入综合单价内。

表 5-1　　　　　　　　　建筑工程企业管理费、利润取费标准表

工程名称	计算基础	企业管理费费率（%）			利润费率（%）
		一类工程	二类工程	三类工程	
建筑工程	人工费＋机械费	31	28	25	12
预制构件制作	人工费＋机械费	15	13	11	6
构件吊装、打预制桩	人工费＋机械费	11	9	7	5
制作兼打桩	人工费＋机械费	15	13	11	7
大型土石方工程	人工费＋机械费	6			4

【例 5-1】　某二类工程砌标准砖一砖内墙，其他因素与定额完全相同。请计算该子目的综合单价。

分析：该题主要考查企业管理费和利润的计算。由于不同工程类别的利润率相同，故

只需对企业管理费进行换算。

解： 查 3—33 子目（参见表 4 – 7）可得

换算综合单价＝原综合单价－换出部分价格＋换入部分价格

$$= 192.69 - 8.80 + (32.76 + 2.42) \times 28\%$$

$$= 193.74 \; \text{元}/\text{m}^3$$

答： 该子目的综合单价为 194.74 元/m³。

5.1.1.3　工程类别划分

建筑工程的企业管理费和利润是以分项工程的人工费和机械费之和为计算基础计取一定的费率而得的，而取费的费率在建筑工程中是与工程类别挂钩的，建筑工程类别划分见表 5 – 2。

表 5 – 2　　　　　　　　　　建筑工程工程类别划分标准表

项目		类别	单位	一类	二类	三类
工业建筑	单层	檐口高度	m	≥20	≥16	<16
		跨度	m	≥24	≥18	<18
	多层	檐口高度	m	≥30	≥18	<18
民用建筑	住宅	檐口高度	m	≥62	≥34	<34
		层数	层	≥22	≥12	<12
	公共建筑	檐口高度	m	≥56	≥30	<30
		层数	层	≥18	≥10	<10
构筑物	烟囱	混凝土结构高度	m	≥100	≥50	<50
		砖结构高度	m	≥50	≥30	<30
	水塔	高度	m	≥40	≥30	<30
	筒仓	高度	m	≥30	≥20	<20
	贮池	容积（单体）	m³	≥2000	≥1000	<1000
	栈桥	高度	m	—	≥30	<30
		跨度	m	—	≥30	<30
大型机械吊装工程		檐口高度	m	≥20	≥16	<16
		跨度	m	≥24	≥18	<18
大型土（石）方工程		挖或填、土（石）方容量	m³	≥5000		
桩基础工程		预制混凝土（钢板）桩长	m	≥30	≥20	<20
		灌注混凝土桩长	m	≥50	≥30	<30

5.1.1.4　工程类别划分说明

（1）工程类别划分是根据不同的单位工程，按施工难易程度，结合建筑市场历年来的项目管理水平确定的。将工程类别与企业管理费挂钩也是考虑到高类别工程的难度相对大，相应的管理方面的支出也较高。

（2）不同层数组成的单位工程，当高层部分的面积（竖向切分）占总面积的 30% 以上时，按高层的指标确定工程类别，不足 30％的按低层指标确定工程类别。

（3）单独地下室工程按二类标准取费，如地下室建筑面积≥10000m² 则按一类标准取费。

（4）建筑物、构筑物高度：指设计室外地面标高至檐口顶标高（不包括女儿墙，高出屋面电梯间、楼梯间、水箱间等的高度）；跨度：指轴线之间的宽度。

（5）工业建筑工程：指从事物质生产和直接为生产服务的建筑工程，主要包括生产（加工）车间、实验车间、仓库、独立实验室、化验室、民用锅炉房、变电所和其他生产用建筑工程。

（6）民用建筑工程：指直接用于满足人们的物质和文化生活需要的非生产性建筑，主要包括商住楼、综合楼、办公楼、教学楼、宾馆、宿舍及其他民用建筑工程。

（7）构筑物工程：指与工业与民用建筑工程相配套且独立于工业与民用建筑的工程，主要包括烟囱、水塔、仓类、池类、栈桥等。

（8）桩基础工程：指天然地基上的浅基础不能满足建筑物、构筑物稳定要求而采用的一种深基础。主要包括各种现浇和预制桩。

（9）强夯法加固地基、基础钢管支撑均按建筑工程二类标准执行。深层搅拌桩、粉喷桩、基坑锚喷护壁按制作兼打桩三类标准执行。专业预应力张拉施工如主体为一类工程按一类工程取费；主体为二、三类工程均按二类工程取费。

（10）轻钢结构的单层厂房按单层厂房的类别降低一类标准计算，但不得低于最低类别标准。

（11）建筑工程中的专业项目在执行费用标准时，桩基工程（包括打预制桩和制作兼打桩）、大型土石方工程不论是否单独发包，均应按照对应的专业项目执行费率标准。预制构件制作、构件吊装、装饰工程只有在单独发包时，按照对应的专业项目执行费率标准；否则执行建筑工程类别划分标准。

（12）与建筑物配套的零星项目，如化粪池、检查井、分户围墙按相应的主体建筑工程类别标准确定外，其余如厂区围墙、道路、下水道、挡土墙等零星项目，均按三类标准执行。

（13）建筑物加层扩建时要与原建筑物一并考虑套用类别标准。

（14）确定类别时，地下室、半地下室和层高小于 2.2m 的均不计算层数。

（15）空间可利用的坡屋顶或顶楼的跃层，当净高超过 2.1m 部分的水平面积与标准层建筑面积相比达到 50％以上时可以计算层数。

（16）底层车库（不包括地下或半地下车库）在设计室外地面以上部分超过 2.2m 时，可以计算层数。

（17）有地下室的多层建筑（七层以内）、有人防地下室的小高层、高层建筑的工程类别可以高套一类。有地下室，但不是人防地下室的小高层、高层建筑，只有当处于层数或檐口高度的临界值时可以高套一类。

（18）多栋建筑物下有连通的地下室时，地上的多栋建筑物和地下室分开来套用工程类别。地上的多栋建筑物的工程类别确定原则同有地下室的建筑工程；地下室部分建筑面积在 10000m² 以下的，按建筑工程二类标准取费，在 10000m² 以上的，按建筑工程一类标准取费。

（19）凡工程类别标准中，有两个指标控制的，只要满足其中一个指标即可按该指标确定工程类别。

（20）在确定工程类别时，对于工程施工难度很大的（如建筑造型复杂、基础要求高、有地下室、采用新的施工工艺的工程等），以及工程类别标准中未包括的特殊工程，如展览中心、影剧院、体育馆、游泳馆、别墅、别墅群等，由当地工程造价管理部门根据具体情况确定，报上级造价管理部门备案。

5.1.2　措施项目费的组成及计算标准

5.1.2.1　措施项目费的组成

措施项目费是指为完成工程项目施工所必须发生的施工准备和施工过程中技术、生活、安全、环境保护等方面的非工程实体项目费用。由通用措施项目费和专用措施项目费两部分组成。

1. 通用措施项目费

（1）现场安全文明施工措施费：指为满足施工现场安全、文明施工以及环境保护、职工健康生活所需要的各项费用。本项为不可竞争费用。

1）安全施工措施包括：安全资料的编制、安全警示标志的购置及宣传栏的设置；"三宝"、"四口"、"五临边"防护的费用；职工安全用电的费用，包括电箱标准化、电气保护装置、外电防护标志；起重机、塔吊等起重设备（含井架、门架）及外用电梯的安全防护措施（含警示标志）费用及卸料平台的临边防护、层间安全门、防护棚等设施费用；建筑工地起重机械的检验检测费用；施工机具防护棚及其围栏的安全保护设施费用；施工现场安全防护通道的费用；工人的防护用品、用具购置费用；消防设施与消防器材的配置费用；电气保护、安全照明设施费；其他安全防护措施费用。

2）文明施工措施包括：大门、"五牌一图"、工人胸卡、企业标识的费用；围挡的墙面美化（包括内外粉刷、刷白、标语等）、压顶装饰费用；现场厕所便槽刷白、贴面砖，水泥砂浆地面或地砖费用，建筑物内临时便溺设施费用；其他施工现场临时设施的装饰、装修、美化措施费用；现场生活卫生设施费用；符合卫生要求的饮水设备、淋浴、消毒等设施费用；生活用洁净燃料费用；防煤气中毒、防蚊虫叮咬等措施费用；施工现场操作场地的硬化费用；现场污染源的控制、建筑垃圾及生活垃圾清理、场地排水排污措施的费用；防扬尘洒水费用；现场绿化费用、治安综合治理费用、现场电子监控设备费用；现场配备医药保健器材、物品费用和急救人员培训费用；用于现场工人的防暑降温费、电风扇、空调等设备及用电费用；现场施工机械设备防噪声、防扰民措施费用；其他文明施工措施费用。

3）环境保护费用：指施工现场为达到环保部门要求所需要的各项费用。

（2）夜间施工增加费：指规范、规程要求正常作业而发生的夜班补助、夜间施工降效、照明设施摊销及照明用电等费用。

（3）二次搬运费：指因施工场地狭小等特殊情况而发生的二次搬运费用。

（4）冬雨季施工增加费：指在冬雨季施工期间所增加的费用。包括冬季作业、临时取暖、建筑物门窗洞口封闭及防雨措施、排水、工效降低等费用。

（5）大型机械设备进出场及安拆费：指机械整体或分体自停放地运至施工现场，或由一个施工地点运至另一个施工地点所发生的机械进出场运输转移、机械安装、拆卸等费用。

（6）施工排水费：指为确保工程在正常条件下施工，采取各种排水措施所发生的费用。

（7）施工降水费：指为确保工程在正常条件下施工，采取各种降水措施所发生的费用。

（8）地上、地下设施和建筑物的临时保护设施费：指工程施工过程中，对已经建成的地上、地下设施和建筑物采取保护措施所发生的费用。

（9）已完工程及设备保护费：指对已施工完成的工程和设备采取保护措施所发生的费用。

（10）临时设施费：指施工企业为进行工程施工所必须搭设的生活和生产用的临时建筑物、构筑物和其他临时设施等所发生的费用，包括临时设施的搭设、维修、拆除、摊销等费用。

临时设施包括：临时宿舍、文化福利及公用事业房屋与构筑物、仓库、办公室、加工厂等；建筑、装饰、安装、修缮、古建园林工程规定范围内（建筑物沿边起 50m 内，多栋建筑两栋间隔 50m 内）围墙、临时道路、水电、管线和塔吊基座（轨道）垫层（不包括混凝土固定式基础）等；市政工程施工现场在定额基本运距范围内的临时给水、排水、供电、供热线路（不包括变压器、锅炉等设备）、临时道路，以及总长度不超过 200m 的围墙（篱笆）。

建设单位同意在施工就近地点临时修建混凝土构件预制场所发生的费用，应向建设单位结算。

（11）企业检验试验费：施工企业按规定进行建筑材料、构配件等试样的制作、封样、送检和其他为保证工程质量进行的材料检验试验工作所发生的费用。

根据有关国家标准或施工验收规范要求，对材料、构配件和建筑物工程质量检测检验发生的费用由建设单位直接支付给所委托的检测机构。

（12）赶工措施费：指施工合同约定工期比定额工期提前，施工企业为缩短工期所发生的费用。

（13）工程按质论价费：指施工合同约定质量标准超过国家规定，施工企业完成工程质量达到经有权部门鉴定或评定为优质工程所必须增加的施工成本费。

（14）特殊条件下施工增加费：指地下不明障碍物、铁路、航空、航运等交通干扰而发生的施工降效费用。

2. 专业措施项目费

（1）建筑工程：混凝土、钢筋混凝土模板及支架、脚手架、垂直运输机械费、住宅工程分户验收费等。

（2）单独装饰工程：脚手架、垂直运输机械费、室内空气污染测试、住宅工程分户验收费等。

5.1.2.2　措施项目费的计算标准

措施费计算分为两种形式：一种是以工程量乘以综合单价计算（同分部分项工程费用的计算方法），另一种是以费率计算。

采用第一种计算方法的有：脚手架，混凝土、钢筋混凝土模板及支架，施工排水、降水，垂直运输机械费，二次搬运费，大型机械设备进出场及安拆费，特殊条件下施工增加费，地上、地下设施、建筑物的临时保护设施费。特殊条件下施工增加费，地上、地下设施、建筑物的临时保护设施费，当计价定额中无适用项目参考报价时，可以直接以"项"为单位报价，不需要提供具体价格组成。

采用第二种计算方法的有：表 5-3 中所列出的所有项目。

表 5-3 措施项目费费率标准

项 目	计算基础	费率（％）	
		建筑工程	单独装饰工程
现场安全文明施工措施费		（见表 5-4）	
夜间施工增加费		0～0.1	0～0.1
冬雨季施工增加费		0.05～0.2	0.05～0.1
已完工程及设备保护费		0～0.05	0～0.1
临时设施费	分部分项工程费	1～2.2	0.3～1.2
企业检验试验费		0.2	0.2
赶工措施费		1～2.5	1～2.5
工程按质论价费		1～3	1～3
住宅分户验收费		0.08	0.08

江苏省的现场安全文明施工措施费由基本费、现场考评费和奖励费三部分组成。具体费率见表 5-4。

基本费是施工企业在施工过程中必须发生的安全文明措施的基本保障费。

现场考评费是施工企业执行有关安全文明施工规定，经考评组织现场核查打分和动态评价获取的安全文明措施增加费。

奖励费是施工企业加大投入，加强管理，创建省、市级文明工地的奖励费用。

表 5-4 现场安全文明措施费费率标准 ％

项目名称	计算基础	基本费率	现场考评费率	奖励费（获市级文明工地/获省级文明工地）
建筑工程		2.2	1.1	0.4/0.7
构件吊装		0.85	0.5	—
桩基工程	分部分项工程费	0.9	0.5	0.2/0.4
大型土石方工程		1.0	0.6	—
单独装饰工程		0.9	0.5	0.2/0.4

5.1.3 其他项目费的组成及计算标准

5.1.3.1 其他项目费的组成

（1）暂列金额：指招标人在工程量清单中暂定并包括在合同价款中的款项，用于施工合同签订时尚未明确或不可预见的所需材料、设备和服务的采购、施工中可能发生的工程变更、合同约定调整因素出现时的工程价款调整及发生的索赔、现场签证确认等费用。

（2）暂估价：指招标人在工程量清单中提供的用于支付必然发生但暂时不能确定价格的材料的单价以及专业工程的金额。

（3）计日工：指在施工过程中，完成发包人提出的施工图纸以外的零星项目或工作所发生的费用，按合同中约定的综合单价计价。

（4）总承包服务费：指总承包人为配合协调发包人进行的工程分包、自行采购的设备、材料等进行管理、服务以及施工现场管理、竣工资料汇总整理等服务所需的费用。

5.1.3.2　其他项目费的计算标准

（1）暂列金额、暂估价按发包人给定的标准计取。

（2）计日工：由发承包双方在合同中约定。

（3）总承包服务费：招标人应根据招标文件列出的内容和向总承包人提出的要求，参照下列标准计算：

1）招标人仅要求对分包的专业工程进行总承包管理和协调时，按分包的专业工程估算造价的1%计算。

2）招标人要求对分包的专业工程进行总承包管理和协调，并同时要求提供配合服务时，根据招标文件中列出的配合服务内容和提出的要求，按分包的专业工程估算造价的2%～3%计算。

5.1.4　规费的组成及计算标准

5.1.4.1　规费的组成

规费是指有权部门规定必须缴纳的费用，包括以下内容：

（1）工程排污费：包括废气、污水、固体，扬尘及危险废物和噪声排污费等。

（2）建筑安全监督管理费：有权部门批准收取的建筑安全监督管理费。

（3）社会保障费：企业为职工缴纳的养老保险、失业保险、医疗保险、工伤保险和生育保险等社会保障方面的费用（包括个人缴纳部分）。为确保施工企业各类从业人员社会保障权益落到实处，省、市有关部门可根据实际情况制定管理办法。

（4）住房公积金：企业为职工缴纳的住房公积金。

5.1.4.2　规费的计算标准

（1）工程排污费：暂按不含规费及税金造价的1‰标准计取，结算时，按有权部门实际收取的规费调整。

（2）建筑安全监督管理费：按不含规费及税金造价的0.19%计取。

（3）社会保障费及住房公积金：江苏省目前按表5-5标准计取。

表5-5　　　　　　　　　　社会保障费率及公积金费率标准　　　　　　　　　　%

序号	工 程 类 别	计算基础	社会保障费率	公积金费率
1	建筑工程	分部分项工程费＋措施项目费＋其他项目费	3	0.5
2	预制构件制作、构件吊装、桩基工程		1.2	0.22
3	单独装饰工程		2.2	0.38
4	大型土石方工程		1.2	0.22
5	点工	人工工日	15	
6	包工不包料		13	

注　1. 社会保障费包括养老保险费、失业保险费、医疗保险费、工伤保险费、生育保险费。

　　2. 人工挖孔桩的社会保障费和公积金费率按2.8%和0.5%计取。

　　3. 社会保障费费率和公积金费率将随着社保部门要求和建设工程实际参保率的增加，适当调整。

5.1.5　税金的组成及计算标准

5.1.5.1　税金的组成

税金是指国家税法规定的应计入建筑安装工程造价内的营业税、城市维护建设税及教育费附加。

（1）营业税：指以产品销售或劳务取得的营业额为对象而征收的税种。

（2）城市建设维护税：指为加强城市公共事业和公共设施的维护建设而开征的税种。它以附加形式依附于营业税。

（3）教育费附加：为发展地方教育事业，扩大教育经费来源而征收的税种。它以营业税的税额为计征基数。

5.1.5.2　税金的计算标准

税金按各市规定的税率计算，计算基础为不含税工程造价。南京市的税率为 3.44%。

5.2　建筑工程施工图预算的编制

施工图预算是施工图设计完成后，以施工图为依据，根据预算定额和设备、材料预算价格进行编制的预算造价，是确定建筑工程预算造价的文件。

5.2.1　施工图预算的编制依据

1. 批准的初步设计概算

经批准的设计概算文件是控制工程拨款和贷款的最高限额，也是控制单位预算的主要依据，若工程预算确定的投资总额超过设计概算，须补做调整设计概算，经原批准机构或部门批准后方可实施。

2. 施工图纸、说明书和标准图集

经审定的施工图纸、说明书和标准图集，完整地反映了工程的具体内容，各分部分项工程的具体做法、结构、尺寸、技术特征和施工做法是编制施工预算的主要依据。

3. 施工组织设计或施工方案

施工组织设计或施工方案，是由施工企业根据工程特点、现场状况以及所具备的施工技术手段、队伍素质和经验等主客观条件制定的综合实施方案，施工图预算的编制应尽可能切合施工组织设计或施工方案的实际情况。施工组织设计或施工方案是编制施工图预算和确定措施项目费用的主要依据之一。

4. 现行预算定额或企业定额

现行建筑工程预算定额或企业定额，是编制预算的基础资料，利用预算定额或企业定额，可以直接获得工程项目所需人工、材料和机械的消耗量以及人工费、材料费、机械费、企业管理费和利润。

5. 地区人工工资、材料预算价格和机械台班价格

预算定额中的工资及材料、机械的价格标准代表的是编制定额时期的水平，不是市场目前的实际水平，在编制预算时需要将定额水平价格换算成实际价格水平。

6. 费用定额及取费标准

费用定额及各项取费标准由工程造价管理部门编制颁发。计算工程造价时，应根据工

程性质和类别、承包方式以及施工企业性质等不同情况分别套用。

7. 预算工作手册和建材五金手册

预算工作手册中提供了工程量计算参考表、工程材料重量表、形体计算公式及编制计价表的一些参考资料；建材五金手册主要介绍了常见的五金商品（包括金属材料、通用配件及器材、工具、建材装潢五金四个大类）的品种、规格、性能、用途等实用知识。这些资料可以在计算某些子目工程量、进行定额换算或工料分析时为我们提供帮助。

5.2.2　施工图预算的编制方法

单位工程施工图预算，目前主要存在工程量清单计价和计价表计价两种施工图预算的计价方式。

1. 工程量清单计价方式

按照国家统一的工程量清单计价规范，配套使用江苏省建筑与装饰工程计价表、费用计算规则和项目指引，由招标人（发包人）提供工程量数量，投标人（承包人）自主报价，按规定的评标方法评审中标（确定合同价格）的计价方式。

这种计价方式是在招标投标的模式下进行的，投标人所报的分部分项工程单价中包含了人工费、材料费、机械费、企业管理费和利润，而且所有的价格都是市场价。因此，这种计价方式是完全符合了市场经济的需要和建筑计价市场化的要求。更重要的是，由于采用的是全国统一的计价模式，打破了以往定额计价所造成的地域封闭性，有利于形成一个开放的市场。

2. 计价表计价方式

按照江苏省计价表和费用计算规则，套用定额子目，计算出分部分项工程费、措施项目费、其他项目费、规费和税金的工程造价计价方式。其中人工、机械台班单价按省造价管理部门规定，材料按市造价管理部门发布的市场指导价取定。

这种计价方式与传统的计价相同之处是：仍然采用套定额的模式，由于套定额，就造成了一定的地域封闭性；不同之处是：费用计取的方法不同了，现在的定额计价已具有了市场化的特点。

5.2.3　工程量清单计价的编制步骤

1. 熟悉施工图纸

施工图纸是编制预算的基本依据。只有熟悉图纸，才能了解设计意图，正确地选用定额，准确地计算出工程量。对建筑物的平面布置、外部造型、内部构造、结构类型、应用材料、选用构配件等方面的熟悉程度，将直接影响编制预算的速度和准确性。

2. 熟悉招标文件和工程量清单

工程量清单计价是在招标投标的情况下采用的计价方法，招投标中的招标方将向符合条件的投标方发放招标文件和工程量清单，招标文件直接代表了招标方的意图，投标方的投标要做到有的放矢，熟悉招标文件就是投标成功的不可缺少的一个步骤（在招投标中，规定不实质性响应招标文件的投标文件一概作废标论处）；工程量清单作为招标文件的一个组成部分，对工程中的内容作了详细的描述，投标方只有在透彻了解清单的基础上，才能准确报价。

3. 熟悉现场情况和施工组织设计情况

工程的价格与施工现场的情况及施工方案是紧密相连的,施工现场条件的不同、施工方案的不同,同一个工程将产生不同的价格。作为计价人员,只有熟悉现场和施工组织设计,才能获得真正意义上的工程造价。

4. 熟悉预算定额

招标方编制工程量清单,投标方填报单价。价格是在使用预算定额的基础上获得的,只有对预算定额的组成、说明和规则有了较准确的了解,才能结合图纸和清单,迅速而准确地确定价格。

5. 列出工程项目

在熟悉图纸和预算定额的基础上,根据清单中的项目特征以及预算定额的工程项目划分,列出所需计算的分部分项工程项目。

6. 计算工程量

清单计价中投标方填报的是清单单价,清单单价不是根据清单规范获得的,而是根据下式获得的:

清单工程量×清单单价＝∑(计价表分项工程工程量×计价表分项工程综合单价)

由上式知,为了获得清单单价,首先要计算清单项所包含的计价表各分项工程的工程量、各分项工程的综合单价、清单工程量,然后利用下式计算清单单价:

$$清单单价 = \frac{\sum(计价表分项工程量 \times 计价表分项综合单价)}{清单工程量}$$

因此,清单计价需要计算两次工程量:一次是按清单工程量计算规则计算的清单工程量,另一次是按计价表计算规则计算的计价表工程量。清单计价是针对招投标工程而推出的计价形式,招标方在招标文件中会提供工程量清单,该清单中将给出各清单项的工程量(按清单工程量计算规则计算而得),报价方需要针对每个清单项计算各对应计价表分项工程的工程量,查定额,方能进行报价。

工程量是编制预算的原始数据,计算工程量是一项繁重而又细致的工作,不仅要求认真、细致、准确,而且要按照一定的计算规则和顺序进行,这样不仅可以避免重算和漏算,同时也便于检查和审查。

7. 套定额

在确定综合单价的过程中,通常有以下三种情况:

(1) 直接套用。如果分项工程的名称、材料品种、规格及做法等与定额取定完全一致(或虽不一致,但定额规定不换算者),可以直接使用定额中的消耗量及综合单价。

(2) 换算套用。如果分项工程的名称、材料品种、规格及做法等与定额取定不完全一致,不一致的部分定额又允许换算,可以将定额中的消耗量或综合单价换算成实际情况下的消耗量及综合单价,并在定额编号后加"换"字以示区别。

(3) 编制补充定额。如果分项工程的名称、材料品种、规格及做法等与定额取定完全不同,则应采用定额测定的方法编制补充定额。

8. 计算工程造价

具体计算程序见本书第 5.3 节内容。

9. 装订成册

将工程的整套预算资料（见本书第 10 章有关内容）按顺序编排装订成册。

5.2.4 计价表计价的编制步骤

1. 熟悉施工图纸

熟悉施工图纸是计价表计价的根本。

2. 熟悉现场情况和施工组织设计情况

由于计价表计价主要针对的是不采用招标投标的工程，因此计价采用的模式还是以往的套定额计价的方法，不需要甲方提供招标文件和工程量清单。

3. 熟悉预算定额

计价表就是预算定额，使用计价表计价首要工作就是要熟悉计价表（预算定额）。

4. 列出工程项目

在熟悉图纸和预算定额的基础上，根据预算定额的工程项目划分，列出所需计算的分部分项工程。对于初学者，可以采用按定额顺序对号的方式列项，可以避免漏项或重项。

5. 计算工程量

按照所列的项目在定额中对应的工程量计算规则计算工程量。

6. 套定额

7. 计算工程造价

具体计算程序见本书第 5.3 节内容。

8. 装订成册

将工程的整套预算资料（见本书第 10 章有关内容）按顺序编排装订成册。

5.3 建筑工程造价计算

5.3.1 工程造价计算程序

1. 工程量清单法计算程序

工程量清单法计算程序分为包工包料和包工不包料两种情况，分别见表 5-6 和表 5-7。

表 5-6　　　　　　　　工程量清单法计算程序（包工包料）

序号	费用名称		计算公式	备注
（一）	分部分项工程量清单费用		工程量×综合单价	
	其中	①人工费	人工消耗量×人工单价	
		②材料费	材料消耗量×材料单价	
		③机械费	机械消耗量×机械单价	
		④企业管理费	①＋③×费率	
		⑤利润	①＋③×费率	
（二）	措施项目清单费用		分部分项工程费×费率 或 综合单价×工程量	
（三）	其他项目费用			

续表

序号	费用名称		计算公式	备注
（四）	其中	规费	［（一）＋（二）＋（三）］×费率	按规定计取
		①工程排污费		
		②建筑安全生产监督费		
		③社会保障费		
		④住房公积金		
（五）	税金		［（一）＋（二）＋（三）＋（四）］×费率	按当地规定计取
（六）	工程造价		（一）＋（二）＋（三）＋（四）＋（五）	

表 5－7　　　　　　　　工程量清单法计算程序（包工不包料）

序号	费用名称		计算公式	备注
（一）	分部分项工程量清单人工费		人工消耗量×人工单价	
（二）	措施项目清单费用		（一）×费率　或　工程量×综合单价	
（三）	其他项目费用			
（四）	其中	规费	［（一）＋（二）＋（三）］×费率	按规定计取
		①工程排污费		
		②建筑安全生产监督费		
		③社会保障费		
		④住房公积金		
（五）	税金		［（一）＋（二）＋（三）＋（四）］×费率	按当地规定计取
（六）	工程造价		（一）＋（二）＋（三）＋（四）＋（五）	

注　包工不包料、点工的企业管理费和利润包括在工资单价中。

2. 计价表法计算程序

计价表法计算程序分为包工包料和包工不包料情况，分别见表 5－8 和表 5－9。

表 5－8　　　　　　　　计价表法计算程序（包工包料）

序号	费用名称		计算公式	备注
（一）	其中	分部分项费用	工程量×综合单价	
		①人工费	计价表人工消耗量×人工单价	
		②材料费	计价表材料消耗量×材料单价	
		③机械费	计价表机械消耗量×机械单价	
		④企业管理费	①＋③×费率	
		⑤利润	①＋③×费率	
（二）	措施项目费用		分部分项工程费×费率或综合单价×工程量	
（三）	其他项目费用			

序号	费用名称		计算公式	备注
（四）	规费			
	其中	①工程排污费	［（一）＋（二）＋（三）］×费率	按规定计取
		②建筑安全生产监督费		
		③社会保障费		
		④住房公积金		
（五）	税金		［（一）＋（二）＋（三）＋（四）］×费率	按当地规定计取
（六）	工程造价		（一）＋（二）＋（三）＋（四）＋（五）	

表 5－9　　　　　　　　　　　　计价表法计算程序（包工不包料）

序号	费用名称		计算公式	备注
（一）	分部分项人工费		计价表人工消耗量×人工单价	
（二）	措施项目费用		（一）×费率　或　工程量×综合单价	
（三）	其他项目费用			
（四）	规费			
	其中	①工程排污费	［（一）＋（二）＋（三）］×费率	按规定计取
		②建筑安全生产监督费		
		③社会保障费		
		④住房公积金		
（五）	税金		［（一）＋（二）＋（三）＋（四）］×费率	按当地规定计取
（六）	工程造价		（一）＋（二）＋（三）＋（四）＋（五）	

3. 包工包料、包工不包料和点工说明

（1）包工包料：指施工企业承包工程用工、材料的方式。

（2）包工不包料：指只承包工程用工的方式。施工企业自带施工机械和周转材料的工程按包工包料标准执行。

（3）点工：适用于在建设工程中由于各种因素所造成的损失、清理等不在定额范围内的用工。

（4）包工不包料、点工的临时设施应由建设单位提供。

5.3.2　预算费用差价的计算

从一开始我们就介绍过：价格是随市场变化而变化的，但定额是固定的，定额的价格一旦确定就不可变化。如果直接按定额中的价格来计算工程造价，这种造价只能是有价无市而已。也就是说，工程造价要的是市场价，换言之，计算工程造价需要将定额中的价格用市场价格来代替。

按市场价格计算有两种方式：一种是直接用市场价代换定额中的单价；另一种是计算差价。这两种方法的结果一样。下面主要介绍差价的计算方法。

1. 人工费调差

人工费调差（单项调差），计算公式如下：

$$人工费调差＝人工消耗量×（新工资单价－定额工资单价）$$

2. 材料费调差

材料费调差有单项调差和系数调差两种。对于绝大多数材料可以采用单项调差；只有一些定额中未列出种类和数量，以"元"计价的材料费以系数调差。系数是采用综合测定而获得的，一般各地的造价管理部门会在需要系数调差的时候公布材料的调价系数。计算公式如下：

$$单项调差材料差价＝材料定额数量×（市场价－定额价）$$

$$系数调差材料差价＝定额材料费×调价系数$$

3. 机械费调差

机械费调差有单项调差和系数调差两种。对于绝大多数机械可以采用单项调差；只有一些定额中未列出种类和数量，以"其他机械费"计价的机械费以系数调差。系数是采用综合测定而获得的，一般各地的造价管理部门会在需要系数调差的时候公布材料的调价系数。计算公式如下：

$$单项调差机械台班差价＝机械定额数量×（市场价－定额价）$$

$$系数调差机械差价＝定额机械费×调价系数$$

【例 5-2】 某三类工程砌标准砖一砖内墙，市场材料预算价格：标准砖 0.26 元/块，含量及其他材料单价与定额完全相同。请计算该子目的综合单价。

分析：这题主要考的是材差的计算方法。

解：查 3—33 子目可得

$$
\begin{aligned}
换算综合单价 &＝原综合单价－换出部分价格＋换入部分价格\\
&＝192.69－113.95＋532×0.26\\
&＝217.06 \text{元}/\text{m}^3
\end{aligned}
$$

$$
\begin{aligned}
换算综合单价 &＝原综合单价＋材料差价\\
&＝原综合单价＋材料定额数量×（市场价－定额价）\\
&＝192.69＋532×（0.26－0.2142）\\
&＝217.06 \text{元}/\text{m}^3
\end{aligned}
$$

答：该子目的综合单价为 217.06 元/m³。

第6章 建筑面积工程量计算

一直以来，《建筑面积计算规则》在建筑工程造价管理方面起着非常重要的作用，是建筑房屋计算工程量的主要指标，是计算单位工程每平方米预算造价的主要依据，是统计部门汇总发布房屋建筑面积完成情况的基础。其作用贯穿于建设项目的全过程与各方面，可用于计划、统计、规划、计算单方造价、招投标、施工发承包、竣工结算、房地产计价与房屋权属登记以及政府宏观管理等。

随着我国建筑市场发展，建筑的新结构、新材料、新技术、新的施工方法层出不穷，为了解决建筑技术的发展产生的面积计算问题，使建筑面积的计算更加科学合理，完善和统一建筑面积的计算范围和计算方法，对建筑市场发挥更大的作用，建设部在 2005 年对原《建筑面积计算规则》予以修订。考虑到《建筑面积计算规则》的重要作用，此次将修订的《建筑面积计算规则》改为《建筑工程建筑面积计算规范》。

下面以建设部和国家质量监督检验检疫总局联合发布的《建筑工程建筑面积计算规范》（GB/T 50353—2005）（以下简称为本规范）中的建筑面积计算规则为例说明它的计算方法（本规范自 2006 年 1 月 1 日起在江苏省贯彻施行）。

6.1 计算建筑面积的范围和方法

（1）单层建筑物的建筑面积按建筑物外墙勒脚以上结构的外围水平面积计算。单层建筑物高度在 2.20m 及以上者应计算全面积；高度不足 2.20m 者应计算 1/2 面积。高度是指室内地面标高至屋面板板面结构标高之间的垂直距离。遇有以屋面板找坡的平屋顶单层建筑物，其高度指室内地面标高至屋面板最低处板面结构标高之间的垂直距离。

【例 6-1】 已知某单层房屋平面和剖面图（见图 6-1），请计算高度为 3.2m 和 2.0m 两种情况下该房屋的建筑面积。

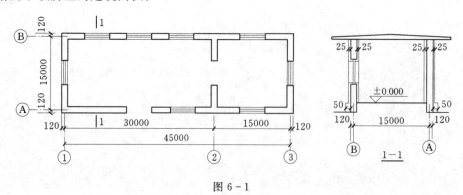

图 6-1

分析：单层建筑物高度在 2.20m 及以上者应计算全面积；高度不足 2.20m 者应计算 1/2 面积。计算的尺寸应是结构外围尺寸。

解：建筑面积 S_1（3.2m 高度）＝（45.00＋0.24）×（15.00＋0.24）＝689.46m²

建筑面积 S_2（2.0m 高度）＝（45.00＋0.24）×（15.00＋0.24）÷2＝344.73m²

答：该房屋高度为 3.2m 时建筑面积为 689.46m²，高度为 2.0m 时建筑面积为 344.73m²。

（2）多层建筑物建筑面积按各层建筑面积之和计算，首层建筑面积按外墙勒脚以上结构的外围水平面积计算，二层及二层以上按外墙结构的外围水平面积计算。层高在 2.20m 及以上者应计算全面积；层高不足 2.20m 者应计算 1/2 面积。

【例 6 - 2】 已知某房屋平面和剖面图（见图 6 - 2），请计算该房屋建筑面积。

分析：该房屋为三层建筑物，建筑面积应按三层建筑面积之和计算。本题要注意的是：第三层层高计算应算至 8.000m 还是 8.200m，如按前者该层建筑面积按一半计算，如按后者该层应计算全面积，按规则（1）中规定，层高指室内地面标高至屋面板最低处板面结构标高之间的垂直距离，故应按 8.000m 标高计算层高。

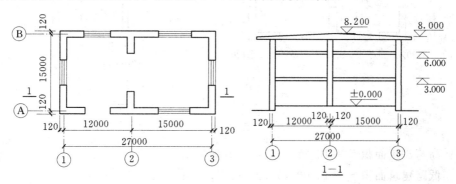

图 6 - 2

解：建筑面积　　$S＝27.24×15.24×2＋27.24×15.24÷2＝1037.84m²$

答：该房屋建筑面积为 1037.84m²。

（3）单层建筑物内设有局部楼层者，局部楼层的二层及以上楼层，有围护结构的应按其围护结构外围水平面积计算，无围护结构的应按其结构底板水平面积计算。层高在 2.20m 及以上者应计算全面积；层高不足 2.20m 者应计算 1/2 面积。

【例 6 - 3】 已知某房屋平面和剖面图（见图 6 - 3），请计算该房屋建筑面积。

分析：该房屋建筑物内部存在局部楼层，按规则（3）计算。同时要注意：内部层高未达到 2.2m 的计算 1/2 面积（如内部第三层）。

解：建筑面积　　$S＝27.24×15.24＋12.24×15.24＋12.24×15.24÷2＝694.94m²$

答：该房屋建筑面积为 694.94m²。

（4）高低连跨的建筑物，需分别计算建筑面积时，应以高跨结构外边线（有墙以墙，无墙以柱）为界分别计算。其高低跨内部连通时，其变形缝应计算在低跨面积内。

【例 6 - 4】 已知某连跨房屋平面和剖面图（见图 6 - 4），请分别计算该房屋高跨和低跨的建筑面积。

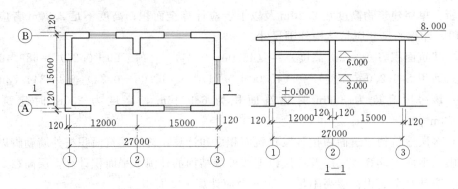

图 6 - 3

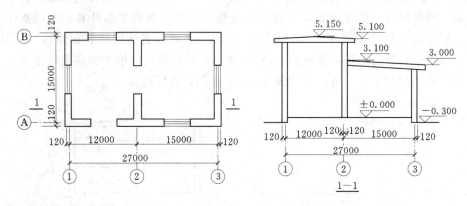

图 6 - 4

解： 高跨建筑面积 $S_1 = 12.24 \times 15.24 = 186.54 \text{m}^2$

低跨建筑面积 $S_2 = 15.00 \times 15.24 = 228.60 \text{m}^2$

答： 该房屋高跨建筑面积为 186.54m^2，低跨建筑面积为 228.60m^2。

（5）设有围护结构不垂直于水平面而超出底板外沿的建筑物，应按其底板面的外围水平面积计算。层高在 2.20m 及以上者应计算全面积；层高不足 2.20m 者应计算 1/2 面积。

【例 6 - 5】 已知某房屋平面和剖面图（见图 6 - 5），计算该房屋建筑面积。

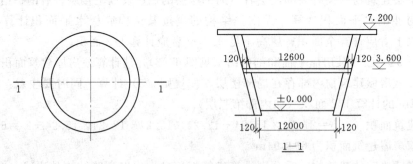

图 6 - 5

解： 建筑面积 $S = 3.14 \times (6.00 + 0.12)^2 + 3.14 \times (6.30 + 0.12)^2 = 247.03 \text{m}^2$

答： 该房屋建筑面积为 247.03m^2。

（6）地下室、半地下室（车间、商店、车站、车库、仓库等），包括相应的有永久性顶盖的出入口，应按其外墙上口（不包括采光井、外墙防潮层及其保护墙）外边线所围水平面积计算。层高在 2.20m 及以上者应计算全面积；层高不足 2.20m 者应计算 1/2 面积。

【例 6-6】　已知某房屋和通向地下室的带有永久性顶盖的坡道平面和剖面图（见图 6-6），请计算该房屋及坡道的建筑总面积。

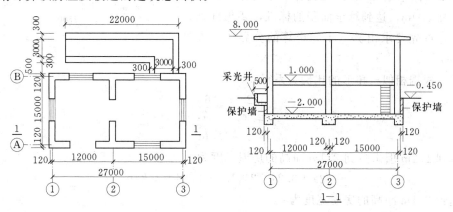

图 6-6

分析：地下室（见本书第 6.3 节中有关术语解释）层高 3.0m，应按全面积计算建筑面积，但范围不包括采光井和保护墙。

解：房屋建筑面积 $S_1 = 27.24 \times 15.24 \times 2 = 830.275 \text{m}^2$

坡道建筑面积 $S_2 = 22.00 \times (3.00 + 0.30 + 0.30) + 0.50 \times (3.00 + 0.30 + 0.30)$

$$= 81.000 \text{m}^2$$

总建筑面积 $S = S_1 + S_2 = 911.28 \text{m}^2$

答：该房屋建筑总面积为 911.28m²。

（7）多层建筑坡屋顶内和场馆看台下，当设计加以利用时净高超过 2.10m 的部位应计算全面积；净高在 1.20～2.10m 的部位应计算 1/2 面积；当设计不利用或室内净高不足 1.20m 时不应计算面积。

【例 6-7】　某砖混结构住宅楼，屋面采用双坡屋面，并利用坡屋顶的空间做阁楼层，屋盖结构层厚度 10cm，层高、层数等见图 6-7。试计算该住宅的建筑面积。

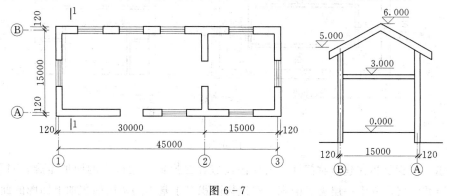

图 6-7

分析：该住宅楼存在坡屋顶，对坡屋顶，首先考虑利用否，如不利用，不计算面积；如利用，需要考虑高度。需要注意的是：这里的高度是净高（扣除结构层后的高度）。对于本题，檐口部分净高超过 1.2m 但不足 2.1m，达到算一半的标准。屋脊部分净高 2.9m，达到算全面积的标准，要想准确计算面积，首先要求出算一半与全算的分界线（参见图 6-8）。

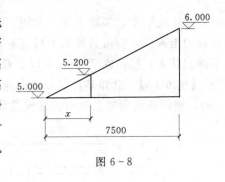

图 6-8

解：根据相似三角形的比例关系得

$$\frac{5.2-5}{x}=\frac{6-5}{7.5}$$

$$x=1.5\text{m}$$

达到 1.2m 但未达到 2.1m 净高的房屋宽度为

$$2x+0.24=2\times1.5+0.24=3.24\text{m}$$

达到 2.1m 净高的房屋宽度为

$$15.00-2x=15.00-3.00=12.00\text{m}$$

阁楼部分建筑面积

$$S_1=12.00\times45.24+45.24\times3.24\div2=616.169\text{m}^2$$

一层建筑面积 $S_2=45.24\times15.24=689.458\text{m}^2$

总建筑面积 $S=S_1+S_2=1305.63\text{m}^2$

答：该住宅的建筑面积为 1305.63m²。

（8）建筑物的门厅、大厅按一层计算建筑面积。门厅、大厅内设有回廊时，应按其结构底板水平面积计算。回廊层高在 2.20m 及以上者应计算全面积；层高不足 2.20m 者应计算 1/2 面积。

【例 6-8】 某带回廊的建筑物平面图和剖面图如图 6-9 所示，求该建筑物的建筑面积。

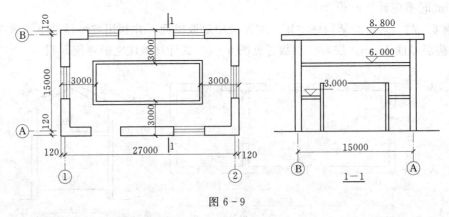

图 6-9

分析：回廊是指在建筑物门厅、大厅内设置在二层或二层以上的回形走廊。对于上图，结构楼层共两层，其中一层夹了回廊。建筑物面积等于基本的两层面积加上回廊的面积。

解：楼层建筑面积 $S_1=27.24\times15.24\times2=830.275m^2$

回廊建筑面积 $S_2=27.24\times15.24-(27.24-6)\times(15.24-6)=218.880m^2$

总建筑面积 $S=S_1+S_2=1049.16m^2$

答：该建筑物的建筑面积为 $1049.16m^2$。

（9）建筑物内的室内楼梯间、电梯井、观光电梯井、提物井、管道井、通风排气竖井、垃圾道、附墙烟囱应按建筑物的自然层计算。有永久性顶盖的室外楼梯，应按建筑物自然层的水平投影面积的 1/2 计算；室外楼梯，最上层楼梯无永久性顶盖，或不能完全遮盖楼梯的雨篷，上层楼梯不计算面积，上层楼梯可视为下层楼梯的永久性顶盖，下层楼梯应计算面积。

室内楼梯间的面积计算，应按楼梯依附的建筑物的自然层数计算并在建筑物面积内。遇跃层建筑，其共用的室内楼梯应按自然层计算面积；上下两错层户室共用的室内楼梯，应选上一层的自然层计算面积。

【例 6-9】 某四层建筑物，每层层高均为 3.0m，室外楼梯水平投影尺寸为 3.6m×5.1m，在屋顶处楼梯设置一不能完全遮盖楼梯的雨篷。求该室外楼梯的建筑面积。

分析：楼梯应按建筑物的自然层（4 层）计算，但题中最上层楼梯的雨篷不能遮盖楼梯，故上层楼梯不计算面积，即按 3 层计算建筑面积。又由于是室外楼梯，应按投影面积的一半计算面积。

解：室外楼梯建筑面积 $S=3.6\times5.1\times(4-1)\div2=27.54m^2$

答：该室外楼梯的建筑面积为 $27.54m^2$。

（10）建筑物顶部有围护结构的楼梯间、水箱间、电梯机房等，层高在 2.20m 及以上者应计算全面积；层高不足 2.20m 者应计算 1/2 面积。

【例 6-10】 某电梯井平面外包尺寸 4.5m×4.5m，该建筑共 12 层，11 层层高均为 3m，1 层为技术层，层高 2.0m。屋顶电梯机房外包尺寸 6.00m×8.00m，层高 4.5m，求该电梯井与电梯机房总建筑面积。

解：电梯井建筑面积 $S_1=4.5\times4.5\times11+4.5\times4.5\div2=232.875m^2$

电梯机房建筑面积 $S_2=6.00\times8.00=48.00m^2$

总建筑面积 $S=S_1+S_2=280.88m^2$

答：该电梯井与电梯机房的建筑面积为 $280.88m^2$。

（11）雨篷以其宽度超过 2.10m 或不超过 2.10m 衡量，超过 2.10m 者应按雨篷的结构板水平投影面积的 1/2 计算，不超过者不计算建筑面积。有柱雨篷和无柱雨篷计算应一致。

注意：不是雨篷板计算建筑面积，而是雨篷和地面平台组成了一个空间。该空间计算建筑面积与否主要看雨篷的宽度。宽度不超过 2.10m 不计算，超过 2.10m 才计算。

（12）立体书库、立体仓库、立体车库不论其有无围护结构，按结构层考虑。无结构层的应按一层计算，有结构层的应按其结构层面积分别计算。层高在 2.20m 及以上者应计算全面积；层高不足 2.20m 者应计算 1/2 面积。

（13）有围护结构的舞台灯光控制室，应按其围护结构外围水平面积计算。层高在 2.20m 及以上者应计算全面积；层高不足 2.20m 者应计算 1/2 面积。

(14) 建筑物的阳台, 不论是凹阳台、挑阳台、封闭阳台、不封闭阳台, 均按其水平投影面积的一半计算。

【例 6 - 11】 求图 6 - 10 所示三种封闭阳台一层 (层高 3.0m) 的建筑面积。

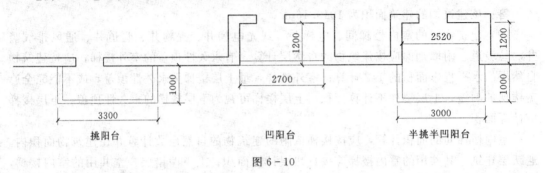

挑阳台　　　　　　凹阳台　　　　　半挑半凹阳台

图 6 - 10

分析: 分清凹阳台、挑阳台、半挑半凹阳台的区别, 不同阳台尺寸的区别。

解: 挑阳台建筑面积 $S_1 = 3.3 \times 1 \div 2 = 1.65m^2$

凹阳台建筑面积 $S_2 = 2.7 \times 1.2 \div 2 = 1.62m^2$

半挑半凹阳台建筑面积 $S_3 = (3.00 \times 1.00 + 2.52 \times 1.2) \div 2 = 3.01m^2$

答: 该封闭挑阳台的建筑面积为 $1.65m^2$, 凹阳台的建筑面积为 $1.62m^2$, 半挑半凹阳台的建筑面积为 $3.01m^2$。

(15) 建筑物外有围护结构的落地橱窗、门斗、挑廊、走廊、檐廊, 应按其围护结构外围水平面积计算。层高在 2.20m 及以上者应计算全面积; 层高不足 2.20m 者应计算 1/2 面积。有永久性顶盖无围护结构的, 应按其结构底板水平面积的 1/2 计算。

【例 6 - 12】 求图 6 - 11 所示有柱和无柱两种挑廊、檐廊的建筑面积 (楼层层高均为 3.00m)。

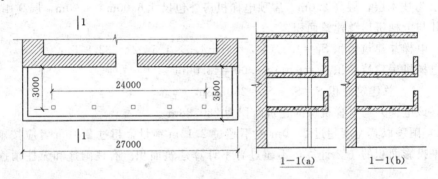

1-1(a)　　　1-1(b)

图 6 - 11

分析: 楼层部位不论围护是否封闭, 均按其围护结构外围水平面积计算, 柱子不算围护结构, 故而计算时有柱、无柱结果一样。底层因有永久性顶盖、无围护, 按其结构底板水平面积的 1/2 计算。

解: 楼层面积 $S_1 = 27.00 \times 3.5 \times 2 = 189.00m^2$

底层面积 $S_2 = 27.00 \times 3.50 \div 2 = 47.25m^2$

总面积 $S = S_1 + S_2 = 236.25m^2$

答：两种挑廊的建筑面积均为 236.25m²。

（16）建筑物间有围护结构的架空走廊，应按其围护结构外围水平面积计算，层高在 2.20m 及以上者应计算全面积；层高不足 2.20m 者应计算 1/2 面积。有永久性顶盖无围护结构的，应按其结构底板水平面积的 1/2 计算。

【例 6 - 13】　如图 6 - 12 所示为 A、B 两栋楼，每层层高均为 2.8m，中间为三层联系走廊，走廊的水平投影面积为 120m²。请计算走廊的建筑面积。

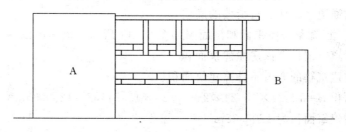

图 6 - 12

分析：一层走廊无柱无围护，但二层走廊可作为其永久性顶盖，按结构底板水平面积的 1/2 计算；二、二层走廊有底有顶有围护，按水平投影面积计算建筑面积。

解：走廊的建筑面积 $S=120+120+60=300m^2$

答：该走廊的建筑面积为 300m²。

（17）有永久性顶盖无围护结构的车棚、货棚、站台、加油站、收费站等，应按其顶盖水平投影面积的 1/2 计算。

【例 6 - 14】　求如图 6 - 13 所示车棚的建筑面积。

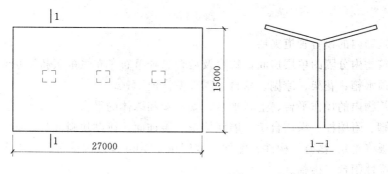

图 6 - 13

解：车棚建筑面积 $S=27.00 \times 15.00 \div 2=202.50m^2$

答：该车棚的建筑面积为 202.50m²。

（18）有永久性顶盖无围护结构的场馆看台，应按其顶盖水平投影面积的 1/2 计算。

（19）以幕墙作为围护结构的建筑物，应按幕墙外边线计算建筑面积。

注意：幕墙如果作为装饰构件，或者说幕墙里面还有砖墙或其他围护结构，计算建筑面积应算至围护结构外围（玻璃幕墙的内口）。只有在幕墙内部没有其余的围护结构的情况下，建筑面积才算至幕墙的外口。

（20）建筑物外墙外侧有保温隔热层的，应按保温隔热层外边线计算建筑面积。

（21）建筑物内的变形缝，应按其自然层合并在建筑物面积内计算。本规范所指建筑物内的变形缝是与建筑物相连通的变形缝，即暴露在建筑物内，在建筑物内可以看得见的变形缝。

6.2　不计算建筑面积的范围

（1）建筑物通道（骑楼、过街楼的底层）。

【例 6-15】 已知某房屋平面和剖面图如图 6-14 所示，该房屋②～③轴间有一穿过建筑物的人行通道。请计算该房屋建筑面积。

分析： 穿过建筑物的通道不计算建筑面积。

解： 建筑面积 $S = 12.24 \times 15.24 \times 2 + 27.24 \times 15.24 \times 2 = 1203.35 \text{m}^2$

答： 该房屋建筑面积为 1203.35m^2。

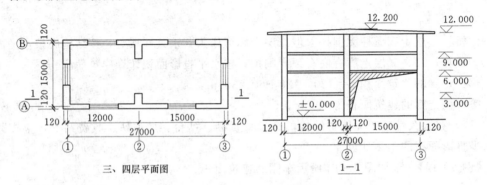

图 6-14

（2）建筑物内的设备管道夹层。

（3）建筑物内分隔的单层房间，舞台及后台悬挂幕布、布景的天桥、挑台等。

（4）屋顶水箱、花架、凉棚、露台、露天游泳池。

（5）建筑物内的操作平台、上料平台、安装箱和罐体的平台。

（6）勒脚、附墙柱、垛、台阶、墙面抹灰、装饰面、镶贴块料面层、装饰性幕墙、空调室外机搁板（箱）、飘窗、构件、配件、宽度在 2.10m 及以内的雨篷以及与建筑物内不相连通的装饰性阳台、挑廊。

（7）无永久性顶盖的架空走廊、室外楼梯和用于检修、消防等的室外钢楼梯、爬梯。

（8）自动扶梯、自动人行道。

（9）独立烟囱、烟道、地沟、油（水）罐、气柜、水塔、贮油（水）池、贮仓、栈桥、地下人防通道、地铁隧道。

6.3　建筑面积计算中的有关术语

（1）层高：上下两层楼面或楼面与地面之间的垂直距离。

（2）自然层：按楼板、地板结构分层的楼层。

（3）架空层：建筑物深基础或坡地建筑吊脚架空部位不回填土石方形成的建筑空间。

（4）走廊：建筑物的水平交通空间。

（5）挑廊：挑出建筑物外墙的水平交通空间。

（6）檐廊：设置在建筑物底层出檐下的水平交通空间。

（7）回廊：在建筑物门厅、大厅内设置在二层或二层以上的回形走廊。

（8）门斗：在建筑物出入口设置的起分隔、挡风、御寒等作用的建筑过渡空间。

（9）建筑物通道：为道路穿过建筑物而设置的建筑空间。

（10）架空走廊：建筑物与建筑物之间，在二层或二层以上专门为水平交通设置的走廊。

（11）勒脚：墙根部很矮的一部分墙体加厚。

（12）围护结构：围合建筑空间四周的墙体、门、窗等。

（13）围护性幕墙：直接作为外墙起围护作用的幕墙。

（14）装饰性幕墙：设置在建筑物墙体外起装饰作用的幕墙。

（15）落地橱窗：突出外墙面根基落地的橱窗。

（16）阳台：供使用者进行活动和晾晒衣物的建筑空间。

（17）眺望间：设置在建筑物顶层或挑出房间的供人们远眺或观察周围情况的建筑空间。

（18）雨篷：设置在建筑物进出口上部的遮雨、遮阳篷。

（19）地下室：房间地平面低于室外地平面的高度超过该房间净高的 1/2 者为地下室。

（20）半地下室：房间地平面低于室外地平面的高度超过该房间净高的 1/3，但不超过 1/2 者为半地下室。

（21）变形缝：伸缩缝（温度缝）、沉降缝和抗震缝的总称。

（22）永久性顶盖：经规划批准设计的永久使用的顶盖。

（23）飘窗：为房间采光和美化造型而设置的突出外墙的窗。

（24）骑楼：楼层部分跨在人行道上的临街楼房。

（25）过街楼：有道路穿过建筑空间的楼房。

第7章 分部分项工程费用的计算

根据前文介绍，分部分项工程费等于工程量乘以综合单价，而分部分项工程费又是获得工程造价的基础。

计算分部分项工程量和计算综合单价都与定额是分不开的，定额中有说明和关于工程量的计算规则，这些计算规则和说明直接决定了如何使用定额（使用定额时需要使用者根据定额的说明和计算规则来理解运用，所以定额说明就如同我们购买产品时，所附的使用说明一样）。因此，要使用定额首先要正确理解工程量计算规则和说明。

7.1 工程量计算的原理及方法

工程量是指计量单位所表示的建筑工程各个分项工程或结构构件的实物数量。

7.1.1 统筹法计算工程量

1. 利用基本数据简化计算

建筑工程中有一些数据，在计算工程量中经常要用到，计算时可以采取先将基本数据计算出来，在计算与基本数据相关的工程量时，可以在基本数据的基础上计算，达到简化计算的目的。通过对工程的归纳，基本数据主要为"三线、一面、一册"。

（1）外墙外边线：

$$L_外 = 建筑平面图的外围周长之和$$

有了 $L_外$ 可以在计算勒脚、腰线、勾缝、外墙抹灰、散水、明沟等分项工程时减少重复计算工程量。

（2）外墙中心线：

$$L_中 = L_外 - 墙厚 \times 4$$

$L_中$ 可以用来计算外墙挖地槽（$L_中 \times$ 断面）、基础垫层（$L_中 \times$ 断面）、砌筑基础（$L_中 \times$ 断面）、砌筑墙身（$L_中 \times$ 断面）、防潮层（$L_中 \times$ 防潮层宽度）、基础梁（$L_中 \times$ 断面）、圈梁（$L_中 \times$ 断面）等分项工程工程量。

（3）内墙净长线：

$$L_内 = 建筑平面图中所有内墙净长度之和$$

$L_内$ 可以用来计算内墙挖地槽、基础垫层、砌筑基础、砌筑墙身、防潮层、基础梁、圈梁等分项工程的工程量。

（4）底层建筑面积：

$$底层建筑面积 S = 建筑物底层平面图勒脚以上结构的外围水平投影面积$$

S 可以用来计算平整场地、地面、楼面、屋面和天棚等分项工程的工程量。

（5）对于一些标准构件，可以采用组织力量一次计算，编制成册，在下次使用时直接查用手册的方法，这样既可以减少每次都逐一计算的繁琐，又保证了准确性。

2. 合理安排计算顺序

工程量计算顺序的安排是否合理，直接关系到预算工作效率的高低。按照通常的习惯，工程量的计算一般是根据施工顺序或定额顺序进行的，在熟练的基础上，也可以根据计算方便的顺序进行工程量计算。例如，如果存在一些分项工程的工程量紧密相关，有的要算体积，有的要算面积，有的要算长度的情况下，应按照长度→面积→体积的顺序计算，可避免重复计算和反复计算中可能导致的计算错误。

例如室内地面工程，存在挖土（体积）、垫层（体积）、找平层（面积）、面层（面积）4 道工序。如果按照施工顺序，将先算体积，后算面积，体积的数据对面积无借鉴作用，反之，先算面层、找平层得到面积，可以采用面积×厚度的方法计算垫层和挖土的体积。

3. 结合工程实际灵活计算

用"线"、"面"、"册"的计算方法只是一般常用的工程量计算方法，实际工程运用中不能生搬硬套，需要根据工程实际情况灵活处理。

（1）如果有关的构件断面形状不唯一，对应的基础"线"也就不能只算一个，需要根据图形分段计算"线"。

（2）基础数据对于许多分项工程有借鉴的作用，但有些不能直接借鉴，需要对基础数据进行调整。例如，$L_内$ 用于内墙地槽，由于地槽长度是地槽间净长，而 $L_内$ 是墙身间净长，需要在 $L_内$ 的基础上减去地槽与墙身的厚度差才能用于地槽的工程量计算。

7.1.2　工程量计算的方法

1. 计算顺序

（1）单位工程计算顺序。

1）按照施工顺序的先后来计算工程量。例如民用建筑，按照土方、基础、墙体、混凝土、钢筋、地面、楼面、屋面、门窗安装、外抹灰、内抹灰、油漆涂料、玻璃等顺序进行计算。

2）按定额顺序计算。按照定额上的分章或分部分项工程的顺序进行计算，这种方法对初学者尤其适合。

（2）分项工程计算顺序。

1）按照图纸的"先横后竖、先下后上、先左后右"顺序计算。例如计算基础相关工程量可以采用这种方法。

2）按照图纸的顺时针方向计算。例如，计算楼地面、屋面等分项工程可以采用这种计算方法。

3）图纸分项编号顺序计算。例如，计算混凝土构件、门窗构件等可以采用这种计算方法。

2. 计算工程量的步骤

（1）列出计算式。

（2）演算计算式。

（3）调整计量单位。

3. 主要事项

（1）工程量的计算必须与项目对应，按照项目的工程量计算规则进行计算。

（2）工程量计算必须分层分段、按一定的顺序计算，尽量采用统筹法进行计算。

（3）按图纸进行计算，列出工程量计算式。

（4）计算结束注意自我检查。

7.2 土（石）方工程

建筑工程施工的场地和基础、地下室的建筑空间，都是由土、石方工程施工完成的。所谓土、石方工程，即采用人工或机械的方法，对天然土（石）体进行必要的挖、运、填，以及配套的平整、夯实、排水、降水等工作内容。土、石方工程施工的特点是人工或机械的劳动强度大，施工条件复杂，施工方案要因地制宜。土、石方工程造价与地基土的类别和施工组织方案关系极为密切。

7.2.1 本节内容

本节主要包括人工土（石）方和机械土（石）方两部分。

（1）人工土（石）方包括：①人工挖土方；②人工挖地槽、地沟；③人工挖地坑；④山坡切土、挖淤泥、流沙、支挡土板；⑤人工、人力车运土（石）方；⑥平整场地、回填土、打夯；⑦人工挖石方。

（2）机械土（石）方包括：①推土机推土；②铲运机铲土；③挖掘机挖土；④装载机铲松散土、自装自运土；⑤自卸汽车运土；⑥强夯法加固地基；⑦平整场地、碾压；⑧机械打眼爆破石方；⑨推土机推渣；⑩挖掘机挖渣；⑪自卸汽车运渣。

7.2.2 人工土（石）方的有关规定

7.2.2.1 人工挖土

（1）人工挖沟槽、地沟。

沟槽：又称为基槽，指图示槽底宽（含工作面）在 3m 以内，且槽底长大于槽宽 3 倍以上的挖土工程。

地沟：又称为管道沟，是为埋设室外管道所挖的土方工程。

（2）人工挖基坑又称地坑，指图示坑底面积（含工作面）小于 20m²，坑底的长与宽之比小于 3 的挖土工程。对于大开挖后的桩间挖土也套用人工挖地坑定额。

挖沟槽、基坑土方，工作内容包括：挖土、抛土于槽、沟边 1m 以外或装筐、整修底边。

（3）平整场地是指对建筑场地自然地坪与设计室外标高高差±30cm 内的人工就地挖、填、找平，便于进行施工放线，如图 7-1 所示。围墙、挡土墙、窖井、化粪池等不计算平整场地。

平整场地工作内容包括：厚在 300mm 以内的挖、填、找平。

（4）人工挖土方是指凡槽底宽大于 3m，或

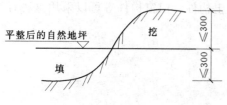

图 7-1

基坑底面积大于 20m²，或平整场地设计室外标高以下深度超过 30cm 的土方工程。

槽、坑尺寸以图示为准，建筑场地以设计室外标高为准。

挖土方工作内容包括：挖土、抛土或装筐，修整底边。

（5）土方、地槽、地坑分为干土、湿土两大类。干土、湿土中又分为一类、二类、三类、四类 4 种，土壤的划分见表 7-1。干土、湿土的划分，应以地质勘察资料为准；如无资料时以地下常水位为准，常水位以上为干土，常水位以下为湿土。采用人工降低地下水位时，干、湿土的划分仍以常水位为准。

表 7-1　　　　　　　　　　　　土　壤　划　分

土壤划分	土　壤　名　称	工具鉴别方法	紧固系数 f
一类土	①砂；②略有黏性的砂土；③腐殖土物及种植物土；④泥炭	用锹或锄挖掘	0.5~0.6
二类土	①潮湿的黏土和黄土；②软的碱土或盐土；③含有碎石、卵石或建筑材料碎屑的堆积土和种植土	主要用锹或锄挖掘，部分用镐刨	0.61~0.8
三类土	①中等密实的黏性土或黄土；②含有卵石、碎石或建筑材料碎屑的潮湿的黏性土和种植土	主要用镐刨，少许用锹或锄挖掘	0.81~1.0
四类土	①坚硬的密实黏性土或黄土；②硬化的重盐土；③含有 10%~30% 的重量在 25kg 以下的石块的中等密实的黏性土或黄土	全部用镐刨，少许用撬棍挖掘	1.01~1.5

（6）山坡切土仅指山脚边切去一部分土方。

山坡切土的工作内容包括：挖土、抛土或装筐。

（7）挡土板是挖土时对沟槽、基坑侧壁土方的一种支护措施。施工中根据挡土板的情况可以采用密撑或疏撑，在定额中不论是密撑还是疏撑一概不调整，施工中挡土板的材料不同也不调整。

支挡土板的工作内容包括：制作、安装、拆除挡土板、堆放至指定地点。

7.2.2.2　人工运土（石）方

人工运土（石）方包括运、卸土（石）方，不包括装土。运剩余的松土或堆积期在 1 年以内的堆积土，除按运土方定额执行外，另增加挖一类土的定额项目。取自然土回填时，按土壤类别执行挖土定额。

7.2.2.3　回填土方

（1）原土打夯指对原土进行打夯，可提高密实度，其中，"原土"是指自然状态下的地表面或开挖出的槽（坑）底部原状土。原土打夯一般用于基底浇筑垫层前或室内回填前，对原土地基进行加固。

原土打夯的工作内容主要是一夯压半夯（两遍为准）。

（2）回填土指将符合要求的土料填充到需要的部分。根据不同部位对回填土的密实度要求不同，可分为松填和夯填。松填是指将回填土自然堆积或摊平。夯填是指松土分层铺摊，每层厚度 20~30cm，初步平整后，用人工或电动夯实机密实，但没有密实度要求。一般槽（坑）和室内回填土采用夯填。

回填土的工作内容包括：夯填为 5m 内取土、碎土、平土、找平、泼水和夯实（一夯压半夯，两遍为准）；松填为 5m 内取土、碎土、找平。

（3）余土外运、缺土内运是指当挖出的土方大于回填土方时，用于回填后剩下的土称余土，将该部分土运出工地现场称余土外运；当挖出的土方小于回填所需的土方时，所缺少的土需要从外边取土满足回填土要求称缺土内运。

7.2.2.4　人工挖石方

人工挖石方根据具体情况也分成地面挖石、沟槽挖石和基坑挖石，这三种情况的区分与人工挖土的人工土方、沟槽土方和基坑土方相同。人工挖石方根据石头的情况可分为松石、次坚石、普坚石、特坚石（见表7-2）。

人工挖石方、沟槽的挖方人工中包括对底部进行局部剔打，使之达到设计标高。

表7-2　　　　　　　　　　岩石划分

岩石分类	岩石名称	用轻钻机钻进1m耗时（min）	开挖方法及工具	紧固系数 f
松石	①含有重量在50kg以内的巨砾（占体积10%以上）的水碛石；②砂藻岩和软白垩岩；③胶结力弱的砾岩；④各种不坚实的片岩	小于3.5	部分用手凿工具，部分用爆破开挖	1.51～2.0
次坚石	①凝灰岩和浮石；②中等硬变的片岩；③石灰岩；④坚实的泥板岩；⑤砾质花岗岩；⑥砂质云片岩；⑦硬石膏	3.5～8.5	用风镐和爆破开挖	2.01～8.0
普坚石	①严重风化的软质的花岗岩、片麻岩石和正长岩；②致密的石灰岩；③含有卵石沉积的渣质胶结的卵石；④白云岩；⑤坚固的石灰岩	8.5～18.5	用爆破方法开挖	8.01～12.0
特坚石	①粗花岗岩；②非常坚硬的白云岩；③具有风化痕迹的安山岩和玄武岩；④中粒花岗岩；⑤坚固的石英岩；⑥拉长玄武岩和橄榄石	18.5以上	用爆破方法开挖	12.01～25.0

7.2.3　人工土（石）方的工程量计算规则

7.2.3.1　平整场地

平整场地工程量是按建筑物外墙外边线每边各加2m，以平方米（m²）计算。

【例7-1】　已知某建筑物一层建筑平面图（见图7-2），请计算该建筑物平整场地工程量。

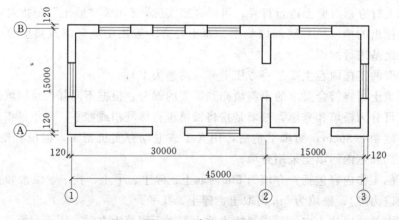

图7-2　建筑平面图

解：　　　平整场地工程量 $=S_底+2L_外+16$

底层建筑面积 $S_底=15.24\times45.24=689.46\text{m}^2$

建筑外墙外边线周长 $L_外=2\times(15.24+45.24)=120.96\text{m}$

平整场地工程量 $=689.46+2\times120.96+16=947.38\text{m}^2$

答： 该建筑物平整场地工程量为 947.38m^2。

7.2.3.2　人工挖土（石）方

1. 土石方体积

土石方体积以挖凿前的天然密实体积（m^3）为准，若虚方计算，按表 7 - 3 进行折算。

表 7 - 3　　　　　　　　　　　　**土方体积折算系数表**

虚方体积	天然密实体积	夯实后体积	松填体积
1.00	0.77	0.67	0.83
1.30	1.00	0.87	1.08
1.50	1.15	1.00	1.25
1.20	0.92	0.80	1.00

计算土（石）方体积时采用公式计算法。如土体的三维尺寸中有一个方向的尺寸比较大，另外两个方向较小，一般采用先算横断截面积，再乘以长度来计算土体体积（如沟槽土）；如土体的三维尺寸均相差不大，则采用体积计算公式直接计算体积（如基坑土）；至于挖土方，根据开挖土方的情况来选择是采用第一种方法还是第二种方法来计算。

2. 基础施工开挖断面尺寸的计算

（1）工作面。工作面是指人工操作或支撑模板所需要的断面宽度，与基础材料和施工工序有关。基础施工所需工作面宽度按表 7 - 4 进行计算。

表 7 - 4　　　　　　　　　　　**基础施工所需工作面宽度表**　　　　　　　单位：mm

基 础 材 料	每 边 各 增 加 工 作 面 宽 度
砖基础	以最下一层大放脚边至地槽（坑）边 200
浆砌毛石、条石基础	以基础边至地槽（坑）边 150
混凝土基础支模板	以基础边至地槽（坑）边 300
基础垂直面做防水层	以防水层面的外表面至地槽（坑）边 800

（2）开挖断面尺寸。开挖断面宽度是由基础底（垫层）设计宽度、开挖方式、基础材料及做法所决定的。开挖断面是计算土方工程量的一个基本参数。开挖断面通常包括以下几种情况，如图 7 - 3 所示。

1）不放坡、不支撑留工作面。当基础垫层混凝土原槽浇筑时，可以利用垫层顶面宽出基础部分作为基础工作面，因此开挖断面宽度 B（放线宽）即等于垫层宽 a（基础垫层宽）。

当基础垫层支模板浇筑时，必须留工作面，则 $B=a+2c$（c 为工作面每边宽）。

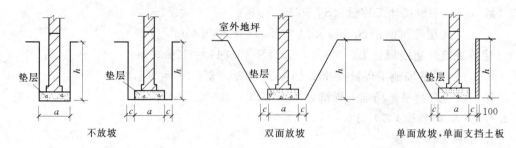

图 7 - 3　开挖断面类型图

2）放坡留工作面。土方开挖时，为了防止塌方，保证施工顺利进行，其边壁应采取稳定措施，常用方法是放坡和支撑。

在场地比较开阔的情况下开挖土方时，可以优先采用放坡的方式保持边坡的稳定。放坡的坡度以挖土深度与放坡宽度之比表示，放坡系数为放坡坡度的倒数。放坡坡度根据开挖深度、土壤类别以及施工方法（人工或机械）决定。

挖沟槽、基坑、土方需放坡时，以施工组织设计规定计算，施工组织设计无明确规定时，放坡高度、比例按表 7 - 5 进行计算。

表 7 - 5　　　　　　　　　　　放坡高度、比例确定表

土壤类别	放坡深度规定（m）	高 与 宽 之 比		
		人工挖土	机 械 挖 土	
			坑内作业	坑上作业
一、二类土	超过 1.20	1：0.5	1：0.33	1：0.75
三类土	超过 1.50	1：0.33	1：0.25	1：0.67
四类土	超过 2.00	1：0.25	1：0.10	1：0.33

注　1. 沟槽、基坑中土壤类别不同时，分别按其土壤类别、放坡比例以不同土壤厚度分别计算。
　　2. 计算放坡工程量时交接处的重复工程量不扣除，符合放坡深度规定时才能放坡，放坡高度应自垫层下表面至设计室外地坪标高计算。

设坡度系数为 k，则开挖断面宽度 $B = a + 2c + 2kh$。

3）双面支挡土板（不放坡），留工作面。每一侧支挡土板的宽按 100mm 计算，则 $B = a + 2c + 200$（c 为工作面宽）。

如果单面支挡土板，另一面不放坡，则 $B = a + 2c + 100$。

4）单面支挡土板，留工作面。除上述情况外，在某些特殊的场地条件下，还可能一边支挡土板，另一边放坡，则放线宽 $B = a + 2c + kh + 100$。

3. 土方体积的计算

（1）沟槽体积。沟槽体积按照沟槽长度（m）乘以沟槽截面积（m²）计算。沟槽长度，外墙按图示基础中心线长度计算；内墙按图示基础底宽加工作宽度之间净长度计算；沟槽截面积计算，见基础施工开挖断面尺寸的计算。挖土深度一律以设计室外标高为起点，如实际自然地面标高与设计地面标高不同时，其工程量在竣工结算时调整。

【例 7 - 2】　图 7 - 4 为某建筑物的基础图，图中轴线为墙中心线，墙体为普通黏土实

心一砖墙，室外地面标高为－0.3m。求该基础人工挖地槽的工程量（三类干土，考虑放坡）。

分析：工程量的计算不是孤立的，按照前面章节的介绍可知：分部分项工程费用采用的是工程量×综合单价的形式来计算的。分项工程的工程量计算要与该分项工程的定额子目结合在一起。本例题虽说只要求计算挖地槽的工程量，但在计算之前应首先列出定额的子目（列项目），以便根据该子目的工程量计算规则计算工程量。

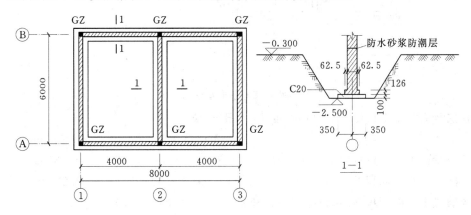

图 7-4　条形基础图

解：(1) 列项目：人工挖三类深度在 3m 以内沟槽干土（1—24）。

(2) 计算工程量。

查表 7-4 和表 7-5 得：工作面 $c＝300mm$，放坡系数 $k＝0.33$。

开挖断面下口宽度 $B_1＝a＋2c＝0.7＋2×0.3＝1.3m$

开挖断面上口宽度 $B＝B_1＋2kh＝1.3＋2×0.33×(2.5－0.3)＝2.752m$

沟槽断面面积 $S＝(B＋B_1)×h÷2＝(2.752＋1.3)×2.2÷2＝4.4572m^2$

①、③、Ⓐ、Ⓑ轴（外墙）沟槽长度＝(8＋6)×2＝28m

②轴（内墙）沟槽长度＝6－1.3＝4.7m

挖土体积 $V＝(28＋4.7)×4.4572＝145.75m^3$

答：该基础挖地槽土的工程量为 145.75m³。

在同一槽、坑内或沟内有干、湿土时应分别计算，但使用定额时，按槽、坑或沟的全深计算。

【例 7-3】　图 7-5 为某建筑物的基础图，图中轴线为墙中心线，墙体为普通黏土实心一砖墙，室外地面标高为－0.3m，地下水位在－1.50m 处，开挖土方中上部为三类干土，下部为二类湿土。求该基础人工挖地槽的工程量（考虑放坡）。

解：(1) 列项目：人工挖三类深度在 3m 以内沟槽干土（1—24）、人工挖二类深度在 3m 以内沟槽湿土（1—36）。

(2) 计算工程量。

查表 7-4 和表 7-5 得：工作面 $c＝300mm$，干土放坡系数 $k_1＝0.33$，湿土放坡系数 $k_2＝0.5$。

开挖断面湿土下口宽度 $B_2＝a＋2c＝0.7＋2×0.3＝1.3m$

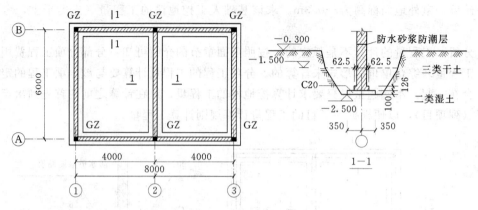

图 7-5　条形基础图

开挖断面湿土上口(干土下口)宽度 $B_1 = B_2 + 2k_2h_2$

$$= 1.3 + 2 \times 0.5 \times (2.5 - 1.5) = 2.3\text{m}$$

开挖断面干土上口宽度 $B = B_1 + 2k_1h_1 = 2.3 + 2 \times 0.33 \times (1.5 - 0.3) = 3.092\text{m}$

沟槽干土断面面积 $S_干 = (B + B_1)h_1 \div 2 = (3.092 + 2.3) \times 1.2 \div 2 = 3.2352\text{m}^2$

沟槽湿土断面面积 $S_湿 = (B_1 + B_2)h_2 \div 2 = (1.3 + 2.3) \times 1.0 \div 2 = 1.8\text{m}^2$

①、③、Ⓐ、Ⓑ轴(外墙)沟槽长度 $= (8 + 6) \times 2 = 28\text{m}$

②轴(内墙)沟槽长度 $= 6 - 1.3 = 4.7\text{m}$

挖干土体积 $V_干 = (28 + 4.7) \times 3.2352 = 105.79\text{m}^3$

挖湿土体积 $V_湿 = (28 + 4.7) \times 1.8 = 58.86\text{m}^3$

答:该基础人工挖地槽干土的工程量为 105.79m³,人工挖地槽湿土的工程量为 58.86m³。

(2)基坑体积。基坑体积按照基坑的常见形状分为长方体、倒棱台、圆柱体和倒圆台四种,形状如图 7-6 所示。

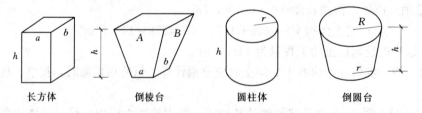

图 7-6　基坑体积常见形状

长方体体积 $V = abh$

倒棱台体积 $V = \dfrac{h}{6}[AB + (A+a)(B+b) + ab]$

圆柱体体积 $V = \pi r^2 h$

倒圆台体积 $V = \dfrac{h}{3}\pi(R^2 + r^2 + rR)$

【例 7-4】　图 7-7 为某建筑物的基础图,图中轴线为墙中心线,墙体为普通黏土实心一砖墙,室外地面标高为 -0.3m。求该基础人工挖土的工程量(三类干土,考虑放坡）。

分析：首先要了解该建筑物的挖土种类。由于独立基础的底标高与条形基础的底标高相同，施工中一般采用将两个基础的土方一起开挖的方式，按这种方式，独立基础和条形基础的土方均应按沟槽土考虑。

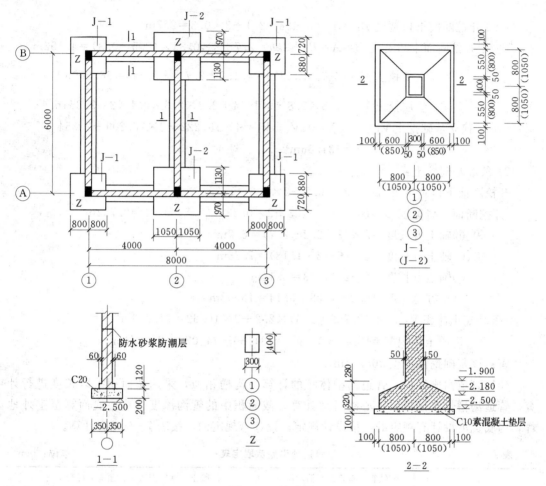

图 7-7　基础图

注意：条形基础挖土，外墙的长度应按净长计算。由于独立基础底标高与条形基础底标高相同，独立基础下垫层可采用不支模浇筑混凝土的工艺施工。

解：(1) 列项目：人工挖三类深度在 3m 以内沟槽干土（1—24）。

(2) 计算工程量。

1) 独立基础挖土：

按规定查表 7-4 和表 7-5 得：工作面 $c=300$mm，放坡系数 $k=0.33$。

J—1 开挖断面下口宽度 $B_1=A_1=a+2c=1.6+2\times0.3=2.2$m

开挖断面上口宽度 $B=A=B_1+2kh=2.2+2\times0.33\times(2.5-0.3)=3.652$m

$$\text{J—1 挖土 } V_1=\frac{h}{6}[AB+(A+A_1)(B+B_1)+A_1B_1]$$

$$= \frac{h}{6}\left[B^2 + (B+B_1)^2 + B_1^2\right]$$

$$= \frac{2.2}{6}\left[3.652^2 + (3.652+2.2)^2 + 2.2^2\right]$$

$$= 19.222\text{m}^3$$

J-2 开挖断面下口宽度 $B_1 = A_1 = a + 2c = 2.1 + 2 \times 0.3 = 2.7\text{m}$

开挖断面上口宽度 $B = A = B_1 + 2kh = 2.7 + 2 \times 0.33 \times (2.5-0.3) = 4.152\text{m}$

J-2 挖土 $V_2 = \frac{2.2}{6}\left[4.152^2 + (4.152+2.7)^2 + 2.7^2\right] = 26.209\text{m}^3$

垫层挖土 $V_3 = 1.8 \times 1.8 \times 0.1 \times 4 + 2.3 \times 2.3 \times 0.1 \times 2 = 2.354\text{m}^3$

独立基础挖土 $V_{柱基土} = 4V_1 + 2V_2 + V_3 = 4 \times 19.222 + 2 \times 26.209 + 2.354$

$$= 131.66\text{m}^3$$

2) 条形基础挖土：

开挖断面下口宽度 $B_1 = a + 2c = 0.7 + 2 \times 0.3 = 1.3\text{m}$

开挖断面上口宽度 $B = B_1 + 2kh = 1.3 + 2 \times 0.33 \times (2.5-0.3) = 2.752\text{m}$

Ⓐ、Ⓑ轴土方长度 $= 2 \times (8 - 2.2 - 2.7) = 6.2\text{m}$

①、③轴土方长度 $= 2 \times (6 - 2 \times 1.18) = 7.28\text{m}$

②轴土方长度 $= 6 - 2 \times 1.43 = 3.14\text{m}$

土方总长度 $= 6.2 + 7.28 + 3.14 = 16.62\text{m}$

条基挖土体积 $V_{条基土} = (2.752 + 1.3) \times 2.2 \div 2 \times 16.62 = 74.079\text{m}^3$

沟槽土体积 $V = V_{柱基土} + V_{条基土} = 131.66 + 74.079 = 205.74\text{m}^3$

答：该基础挖沟槽土 205.74m^3。

（3）管道沟槽体积。管道沟槽体积的计算与沟槽相似，采用截面积乘以长度进行计算。管道沟槽长度按图示中心线长度计算。截面积中的管沟深度自垫层底面算至室外地坪，沟底宽度设计有规定的，按设计规定；设计未规定的，按表 7-6 宽度计算。

表 7-6　　　　　　　　　　　管道地沟底宽取定表　　　　　　　　　单位：mm

管径	铸铁管、钢管、石棉水泥管	混凝土、钢筋混凝土、预应力混凝土管
50～70	600	800
100～200	700	900
250～350	800	1000
400～450	1000	1300
500～600	1300	1500
700～800	1600	1800
900～1000	1800	2000
1100～1200	2000	2300
1300～1400	2200	2600

注　1. 按本表计算管道沟槽土方工程量时，各种井类及管道接口等处需加宽增加的工程量，不另行计算。

　　2. 底面积大于 20m² 的井类，其增加的土方量并入管沟土方内计算。

4. 挡土板面积计算

沟槽、基坑需支挡土板，挡土板面积按槽、坑边实际支挡板面积计算（每块挡板的最长边×挡板的最宽边之积）。

5. 岩石开凿及爆破工程量计算

人工凿石、爆破岩石按图示尺寸以立方米（m³）计算。基槽、坑深度允许超挖，其中普坚石、次坚石 200mm，特坚石 150mm。超挖部分岩石并入相应工程量内。爆破后的清理、修整执行人工清理定额。

7.2.3.3　回填土

（1）基槽、坑回填土体积：

基槽、坑回填土体积＝挖土体积－设计室外地坪以下埋设的体积（包括基础垫层、柱、墙基础及柱等）

【例 7 - 5】 根据例 7 - 2，沟槽土体积为 145.75m³，已知该例题中室外地坪以下埋设的基础体积为 19.88m³，用于回填的土方为堆积期在一年以内的松散土，土方堆积地距离基础 50m，不考虑人、材、机的差价，管理费和利润按建筑工程三类标准计算。❶ 求该基础回填土的工程量、综合单价及合价。

分析： 回填土子目中不包括运土的内容，人工运土（石）方子目包括运、卸土（石）方，不包括装土。故在运土前还需增加一个挖土的子目。挖土按人工挖土方子目的相关规定执行。

解：（1）列项目：人工挖一类深度在 1.5m 以内土方（1—1）、人工运土方 50m（1—92）、基础回填土（1—104）。

（2）计算工程量：

$$挖土、运土、回填土工程量＝145.75－19.88＝125.87m³$$

（3）套定额，计算结果见表 7 - 7。

表 7 - 7　　　　　计　算　结　果

序号	定额编号	项目名称	计量单位	工程量	综合单价（元）	合价（元）
1	1—1	人工挖一类干土	m³	125.87	3.95	497.19
2	1—92	人力车运土 50m	m³	125.87	6.25	786.69
3	1—104	基础夯填回填土	m³	125.87	10.70	1346.81
合计						2630.69

答： 该基础回填土的合价为 2630.69 元。

（2）室内回填工体积：

室内回填土体积＝主墙间净面积×填土厚度，不扣除附垛及附墙烟囱等体积

【例 7 - 6】 例 7 - 2 对应的一层建筑平面图如图 7 - 8 所示，室内地坪标高±0.00，室

❶ 本书例题除特殊说明外，均不考虑计算人、材、机的差价，管理费和利润按建筑工程三类标准计算。

外地坪标高－0.300m，土方堆积地距离房屋 50m。该地面做法：1：2 水泥砂浆面层 20mm，C15 混凝土垫层 80mm，碎石垫层 100mm，夯填地面土。求地面部分回填土的工程量、综合单价和复价。

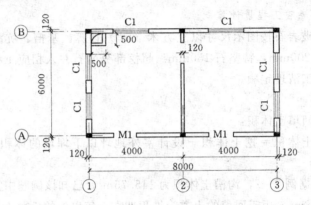

图 7-8　一层建筑平面图

分析：首先，要了解主墙的定义，主墙是指厚度达到 180mm 的砖墙、砌块墙或厚度达到 100mm 的钢筋混凝土剪力墙。其次，室内是挖土或回填土，需将地面层次厚度与室内外高差进行比较，如地面层次厚度大于室内外高差时室内挖土，反之则回填土。挖土或回填土的厚度是室内外高差和地面层次厚度之间的差。

解：(1) 列项目：人工挖一类深度在 1.5m 以内土方 (1—1)、人工运土方 50m (1—92)、室内回填土 (1—102)。

(2) 计算工程量：

$$主墙间净面积 = (8-0.24) \times (6-0.24) = 44.6976 m^2$$

$$填土厚度 = 0.3 - (0.02+0.08+0.1) = 0.1 m$$

挖土、运土、回填土工程量 = $44.6976 \times 0.1 = 4.47 m^3$

(3) 套定额，计算结果见表 7-8。

表 7-8　　　　　　　　　　　　　计　算　结　果

序号	定额编号	项目名称	计量单位	工程量	综合单价（元）	合价（元）
1	1—1	人工挖一类干土	m^3	4.47	3.95	17.66
2	1—92	人力车运土 50m	m^3	4.47	6.25	27.94
3	1—102	室内地面夯填回填土	m^3	4.47	9.44	42.20
合计						87.80

答：该地面部分回填土的合价为 2630.69 元。

(3) 管道沟槽回填土体积：

$$管道沟槽回填土体积 = 挖方体积 - 管外径所占体积$$

管外径不大于 500mm 时，不扣除管道所占体积；管径大于 500mm 时，按表 7-9 规定扣除。

表 7-9　　　　　　　　　　　　　　　**每米管长扣除土方体积**　　　　　　　　单位：m³

管 道 名 称	管 道 直 径 (mm)				
	501~600	601~800	801~1000	1001~1200	1201~1400
钢管	0.21	0.44	0.71		
铸铁管、石棉水泥管	0.24	0.49	0.77		
混凝土、钢筋混凝土、预应力混凝土管	0.33	0.60	0.92	1.15	1.35

7.2.3.4　余土外运、缺土内运工程量

根据下式计算运土工程量：

$$运土工程量＝挖土工程量－回填土工程量$$

结果为正值，为余土外运；结果为负值，为缺土内运。

【例 7-7】　根据例 7-2、例 7-5 和例 7-6（不考虑其余土方），请计算该工程的外（内）运土工程量。

解：挖土工程量＝145.75m³

回填土工程量＝125.87＋4.47＝130.34m³

运土工程量＝145.75－130.34＝15.41m³＞0

答：该工程土方为余土外运，需外运土方 15.41m³。

【例 7-8】　例 7-7 中，按实际土方施工考虑，采用 4m³/车的运土车。请问：该工程需外运土还是内运土，需运多少车土？

分析：例 7-7 中的计算是定额中对土方外（内）运的计算方法。实际工程中，考虑现场土方是外运还是内运，需要考虑土方的折算。土方体积的折算系数参见表 7-3。

解：天然土换算成松散土体积 $V_1＝145.75×1.3＝189.48m^3$

回填土换算成松散土体积 $V_2＝130.34×1.5＝195.51m^3$

剩余松散土体积 $V＝V_1－V_2＝189.48－195.51＝－6.03m^3＜0$

需车数＝6.03÷4＝1.5075 车≈2 车

答：该工程土方为缺土内运，需内运 2 车土。

7.2.4　机械土、石方的有关规定

计价表中机械土石方子目里的人工是辅助用工，用于工作面内排水，现场内机械行走道路的养护，配合洒水汽车洒水，清除车、铲斗内积土，现场机械工作时的看护。在机械台班费中已含有的人工，在计价表中不再表现。

7.2.4.1　机械挖土

（1）机械土方定额是按三类土计算的；如实际土壤类别不同时，可用定额中机械台班量乘以表 7-10 中相应的系数。

表 7 - 10   机械台班系数换算表

项　　目	三类土	一、二类土	四类土
推土机推土方	1.00	0.84	1.18
铲运机铲运土方	1.00	0.84	1.26
自行式铲运机铲运土方	1.00	0.86	1.09
挖掘机挖土方	1.00	0.84	1.14

注　推土机、铲运机推、铲未经压实的堆积土时，按三类土定额项目乘以系数 0.73。

【例 7 - 9】　一斗容量 0.5m³ 以内的正铲挖掘机挖四类土（装车），请计算该机械挖土的综合单价。

解：查计价表 1—196 子目，对机械费、管理费和利润进行换算。

换算单价 $= 1794.85 + (0.14 \times 2.881 \times 385.89 + 0.18 \times 0.288 \times 438.75) \times (1 + 25\% + 12\%)$
$= 2039.24$ 元/1000m³

答：该机械挖四类土的综合单价为 2039.24 元/1000m³。

（2）机械挖土均以天然湿度土壤为准，含水率达到或超过 25% 时，定额人工、机械乘以系数 1.15；含水率超过 40% 时，另行计算。

（3）机械挖土方工程量，按机械实际完成工程量计算。机械确实挖不到的地方，用人工修边坡、整平的土方工程量套用人工挖土方（最多不得超过挖方量的 10%）相应定额项目人工乘以系数 2。机械挖土、石方单位工程量小于 2000m³ 或桩间挖土、石方，按相应定额乘系数 1.10。

（4）挖掘机在垫板上作业时，其人工、机械乘以系数 1.25，垫板铺设所需的人工、材料、机械消耗，另行计算。

（5）推土机推土或铲运机铲土，推土区土层平均厚度小于 300mm 时，其推土机台班乘以系数 1.25，铲运机台班乘以系数 1.17。

（6）推土机推土、推石，铲运机运土重车上坡时，如坡度大于 5% 时，其运距按坡度区段斜长乘以表 7 - 11 所列系数计算。

表 7 - 11   机械重车上坡运距调整系数表

坡度（%）	10 以内	15 以内	20 以内	25 以内
系数	1.75	2.00	2.25	2.50

【例 7 - 10】　某 55kW 履带式推土机推土，一次推土水平距离 5m，重车上坡斜长 10m，斜坡坡度为 15%。请计算该推土机推土的综合单价。

解：换算后推距 $= 5 + 2 \times 10 = 25m$

按 25m 推距应套用计价表 1—139 子目，综合单价为 3540.82 元/1000m³。

答：该推土机推土的综合单价为 3540.82 元/1000m³。

（7）如发生定额中未包括地下水位以下的施工排水费用，则依据施工组织设计规定，排水人工、机械费用应另行计算。

7.2.4.2 机械运土

（1）本定额自卸汽车运土，对道路的类别及自卸汽车吨位已分别进行综合计算，但未考虑自卸汽车运输中，对道路路面清扫的因素。在施工中，应根据实际情况适当增加清扫路面人工。

（2）自卸汽车运土，按正铲挖掘机考虑，如系反铲挖掘机装车，则自卸汽车运土台班量乘以系数 1.10；拉铲挖掘机装车，自卸汽车运土台班量乘以系数 1.20。

【例 7－11】 某工程需外运堆积期在一年以内的土方 200m³（自然方），采用斗容量 0.5m³ 以内的反铲挖掘机挖土装车，10t 自卸汽车运土 5km。请计算该土方外运的综合单价及合价。

分析： 堆积期在一年以内的土方按一类土考虑，套用机械挖土子目时需对机械台班量进行换算；计价表中的自卸汽车为综合类别，不管实际汽车吨位如何均不换算；自卸汽车与反铲挖掘机配合，自卸汽车台班量要换算。

解：（1）列项目：挖掘机挖土（1—198）、自卸汽车运土（1—241）。

（2）计算工程量：

$$挖土、运土工程量＝200m³$$

（3）套定额，计算结果见表 7－12。

表 7－12   计 算 结 果

序号	定额编号	项 目 名 称	计量单位	工程量	综合单价（元）	合价（元）
1	1—198 换	反铲挖掘机挖土（装车）	1000m³	0.2	1988.35	397.67
2	1—241 换	自卸汽车运土 5km	1000m³	0.2	15364.30	3072.86
合计						3470.53

注 1—198 换：2348.30－（0.16×3.821×385.89＋0.16×0.382×438.75）×1.37＝1988.35 元/1000m³。

1—241 换：13987.55＋0.1×16.213×619.83×1.37＝15364.30 元/1000m³。

答： 该土方外运的合价为 3470.53 元/1000m³。

7.2.4.3 强夯法加固地基

强夯法加固地基是在天然地基土上或填土地基上进行作业的，如在某一遍夯击后，设计要求需要用外来土（石）填坑时，其土（石）回填工作，另按有关定额执行。本定额不包括强夯前的试夯工作和费用，如设计要求试夯，可按设计要求另行按实计算。

7.2.4.4 爆破石方

（1）爆破石方定额是按炮眼法松动爆破编制的，不分明炮或闷炮，如实际采用闷炮法爆破的，其覆盖保护材料另行计算。

（2）爆破石方定额是按电雷管导电起爆编制的，如采用火雷管起爆时，雷管数量不变，单价换算，胶质导线扣除，但导火索应另外增加（导火索长度按每个雷管 2.12m 计算）。

（3）石方爆破中已综合了不同开挖深度、坡面开挖、放炮找平因素，如设计规定爆破有粒径要求时，需增加的人工、材料和机械应由甲、乙双方协商处理。

7.2.5　机械土（石）方工程量计算规则

（1）土（石）方体积均按天然实体积（自然方）计算；填土按夯实后的体积计算。

（2）机械土（石）方运距按下列规定计算：

1）推土机运距：按挖方区重心至回填区重心之间的直线距离计算。

2）铲运机运距：按挖方区重心至卸土区重心加转向距离45m计算。

3）自卸汽车运距：按挖方区重心至填土区（或堆放地点）重心的最短距离计算。

所谓挖方区重心是指单位工程中总挖方量的重心点，或单位工程分区挖方量的重心点；回填土（卸土区）重心是指回填土（卸土）总方量的重心点，或多处土方回填区的重心点。

（3）强夯加固地基，以夯锤底面积计算，并根据设计要求的夯击能量和每点夯击数，执行相应定额。

（4）建筑场地原土碾压以平方米（m²）计算，填土碾压按图示填土厚度以立方米（m³）计算。

7.3　打桩及基础垫层

本节内容包括打桩及基础垫层两大部分。

7.3.1　打桩工程

打桩的主要内容包括：①打预制钢筋混凝土方桩、送桩；②打预制离心管桩、送桩；③静力压预制钢筋混凝土方桩、送桩；④静力压离心管桩、送桩；⑤方桩、离心管桩接桩；⑥钻孔灌注混凝土桩；⑦长螺旋钻孔灌注混凝土桩；⑧打孔沉管灌注桩；⑨打孔夯扩灌注混凝土桩；⑩旋挖法灌注混凝土桩和灰土挤密；⑪人工挖孔灌注混凝土桩；⑫深层搅拌桩和粉喷桩；⑬基坑锚喷护壁；⑭人工凿桩头、截断桩。

打桩工程的基本规定如下：

（1）本定额适用于一般工业与民用建筑的桩基础，不适用于水工建筑、公路、桥梁工程，也不适用于支架上、室内打桩。打试桩可按相应定额项目的人工、机械乘以系数2，试桩期间的停置台班结算时应按实调整。

（2）本定额的打桩机的类别、规格在执行中不换算。打桩机及为打桩机配套的施工机械的进（退）场费和组装、拆卸费用，另按实际进场机械的类别、规格计算。

（3）本定额土壤级别已综合考虑，执行中不换算。但钻土孔和钻岩石孔是分开来计算的。土孔和岩石孔的区分见表7-13。

表 7-13　　　　　　　　　　地 层 分 类 表

层　级　别		代 表 性 地 层
土孔	Ⅰ	泥炭、植物层、耕植土、粉砂层、细砂层
	Ⅱ	黄土层、泥质砂层、火成岩风化层
	Ⅲ	泥灰层、硬黏土、白垩软层、砾石层

续表

层　级　别		代 表 性 地 层
	Ⅳ	页层、致密泥灰层、泥质砂层、岩盐、石膏
	Ⅴ	泥质页岩、石灰岩、硬煤层、卵石层
	Ⅵ	长石砂岩、石英、石灰质砂岩、泥质及砂质片岩
	Ⅶ	云母片岩、石英砂岩、硅化石灰岩
岩石孔	Ⅷ	片麻岩、轻风化的火成岩、玄武岩
	Ⅸ	硅化页岩及砂岩、粗粒花岗岩、花岗片麻岩
	Ⅹ	细粒花岗岩、花岗片麻岩、石英脉
	Ⅺ	刚玉岩、石英岩、汗赤铁矿及磁铁矿的碧玉岩
	Ⅻ	没有风化均质的石英岩、辉石及燧石碧玉

注　钻入岩石以Ⅳ类为准，如钻入岩石Ⅴ类时，人工、机械乘 1.15 系数，如钻入岩石Ⅴ类以上时，应另行调整人工、机械用量。

（4）子目中桩长度是指包括桩尖及接桩（是指按设计要求，按桩的总长分节预制，运至现场，先将第一根桩打入，将第二根桩垂直吊起与第一根桩相连接后再继续打桩，这一过程称为接桩）后的总长度。

（5）每个单位工程的打桩工程量小于表 7-14 中规定数量时，其人工、机械（包括送桩）按相应定额项目乘以系数 1.25。

表 7-14　　　　　　　　　　单位工程打桩工程量下限表　　　　　　　　　　单位：m³

项　　目	工程量	项　　目	工程量
预制钢筋混凝土方桩	150	打孔灌注砂桩、碎石桩、砂石桩	100
预制钢筋混凝土离心管桩	50	钻孔灌注混凝土桩	60
打孔灌注混凝土桩	60		

（6）本定额以打直桩为准，如打斜桩，斜度在 1∶6 以内者，按相应定额项目人工、机械乘以系数 1.25；如斜度大于 1∶6 者，按相应定额项目人工、机械乘以系数 1.43。

（7）地面打桩坡度以小于 15°为准，大于 15°打桩按相应项目人工、机械乘以系数 1.15。如在基坑内（基坑深度大于 1.15m）打桩或在地坪上打坑槽内（坑槽深度大于 1.0m）桩时，按相应定额项目人工、机械乘以系数 1.11。

（8）因设计修改在桩间补打桩时，补打桩按相应打桩定额项目人工、机械乘以系数 1.15。

（9）本定额各种灌注桩中的灌注材料用量已经包括充盈系数和操作损耗在内，这个数量是给编制预算、标底、投标报价参考用的，竣工结算时应按有效打桩记录灌入量进行调整。充盈系数换算公式为

$$换算后的充盈系数 = \frac{实际灌注混凝土量}{按设计图计算混凝土量 \times (1 + 操作损耗率)}$$

各种灌注桩中的材料用量预算暂按表 7-15 内的充盈系数和操作损耗计算。

表 7 - 15　　　　　　　　　　　　　　灌注桩充盈系数和操作损耗表

项 目 名 称	充 盈 系 数	操作损耗率（%）
打孔沉管灌注混凝土桩	1.20	1.5
打孔沉管灌注砂（碎石）桩	1.20	2.00
打孔沉管灌注砂石桩	1.20	2.00
钻孔灌注混凝土桩（土孔）	1.20	1.50
钻孔灌注混凝土桩（岩石孔）	1.10	1.50
打孔沉管夯扩灌注混凝土桩	1.15	2.00

（10）各种灌注桩中设计钢筋笼时，按计价表第四章钢筋笼定额执行；设计混凝土强度、等级或砂、石级配与定额取定不同时，应按设计要求调整材料，其他不变。

（11）本定额不包括打桩、送桩后场地隆起土的清除及填桩孔的处理（包括填的材料），现场实际发生时，应另行计算。

7.3.1.1　预制混凝土桩

1. 预制混凝土桩的有关规定

（1）打预制混凝土桩（方桩、离心管桩）：

1）打预制方桩定额中未计入预制方桩的制作费，但计入了操作损耗，统一取为 C35 混凝土，设计要求的混凝土强度等级与定额取定不同时，不作调整（量很小，只有 $0.01m^3$，对总价几乎没有影响）。

2）打预制管桩定额中未计入成品管桩的费用，但计入了操作损耗，成品管桩单价变化时，操作损耗的管桩费用也应调整。

3）打预制方桩、离心管桩子目中已包含 300m 内的场内运输，实际超过 300m 时，应按计价表第七章的构件运输相应定额执行，并扣除定额内的场内运输费。

（2）接桩：

1）打预制桩如设计有接头，应另按"接桩"定额执行。

2）电焊接桩钢材用量，设计与定额不同时，按设计用量乘以系数 1.05 调整，人工、材料和机械消耗量不变。

3）管桩接头采用螺栓＋电焊（2—27），接桩螺栓已含在管桩单价中，定额考虑接点周边设计用钢板焊接。如设计不使用钢板，扣除型钢、电焊条、电焊机台班费用。

4）胶泥接桩断面按 400mm×400mm 编制，断面不同，胶泥按比例调整，其他不变。

5）静力压桩 12m 以内的接桩按接桩定额执行，12m 以上的接桩其人工及打桩机械已包括在相应打桩项目内，因此 12m 以上桩接桩只计接桩的材料费和电焊机的费用（采用静力压桩的，如需接桩，桩长在 12m 以内的，套用压桩和接桩的子目；桩长在 12m 以上的，套用压桩和接桩子目时，需要对接桩子目进行换算，只计算接桩子目中的材料费和电焊机的费用）。

6）使用接桩定额时，接桩的打桩机械应与打桩时的打桩机械锤重相匹配（可换算）。

（3）送桩：

利用打桩机械和送桩器将预制桩打（或送）至地下设计要求的位置，这一过程称为送桩。

2. 预制混凝土桩的工程量计算规则

（1）打预制桩（方桩、离心管桩）按体积计算。按设计桩长（包括桩尖，不扣除桩尖虚体积）乘以截面面积以立方米（m³）计算；管桩的空心体积应扣除，管桩的空心部分设计要求灌注混凝土或其他填充材料时，应另行计算。

（2）接桩：按接头计算。

（3）送桩：送桩按截面面积乘以送桩长度（打桩架底至桩顶面或自然地坪面另加0.5m 至桩顶面）计算。

【例 7 - 12】 某单独招标打桩工程，断面及示意图如图7 - 9 所示。设计静力压预应力圆形管桩 75 根，设计桩长18m（9m＋9m），桩外径 400mm，壁厚 35mm，自然地面标高－0.45m，桩顶标高－2.1m，螺栓加焊接接桩，管桩接桩接点周边设计用钢板，根据当地地质条件不需要使用桩尖，成品管桩市场信息价为 2500 元/m³。该工程人工单价、除成品管桩外其他材料单价和机械台班单价按计价表执行不调整，桩的制作费不计。请计算打桩工程的综合单价及合价。

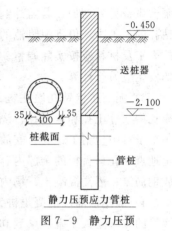

图 7 - 9　静力压预应力离心管桩

分析：打预制管桩定额中未计入管桩的成品单价，但计入了操作损耗，管桩单价变化，需对其 0.01m³ 操作损耗的成品单价进行换算；桩长 12m 以上的静力压桩，其接桩只计接桩的材料费和电焊机的费用。

注意：打桩子目中的管理费和利润费率与建筑工程的不同，建筑工程三类工程的管理费和利润费率标准分别为 25% 和 12%，而打预制桩的三类工程的管理费和利润费率标准为 11% 和 6%。

解：（1）列项目：静力压桩（2—21）、电焊接桩（2—27）、送桩（2—23）。

（2）计算工程量：

静力压桩工程量 $V = n(\pi R^2 - \pi r^2)h = 75 \times 3.14 \times (0.2^2 - 0.165^2) \times 18 = 54.15 m^3 > 50 m^3$

电焊接桩工程量＝75 个

送桩工程量 $= n(\pi R^2 - \pi r^2)h = 75 \times 3.14 \times (0.2^2 - 0.165^2) \times (2.1 - 0.45 + 0.5)$
$= 6.47 m^3$

（3）套定额，计算结果见表 7 - 16。

表 7 - 16　　　　　　　　　　　　计 算 结 果

序号	定额编号	项目名称	计量单位	工程量	综合单价（元）	合价（元）
1	2—21 换	静力离心管桩 18m 长	m³	54.15	239.42	12964.59
2	2—27 换	电焊接桩	个	75	54.32	4074.00
3	2—23	送桩	m³	6.47	218.69	1414.92
合计						18453.51

注　1. 2—21 换：$228.67 + 0.01 \times (2500 - 1425) = 239.42$ 元/m³。

2. 2—27 换：$40.53 + 11.79 \times (1 + 11\% + 6\%) = 54.32$ 元/个

答：打桩工程的合价共计 18453.51 元。

7.3.1.2 灌注桩

1. 灌注桩的有关规定

(1) 钻孔灌注桩:

1) 钻孔灌注桩的钻孔深度是按 50m 内综合编制的,超过 50m 的桩,钻孔人工、机械乘以系数 1.10。

2) 钻孔灌注桩、旋挖法灌注混凝土桩中的泥浆护壁是以自身钻出的黏土及灌入的自来水进行的护壁,施工现场如无自来水供应用水泵抽水时,定额中的相应水费应扣除,水泵台班费另外增加,若需外购黏土者,按实际购置量计算。挖蓄泥浆池及地沟土方已含在钻孔的人工中,但砌泥浆池的人工及耗用材料暂按 1.00 元/m³ 计算,竣工结算时泥浆池的人工及材料应按实际调整。钻孔灌注桩中的泥浆外运子目未考虑泥浆运出后的堆置费,如发生应另行计算。

3) 泥浆护壁钻孔灌注桩的成孔、浇混凝土、砌泥浆池和泥浆外运分套不同的子目,成孔中又分土孔和岩石孔,浇混凝土又分土孔和岩石孔中浇混凝土;长螺旋钻孔灌注桩的一个子目中包括了钻孔、安放钢筋笼、灌注混凝土、清理钻孔余土并运至现场 150m 内指定地点、孔口盖板的全部内容;旋挖法钻孔灌注桩的一个子目包括了安拆护筒、成孔、安放钢筋笼、灌注混凝土、场内 20m 运土堆放、挖排污沟池的全部内容。

4) 旋挖法灌注混凝土桩发生空旋时,空旋项目是采用将相应的灌注桩子目换算而得,换算的方法是人工乘以系数 0.3,混凝土、混凝土搅拌机、机动翻斗车扣除,其他不变。

(2) 打孔灌注桩:

1) 打孔沉管灌注桩一个子目包含了安放活瓣桩尖、沉管、安放钢筋笼、灌注混凝土、拔管等内容。

2) 打孔沉管灌注桩设置了灌注混凝土桩、灌注砂桩、灌注碎石桩和灌注砂石桩的内容。打孔沉管灌注桩分单打、复打,第一次按单打桩定额执行,在单打的基础上再次打,按复打桩定额执行(定额中没有专门的复打定额,复打是套用单打定额换算而得,如复打灌注混凝土桩是将人工、机械乘以系数 0.93,混凝土灌入量 1.015m³/m³,其他不变)。

3) 打孔夯扩灌注桩一次夯扩执行一次夯扩定额,再次夯扩时,应执行二次夯扩定额,最后在管内灌注混凝土到设计高度按一次夯扩定额执行。

4) 打孔灌注桩定额中使用预制钢筋混凝土桩尖时,钢筋混凝土桩尖另加(每只按 30 元计算),定额中包含的活瓣桩尖摊销费应扣除(打孔夯扩灌注桩中没有活瓣桩尖摊销费的就不需扣除)。

5) 打孔沉管灌注桩中遇有空沉管时,空沉管项目是采用将相应的打桩子目换算之后而得,如打孔沉管灌注混凝土桩空沉管是将相应项目人工乘以系数 0.3 计算,混凝土、混凝土搅拌机、机动翻斗车扣除,其他不变。

(3) 人工挖孔桩:

1) 人工挖孔灌注混凝土桩的挖孔深度是按 15m 内综合编制的,超过 15m 的桩,挖孔人工、机械乘以系数 1.20。

2) 人工挖孔灌注混凝土桩的成孔、做井壁和灌注混凝土分套不同的子目。成孔中又分人工挖井坑土和人工挖井坑岩石,做井壁按砖砌和混凝土灌注分设不同的子目,灌注混凝土只设一个子目，对土孔和岩石孔不作区分。

2. 灌注桩的工程量计算规则

（1）钻孔灌注桩：

1）泥浆护壁钻孔灌注桩：

• 钻孔：钻土孔与钻岩石孔工程量应分别计算。钻土孔以自然地面至岩石表面之深度乘以设计桩截面积以立方米（m³）计算；钻岩石孔以入岩深度乘桩截面面积以立方米（m³）计算。

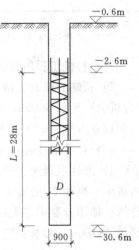

钻孔灌注桩

• 灌混凝土：土孔和岩石孔中灌混凝土应分别计算。混凝土灌入量以设计桩长（含桩尖长）另加一个直径（设计有规定的，按设计要求）乘桩截面面积以立方米（m³）计算；地下室基础超灌高度按现场具体情况另行计算。

• 泥浆池：以体积计算，等于灌注的混凝土的体积。

• 泥浆外运：以体积计算，等于钻孔的体积。

【例 7-13】 如图 7-10 所示，某单独招标打桩工程。设计钻孔灌注混凝土桩 25 根，桩径 φ900mm，设计桩长 28m，入岩（Ⅴ类）1.5m，自然地面标高 −0.6m，桩顶标高 −2.60m，C30 混凝土现场自拌，根据地质情况土孔混凝土充盈系数为 1.25，岩石孔混凝土充盈系数为 1.1，不考虑桩内的钢筋，以自身的黏土及灌入的自来水进行护壁，砌泥浆池，泥浆外运按 8km，桩头不需凿除。请计算打桩工程的综合单价及合价。

图 7-10　钻孔灌注混凝土桩

分析： 2009 费用定额中将制作兼打桩三类工程的管理费率定为 11%，利润率定为 7%，而 2004 计价表中是按 14% 的管理费率和 8% 的利润率确定对应的管理费和利润的，本题按 2004 计价表中的规定计算。

解： （1）列项目：钻土孔（2—30）、钻岩石孔（2—33）、土孔浇混凝土（2—35）、岩石孔浇混凝土（2—36）、泥浆外运 8km 内（2—37＋2—38×3）、砌泥浆池（补）。

（2）计算工程量：

钻土孔工程量 $V_{土孔} = 25 \times 3.14 \times 0.45^2 \times (30.6 - 0.6 - 1.5) = 453.04\text{m}^3$

钻岩石孔工程量 $V_{岩石孔} = 25 \times 3.14 \times 0.45^2 \times 1.5 = 23.84\text{m}^3$

土孔混凝土工程量 $V_{土孔混凝土} = 25 \times 3.14 \times 0.45^2 \times (28 + 0.9 - 1.5) = 435.56\text{m}^3$

岩石孔混凝土工程量 $V_{岩石孔混凝土} = 25 \times 3.14 \times 0.45^2 \times 1.5 = 23.84\text{m}^3$

泥浆外运工程量 $V_{泥浆} = V_{土孔} + V_{岩石孔} = 453.04 + 23.84 = 476.88\text{m}^3$

砌泥浆池工程量 $V_{泥浆池} = V_{土孔混凝土} + V_{岩石孔混凝土} = 435.56 + 23.84 = 459.40\text{m}^3$

（3）套定额，计算结果见表 7-17。

表 7-17　　　　　　　　　　计　算　结　果

序号	定额编号	项　目　名　称	计量单位	工程量	综合单价（元）	合价（元）
1	2—30	钻土孔（直径 1000 以内）	m³	453.04	175.20	79372.61
2	2—33 换	钻岩石孔（直径 1000 以内）Ⅴ类	m³	23.84	733.56	17488.07

续表

序号	定额编号	项 目 名 称	计量单位	工程量	综合单价 （元）	合价 （元）
3	2—35 换	土孔混凝土	m³	435.56	316.35	137789.41
4	2—36	岩石孔混凝土	m³	23.84	280.05	6676.39
5	2—37+2—38×3	泥浆外运	m³	476.88	83.77	39948.24
6	补	砌泥浆池	m³	459.40	1.00	459.40
合计						281734.12

注 1.2—33 换：642.25＋（90＋408.98）×0.15×（1＋14％＋8％）＝733.56 元/m³（V 类岩石换算）。

2.2—35 换：305.26－266.21＋1.25×1.015×218.56＝316.35 元/m³（换充盈系数）。

答： 打桩工程的合价共计 18453.51 元。

2）长螺旋或旋挖法钻孔灌注桩：这两种灌注桩的工程量均按体积计算。按设计桩长（含桩尖）另加 500mm（设计有规定，按设计要求）再乘以螺旋外径截面面积或设计截面面积以立方米（m³）计算。

（2）打孔灌注桩：

1）灌注混凝土、砂、碎石桩使用活瓣桩尖时，单打、复打桩体积均按设计桩长（包括桩尖）另加 250mm（设计有规定，按设计要求）乘以标准外径截面面积以立方米（m³）计算。使用预制钢筋混凝土桩尖时，单打、复打桩体积均按设计桩长（不包括预制桩尖）另加 250mm 乘以标准管外径截面面积以立方米（m³）计算，即

$$V＝管外径截面面积×（设计桩长＋加灌长度）$$

式中 设计桩长——根据设计图纸长度如使用活瓣桩尖包括预制桩尖，使用预制钢筋混凝土桩尖则不包括；

加灌长度——用来满足混凝土灌注充盈量，按设计规定；无规定时，按 0.25m 计取。

2）打孔、沉管灌注桩空沉管部分，按空沉管的实体积计算。

3）夯扩桩体积分别按每次设计夯扩前投料长度（不包括预制桩尖）乘以标准管内径截面面积以立方米（m³）计算，最后管内灌注混凝土按设计桩长另加 250mm 乘以标准管外径截面面积以立方米（m³）计算，即

$$V_1（一、二次夯扩）＝标准管内径截面积×设计夯扩投料长度（不包括预制桩尖）$$

$$V_2（最后管内灌注混凝土）＝标准管外径截面积×（设计桩长＋0.25）$$

式中 设计夯扩投料长度——按设计规定计算。

4）打孔灌注桩、夯扩桩使用预制钢筋混凝土桩尖的，桩尖个数另列项目计算，单打、复打的桩尖按单打、复打次数之和计算（每只桩尖 30 元）。

【例 7-14】 某单独招标打桩工程示意图如图 7-11 所示，设计震动沉管灌注混凝土桩 20 根，单打，桩径 φ450mm（桩管外径 φ426mm），桩设计长度 20m，预制混凝土桩尖，经现场打桩记录单打实际灌注混凝土 70m³，其余不计。请计算打桩的综合单价及合价。

分析： 该题作为单位打桩工程，打桩工程量小于表 7-13

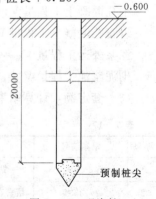

图 7-11 现浇桩 a

中规定的下限值，其子目人工、机械按相应定额项目乘以系数 1.25 进行换算；灌注桩中的混凝土充盈系数应按实调整；定额打桩子目是按活瓣桩尖考虑的，本题中为预制桩尖，需进行换算，换算采用将打桩子目中活瓣桩尖摊销费扣除，另按 30 元/个单独计算预制桩尖的费用。

充盈系数换算公式为

$$换算后的充盈系数 = \frac{实际灌注混凝土量}{按设计图计算混凝土量 \times (1 + 操作损耗率)}$$

解：（1）列项目：打桩（2—50）、预制桩尖（补）。

（2）计算工程量：

打桩工程量 $V = n\pi r^2 h = 20 \times 3.14 \times 0.213^2 \times (20 + 0.25) = 57.70\text{m}^3 < 60\text{m}^3$

预制桩尖工程量 = 20 个

（3）套定额，计算结果见表 7 - 18。

表 7 - 18		计　算　结　果				
序号	定额编号	项目名称	计量单位	工程量	综合单价（元）	合价（元）
1	2—50 换	打震动沉管灌注桩 15m 以上	m³	57.70	389.23	22458.57
2	补	预制桩尖	个	20	30	600
合计						23058.57

注　2—50 换：$365.40 + 0.25 \times (30.24 + 54.95) \times (1 + 14\% + 8\%) - 248.03 + \frac{70}{57.70 \times 1.015} \times 1.015 \times 203.64 -$

$1.17 = 389.23$ 元/m³（管理费率和利润率按 2004 计价表计算）。

答：打桩工程的合价共计 23058.57 元。

【例 7 - 15】　某打桩工程如图 7 - 12 所示，设计震动沉管灌注混凝土桩 20 根，复打一次，桩径 ϕ450mm（桩管外径 ϕ426mm），桩设计长度 18m，预制混凝土桩尖，其余不计。请计算打桩的综合单价及合价。

分析：由于本例中沉管灌注桩是复打，还存在空沉管，根据施工经验，第一次沉管后浇注混凝土必须浇至室外地坪，如单打桩长按 18.25m 计算，则单打后在 -2.15~-0.6m 就是土，再次沉管就会将土与混凝土混合在一起，这在施工中是不允许的。

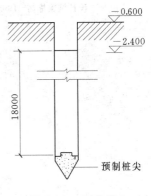

图 7 - 12　现浇桩 b

解：（1）列项目：单打桩（2—50）、复打桩（2—50）、空沉管（2—50）、预制桩尖（补）。

（2）计算工程量：

单打工程量 $V_1 = n\pi r^2 h = 20 \times 3.14 \times 0.213^2 \times (18 + 2.4 - 0.6) = 56.41\text{m}^3$

复打工程量 $V_2 = 20 \times 3.14 \times 0.213^2 \times (18 + 0.25) = 52.00\text{m}^3$

空沉管工程量 $V_3 = 20 \times 3.14 \times 0.213^2 \times (2.4 - 0.6 - 0.25) = 4.42\text{m}^3$

预制桩尖工程量 = $2 \times 20 = 40$ 个

（3）套定额，计算结果见表 7 - 19。

表 7 - 19　　　　　　　　　　计　算　结　果

序号	定额编号	项　目　名　称	计量单位	工程量	综合单价 （元）	合价 （元）
1	2—50 换	打震动沉管灌注桩 15m 以上	m³	56.41	364.23	20546.21
2	2—50 换	复打沉管灌注桩 15m 以上	m³	52.00	315.62	16412.24
3	2—50 换	空沉管	m³	4.42	74.72	330.26
4	补	预制桩尖	个	40	30	1200
合计						38488.71

注　1. 2—50 换单打：$365.40 - 1.17 = 364.23$ 元/m³（桩尖换算）。

　　2. 2—50 换复打：$365.40 - 248.03 + 1.015 \times 203.64 - 0.07 \times (30.24 + 54.95) \times (1 + 14\% + 8\%) - 1.17 = 315.62$ 元/m³（按计价表桩 73 页附注换算）。

　　3. 2—50 换空沉管：$365.40 - 248.03 - (6.34 + 6.49 + 0.7 \times 30.24) \times (1 + 14\% + 8\%) - 1.17 = 74.72$ 元/m³（按计价表桩 73 页附注换算）。

答：打桩的合价为 38488.71 元。

（3）人工挖孔桩：人工挖孔灌注混凝土桩包括挖井坑土、挖井坑岩石、砖砌井壁、混凝土井壁、井壁内灌注混凝土，均按图示尺寸以立方米（m³）计算。

【例 7 - 16】　如图 7 - 13 所示，某单独招标打桩工程。设计人工挖孔灌注混凝土桩 25 根，桩径 φ900mm，桩入岩（Ⅳ类）1.8m，自然地面标高 -0.3m，桩顶标高 -1.80m，桩混凝土为 C30 混凝土现场自拌，混凝土护壁为 C20 混凝土现场自拌，不考虑桩内的钢筋，混凝土超灌 0.5m，桩头不需凿除。请计算人工挖孔桩工程的综合单价及合价。

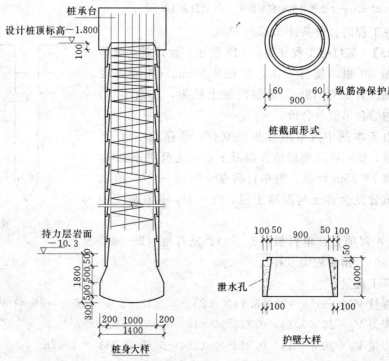

图 7 - 13　人工挖孔桩

分析：最下一节护壁高度为 1m，其余各节护壁净高均为 0.95m（存在 0.05m 的搭接），护壁总高 10.5m，共设 11 节护壁；计算护壁体积时采用护壁外包尺寸的圆柱体扣除内部空心的 11 个圆台体积；计算混凝土体积时只算到 −1.3m 标高；计算桩底扩大头缺球体体积时采用下式：

图 7-14 缺球

$$V = \frac{\pi h}{6}(3a^2 + h^2)$$

式中　a——平切圆半径；

　　h——缺球的高（见图 7-14）。

解：（1）列项目：人工挖井坑土（2—80）、人工挖井坑岩石（2—81）、混凝土井壁（2—83）、井壁内灌注混凝土（2—84）。

（2）计算工程量：

人工挖井坑土工程量 $V_{土} = 25 \times 3.14 \times (0.45 + 0.15)^2 \times (10.3 - 0.3) = 282.60 \text{m}^3$

人工挖井坑岩石工程量：

带护壁部分工程量 $V_1 = 25 \times 3.14 \times (0.45 + 0.15)^2 \times 0.5 = 14.130 \text{m}^3$

扩大头圆台部分工程量 $V_2 = 25 \times \frac{3.14 \times 0.5}{3} \times (0.5^2 + 0.7^2 + 0.5 \times 0.7) = 14.261 \text{m}^3$

扩大头圆柱部分工程量 $V_3 = 25 \times 3.14 \times 0.7^2 \times 0.5 = 19.233 \text{m}^3$

扩大头缺球体部分工程量 $V_4 = 25 \times \frac{3.14 \times 0.3}{6} \times (3 \times 0.7^2 + 0.3^2) = 6.123 \text{m}^3$

$V_{岩石} = V_1 + V_2 + V_3 + V_4 = 14.13 + 14.261 + 19.233 + 6.123 = 53.75 \text{m}^3$

护壁体积计算：

护壁外包体积 $V_{外包} = 25 \times 3.14 \times 0.6^2 \times (10.3 - 0.3 + 0.5) = 296.730 \text{m}^3$

护壁内空心体积 $V_{空心} = 25 \times \frac{3.14 \times 0.95}{3} \times (0.45^2 + 0.5^2 + 0.45 \times 0.5) \times 10 + 25$

$$\times \frac{3.14 \times 1}{3} \times (0.45^2 + 0.5^2 + 0.45 \times 0.5) = 186.143 \text{m}^3$$

$V_{护壁} = V_{外包} - V_{空心} = 296.730 - 186.143 = 110.59 \text{m}^3$

井壁内混凝土体积 $V_{混凝土} = V_{空心} - 1\text{m}$ 高圆台体积 $+ V_2 + V_3 + V_4$

$$= 186.143 - 25 \times \frac{3.14 \times 1}{3} \times (0.45^2 + 0.5^2 + 0.45 \times 0.5)$$

$$+ 14.261 + 19.233 + 6.123 = 208.03 \text{m}^3$$

（3）套定额，计算结果见表 7-20。

表 7-20　　　　　　　　　　计　算　结　果

序号	定额编号	项 目 名 称	计量单位	工程量	综合单价（元）	合价（元）
1	2—80	人工挖井坑土	m³	282.60	65.28	18448.13
2	2—81	人工挖井坑岩石Ⅳ类	m³	53.75	112.71	6058.16
3	2—83	混凝土井壁	m³	110.59	703.19	77765.78
4	2—84	井壁内灌注混凝土	m³	208.03	302.50	62929.08
合计						165201.15

答：人工挖孔桩工程的合价共计 165201.15 元。

7.3.1.3 其他桩及基坑锚喷护壁

1. 其他桩及基坑锚喷护壁的有关规定

（1）深层搅拌桩和粉喷桩定额中已考虑了"四搅两喷"和 2m 以内的"钻进空搅"因素。超过 2m 以外的空搅体积按相应子目人工、深层搅拌机台班量乘以系数 0.3 计算，其他不计算。

深层搅拌桩水泥掺入比按 12% 计算，粉喷桩水泥掺入比按 15% 计算，设计要求掺入比与定额不同时，水泥用量按表 7-21 调整，其他不变。

表 7-21 　　　　　　　　深层搅拌桩和粉喷桩水泥用量调整表

	水泥掺入比 C（%）	8	9	10	11	12	13
水泥掺入量	水泥数量 A（kg/m³）	146.16	164.43	182.70	200.97	219.24	237.51
	水泥掺入比 C（%）	14	15	16	17	18	
水泥掺入量	水泥数量 A（kg/m³）	255.78	274.05	292.32	310.59	328.86	

注　$A=1800$kg/m³（土体容重）$\times C$。

（2）基坑锚喷护壁定额中，成孔、注浆、钉土锚杆、挂钢筋网、喷射混凝土分套不同的子目。成孔定额中是按水平成孔考虑的，如垂直成孔定额人工乘以 1.2 系数执行；钻孔土为耕植土时，其钻孔人工乘系数 0.80。注浆定额是按素水泥浆考虑的，如采用砂浆注浆，材料应换算。钉土锚杆中锚杆直径按 $\phi20$mm 计算。挂钢筋网钢筋网直径有 $\phi8$mm 和 $\phi10$mm 两种，网距 500mm，直径和网距不同应调整；挂钢筋网中考虑了挂镀锌铁丝网，施工中不做应扣除镀锌铁丝网的费用。设计有喷射混凝土的配合比时，要按设计配合比调整定额配合比（损耗为 30%）。

2. 其他桩及基坑锚喷护壁的工程量计算规则

（1）深层搅拌桩、粉喷桩加固地基，按设计长度另加 500mm（设计有规定，按设计要求）乘以设计截面积以立方米（m³）计算（双轴的工程量不得重复计算），群桩间的搭接不扣除，即

$$V=桩径截面积\times（设计长度+0.5）\times根数$$

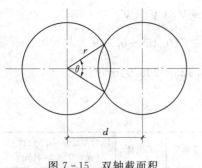

对于单轴搅拌桩来说，桩径截面就是一个圆，所以桩径截面积 $S=\pi r^2$（r 为圆半径）。

对于双轴水泥搅拌桩来说，其桩径截面是由两个圆相交而组成的图形（见图 7-15），所以桩径截面积应按两个圆面积之和减去重叠部分（由两个弓形组成）面积来计算。

桩径截面积 $S=2\pi r^2+r^2$（$\sin\theta-\theta$）。其中 $\theta=2\arccos[d/(2r)]$。

注意：式中的 θ 必须用弧度来计量；计算时，

图 7-15　双轴截面积

可把计算器设置在弧度（RAD）状态；如 θ 为角度，只需乘以 $\left(\dfrac{\pi}{180}\right)$ 即可化为弧度。

（2）基坑锚喷护壁。

　　1）成孔及孔内注浆按设计图纸以延长米计算，两者工程量应相等。

　　2）土钉支护土锚杆按设计图纸以延长米计算。

　　3）挂钢筋网按设计图纸以平方米（m²）计算。

　　4）护壁喷射混凝土按设计图纸以平方米（m²）计算。

7.3.1.4　凿桩头、截断桩

1. 凿桩头、截断桩的有关规定

　　1）凿桩工作内容：准备工具、划线、凿桩头混凝土、露出钢筋、清除碎碴、运出坑1m外。

　　2）截断桩工作内容：准备工具、划线、砸破混凝土、锯断钢筋、混凝土块体运出坑外。

　　3）凿桩头、截断桩如遇独立基础群桩，其人工乘以系数 1.3；凿深层搅拌桩按凿灌注混凝土桩定额乘以 0.4 执行。

　　4）坑内钢筋混凝土支撑需截断按截断桩定额执行。

　　5）凿出后的桩端部钢筋与底板或承台钢筋焊接应按计价表第四章中相应项目执行。

2. 凿桩头、截断桩的工程量计算规则

　　凿灌注混凝土桩头按立方米（m³）计算，凿、截断预制方（管）桩均以根计算。

7.3.2　基础垫层

　　基础垫层的主要内容包括：灰土、炉渣、碎石、毛石、碎石和砂、砂（省补中列入）、混凝土等各种垫层。

7.3.2.1　基础垫层的有关规定

　　（1）整板基础下垫层采用压路机碾压时，人工乘以系数 0.9、垫层材料乘以系数 1.15、增加光轮压路机（8t）0.022 台班、同时扣除定额中的电动打夯机台班（已有压路机的项目除外）。

　　（2）碎石垫层如采用道渣或砾石，数量不变，价格换算。

　　（3）混凝土垫层厚度以 15cm 内为准，厚度在 15cm 以上的应按计价表第五章的混凝土基础相应项目执行。

　　（4）混凝土垫层的侧边模板按计价表第二十章垫层模板定额执行。实际不立侧边模板，混凝土垫层宽应算至土方边。

7.3.2.2　基础垫层的工程量计算规则

　　（1）基础垫层是指砖、石、混凝土、钢筋混凝土等基础下的垫层，按图示尺寸以立方米（m³）计算。

　　（2）外墙基础垫层长度按外墙中心线长度计算，内墙基础垫层长度按内墙基础垫层净长计算。

　　【例 7-17】　计算图 7-4 基础中垫层的工程量。

　　解：垫层断面面积 $S = 0.7 \times 0.1 = 0.07 \text{m}^2$

　　　　　垫层长度：外墙 $= 2 \times (6+8) = 28 \text{m}$

　　　　　　　　　　内墙 $= 6 - 2 \times 0.35 = 5.3 \text{m}$

　　　　　垫层体积 $V = 0.07 \times (28 + 5.3) = 2.331 \text{m}^3$

答：图 7-4 基础中垫层的工程量为 2.331m³。

【例 7-18】 计算图 7-7 基础中垫层的工程量。

解：该条形基础下的混凝土厚度为 20cm，按规定不属于垫层（应属于混凝土基础）。因此，只需计算独立基础下的垫层。

J-1 工程量 $V_1 = 1.8 \times 1.8 \times 0.1 \times 4 = 1.296m^3$

J-2 工程量 $V_2 = 2.3 \times 2.3 \times 0.1 \times 2 = 1.058m^3$

垫层工程量 $V = 1.296 + 1.058 = 2.354m^3$

答：图 7-7 基础中垫层的工程量为 2.354m³。

7.4 砌 筑 工 程

本节内容包括砌砖、砌石和构筑物三部分。

7.4.1 砌砖工程

砌砖包括：①砖基础、砖柱；②砌块墙、多孔砖墙；③砖砌外墙；④砖砌内墙；⑤空斗墙、空花墙；⑥填充墙、墙面砌贴砖（地下室）；⑦墙基防潮、围墙及其他；⑧轻质砂浆砌筑墙体（省补）；⑨砂加气混凝土砌块（省补）。

7.4.1.1 砌砖工程的有关规定

1. 基本规定

（1）定额中根据市场的情况，收录了标准砖、多孔砖和砌块砖几种类型的砌筑内容。

（2）各种砖砌体的砖、砌块是按表 7-22 所示规格编制的，规格不同时，可以换算。

表 7-22　　砖、砌块规格表

砖名称	长×宽×高（mm×mm×mm）
普通黏土（标准）砖	240×115×53
KPI 黏土多孔砖	240×115×90
黏土多孔砖	240×240×115、240×115×115
KMI 黏土空心砖	190×190×90
黏土三孔砖	190×190×90
黏土六孔砖	190×190×140
黏土九孔砖	190×190×190
页岩模数多孔砖	240×190×90、240×140×90 240×90×90、190×120×90
硅酸盐空心砌块（双孔）	390×190×190
硅酸盐空心砌块（单孔）	190×190×190
硅酸盐空心砌块（单孔）	190×190×90
硅酸盐砌块	880×430×240、580×430×240（长×高×厚） 430×430×240、280×430×240
加气混凝土块	600×240×150

（3）砌砖、块定额中已包括了门、窗框与砌体的原浆勾缝在内，砌筑砂浆强度等级按设计规定应分别套用。

（4）砖砌地下室外墙、内墙均按相应内墙定额执行。

（5）砖砌挡土墙以顶面宽度按相应墙厚内墙定额执行，顶面宽度超过一砖按砖基础定额执行。

（6）砖砌体内钢筋加固及转角、内外墙的搭接钢筋以吨（t）计算，按计价表第四章的"砌体、板缝内加固钢筋"定额执行。

（7）小型砌体系指砖砌门蹲、房上烟囱、地垅墙、水槽、水池脚、台阶面上矮墙、花台、煤箱、垃圾箱、容积在 $3m^3$ 内的水池、大小便槽（包括踏步）、阳台栏板等砌体。

2. 砌筑标准砖

（1）标准砖墙不分清、混水墙及艺术形式复杂程度。砖碹、砖过梁、腰线、砖垛、砖挑檐、附墙烟囱等因素已综合在定额内，不得另立项目计算。阳台砖隔断按相应内墙定额执行。

（2）标准砖砌体如使用配砖，仍按本定额执行，不作调整。

（3）砖基础的规定：

1）基础与墙身使用同一种材料时，以设计室内地坪（有地下室者以地下室设计室内地坪）为界，以下为基础，以上为墙身。

2）基础、墙身使用不同材料时，不同材料的分界线位于设计室内地坪±300mm 以内，以不同材料为分界线（见图 7 - 16），超过±300mm，以设计室内地坪为界。

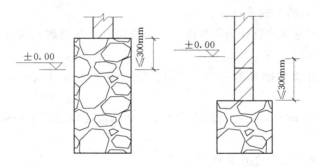

图 7 - 16　以不同材料分界作为基础与墙身分界线

3）砖基础深度自室外地面至砖基础底表面超过 1.5m，其超过部分每立方米砌体应增加 0.041 工日。

（4）标准砖砌直形墙和弧形墙分套不同的子目，砖砌圆形水池按弧形外墙定额执行。

（5）砖柱：基础与墙身采用同一种材料时，不分基础、墙身，合并工程量套用砖柱定额；如基础与柱身材料不同，分开计算（见计价表 3 - 3～3 - 4）。

3. 砌筑砌块、多孔砖墙

（1）砌块墙、多孔砖墙中，窗台虎头砖、腰线、门窗洞边接茬用标准砖已包括在定额内。

（2）除标准砖墙外（有专门的弧形墙子目），计价表的其他品种砖弧形墙其弧形部分是套直形墙体换算而得，换算是在直形墙的基础上每立方米砌体按相应项目人工增加

15％，砖增加5％，其他不变。

4. 砌筑空斗墙、空花墙

（1）空斗墙中门窗立边、门窗过梁、窗台、墙角、檩条下、楼板下、踢脚线部分和屋檐处的实砌砖已包括在定额内，不得另立项目计算。空斗墙中遇有实砌钢筋砖圈梁及单面附垛时，应另列项目按小型砌体定额执行。

（2）空花墙是用砖砌成各种镂空花式的墙，定额含量中已扣除镂空部位的费用。

5. 填充墙、墙面砌贴砖

（1）计价表中的填充墙俗称夹心墙，内部是一砖厚，外部是半砖厚，中间填充炉渣或炉渣混凝土。计价表子目中包含了填充料的内容，填充材料不同应换算，人工、机械不变。

（2）墙面砌贴砖收录了贴砌1/4砖和1/2砖两个子目，砌贴砖和砌筑墙体的不同在于：贴砌部分与原墙体之间还有砂浆粘结。

6. 其他

（1）墙基防潮层中收录了防水砂浆和防水混凝土6cm厚两个子目，设计砂浆、混凝土配合比不同单价应换算，墙基防潮层的模板、钢筋应按计价表第二十章、第四章有关规定另行计算。

（2）计价表中砖砌围墙是按标准砖实砌围墙考虑的。

1）围墙墙身和基础都是采用标准砖砌筑的，墙身套围墙子目，基础套砖基础子目。

2）围墙墙身设计为多孔砖墙、砌块墙、空斗墙，基础采用标准砖砌筑。墙身按相应墙子目套用，基础套砖基础子目。

3）围墙墙身和基础均设计为多孔砖墙、砌块墙、空斗墙时，墙身和基础工程量合并计算套相应墙体定额。

4）围墙分别计算基础和墙身时，以设计室外地坪为分界线，以下为基础，以上为墙身。

（3）计价表中砖砌台阶、砖砌地沟均考虑采用标准砖砌筑。小型砌体收录了标准砖和多孔砖两个子目。

7.4.1.2　砌砖工程的工程量计算规则

1. 一般规则

（1）墙体工程量按设计图示尺寸以体积计算。应扣除门窗洞口、过人洞、空圈、嵌入墙内的钢筋混凝土柱、梁、过梁、圈梁、挑梁、混凝土墙基防潮层和暖气包、壁龛的体积。不扣除梁头、梁垫、外墙预制板头、檩条头、垫木、木楞头、沿椽木、木砖、门窗走头、砖砌体内加固钢筋、木筋、铁件、钢管及单个面积0.3m² 以下的孔洞所占体积。突出墙面的窗台虎头砖、压顶线、山墙泛水、烟囱根、门窗套及三皮砖以内的腰线、挑檐等体积亦不增加。

（2）附墙砖垛、三皮砖以上的腰线、挑檐等体积，并入墙身体积内计算。

（3）附墙烟囱、通风道、垃圾道按其外型体积并入所依附的墙体积内合并计算，不扣除每个横截面在0.1m² 以内的孔洞体积。

（4）弧形墙按其弧形墙中心线部分的体积计算。

2. 砖基础

（1）工程量为基础断面积乘以基础长度以体积计算，以立方米（m³）为计量单位。基础断面积计算公式如下：

$$砖基础断面积＝基础墙高×基础墙宽＋大放脚面积$$

其中，大放脚面积可分割成若干个 $0.0625m（a）×0.063m（h）＝0.0039375m^2$ 面积的小方块，小方块个数取决于大放脚的形式和层数。

为计算方便，也可将大放脚面积折算成一段等面积的基础墙，这段基础墙高度称为折加高度。计算公式如下：

$$折加高度＝大放脚面积÷基础墙高度$$
$$基础断面积＝基础墙宽×（基础墙高度＋折加高度）$$

砖砌大放脚折加高度及增加大放脚面积见表 7 - 23。

表 7 - 23　　　　　　　　　砖砌大放脚折加高度表

大放脚层数	放脚形式	双 面 系 数			单 面 系 数		
		折加高度（m）		增加断面（m²）	折加高度（m）		增加断面（m²）
		11.5	24		11.5	24	
1	等高式	0.137	0.066	0.0158	0.069	0.033	0.0079
	间隔式	0.137	0.066	0.0158	0.069	0.033	0.0079
2	等高式	0.411	0.197	0.0473	0.206	0.099	0.0237
	间隔式	0.343	0.164	0.0394	0.171	0.082	0.0197
3	等高式	0.822	0.394	0.0945	0.411	0.197	0.0473
	间隔式	0.685	0.328	0.0788	0.343	0.164	0.0394
4	等高式	1.370	0.656	0.1575	0.685	0.328	0.0788
	间隔式	1.096	0.525	0.1260	0.548	0.263	0.0630
5	等高式	2.055	0.985	0.2363	1.028	0.493	0.1181
	间隔式	1.643	0.788	0.1890	0.822	0.394	0.0945
6	等高式	2.876	1.378	0.3308	1.438	0.689	0.1654
	间隔式	2.260	1.083	0.2599	1.130	0.542	0.1299
7	等高式	3.835	1.838	0.4410	1.918	0.919	0.2205
	间隔式	3.93	1.444	0.3465	1.507	0.722	0.1733

大放脚的形式包括等高式和间隔式两种（见图 7 - 17）。在等高式和间隔式中，每步大放脚宽始终等于 1/4 砖长，即（砖长 240 ＋ 灰缝 10）×1/4 ＝ 62.5mm；等高式的大放脚高等于二皮砖加二灰缝，即 $53×2＋10×2＝126mm$，间隔式大放脚的高度等于一皮砖加一灰缝（63mm）与二皮砖加二灰

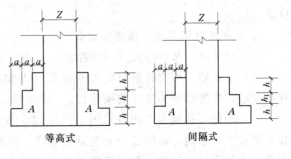

图 7 - 17　大放脚形式

缝（126mm）间隔设置。

（2）砖砌地下室墙身及基础按设计图示以立方米（m³）计算，内、外墙身工程量合并计算按相应内墙定额执行。墙身外侧面砌贴砖按设计厚度以立方米（m³）计算。

3. 实砌砖墙

（1）工程量以体积计算：

$$V=墙体计算厚度×墙体长度×墙体高度$$

（2）标准砖计算厚度按表7-24计算。

表7-24　　　　　　　　　　　　标准砖计算厚度表

标准砖	1/4	1/2	3/4	1	$1\frac{1}{2}$	2
砖墙计算厚度（mm）	53	115	178	240	365	490

（3）砖墙长度计算：外墙按中心线长度，框架间墙及内墙按净长计算。框架外表面镶包砖部分并入墙身工程量内一并计算。

（4）高度：

1）外墙的高度。

• 坡（斜）屋面。无屋架、无檐口天棚、有屋面板，算至墙中心线屋面板底；无屋面板，算至椽子顶面。有屋架且室内外均有天棚，算至屋架下弦底面另加200mm；有屋架无天棚，算至屋架下弦底面另加300mm。

• 平屋面。有现浇钢筋混凝土平板楼层者，应算至平板底面；当墙高遇有框架梁、肋形板梁时，应算至梁底面。

• 女儿墙。女儿墙高度自屋面板面算至压顶底面（压顶为混凝土压顶）。

2）内墙高度。

• 坡（斜）屋面。内墙位于屋架下，其高度算至屋架底；无屋架，算至天棚底另加120mm。

• 平屋面。有钢筋混凝土楼隔层，算至钢筋混凝土板底；有框架梁时，算至梁底面；同一墙上板厚不同时，按平均高度计算；平行于空心楼板的墙算至空心板顶面。

4. 多孔砖、砌块墙

（1）多孔砖、空心砖墙按图示墙厚以立方米（m³）计算，不扣除砖孔空心部分体积。

（2）加气混凝土、硅酸盐砌块、小型空心砌块墙按图示尺寸以立方米（m³）计算，砌块本身空心体积不予扣除。砌块中设计钢筋砖过梁时，应套"小型砌体"定额，另行计算。

5. 空斗墙、空花墙、围墙的计算

（1）空斗墙：按外形尺寸（不扣空心）以立方米（m³）计算。

（2）空花墙：按空花部分的外型体积（不扣空心）以立方米（m³）计算，空花墙外有实砌墙，实砌部分另外按实砌计算。

（3）围墙：砖砌围墙按设计图示尺寸以立方米（m³）计算，其围墙附垛及砖压顶应并入墙身工程量内；砖围墙上有混凝土花格、混凝土压顶时，混凝土花格及压顶应按计价表第五章规定另行计算，其围墙高度算至混凝土压顶下表面。

6. 其他

(1) 墙基防潮层按墙基顶面水平宽度乘以长度以平方米（m^2）计算，有附垛时将附垛面积并入墙基内。

(2) 砖砌台阶按水平投影面积以平方米（m^2）计算。

(3) 砖砌地沟沟底与沟壁工程量合并以立方米（m^3）计算。

【例 7-19】 计算图 7-4 所示砖基础的工程量（马牙槎按五皮一收 60mm）。

分析：基础与墙身是同一种材料，基础与墙身的分界线为 ±0.00m；标准砖墙身有外墙和内墙之分，标准砖基础不分内、外，故内、外墙下基础工程量可合并计算。

解：基础横断面面积 $S = 0.24 \times (2.5 - 0.1 + 0.066) = 0.5918m^2$

基础长度 $L = (8 + 6) \times 2 + (6 - 0.24) = 33.76m$

基础外形体积 $V_{外形} = S \times L = 0.5918 \times 33.76 = 19.979m^3$

扣除构造柱体积 $V_{构造柱} = (0.24 \times 0.24 \times 6 + 0.24 \times 0.03 \times 14) \times 2.4 = 1.071m^3$

基础体积 $V = V_{外形} - V_{构造柱} = 19.979 - 1.071 = 18.91m^3$

答：图 7-4 所示砖基础的工程量为 $18.91m^3$。

【例 7-20】 计算图 7-7 所示基础部分砖基础的工程量。

分析：图 7-7 所示砖基础在独立基础之间，因此它们的长度均按净长计算，图 7-18 为该砖基础净长的示意图。按题目情况，砖基础可以用独立基础之间体积加上 A 区域体积计算。

解：独立基础之间断面积 $S = 0.24 \times (2.3 + 0.066) = 0.5678m^2$

独立基础之间净长 $L = (6 - 2 \times 0.88) \times 2 + (6 - 2 \times 1.13)$
$\qquad + (8 - 2 \times 0.8 - 2.1) \times 2 = 20.82m$

①、③轴 J-1 上 A 区域砖基础体积 $V_1 = [0.05 \times 1.9 + (1.9 + 2.18) \times 0.55 \div 2] \times 0.24 \times 4(个) = 1.168m^3$

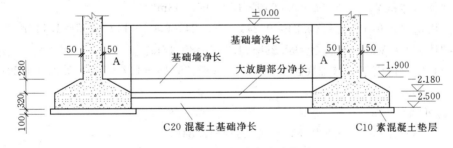

图 7-18 基础部分净长计算图

②轴 J-2 上 A 区域砖基础体积 $V_2 = [0.05 \times 1.9 + (1.9 + 2.18) \times 0.8 \div 2] \times 0.24 \times 2(个) = 0.829m^3$

Ⓐ、Ⓑ轴 J-1 上 A 区域砖基础体积 $V_3 = [0.05 \times 1.9 + (1.9 + 2.18) \times 0.6 \div 2] \times 0.24 \times 4(个) = 1.266m^3$

Ⓐ、Ⓑ轴 J-2 上 A 区域砖基础体积 $V_4 = [0.05 \times 1.9 + (1.9 + 2.18) \times 0.85 \div 2] \times 0.24 \times 4(个) = 1.756m^3$

砖基础体积 $V = S \times L + V_1 + V_2 + V_3 + V_4 = 0.5678 \times 20.82 + 1.168 + 0.829 + 1.266 + 1.756 = 16.84\text{m}^3$

答：图 7-7 所示基础部分砖基础的体积为 16.84m³。

【例 7-21】 某一层办公室底层平面图如图 7-19 所示，层高为 3.3m，楼面为 100mm 厚现浇板，圈梁为 240mm×250mm，用 M5 混合砂浆砌标准一砖墙，构造柱截面 240mm×240mm，留马牙槎（五皮一收），基础用 M7.5 水泥砂浆砌筑，室外地坪 -0.2m，在 -0.06m 标高处设置一 20mm 厚 1:2 防水砂浆防潮层，M1 尺寸 900mm×2000mm，C1 尺寸 1500mm×1500mm。请按计价表计算砌筑工程的综合单价和合价。

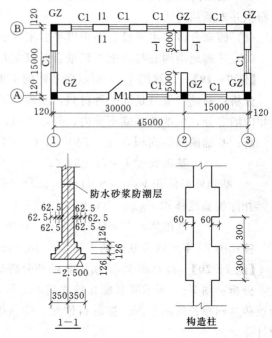

图 7-19　房屋平面及基础断面图

解：（1）列项目：砖基础（3—1）、砖基础超深增加费（补）、砖砌外墙（3—29）、砖砌内墙（3—33）、防水砂浆防潮层（3—42）。

（2）工程量计算。

1）砖基础：

基础横断面面积 $S = 0.24 \times (2.5 + 0.394) = 0.6946\text{m}^2$

基础长度 $L = (45 + 15) \times 2 + 10 = 130\text{m}$

基础外形体积 $V_{\text{外形}} = S \times L = 0.6946 \times 130 = 90.298\text{m}^3$

扣除构造柱体积 $V_{\text{构造柱}} = (0.24 \times 0.24 \times 6 + 0.24 \times 0.03 \times 14) \times 2.5 = 1.116\text{m}^3$

基础体积 $V = V_{\text{外形}} - V_{\text{构造柱}} = 90.298 - 1.116 = 89.18\text{m}^3$

其中自室外地面至砖基础底超过 1.5m 的体积：$89.18 - 1.7 \times 130 \times 0.24 + 1.116 \div 2.5 \times 1.7 = 36.90\text{m}^3$

2）砖外墙：

外墙：$(45 + 15) \times 2 \times 0.24 \times (3.3 - 0.25) = 87.84\text{m}^3$

扣构造柱：$(0.24 \times 0.24 \times 6 + 0.24 \times 0.03 \times 12) \times (3.3 - 0.25) = 1.318\text{m}^3$

扣门窗：$(1.5 \times 1.5 \times 8 + 0.9 \times 2) \times 0.24 = 4.752\text{m}^3$

合计：$87.84 - 1.318 - 4.752 = 81.77\text{m}^3$

3）砖内墙：

内墙：$10 \times 0.24 \times (3.3 - 0.25) = 7.32\text{m}^3$

扣构造柱：$0.24 \times 0.03 \times 2 \times (3.3 - 0.25) = 0.044\text{m}^3$

合计：$7.32 - 0.044 = 7.28\text{m}^3$

4）防水砂浆防潮层：

防潮层长度 $L_{防潮层}=L-6\times0.24=130-1.44=128.56\mathrm{m}$

防潮层面积 $S_{防潮层}=0.24\times L_{防潮层}=0.24\times128.56=30.85\mathrm{m}^2$

（3）套定额，计算结果见表 7-25。

表 7-25 计 算 结 果

序号	定额编号	项 目 名 称	计量单位	工程量	综合单价（元）	合价（元）
1	3—1 换	M7.5 水泥砂浆砖基础	m^3	89.18	186.21	16606.21
2	补	砖基础超深增加人工	m^3	36.90	1.46	53.87
3	3—29	M5 混合砂浆砖外墙	m^3	81.77	197.70	16165.93
4	3—33	M5 混合砂浆砖内墙	m^3	7.28	192.69	1402.78
5	3—42	防水砂浆防潮层	$10\mathrm{m}^2$	3.085	80.68	248.90
合计						34477.69

注 1. 3—1 换：$185.80-29.71+0.242\times124.46=186.21$ 元/m^3。

2. 补：$0.041\times26\times(1+25\%+12\%)=1.46$ 元/m^3。

答： 该砌筑工程的合价为 34477.69 元。

7.4.2 砌石工程

砌石包括：①毛石基础、护坡、墙身；②方整石墙、柱、台阶；③荒料毛石加工（毛石面加工）。

7.4.2.1 砌石工程的有关规定

（1）计价表中设置了毛石砌体、方整石砌体、荒料毛石加工三部分内容。毛石系指无规则的乱毛石，方整石系指已加工好有面、有线的商品整石（方整石砌体不得再套荒料毛石加工项目）。

（2）计价表中毛石砌体收录了基础、护坡和墙身的内容。毛石台阶按毛石基础定额执行。毛石护坡计价表中按垂直高度在 3.6m 以内编制，如护坡垂直高度超过 3.6m，其超过部分人工乘以系数 1.20。

（3）方整石砌体收录了柱、墙、台阶、窗台和腰线的内容。方整石墙单面出垛并入墙身工程量内，双面出墙垛按柱计算。

（4）毛石、方整石零星砌体按窗台下墙相应定额执行，人工乘以系数 1.10。毛石地沟、水池按窗台下石墙定额执行。毛石、方整石围墙按相应墙定额执行。标准砖镶砌门、窗口立边、窗台虎头砖、钢筋砖过梁等按实砌砖体积另列项目计算，套砌砖工程中"小型砌体"定额。

（5）石墙（包括窗台下墙）按单面清水考虑，双面清水人工乘以系数 1.24，双面混水人工乘以系数 0.92。

（6）计价表中石基础、石墙是按直形考虑的，砌筑圆弧形基础、墙（含砖、石混合砌体），人工按相应项目乘以系数 1.10，其他不变。

（7）荒料毛石加工包括打荒、錾凿和剁斧。打荒指将表面凸出部分打去，錾凿是粗加工，剁斧石细加工。錾凿包括打荒，剁斧包括打荒、錾凿，打荒、錾凿、剁斧不能同时列入。

（8）窗台、腰线、压顶、门窗过梁剁斧，按计价表对应子目人工乘以系数 1.5，其他不变。

7.4.2.2 砌石工程的工程量计算规则

（1）砌筑毛石砌体、方整石砌体，不论是基础、柱、墙，还是台阶、腰线，一概按图示尺寸以立方米（m³）计算。

（2）毛石砌体打荒、錾凿、剁斧按砌体裸露外表面积计算。

7.4.3 构筑物工程

构筑物包括：①烟囱砖基础、筒身及砖加工；②烟囱内衬；③烟道砌砖及烟道内衬；④砖水塔。

7.4.3.1 构筑物工程的有关规定

1. 砖烟囱

砖砌烟囱由基础、筒身、内衬及隔热层、烟道附属设施等组成。

（1）基础：

1）砖烟囱毛石砌体基础按水塔的相应项目执行。

2）砖烟囱基础与砖筒身的划分以基础大放脚的扩大顶面为界，以上为筒身，以下为基础。

（2）筒身与烟道：

烟囱筒身多采用圆锥形，外表面倾斜度为 2%～3%，筒身下部底座高 3～8m，呈圆柱形。筒身按高度划分成若干段，每段为 10m 左右，由下而上逐段减薄。筒身内部砌有支承内衬的牛腿（挑砖），其上砌筑内衬材料。

烟道是连接炉体与烟囱的过烟通道，它以炉体外第一道闸门与炉体分界，从第一道闸门至烟囱筒身外皮为烟道范围。烟道由拱顶、砖侧墙和基础垫层组成。烟道中的钢筋混凝土构件，应按钢筋混凝土分部相应定额计算。

当筒体内温度大于 100℃ 时，筒身因内、外温差而产生拉应力。为了抵消拉应力，应在筒外设紧箍圈，间距 0.5～1.5m。

1）砖烟囱筒身原浆勾缝和烟囱帽抹灰，已包括在定额内，不另计算。如设计加浆勾缝者，可按计价表第十三章中勾缝项目计算，原浆勾缝的工、料不予扣除。

2）砖烟囱的钢筋混凝土圈梁和过梁，按实体积计算，套用其他章节的相应项目执行。

3）烟囱的钢筋混凝土集灰斗（包括分隔墙、水平隔墙、柱、梁等）应按其他章节相应项目计算。

4）砖烟囱、烟道及砖内衬，设计采用加工楔形砖时，其加工楔形砖的数量应按施工组织设计数量，另列项目按楔形砖加工相应定额计算。

5）砖烟囱砌体内采用钢筋加固者，应根据设计重量按计价表第四章"砌体、板缝内加固钢筋"定额计算。

（3）内衬及隔热层：为了保护筒身、烟道，一般在其内部应设置内衬和隔热层。内衬材料常用普通黏土砖、耐火砖、耐酸砖。隔热材料用高炉煤水渣、渣棉、膨胀蛭石等。内衬与筒壁之间的隔热层厚度应为 80～200mm。内衬沿高度 1.5～2.5m 向筒壁挑出一圈防沉带，以阻止隔热层下沉。防沉带与筒壁间应有 10mm 缝隙。

黏土砖和耐火砖通常采用混合砂浆 M5.0 和 M7.5 砌筑。耐酸砖则使用耐酸沥青石英粉砌筑砂浆。

（4）附属设备：包括爬梯、信号灯平台和避雷装置。

2. 砖水塔

（1）砖水塔包括砖基础、砖塔身（支筒）、砖水箱等三大部分。

（2）水塔：砖水塔塔身与基础以扩大部分顶面为分界。基础部分套用相应基础定额。

（3）与塔顶、槽底（或斜壁）相连系的圈梁之间的直壁为水槽内、外壁；设保温水槽的外保护壁为外壁；直接承受水侧压力的水槽壁为内壁。非保温水箱的水槽壁按内壁计算。

7.4.3.2　构筑物工程的工程量计算规则

1. 砖烟囱

（1）砖烟囱基础：按设计图示尺寸以立方米（m³）计算。

（2）烟囱筒身：不分方形、圆形均按立方米（m³）计算，应扣除孔洞及钢筋混凝土过梁、圈梁所占体积。筒身体积应以筒壁平均中心线长度乘厚度。圆筒壁周长不同时，可按下式分段计算：

$$V = \sum HC\pi D$$

式中　V——筒身体积；

　　　H——每段筒身垂直高度；

　　　C——每段筒壁砖厚度；

　　　D——每段筒壁中心线的平均直径。

（3）烟囱内衬：按不同种类烟囱内衬，以实体积计算，并扣除各种孔洞所占的体积。

（4）填料按烟囱筒身与内衬之间的体积计算，扣除各种孔洞所占的体积，但不扣除连接横砖（防沉带）的体积。填料所需的人工已包括在砌内衬定额内。

为了内衬的稳定及防止隔热材料下沉，内衬伸入筒身的连接横砖，已包括在内衬定额内，不另计算。

为防止酸性凝液渗入内衬与混凝土筒身间，而在内衬上抹水泥排水坡的，其工料已包括在定额内，不另计算。

2. 砖水塔

（1）基础：各种基础均以实体积计算（包括基础底板和筒座）。

（2）筒身：

1）砖砌塔身不分厚度、直径均以图示实砌体积计算，扣除门窗洞口和钢筋混凝土构件所占体积，砖平拱（碹）、砖出檐并入塔身体积内。砖碹胎板工、料已包括在定额内，不另计算。

2）砖砌筒身设置的钢筋混凝土圈梁以实体积计算，按计价表其他章节相应项目计算。

（3）水槽内外壁：均以图示实砌体积计算。

7.5　钢　筋　工　程

本节内容包括现浇构件、预制构件、预应力构件及其他四部分。

（1）现浇构件包括：①现浇混凝土构件普通钢筋；②冷轧带肋钢筋；③成型冷轧扭钢

筋；④钢筋笼；⑤桩内主筋与底板钢筋焊接；⑥植筋（省补）。

（2）预制构件包括：①现场预制混凝土构件钢筋；②加工厂预制混凝土构件钢筋；③点焊钢筋网片。

（3）预应力构件包括：①先张法、后张法钢筋；②后张法钢丝束、钢绞线束钢筋。

（4）其他包括：①砌体、板缝内加固钢筋；②铁件制作安装；③电渣压力焊；④锥螺纹、墩粗直螺纹、冷压套管接头；⑤弯曲成型钢筋场外运输。

7.5.1 钢筋工程的有关规定

7.5.1.1 基本规定

（1）钢筋工程以钢的不同规格、不分品种按现浇构件钢筋、现场预制构件钢筋、加工厂预制构件钢筋、预应力构件钢筋、点焊网片分别编制定额项目。

（2）钢筋工程内容包括除锈、平直、制作、绑扎（点焊）、安装以及浇灌混凝土时维护钢筋用工。

（3）钢筋搭接所耗用的电焊条、电焊机、铅丝和钢筋余头损耗已包括在定额内，设计图纸注明的钢筋接头长度以及未注明的钢筋接头按规范的搭接长度应计入设计钢筋用量中。

（4）基坑护壁孔内安放钢筋按现场预制构件钢筋相应项目执行；基坑护壁壁上钢筋网片按点焊钢筋网片相应项目执行。

（5）对构筑物工程，其钢筋可按表 7－26 所列系数调整定额中人工和机械用量。

表 7－26   构筑物钢筋工程系数调整表

项目	构 筑 物					
系数范围	烟囱烟道	水塔水箱	贮仓		栈桥通廊	水池油池
			矩形	圆形		
人工机械调整系数	1.70	1.70	1.25	1.50	1.20	1.20

（6）钢筋制作、绑扎需拆分者，制作按 45％，绑扎按 55％ 计算。

（7）钢筋、铁件在加工厂制作时，由加工厂至现场的运输费应另列项目计算。在现场制作的不计算此项费用。

（8）非预应力钢筋不包括冷加工，设计要求冷加工时，应另行处理。预应力钢筋设计要求人工时效处理时，应另行计算。

7.5.1.2 现浇构件钢筋

（1）层高超过 3.6m 在 8m 内现浇构件钢筋子目人工乘以系数 1.03，12m 内人工乘以系数 1.08，12m 以上人工乘以系数 1.13。

（2）刚性屋面、细石混凝土楼面中的冷拔钢丝按相应的冷轧带肋钢筋子目执行，钢筋单价换算，其他不变。

（3）植筋子目中未包括钢筋价格，钢筋应另行计算。植筋打孔按深 15d（螺纹钢筋最大外径），钢筋混凝土面施工考虑。结构胶按国产大桶装考虑，设计要求采用进口胶时，材料价格需要调整。

7.5.1.3　预制构件钢筋

预制构件点焊钢筋网片已综合考虑了不同直径点焊在一起的因素，如点焊钢筋直径粗细比在 2 倍以上时，其定额工日按该构件中主筋的相应子目乘以系数 1.25，其他不变（主筋指网片中最粗的钢筋）。

7.5.1.4　预应力构件钢筋

（1）先张法、后张法钢筋。

1）先张法预应力构件中的预应力、非预应力钢筋工程量应合并计算，按预应力钢筋相应项目执行（梁、大型屋面板、F 板执行 $\phi 5$ 外的定额，其余执行 $\phi 5$ 内定额）；后张法预应力构件中的预应力钢筋、非预应力钢筋应分别套用定额。

2）后张法钢筋的锚固是按钢筋帮条焊、V 形垫块编制的，如采用其他方法锚固时，应另行计算。

（2）后张法预应力钢丝束、钢绞线束钢筋。

1）后张法预应力钢丝束、钢绞线束不分单跨、多跨以及单向双向布筋，当构件长在 60m 以内时，均按定额执行。

2）定额中预应力筋按直径 5mm 的碳素钢丝或直径 15～15.24mm 的钢绞线编制的，采用其他规格时另行调整。

3）定额按一端张拉考虑，当两端张拉时，有粘结锚具基价乘以系数 1.14，无粘结锚具乘以系数 1.07。

4）当钢绞线束用于地面预制构件时，应扣除定额中张拉平台摊销费。

5）单位工程后张法预应力钢丝束、钢绞线束设计用量在 3t 以内时，定额人工及机械台班有粘结张拉乘以系数 1.63；无粘结张拉乘以系数 1.80。

6）本定额无粘结钢绞线束以净重计量，若以毛重（含封油包塑的重量）计量时，按净重与毛重之比 1∶1.08 进行换算。

7.5.1.5　其他

（1）粗钢筋接头采用电渣压力焊、套管接头、锥螺纹等接头者，应分别执行接头定额。计算了钢筋接头不能再计算钢筋搭接长度。

（2）墙转角和搭接处安放钢筋及通筋（包括抗震筋），均按砌体内加固钢筋定额执行。

7.5.2　钢筋工程的工程量计算规则

编制预算时，钢筋工程量可暂按构件体积（或水平投影面积、外围面积、延长米）乘以钢筋含量（含钢量）计算，含钢量详见计价表附录一。结算时按设计要求，无设计要求按下列规则计算。

7.5.2.1　普通钢筋

（1）钢筋工程应区别现浇构件、预制构件、加工厂预制构件、预应力构件、点焊网片等以及不同规格，分别按设计展开长度（展开长度、保护层、搭接长度应符合规范规定）乘理论重量以吨（t）计算。

（2）钢筋直（弯）、弯钩、圆柱、柱螺旋箍筋及其他长度的计算。

1）梁、板为简支，钢筋可按下列规定计算。

直钢筋（见图 7 - 20）净长为

$$净长=L-2c$$

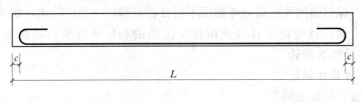

图 7－20

弯起钢筋（见图 7－21）净长为

$$净长=L-2c+2\times0.414H'$$

当 $\theta=30°$ 时，公式内 $0.414H'$ 改为 $0.268H'$；当 $\theta=60°$ 时，公式内 $0.414H'$ 改为 $0.577H'$。

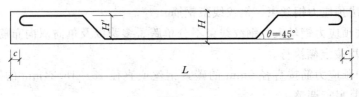

图 7－21

弯起钢筋两端带直钩（见图 7－22）净长为

$$净长=L-2c+2H''+2\times0.414H'$$

当 $\theta=30°$ 时，公式内 $0.414H'$ 改为 $0.268H'$；当 $\theta=60°$ 时，公式内 $0.414H'$ 改为 $0.577H'$。

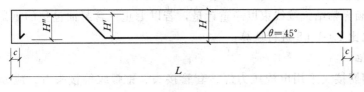

图 7－22

采用光圆钢筋时，除按上述计算长度外，在钢筋末端设 180°弯钩，每只弯钩增加 $6.25d$；末端需作 90°、135°弯折时，其弯起部分长度按设计尺寸计算。

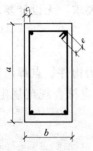

图 7－23

2) 箍筋末端应做 135°弯钩，弯钩平直部分的长度 e，一般不应小于箍筋直径的 5 倍；对有抗震要求的结构不应小于箍筋直径的 10 倍（见图 7－23）。

当平直部分为 $5d$ 时，箍筋长度为

$$L=(a-2c+2d)\times2+(b-2c+2d)\times2+14d$$

当平直部分为 $10d$ 时，箍筋长度为

$$L=(a-2c+2d)\times2+(b-2c+2d)\times2+24d$$

3) 弯起钢筋终弯点外应留有锚固长度，在受拉区不应小于 $20d$；在受压区不应小于 $10d$。弯起钢筋斜长按表 7－27 系数计算。

表 7 - 27　　　　　　　　　　　　　　**弯起钢筋斜长系数表**

弯起角度	$\theta=30°$	$\theta=45°$	$\theta=60°$	示意图
斜边长度 s	$2h_0$	$1.414h_0$	$1.155h_0$	
底边长度 l	$1.732h_0$	h_0	$0.577h_0$	
斜长比底长增加	$0.268h_0$	$0.414h_0$	$0.577h_0$	

4）箍筋、板筋排列根数：

$$箍筋、板筋排列根数=\frac{L-100mm}{设计间距}+1$$

式中　L——柱、梁、板净长。

在加密区的根数按设计另增。

柱梁净长计算方法同混凝土，其中柱不扣板厚。板净长指主（次）梁与主（次）梁之间的净长。计算中有小数时，向上舍入（如 4.1 取 5）。

5）圆柱、柱螺旋箍筋长度计算：

$$L=\sqrt{[\pi(D-2c+2d)]^2+h^2}\times n$$

其中　　　　　　　　　　$n=柱、桩中箍筋配置长度\div h+1$

式中　D——圆桩、柱直径；

　　　c——主筋保护层厚度；

　　　d——箍筋直径；

　　　h——箍筋间距；

　　　n——箍筋道数。

6）其他：有设计者按设计要求，当设计无具体要求时，按图 7 - 24 规定计算。

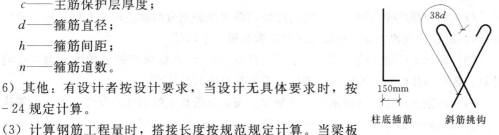

图 7 - 24

（3）计算钢筋工程量时，搭接长度按规范规定计算。当梁板（包括整板基础）$\phi 8$ 以上的钢筋未设计搭接位置时，预算书暂按 8m 一个双面电焊接头考虑，结算时应按钢筋实际定尺长度调整搭接个数，搭接方式按已审定的施工组织设计确定。

7.5.2.2　预应力构件钢筋

（1）先张法、后张法钢筋。预应力钢筋的工程量按重量以吨（t）计算。重量按理论重量乘以预应力钢筋长度应进行计算。预应力钢筋长度应区别不同锚具类型分别按下列规定计算：

1）低合金钢筋两端采用螺杆锚具时，预应力钢筋按预留孔道长度减 350mm，螺杆另行计算。

2）低合金钢筋一端采用墩头插片，另一端采用螺杆锚具时，预应力钢筋长度按预留孔道长度计算。

3）低合金钢筋一端采用墩头插片，另一端采用帮条锚具时，预应力钢筋增加 150mm，两端均用帮条锚具时，预应力钢筋共增加 300mm 计算。

4）低合金钢筋采用后张混凝土自锚时，预应力钢筋长度增加 350mm 计算。

（2）后张法钢丝束、钢绞线束钢筋。后张法预应力钢丝束、钢绞线束按设计图纸预应力筋的结构长度（即孔道长度）与操作长度之和乘以钢材理论重量计算（无粘结钢绞线封油包塑的重量不计算），其操作长度按下列规定计算：

1）钢丝束采用墩头锚具时，不论一端张拉或两端张拉均不增加操作长度（即结构长度等于计算长度）。

2）钢丝束采用锥形锚具时，一端张拉为 1.0m，两端张拉为 1.6m。

3）有粘结钢绞线采用多根夹片锚具时，一端张拉为 0.9m，两端张拉为 1.5m。

4）无粘结预应力钢绞线采用单根夹片锚具时，一端张拉为 0.6m，两端张拉为 0.8m。

5）用转角器张拉及特殊张拉的预应力筋，其操作长度应按实计算。

（3）当曲线张拉时，后张法预应力钢丝束、钢绞线计算长度可按直线长度乘以下列系数确定：梁高 1.50m 内，乘以系数 1.015；梁高在 1.50m 以上，乘以系数 1.025；10m 以内跨度的梁，当矢高 650mm 以上时，乘以系数 1.02。

（4）后张法预应力钢丝束、钢绞线锚具，按设计规定所穿钢丝或钢绞线的孔数计算（每孔均包括了张拉端和固定端的锚具），波纹管按设计图示以延长米计算。

7.5.2.3　其他

（1）电渣压力焊、锥螺纹、套管挤压等接头以"个"计算。预算书中，底板、梁暂按 8m 长一个接头的 50% 计算；柱按自然层每根钢筋 1 个接头计算。结算时应按钢筋实际接头个数计算。

（2）桩顶部破碎混凝土后主筋与底板钢筋焊接分别分为灌注桩、方桩（离心管桩以方桩计），以桩的根数计算。每根桩端焊接钢筋根数不调整。

（3）在加工厂制作的铁件（包括半成品铁件）、已弯曲成型钢筋的场外运输以吨（t）计算。各种砌体内的钢筋加固分绑扎、不绑扎按吨（t）计算。

（4）混凝土柱中埋设的钢柱，其制作、安装应按相应的钢结构制作、安装定额执行。

（5）基础中钢支架、预埋铁件的计算。

1）基础中，多层钢筋的型钢支架、垫铁、撑筋、马凳等按已审定的施工组织设计合并用量计算，执行金属结构的钢托架制作、安装定额（并扣除定额中的油漆材料费 51.49 元）。现浇楼板中设置的撑筋按已审定的施工组织设计用量与现浇构件钢筋用量合并计算。

2）预埋铁件、螺栓按设计图纸以吨（t）计算，执行铁件制安定额。

3）预制柱上钢牛腿按铁件以吨（t）计算。

【例 7-22】　某二级抗震三类建筑工程，现浇框架梁 KL1 如图 7-25 所示，混凝土

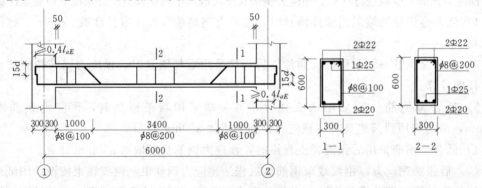

图 7-25　KL1 详图

C25，弯起筋采用 45°弯起，梁保护层厚度 25mm，钢筋锚固长度 $l_{aE}=38d$。请计算钢筋工程量、计价表综合单价及合价。

解：（1）列项目：$\phi12$ 以内现浇普通钢筋（4—1）、$\phi25$ 以内现浇普通钢筋（4—2）。

（2）计算工程量，见表 7-28。

（3）套定额，计算结果见表 7-29。

表 7-28   钢 筋 工 程 量

序号	钢筋型号	容重（kg/m）	长度（m）	数量	总重（kg）
1	Φ20	2.466	$6-0.6+2\times(0.4\times38\times0.02+15\times0.02)=6.61$	2	32.6
2	Φ25	3.850	$6-0.6+2\times(0.4\times38\times0.025+15\times0.025)$ $+2\times0.414\times0.55=7.37$	1	28.4
3	Φ22	2.984	$6-0.6+2\times(0.4\times38\times0.022+15\times0.022)=6.73$	2	40.2
小计					101
1	$\phi8$	0.395	$(0.3-2\times0.025+2\times0.008)\times2+(0.6-2\times0.025$ $+2\times0.008)\times2+24\times0.008=1.856$	38	27.859
小计					28

注 加密区箍筋根数＝950÷100+1＝10.5，取为 11 根；非加密区箍筋根数＝3400÷200-1＝16 根；合计 2×11+16＝38 根。

表 7-29   计 算 结 果

序号	定额编号	项目名称	计量单位	工程量	综合单价（元）	合计（元）
1	4—1	现浇混凝土构件钢筋 $\phi12$ 以内	t	0.028	3421.48	95.80
2	4—2	现浇混凝土构件钢筋 Φ25 以内	t	0.101	3241.82	327.42
合计						423.22

答：$\phi12$ 以内的钢筋 28kg，Φ25 以内钢筋 101kg，合价 423.22 元。

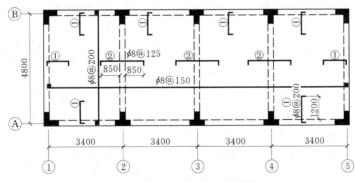

图 7-26 现浇板配筋详图

【例 7-23】 某现浇板配筋如图 7-26 所示，图中梁宽度均为 200mm，板厚 100mm，分部筋 $\phi8@250$，板保护层为 15mm，钢筋锚固长度 $l_a=27d$，搭接长度 $l_l=38d$。请计算板中钢筋的工程量。

分析：端部支座为梁时，板支座筋伸入支座长度为 l_a，板下部受力筋伸入支座不小于 $5d$ 且至少到墙中线。分布筋长度做到与另外一个方向的支座筋搭接 l_l 长的位置。

解：计算工程量，见表 7-30。

表 7-30   **工 程 量 计 算**

序号	钢筋型号	容重 (kg/m)	长 度 (m)	数 量	总重 (kg)
1	①、⑤支座 $\phi 8$	0.395	$1.2+27\times0.008+0.085=1.501$	$2\times[4.5\div0.2+1]=48$	28.5
2	②~④支座 $\phi 8$	0.395	$2\times0.85+0.2+2\times0.085=2.07$	$3\times[4.5\div0.125+1]=111$	90.8
3	Ⓐ、Ⓑ支座 $\phi 8$	0.395	1.501	$2\times4\times[3.1\div0.2+1]=136$	80.6
4	横向下部 $\phi 8$	0.395	$4.8-0.2+2\times0.1+2\times6.25$ $\times0.008=4.9$	$4\times[3.1\div0.2+1]=68$	131.6
5	纵向下部 $\phi 8$	0.395	$4\times3.4-0.2+2\times0.1+2\times6.25$ $\times0.008=13.7$	$[4.8-0.2-0.1]\div0.15+1]$ $=31$	167.8
6	纵向轴线方向 分布筋 $\phi 8$	0.395	$1.15\times2+1.5\times2+38\times0.008\times8=7.732$	$2\times[(1.2-0.05)\div0.25+1]$ $=12$	36.6
7	横向轴线方向 分布筋 $\phi 8$	0.395	$4.8-0.2-2\times1.2+2\times38\times0.008$ $=2.808$	$2\times[(1.2-0.05)\div0.25+1]$ $+6\times[(0.85-0.05)\div0.25$ $+1]=42$	46.6
小计					583

注 表中 [ ] 为取整符号。

答：板中的钢筋合计 583kg。

【例 7-24】 某三类建筑工程大梁断面如图 7-27 所示，梁长 18m，共计 10 根，纵向受力钢筋采用 2 组 6×7+IWS 钢绞线（直径 15mm）组成的后张法有粘结预应力钢绞线束，$\phi 50$ 波纹管，采用多根夹片锚具一端直线张拉方法施工，其余不计。请计算该大梁预应力钢绞线项目的工程量、计价表综合单价及合价。

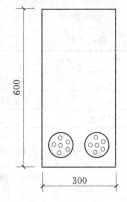

图 7-27

分析：该单位工程钢绞线束设计用量在 3t 以内，按计价表规定，子目人工及机械台班乘以系数 1.63；波纹管换算的是不同直径的波纹管的材料费。

解：（1）列项目：钢绞线束（4—21）、锚具（4—22）、波纹管（4—20）。

（2）计算工程量。

查五金手册得：钢绞线容重 0.8712kg/m。

钢绞线：$0.8712\times(18+0.9)\times6\times2\times10=1976\text{kg}$

锚具：$6\times2\times10=120$ 孔

波纹管：$18\times2\times10=360\text{m}$

（3）套定额，计算结果见表 7-31。

表 7-31   **计 算 结 果**

序号	定额编号	项目名称	计量单位	工程量	综合单价（元）	合计（元）
1	4—21 换	后张法有粘结钢绞线束	t	1.976	8709.12	17209.22
2	4—22 换	后张法有粘结钢绞线锚具	10 孔	12	1032.84	12394.08
3	4—20 换	$\phi 50$ 波纹管	10m	36	52.73	1898.28
合计						31501.58

注 1.4—21 换：$(841.62+302.35)\times0.63\times(1+25\%+12\%)+7721.76=8709.12$ 元/t。

     2.4—22 换：$(68.12+122.87)\times0.63\times(1+25\%+12\%)+868.00=1032.84$ 元/10 孔。

答：钢绞线工程复价合计 31501.58 元。

7.6　混 凝 土 工 程

本节内容包括自拌混凝土构件、商品混凝土泵送构件和商品混凝土非泵送构件三部分内容。

（1）自拌混凝土构件包括：①现浇构件（基础、柱、梁、墙、板、其他）；②现场预制构件（桩、柱、梁、屋架、板、其他）；③加工厂预制构件；④构筑物（烟囱、水塔、贮水（油）池、贮仓、钢筋混凝土支架及地沟、栈桥）。

（2）商品混凝土泵送构件包括：①泵送现浇构件（基础、柱、梁、墙、板、其他）；②泵送预制构件（桩、柱、梁）；③泵送构筑物。

（3）商品混凝土非泵送构件包括：①非泵送现浇构件（基础、柱、梁、墙、板、其他）；②现场非泵送预制构件（桩、柱、梁、屋架、板、其他）；③非泵送构筑物。

7.6.1　混凝土工程的有关规定

7.6.1.1　基本规定

（1）混凝土石子粒径取定：设计有规定的按设计规定，无设计规定按表 7-32 规定计算。

表 7-32　　　　　　　　　　　　　混凝土石子粒径取定表

石子粒径（mm）	构 件 名 称
5～16	预制板类构件、预制小型构件
5～31.5	现浇构件：矩形柱（构造柱除外）、圆柱、多边形柱（L、T、十形柱除外）、框架梁、单梁、连续梁、地下室防水混凝土墙
5～20	除以上构件外均用此粒径
5～50	基础垫层、各种基础、道路、挡土墙、地下室墙、大体积混凝土

（2）现场预制构件，如在加工厂制作，混凝土配合比按加工厂配合比计算；加工厂构件及商品混凝土改在现场制作，混凝土配合比按现场配合比计算；其工料、机械台班不调整。

【例 7-25】　某打桩工程采用预制桩，加工厂制作，C30 混凝土，碎石粒径 31.5mm，水泥 42.5 级，其余不计。请计算该预制桩的混凝土工程部分综合单价。

分析：计价表附录三为混凝土、特种混凝土配合比表，表中收录了普通混凝土（含现浇混凝土、现场预制混凝土，现浇、现场预制掺高效减水剂高强度混凝土，现场灌注桩混凝土，加工厂预制混凝土）、防水混凝土、现场集中搅拌混凝土（含非泵送混凝土、泵送混凝土、泵送混凝土坍落度调整表）、特种混凝土（含石灰矿、矿渣混凝土，泡沫加气混凝土）的配合比表。由于计价表加工厂预制构件中没有预制桩的子目，按计价表规定，套用现场预制构件中预制桩的子目，但要将该子目中的混凝土换算成加工厂配合比的混凝土的费用。

解：查计价表 5—52 子目，将现场预制配合比（001030）换算成加工厂混凝土配合比（005029）。

換算単価＝261.36－195.76＋1.015×185.84＝254.23 元/m³

答： 该预制桩的混凝土工程部分综合单价为 254.23 元/m³。

（3）加工厂预制构件其他材料费中已综合考虑了掺入早强剂的费用，现浇构件和现场预制构件未考虑使用早强剂费用，设计需使用或建设单位认可时，其费用可按每立方米混凝土增加 4.00 元计算。

（4）小型混凝土构件，系指单体体积在 0.05m³ 以内的未列出子目的构件。例如盥洗槽、小便槽挡板等。

（5）混凝土养护采用塑料薄膜，定额按薄膜摊销量考虑。计算公式如下：

塑料薄膜摊销量＝混凝土露明面积×(1＋损耗率)×(1＋搭接系数)/周转次数。

（6）泵送混凝土子目中已综合考虑了输送泵车台班，布拆管及清洗人工、泵管摊销费、冲洗费。当输送高度超过 30m 时，输送泵车台班乘以系数 1.10，输送高度超过 50m 时，输送泵车台班乘以系数 1.25。

7.6.1.2　现浇构件的有关规定

（1）一般建筑物构件中毛石混凝土的毛石掺量是按 15% 计算的，构筑物中毛石混凝土的毛石掺量是按 20% 计算的，如设计要求不同时，可按比例换算毛石、混凝土数量。

【例 7-26】 某三类建筑工程使用毛石混凝土，设计规定其中毛石掺量为 20%，其余不计。请计算该毛石混凝土的综合单价。

解： 查计价表 5—1 子目，对毛石、混凝土数量按比例换算。

$$换算单价＝204.22－14.14＋\frac{20}{15}×0.449×31.5－145.04＋\frac{80}{85}×0.863×168.06$$

$$＝200.40 元/m³$$

答： 该毛石混凝土的综合单价为 200.40 元/m³。

（2）基础。

1）毛石混凝土基础。计价表中毛石混凝土基础只设置了毛石混凝土条形基础的子目，如为独立柱基毛石混凝土，执行条形毛石混凝土基础定额。

2）钢筋混凝土带形基础。在计价表中分为有梁式和无梁式（见图 7-28 和图 7-29）。

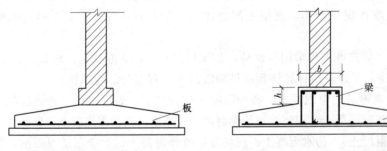

图 7-28　带形无梁式基础　　　　　图 7-29　带形有梁式基础

带形无梁式基础：指基础底板上无肋（梁）。

带形有梁式基础：有梁带形基础指混凝土基础中设置梁的配筋结构。一般有突出基面的称明梁，暗藏在基础中的称暗梁。要注意的是，暗藏在基础中的带形暗梁式基础不能套用有梁式基础定额子目，而要套带形无梁式基础定额子目。也就是说，带形有梁式基础是指基础底板有肋，且肋部配置有纵向钢筋和箍筋。

有梁带形混凝土基础，其基础扩大面积以上肋高与肋宽之比 $h:b\leqslant 4:1$ 以内的带形基础，肋的体积与基础合并计算，执行有梁式带形基础定额子目。当 $h:b>4:1$ 时，基础扩大面以上的肋的体积按钢筋混凝土墙计算，扩大面以下按无梁式带形基础计算。

3）独立基础。独立基础通常称柱基。按基础构造（几何形状）划分为独立基础和杯形基础（见图 7-30）。

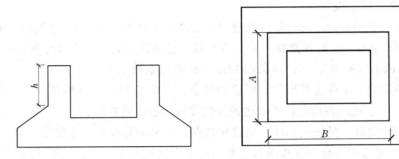

图 7-30　杯形基础

独立基础是现浇基础、现浇柱情况下采用的柱基形式，指的是基础扩大面顶面以下部分的实体，有长方体、正方体、截方锥体、梯形（踏步）体、截圆锥体及平浅柱基础等形式。

杯形基础是预制柱情况下采用的柱基形式，套用独立柱基项目。杯口外壁高度大于杯口外长边的杯形基础，套"高颈杯形基础"项目（$B>A$，$h>B$）。

4）钢筋混凝土筏形基础（俗称满堂基础）。满堂基础（见图 7-31）按构造又分为无梁式和有梁式（包括反梁），仅带边肋者或仅有楼梯基础梁者，按无梁式满堂基础套用子目。

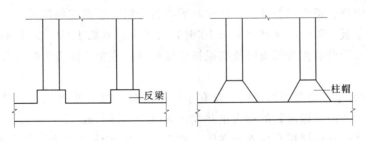

图 7-31　满堂基础

5）箱形基础。箱形基础是指上有顶盖，下有底板，中间有纵、横墙板或柱联结成整体的基础。它具有较大的强度和刚度，多用于高层建筑。

箱形基础的工程量应分解计算。底板执行满堂基础定额；顶盖板、隔板与柱分别执行板、墙与柱的定额项目。

6）设备基础。设备基础是基础工程中的一种较特殊的基础形式，是为工业与民用建筑工程中安装设备所设计的基础。对于一般无强烈振动的设备，当受力均匀、体积较大时，常做成无筋或毛石混凝土块体基础。当受力不均、振动强烈的设备基础，则常做成钢筋混凝土或框架式基础，设备基础的几何形状，大部分以块体形式表现，其组成有混凝土主体，沟、孔、槽及地脚螺栓。计价表中的设备基础指的是块体形式的设备基础。

框架式的设备基础则由多种结构构件组成，如基础、柱、梁、板或者墙。使用定额时分别套用基础、柱、梁、板或者墙的相关子目。

7）桩承台。采用桩基础时需要在桩顶浇筑承台作为桩基础的一个组成部分。打桩是在计价表第二章中计算的，而桩承台则在混凝土工程中计算其混凝土部分的内容。

（3）柱、梁、墙、板。

1）现浇柱、墙子目中，均已按规范规定综合考虑了底部铺垫 1∶2 水泥砂浆的用量。

2）室内净高超过 8m 的现浇柱、梁、墙、板（各种板）的人工工日分别乘以下系数：净高在 12m 以内乘以系数 1.18；净高在 18m 以内乘以系数 1.25。

3）现浇钢筋混凝土柱按其形状、用途和特点，分为矩形柱、圆形柱、多边形柱、异形柱（⊥、L、＋形柱）和构造柱。如遇劲性柱按矩形柱子目执行。

4）现浇钢筋混凝土梁按其形状、用途和特点，可分为基础梁、连续梁、圈梁、过梁、单梁或矩形梁和异形梁等分项工程项目。有梁板不套用梁的子目，而是将梁板体积加在一起套用板中的有梁板的子目。

弧形梁按相应的直形梁子目计算（不换算）；大于 10° 的斜梁按相应子目人工乘以系数 1.10，其他不变。

5）现浇挑梁按挑梁计算，其压入墙身部分按圈梁计算；挑梁与单、框架梁连接时，其挑梁应并入相应梁内计算。

6）花篮梁二次浇捣部分执行圈梁子目。

7）依附于梁（包括阳台梁、圈过梁）上的混凝土线条（包括弧形线条）按混凝土线条另列项目计算（梁宽算至线条内侧）。

8）有梁板又称为肋形楼板，是由一个方向或两个方向的梁连成一体的板构成的。有后浇带时，后浇墙、板带（包括主、次梁）另按后浇墙、板带定额执行。

有梁板、平板为斜板，其坡度大于 10° 时，人工乘以系数 1.03，大于 45° 时另行处理；阶梯教室、体育看台底板为斜板时按有梁板子目执行，底板为锯齿形时按有梁板人工乘以系数 1.10 执行。

9）井式楼板也是由梁板组成的，没有主次梁之分，梁的断面一致，因此是双向布置梁，形成井格。井格与墙垂直的称为正井式，井格与墙倾斜成 45° 布置的称为斜井式。

10）无梁楼板是将楼板直接支承在墙、柱上。为增加柱的支承面积和减小板的跨度，在柱顶上加柱帽和托板，柱子一般按正方格布置。

11）预制板缝宽度在 100mm 以上的现浇板缝按平板计算。

（4）其他。

1）楼梯。计价表中楼梯设置了直形和圆、弧形楼梯两个子目。整体楼梯包括休息平台、平台梁、斜梁及楼梯梁。圆弧形楼梯包括圆弧形梯段、圆弧形边梁及与楼板连接的平台，按楼梯的水平投影面积计算。

2）雨篷。雨篷在计价表中设置了板式雨篷和复式雨篷两个子目。雨篷三个檐边往上翻的为复式雨篷，仅为平板的为板式雨篷。水平挑檐按板式雨篷子目执行。

雨篷挑出超过 1.5m、柱式雨篷，不执行雨篷子目，另按相应有梁板和柱子目执行。

3）阳台。阳台按与外墙面的关系可分为挑阳台、凹阳台；按其在建筑中所处的位置可分为中间阳台和转角阳台。对于伸出墙外的牛腿、檐口梁已包括在定额项目内，不得另行计算其工程量，但嵌入墙内的梁应单独计算工程量。

阳台挑出超过 1.80m，不执行阳台子目，另按相应有梁板子目执行。

4）楼梯、雨篷、阳台的工程量均按伸出墙外边线的水平投影面积计算。这与混凝土按体积计算的思路不符，故计价表规定楼梯、雨篷、阳台设计混凝土用量与定额不符的，需要按设计用量加 1.5% 损耗套用相应子目对楼梯、雨篷、阳台的混凝土含量进行调整。

5）阳台子目中没有包含栏板的内容，栏板需要另套子目计算。现浇扶手、下嵌、轴线柱子目中的现浇扶手、下嵌、轴线柱混凝土含量各占 1/3。下嵌、扶手之间的栏杆芯，另按有关分部相应制作子目执行。设计木扶手的子目中混凝土扶手应扣除，另增加木扶手。

6）现浇挑檐、天沟与板（包括屋面板、楼板）连接时，以外墙面为分界线，与圈梁（包括其他梁）连接时，以梁外边线为分界线。外墙边线以外或梁外边线以外为挑檐、天沟，其工程量包括水平段和上弯部分在内，执行挑檐、天沟定额子目。

7）混凝土地沟底、壁分别计算，沟壁套混凝土工程中的地沟子目，沟底按基础垫层子目执行。

8）平台与台阶的分界线以最上层台阶的外口减 300mm 宽度为准，台阶宽以外部分并入地面工程量计算。

7.6.1.3　预制构件有关规定

（1）现场预制板桩的按现场预制方桩子目套用，人工乘以系数 1.2，其余不变。

（2）现场预制围墙柱按现场预制相应矩形柱人工乘以系数 1.4，其余不变。

（3）预制柱上有钢牛腿，其钢牛腿按铁件制作，安装按钢墙架安装子目执行。

（4）加工厂预制构件采用蒸汽养护时，立窑、养护池养护每立方米构件增加 64 元。

7.6.1.4　构筑物的有关规定

（1）构筑物中混凝土、抗渗混凝土已按常用的强度等级列入基价，设计与子目取定不符综合单价调整。

（2）钢筋混凝土水塔、砖水塔基础采用毛石混凝土、混凝土基础按烟囱相应项目执行。

（3）钢筋混凝土贮水（油）池的池壁高超过 3.6m，套用相应子目时每立方米增加人工 0.18 工日。

（4）贮仓基础执行混凝土现浇构件相关子目；贮仓圆形立壁按贮水（油）池圆形壁相应子目执行。

（5）现浇支架部分形状均执行钢筋混凝土支架相应子目。支架操作台上的栏杆、扶梯应另按有关分部相应子目计算。

（6）构筑物中的混凝土、钢筋混凝土地沟是指建筑物室外的地沟，室内钢筋混凝土地沟按现浇构件相应项目执行。

（7）钢筋混凝土烟道按构筑物中地沟相应子目执行。

7.6.2　混凝土工程的工程量计算规则

混凝土工程工程量计算与自拌混凝土构件、商品混凝土泵送构件还是商品混凝土非泵送构件无关，而是根据现浇、预制还是构筑物采用不同的计算方法。

7.6.2.1　现浇混凝土构件

混凝土工程量除另有规定者外，均按图示尺寸实体积以立方米（m³）计算。不扣除构件内钢筋、支架、螺栓孔、螺栓、预埋铁件及墙、板中 0.3m² 内的孔洞所占体积。留洞所增加工、料不再另增费用。

1. 钢筋混凝土基础工程的计算

（1）钢筋混凝土带形基础。其工程量根据图示尺寸以立方米（m³）计算，即

$$带形基础体积＝基础断面积×基础长度$$

其中基础长度，外墙按中心线长度，内墙按净长线长度。

（2）独立基础。

1）独立基础的工程量按图示尺寸以立方米（m³）计算。

2）杯形基础的混凝土工程量也是按图示尺寸以立方米（m³）计算（扣除杯槽体积）。

【例 7-27】　请用计价表计算图 7-7 所示基础（混凝土 C20 现场自拌、三类工程）的工程量和综合单价及合价。

解：（1）列项目：无梁式条形基础（5—2）、独立柱基（5—7）。

（2）计算工程量：

条形基础＝0.7×0.2×[（4－0.8－1.05）×4＋（6－2×0.88）×2＋（6－2×1.13）]
　　　　＝2.92m³

独立柱基：

J－1：4×{1.6×1.6×0.32＋0.28÷6×[0.4×0.5＋1.6×1.6＋（1.6＋0.4）×（1.6＋0.5）]}＝4.576m³

J－2：2×{2.1×2.1×0.32＋0.28÷6×[0.4×0.5＋2.1×2.1＋（2.1＋0.4）×（2.1＋0.5）]}＝3.859m³

小计：4.576＋3.859＝8.44m³

（3）套定额，计算结果见表 7-33。

表 7-33　　　　　　　　　　　　计　算　结　果

序号	定额编号	项　目　名　称	计量单位	工程量	综合单价（元）	合计（元）
1	5—2	C20 无梁式混凝土条形基础	m³	2.92	222.38	649.35
2	5—7	C20 独立柱基	m³	8.44	220.94	1864.73
合计						2514.08

答：图 7-7 所示混凝土基础的总价为 2514.08 元。

（3）钢筋混凝土筏形基础（俗称满堂基础）。

$$无梁式满堂基础的体积＝（底板面积×板厚）＋柱帽总体积$$

其中　　　　　　　　　　$$柱帽总体积＝柱帽个数×单个柱帽体积$$

$$有梁式满堂基础的体积＝基础底板面积×板厚＋梁截面面积×梁长$$

注意： 梁和柱的分界，柱高应从柱基上表面计算，即从梁的上表面计算，不能从底板的上表面计算柱高。

（4）箱形基础。箱形基础的工程量应分解计算。其各个分解子目的工程量均按图示尺寸以立方米（m³）计算。

（5）设备基础。按图示尺寸以体积计算。

（6）桩承台。桩承台工程量按图示尺寸实体积以立方米（m³）算至基础扩大顶面。

2. 现浇混凝土柱工程的计算

（1）现浇柱的混凝土工程量，均按实际体积计算。依附于柱上的牛腿体积，按图示尺寸计算后并入柱的体积内，但依附于柱上的是悬臂梁，则以柱的侧面为界，界线以外部分，悬臂梁的体积按实计算后执行梁的定额子目。

（2）现浇混凝土劲性柱按体积计算，型钢所占混凝土体积不扣除。

（3）柱的工程量按以下公式计算：

$$柱的体积＝柱的断面面积×柱高$$

计算钢筋混凝土现浇柱高时，应按照以下三种情况正确确定：

1）有梁板的柱高，自柱基上表面（或楼板上表面）算至楼板下表面处（如一根柱的部分断面与板相交，柱高应算至板顶面，但与板重叠部分应扣除）。

2）无梁板的柱高，自柱基上表面（或楼板上表面）至柱帽下表面的高度计算。

3）有预制板的框架柱柱高，自柱基上表面至柱顶高度计算。

（4）现浇构造柱的混凝土工程量计算。为了加强建筑物结构的整体性、增强结构抗震能力，在混合结构墙体内增设钢筋混凝土构造柱，构造柱与砖墙用马牙槎咬接成整体。构造柱的工程量计算，与墙身嵌接部分的体积也并入柱身的工程量内。

3. 现浇混凝土梁工程的计算

（1）各类梁的工程量均按图示尺寸以立方米（m³）计算。

（2）梁的工程量按以下公式计算：

$$梁体积＝梁长×梁断面面积$$

计算钢筋混凝土现浇梁长时，应按照以下两种情况正确确定：

1）梁与柱连接时，梁长算至柱侧面。

2）主梁与次梁连接时，次梁长算至主梁侧面。伸入砖墙内的梁头、梁垫体积并入梁体积内计算。

（3）圈梁、过梁应分别计算，过梁长度按图示尺寸，图纸无明确表示时，按门窗洞口外围宽另加 500mm 计算。平板与砖墙上混凝土圈梁相交时，圈梁高应算至板底面。

（4）依附于梁（包括阳台梁、圈过梁）上的混凝土线条（包括弧形线条）按延长米计算。

4. 现浇混凝土板工程的计算

按图示面积乘板厚以立方米（m³）计算（梁板交接处不得重复计算）。各类板伸入墙内的板头并入板体积内计算。有梁板按梁、板体积之和计算；无梁板按板和柱帽之和计算；平板按实体积计算。

有后浇带时，后浇带（包括主、次梁）应扣除。后浇墙、板带（包括主、次梁）按设计图示尺寸以立方米（m³）另按后浇墙、板带定额执行。

5. 现浇混凝土墙工程的计算

现浇混凝土墙，外墙按图示中心线（内墙按净长）乘墙高、墙厚以立方米（m³）计算，应扣除门、窗洞口及 0.3m² 外的孔洞体积。单面墙垛其突出部分并入墙体体积内计算，双面墙垛（包括墙）按柱计算。弧形墙按弧线长度乘墙高、墙厚计算，地下室墙有后浇墙带时，后浇墙带应扣除。梯形断面墙按上口与下口的平均宽度计算。墙高的确定：

（1）墙与梁平行重叠，墙高算至梁顶面；当设计梁宽超过墙宽时，梁、墙分别按相应项目计算。

（2）墙与板相交，墙高算至板底面。

【例 7 - 28】 某三类建筑的全现浇框架主体结构工程如图 7 - 32 所示，采用组合钢模板，图中轴线为柱中，现浇 C30 商品混凝土泵送，板厚 100mm。请用计价表计算柱、梁、板的混凝土工程量和综合单价及合价。

解：（1）列项目：现浇商品混凝土矩形柱（5—181）、现浇商品混凝土有梁板（5—199）。

（2）计算工程量。

现浇柱：$6×0.4×0.4×（8.5+1.85-0.4-0.35-2×0.1）=9.02m³$

现浇有梁板：

$KL-1：3×0.3×（0.4-0.1）×（6-2×0.2）=1.512m³$

$KL-2：4×0.3×0.3×（4.5-2×0.2）=1.476m³$

$KL-3：2×0.25×（0.3-0.1）×（4.5+0.2-0.3-0.15）=0.425m³$

$B：（6+0.4）×（9+0.4）×0.1=6.016m³$

小计：$（1.512+1.476+0.425+6.016）×2（层）=18.86m³$

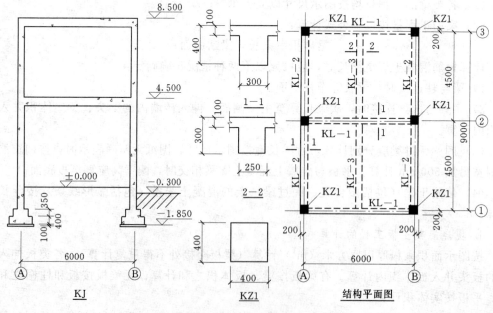

图 7 - 32　现浇框架图

（3）套定额，计算结果见表 7-34。

表 7-34　　　　　　　　　　计　算　结　果

序号	定额编号	项 目 名 称	计量单位	工程量	综合单价（元）	合价（元）
1	5-181	C30 矩形柱	m³	9.02	351.15	3167.37
2	5-199	C30 有梁板	m³	18.86	348.25	6568.00
合计						9735.37

答：现浇柱体积 9.02m³，现浇有梁板体积 18.86m³，柱、梁、板部分的合价共计 9735.37 元。

【例 7-29】　如图 7-33 所示某一层三类建筑楼层结构图，设计室外地面到板底高度为 4.2m，轴线为梁（墙）中，混凝土为 C25 现场自拌，板厚 100mm，钢筋和粉刷不考虑。计算现浇混凝土有梁板、圈梁的混凝土工程量、综合单价及合价。

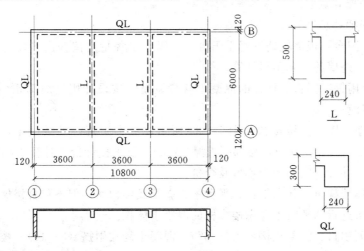

图 7-33　楼层结构图

解：（1）列项目：现浇圈梁（5-20）、现浇有梁板（5-32）。

（2）计算工程量。

圈梁：$0.24 \times (0.3-0.1) \times [(10.8+6) \times 2 - 0.24 \times 4] = 1.57$m³

有梁板：L：$0.24 \times (0.5-0.1) \times (6+2 \times 0.12) \times 2 = 1.198$m³

　　　　B：$(10.8+0.24) \times (6+0.24) \times 0.1 = 6.889$m³

小计：$1.198 + 6.889 = 8.0$m³

（3）套定额，计算结果见表 7-35。

表 7-35　　　　　　　　　　计　算　结　果

序号	定额编号	项 目 名 称	计量单位	工程量	综合单价（元）	合价（元）
1	5-20 换	C25 圈梁	m³	1.57	272.83	428.34
2	5-32 换	C25 有梁板	m³	8.09	253.86	2053.73
合计						2482.07

注　1.5-20 换：$263.60 - 180.07 + 1.015 \times 186.50 = 272.83$ 元/m³。

　　2.5-32 换：$260.62 - 202.09 + 195.33 = 253.86$ 元/m³。

答：现浇圈梁体积 $1.57m^3$，有梁板体积 $8.09m^3$，混凝土部分的合价共计 2482.07 元。

6. 其他

（1）楼梯、雨篷、阳台工程量计算。

1）整体楼梯按水平投影面积计算，不扣除宽度小于 200mm 的楼梯井，伸入墙内部分不另增加，楼梯与楼板连接时，楼梯算至楼梯梁外侧面。

当 $C \leqslant 20cm$ 时，投影面积 $S = LA$

当 $C > 20cm$ 时，投影面积 $S = LA - CX$

式中　S——楼梯的水平投影面积；

　　　　L——楼梯长度；

　　　　A——楼梯宽；

　　　　C——楼梯井宽度；

　　　　X——楼梯井长度。

2）雨篷、阳台：现浇钢筋混凝土阳台、雨篷，工程量均按伸出墙外边线的水平投影面积计算。伸出外墙的牛腿不另计算。

3）混凝土雨篷、阳台、楼梯的混凝土含量调整，按设计用量加 1.5% 损耗与定额含量的差值进行计算。

【例 7 - 30】　某宿舍楼楼梯如图 7 - 34 所示，三类工程，轴线墙中，墙厚 200mm，C25 混凝土，现场自拌混凝土，楼梯斜板厚 90mm。要求按计价表计算楼梯和雨篷的混凝土浇捣工程量，并计算定额综合单价及合价。

分析：整体楼梯包括休息平台、平台梁、斜梁及楼梯梁，但不包含楼梯柱，因此，对定额混凝土含量进行调整时不考虑楼梯柱的混凝土体积。

解：（1）列项目：混凝土楼梯（5—37）、混凝土复式雨篷（5—40）、楼梯、雨篷混凝土含量调整（5—42）。

（2）计算工程量。

混凝土楼梯：$(2.6-0.2) \times (0.26+2.34+1.3-0.1) \times 3 = 27.36m^2$

混凝土雨篷：$(0.875-0.1) \times (2.6+0.2) = 2.17m^2$

楼梯、雨篷混凝土含量调整如下：

楼梯：TL1：$0.26 \times 0.35 \times (1.2-0.1) = 0.100m^3$

TL2：$0.2 \times 0.35 \times (2.6-2 \times 0.2) \times 2 = 0.308m^3$

TL3：$0.2 \times 0.35 \times (2.6-2 \times 0.2) = 0.154m^3$

TL4：$0.26 \times 0.35 \times (2.6-0.2) \times 6 = 1.310m^3$

一层休息平台：$(1.04-0.1) \times (2.6+0.2) \times 0.12 = 0.316m^3$

二～三层休息平台：$0.94 \times 2.8 \times 0.08 \times 2 = 0.421m^3$

TB1 斜板：$0.09 \times \sqrt{2.34^2+(9 \times 0.17)^2} \times 1.1 = 0.277m^3$

TB2 斜板：$0.09 \times \sqrt{2.34^2+(9 \times 0.15)^2} \times 1.1 = 0.267m^3$

TB3、TB4 斜板：$0.09 \times \sqrt{2.34^2+(9 \times 0.16)^2} \times 1.1 \times 4 = 1.088m^3$

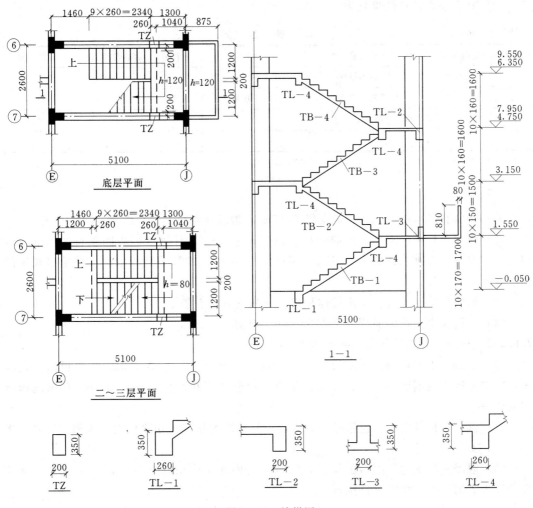

图 7-34　楼梯图

TB1 踏步：$0.26×0.17÷2×1.1×9=0.219m^3$

TB2 踏步：$0.26×0.15÷2×1.1×9=0.193m^3$

TB3、TB4 踏步：$0.26×0.16÷2×1.1×9×4=0.824m^3$

设计含量：$5.477×1.015=5.559m^3$

定额含量：$27.36÷10×2.06=5.636m^3$

楼梯应调减混凝土含量：$5.636-5.559=0.077m^3$

雨篷：设计含量：

$$[(0.875-0.1)×2.8×0.12+(0.775×2+2.8-0.08×2)×0.81×0.08]×1.015$$
$$=0.540m^3$$

定额含量：$2.17÷10×1.11=0.241m^3$

雨篷应调增混凝土含量：$0.540-0.241=0.299m^3$

小计：$0.299-0.077=0.22m^3$

（3）套定额，计算结果见表 7 - 36。

表 7 - 36　　　　　　　　　　计　算　结　果

序号	定额编号	项目名称	计量单位	工程量	综合单价（元）	合价（元）
1	5—37 换	C25 直形楼梯	10m² 水平投影面积	2.736	575.23	1573.83
2	5—40 换	C25 复式雨篷	10m² 水平投影面积	0.217	319.44	69.32
3	5—42 换	楼梯、雨篷混凝土含量增	m³	0.22	276.22	60.77
合计						1703.92

注　1. 5—37 换：544.26－365.46＋396.43＝575.23 元/m³。

　　2. 5—40 换：302.76－196.93＋213.61＝319.44 元/m³。

　　3. 5—42 换：261.19－177.41＋192.44＝276.22 元/m³。

答：现浇直形楼梯 27.36m²，雨篷 2.17m²，混凝土部分的合价共计 1703.92 元。

（2）混凝土栏板，水平、竖向悬挑板以立方米（m³）计算。栏板的斜长如图纸无规定时，按水平长度乘以系数 1.18 计算。阳台、沿廊栏杆的轴线柱、下嵌、扶手以扶手的长度按延长米计算。

（3）现浇挑檐、天沟、地沟按体积以立方米（m³）计算。

（4）台阶按水平投影面积以平方米（m²）计算。

7.6.2.2　现场、加工厂预制混凝土构件

（1）混凝土工程量均按图示尺寸实体积以立方米（m³）计算，扣除圆孔板内圆孔体积，不扣除构件内钢筋、铁件、后张法预应力钢筋灌浆孔及板内小于 0.3m² 孔洞面积所占的体积。

（2）预制桩按桩全长（包括桩尖）乘以设计桩断面积（不扣除桩尖虚体积）以立方米（m³）计算。

（3）混凝土与钢构件组合的构件，混凝土按构件实体积以立方米（m³）计算，钢拉杆按计价表第六章中相应子目执行。

（4）镂空混凝土花格窗、花格芯按外形面积以平方米（m²）计算。

（5）天窗架、端壁、桁条、支撑、楼梯、板类及厚度在 50mm 以内的薄型构件，按设计图纸加定额规定的场外运输、安装损耗，以立方米（m³）计算。

7.6.2.3　构筑物工程

1. 烟囱

（1）烟囱基础，按实体积计算。钢筋混凝土烟囱基础包括基础底板及筒座，筒座以上为筒身。

（2）混凝土烟囱筒身，不分方形、圆形均按立方米（m³）计算，应扣除孔洞所占体积。筒身体积应以筒壁平均中心线长度乘以厚度。圆筒壁周长不同时，可按下式分段计算：

$$V = \sum HC\pi D$$

式中　V——筒身体积，m³；

　　　H——每段筒身垂直高度，m；

　　　C——每段筒壁厚度，m；

　　D——每段筒壁中心线的平均直径，m。

　　砖烟囱的钢筋混凝土圈梁和过梁、烟囱的钢筋混凝土集灰斗（包括分隔墙、水平隔墙、柱、梁等），套用现浇构件分部相应项目计算。

　　（3）烟道混凝土，钢筋混凝土烟道可按本分部地沟子目计算，但架空烟道不能套用；烟道中的钢筋混凝土构件，应按现浇构件分部相应子目计算。

　　2. 水塔

　　（1）基础，均以实体积计算（包括基础底板和筒座），筒座以上为筒身，以下为基础。

　　（2）筒身。

　　1）钢筋混凝土筒式塔身以筒座上表面或基础底板上表面为分界线，柱式塔身以柱脚与基础底板或梁交界处为分界线，与基础底板相连接的梁并入基础内计算。

　　2）钢筋混凝土筒式塔身与水箱是以水箱底部的圈梁为界，圈梁底以下为筒式塔身。水箱的槽底（包括圈梁）、塔顶、水箱（槽）壁工程量均应按实体积计算。

　　3）钢筋混凝土筒式塔身以实体积计算。应扣除门窗体积，依附于筒身的过梁、雨篷、挑檐等工程量并入筒壁体积内按筒式塔身计算；柱式塔身不分斜柱、直柱和梁，均按实体积合并计算按柱式塔身子目执行。

　　4）钢筋混凝土、砖塔身内设置的钢筋混凝土平台、回廊以实体积计算。平台、回廊上设置的钢栏杆及内部爬梯按计价表第六章相应项目执行。

　　5）砖砌筒身设置的钢筋混凝土圈梁以实体积按现浇构件相应项目计算。

　　（3）塔顶及槽底，钢筋混凝土塔顶及槽底的工程量合并计算。塔顶包括顶板和圈梁，槽底包括底板、挑出斜壁和圈梁。槽底不分平底、拱底，塔顶不分锥形、球形均按本定额执行。回廊及平台另行计算。

　　（4）水槽内、外壁，与塔顶、槽底（或斜壁）相连系的圈梁之间的直壁为水槽内外壁，设保温水槽的外保护壁为外壁，直接承受水侧压力的水槽壁为内壁。非保温水箱是水槽壁按内壁计算。

　　水槽内、外壁均以图示实体积计算，依附于外壁的柱、梁等并入外壁体积中计算。

　　（5）倒锥形水塔，基础按相应水塔基础的规定计算，其筒身、水箱、环梁按混凝土的体积以立方米（m³）计算。

　　3. 贮水（油）池

　　（1）池底为平底执行平底子目，其平底体积应包括池壁下部的扩大部分。池底有斜坡者，执行锥形底子目。均按图示尺寸的实体积计算。

　　（2）池壁有壁基梁时，锥形底应计算壁基梁底面，池壁应从壁基梁上口开始，壁基梁应从锥形底上表面算至池壁下口；无壁基梁时锥形底算至坡上表面，池壁应从锥形底的上表面开始。

　　（3）无梁池盖柱的柱高，应由池底上表面算至池盖的下表面，包括柱帽、柱座的体积。

　　（4）池壁应根据不同厚度分别计算，其高度不包括池壁上下处的扩大部分，无扩大部分时，则自池底上表面（或壁基梁上表面）算至池盖下表面。

　　（5）无梁盖应包括与池壁相连的扩大部分的体积；肋形盖应包括主、次梁及盖板部分的体积；球形盖应自池壁顶面以上，包括边侧梁的体积在内。

（6）各类池盖中的进人孔、透气管、水池盖以及与盖相连的结构，均包括在子目内，不另计算。

（7）沉淀池水槽指池壁上的环形溢水槽及纵横、U形水槽，但不包括与水槽相连接的矩形梁，矩形梁可按现浇构件分部的矩形梁子目计算。

4. 贮仓

（1）矩形仓，分立壁和斜壁，各按不同厚度计算体积，立壁和斜壁按相互交点的水平线为分界线，壁上圈梁并入斜壁工程量内。基础、支撑漏斗的柱和柱间的连系梁分别按混凝土分部的相应子目计算。

（2）圆筒仓。

1）计价表适用于高度在 30m 以下，库壁厚度不变，上下断面一致，采用钢滑模施工工艺的圆形贮仓，如盐仓、粮仓、水泥库等。

2）圆形仓工程量应分仓底板、顶板、仓壁三部分计算。

3）圆形仓底板以下的钢筋混凝土柱、梁、基础按现浇构件结构分部的相应项目计算。

4）仓顶板的梁与仓顶板合并计算，按仓顶板子目执行。

5）仓壁高度应自仓壁底面算至顶板底面，扣除 0.05m^2 以上的孔洞。

5. 地沟及支架

（1）计价表适用于室外的方形（封闭式）、槽形（开口式）、阶梯形（变截面式）的地沟。底、壁、顶应分别以立方米（m^3）计算。

（2）沟壁与底的分界，以底板上表面为界。沟壁与顶的分界以顶板下表面为界。上薄下厚的壁按平均厚度计算；阶梯形的壁按加权平均厚度计算；八字角部分的数量并入沟壁工程量内。

（3）地沟预制顶板，按预制结构分部相应子目计算。

（4）支架，均以实体积计算（包括支架各组成部分）框架型或 A 字形支架应将柱、梁的体积合并计算；支架带操作台者，其支架与操作台的体积亦合并计算。

（5）支架基础，应按现浇构件结构分部的相应子目计算。

6. 栈桥

（1）柱与连系梁（包括斜梁）的体积合并，肋梁与板的体积合并均按图示尺寸以实体积计算。

（2）栈桥斜桥部分不论板顶高度如何均按板高在 12m 内子目执行。

（3）板顶高度超过 20m，每增加 2m 仅指柱、连系梁的体积（不包括有梁板）。

7.7　金属结构工程

本节主要内容包括：①钢柱制作；②钢屋架、钢托架、钢桁架制作；③钢梁、钢吊车梁制作；④钢制动梁、支撑、檩条、墙架、挡风架制作；⑤钢平台、钢梯、钢栏杆制作；⑥钢拉杆制作、钢漏斗制作安装、型钢制作；⑦钢屋架、钢托架、钢桁架现场制作平台摊销；⑧其他。

7.7.1　有关规定

（1）金属构件不论在企业加工厂或现场制作均执行本定额，在现场制作钢屋架、钢托架、钢桁架应计算现场制作平台摊销费。（计价表 6—35～6—38 子目钢屋架、钢托架、钢桁架制作平台摊销是配合计价表 6—6～6—12 子目使用的，其工程量应与计价表 6—6～6—12 子目的工程量相同）

（2）本定额中各种钢材数量均以型钢表示。实际不论使用何种型材，计价表中的钢材总数量和其他工料均不变。

（3）本节中所有金属构件的制作均按电焊焊接编制，定额中所含螺栓是焊接前对构件临时加固之摊销螺栓。如果局部制作用螺栓连接，亦按本定额执行（螺栓不增加，电焊条、电焊机也不扣除）。

（4）本定额除注明者外，均包括现场内（工厂内）的材料运输、下料、加工、组装及成品堆放等全部工序。加工点至安装点的构件运输，应另按计价表第七章构件运输定额相应项目计算。

（5）金属构件制作项目中，均包括刷一遍防锈漆在内，安装后再刷防锈漆或其他油漆应另列项目计算。

（6）金属结构制作定额中的钢材品种以普通钢材为准，如用锰钢等低合金钢者，其制作人工乘以系数 1.1。

（7）混凝土劲性柱内，用钢板、型钢焊接而成的 H 形、T 形钢柱，按 H 形、T 形钢构件制作定额执行，安装按计价表第七章相应钢柱项目执行。

（8）本定额各子目均未包括焊缝无损探伤（如 X 光透视、超声波探伤、磁粉探伤、着色探伤等），亦未包括探伤固定支架制作和被检工件的退磁。

（9）后张法预应力混凝土构件端头螺杆、轻钢檩条拉杆按端头螺杆螺帽执行；木屋架、钢筋混凝土组合屋架拉杆按钢拉杆定额执行。C、Z 轻钢檩条内的拉杆按端头螺杆螺帽定额（6—43 子目）执行，每吨拉杆另增：防锈漆 5kg、油漆溶剂油 0.8kg、人工 9 工日。

综合单价调整如下：

$$7370+6.00\times5+3.33\times0.8+26.00\times9\times(1+25\%+12\%)=7723.24 \text{ 元/t}$$

（10）铁件是指埋入在混凝土内的预埋铁件。有接桩的桩，在桩端头的钢筋上焊接了接桩角钢套（接桩角钢套是由型钢与钢板焊接而成的钢套，将此钢套再焊接到预制桩前的桩端头主钢筋），角钢套的制作按计价表 6—40 子目（铁件制作）人工、电焊机乘以系数 0.7 调整综合单价后执行。角钢套与桩端头主筋焊接的人、材、机已包括在接桩定额内，不得另列项目计算。

综合单价调整如下：

$$6324.06-(936.00+1026.58)\times0.3\times(1+25\%+12\%)=5517.44 \text{ 元/t}$$

注意：接桩子目中也包括了角钢、钢板的用量，但指的是现场用角钢或钢板焊接接桩，如果是制作角钢套再到现场焊接接桩，则应扣除接桩中对应的型钢材料费，增加角钢套的费用。

7.7.2　工程量计算规则

（1）金属构件制作按图示钢材尺寸以吨（t）计算，不扣除孔眼、切肢、切角、切边

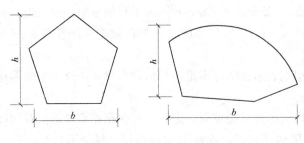

图 7-35　多边形和不规则外形钢板

的重量，电焊条重量已包含在定额内，不另计算。在计算不规则或多边形钢板重量时均以矩形面积计算，如图 7-35 所示。

钢板面积 $S=bh$

（2）实腹柱、钢梁、吊车梁、H 形梁、T 形钢构件按图示尺寸计算，其中钢梁、吊车梁构件中的腹板、翼板宽度按图示尺寸每边增加 8mm 计算，主要是为确保重要受力构件钢材材质稳定、焊件边缘平整而进行边缘加工时的刨削量，以保证构件的焊缝质量和构件强度。

（3）钢柱制作工程量包括依附于柱上的牛腿及悬臂梁重量；制动梁的制作工程量包括制动梁、制动桁架、制动板重量；墙架的制作工程量包括墙架柱、墙架梁及连接柱杆重量。

（4）天窗挡风架、柱侧挡风板、挡雨板支架制作工程量均按挡风架定额执行。

（5）栏杆是指平台、阳台、走廊和楼梯的单独栏杆。

（6）钢平台、走道应包括楼梯、平台、栏杆合并计算，钢梯应包括踏步、栏杆合并计算。

（7）钢漏斗制作工程量，矩形按图示分片，圆形按图示展开尺寸，并依钢板宽度分段计算，每段均以其上口长度（圆形以分段展开上口长度）与钢板宽度，按矩形计算，依附漏斗的型钢并入漏斗重量内计算。

（8）晒衣架和钢盖板项目中已包括安装费在内，但未包括场外运输。

（9）钢屋架单榀重量在 0.5t 以下者，按轻型屋架定额计算。

（10）轻钢檩条、栏杆以设计型号、规格按吨（t）计算（重量＝设计长度×理论重量）。

（11）预埋铁件按设计的形体面积、长度乘以理论重量计算。

【例 7-31】　某围墙需施工一钢栏杆，采用现场制作安装，施工图纸如图 7-36 所示。试计算有关栏杆的工程量（型钢理论容重为 7.85t/m³）。

分析：本例是求除去砌体部分的工程量，图中有栏杆和钢板两部分型材，钢板是栏杆

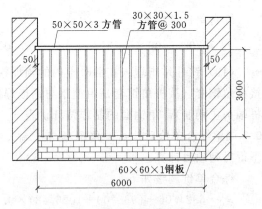

图 7-36　围墙栏杆图

安装的连接件。栏杆按定额分为制作和安装两部分计算，而钢板作为连接件是含在安装内容中的，安装是计价表第七章内容，本例主要计算栏杆的制作工程量。

解：采用的是空心型材，要计算重量可采用理论容重乘以体积。

$50 \times 50 \times 3$ 方管：$7.85 \times (0.05 \times 0.05 - 0.044 \times 0.044) \times 6.1 = 0.027t$

$30 \times 30 \times 1.5$ 方管：

数量：$6 \div 0.3 - 1 = 19$ 根

重量：$7.85 \times (0.03 \times 0.03 - 0.027 \times 0.027) \times 3 \times 19 = 0.077t$

合计：$0.027 + 0.077 = 0.104t$

答：该栏杆工程量为 $0.104t$。

7.8　构件运输及安装工程

本节主要内容包括构件运输、构件安装两部分。

（1）构件运输包括：①混凝土构件；②金属构件；③门窗构件。

（2）构件安装包括：①混凝土构件；②金属构件。

7.8.1　构件运输的有关规定

（1）计价表中构件运输按照构件的运输类别（见表 7 - 37、7 - 38）和运输距离的不同分设不同的子目。场内、外运输在计价表中不做区分（场内运输距离是指现场堆放或预制地点到吊装地点的运输距离场外运输距离是指在施工现场以外的加工场地至施工现场堆放距离）。场内、场外运输的距离均以可行驶的实际距离计算。

（2）本定额综合考虑了城镇、现场运输道路等级、上下坡等各种因素，不得因道路条件不同而调整定额。

（3）构件运输过程中，如遇道路、桥梁限载而发生的加固、拓宽和公安交通管理部门的保安护送以及过路、过桥等费用，应另行处理。

表 7 - 37　　　　　　　　　　　混凝土构件的运输类别

类别	项　　目
Ⅰ类	各类屋架、桁架、托架、梁、柱、桩、薄腹梁、风道梁
Ⅱ类	大型屋面板、槽形板、肋形板、天沟板、空心板、平板、楼梯、檩条、阳台、门窗过梁、小型构件
Ⅲ类	天窗架、端壁架、挡风架、侧板、上下挡、各种支撑
Ⅳ类	全装配式内外墙板、楼顶板、大型墙板

表 7 - 38　　　　　　　　　　　金属构件的运输类别

类别	项　　目
Ⅰ类	钢柱、钢梁、屋架、托架梁、防风桁架
Ⅱ类	吊车梁、制动梁、型（轻）钢檩条、钢拉杆、钢栏杆、盖板、垃圾出灰门、篦子、爬梯、平台、扶梯、烟囱紧固箍
Ⅲ类	墙架、挡风架、天窗架、组合檩条、钢支撑、上下挡、轻型屋架、滚动支架、悬挂支架、管道支架、零星金属构件

7.8.2 构件安装的有关规定

7.8.2.1 构件安装中关于场内运输距离的规定及超出运距的计算

1. 混凝土构件

（1）现场预制构件已包括机械回转半径 15m 以内的构件翻身就位在内。中心回转半径 15m 以内是指行走吊装机械（如沿轨道行走的塔式起重机和沿安装路线行走的起重机）和固定点安装的机械（如卷扬机、固定的塔式起重机）的行走路线或固定点中心回转半径 15m 以内地面范围内距离。建筑物地面以上各层构件安装，不论距离远近，已包括在定额的构件安装内容中，不受 15m 的限制。

现场预制构件受条件限制不能就位预制，运距在 150m 内按 23.26 元/m³ 计算；运距在 150m 以上，按 1km 以内相应构件运输定额执行。

（2）加工厂预制构件安装项目中已包括 500m 内的场内运输费。加工厂预制构件超过 500m 时，应将相应项目中场内运输费扣除，另按 1km 内相应构件运输定额执行。

2. 金属构件

金属构件安装项目中未包括场内运输，如现场实际发生场内运输按下列方法计算：单件在 0.5t 以内，运距在 150m 内另增场内运输费 10.97 元/t，运距在 150m 以上按 1km 以内相应构件运输定额执行。单件在 0.5t 以上，另列项目按构件运输 1km 内相应定额执行。

7.8.2.2 构件安装的规定

（1）构件安装项目中所列垫铁，是为了校正构件偏差用的，凡设计图纸中的连续铁件、拉板等不属于垫铁范围的，应按计价表第六章相应子目执行。

（2）小型构件安装包括沟盖板、通气道、垃圾道、楼梯踏步板、隔断板以及单体体积小于 0.1m³ 的构件安装。

（3）矩形、工字型、空格型、双肢柱、管道支架预制钢筋混凝土构件安装，均按混凝土柱安装定额执行。

（4）预制钢筋混凝土柱、梁通过焊接形成的框架结构，其柱安装按框架柱计算，梁安装按框架梁计算，框架梁与柱的接头现浇混凝土部分按计价表第五章相应项目另行计算。预制柱、梁一次制作成型的框架按连体框架柱梁定额执行。

（5）预制钢筋混凝土多层柱安装，第一层的柱按柱安装定额执行，二层及二层以上柱按柱接柱定额执行。

（6）单（双）悬臂梁式柱按门式刚架定额执行。

（7）定额子目内既列有"履带式起重机"又列有"塔式起重机"的，可根据不同的垂直运输机械选用：

1）选用卷扬机（带塔）施工的，套"履带式起重机"定额子目。

2）选用塔式起重机施工的，套"塔式起重机"定额子目。

（8）空心板灌缝包括灌横、纵向缝在内，也包括标准砖砖墙与搁置空心板块数之间相差 6cm 宽板缝的灌混凝土在内，空心板端头堵塞孔洞的材料费已含在定额中，均不得另外计算。

（9）钢柱安装在混凝土柱上（或混凝土柱内），其人工、吊装机械乘以系数 1.43。混凝土柱安装后，如有钢牛腿和悬臂梁与其焊接时，钢牛腿和悬臂梁执行钢墙架安装定额，钢牛腿执行铁件制作定额。

（10）钢屋架单榀重量在 0.5t 以下者，按轻钢屋架子目执行。

（11）金属构件安装中轻钢檩条拉杆安装是按螺栓考虑的，其余构件拼装或安装均按电焊考虑，设计用连接螺栓，其螺栓按设计用量另行计算，安装定额中相应的电焊条、电焊机应扣除，人工不变。

（12）钢屋架、钢天窗架拼装项目的使用。

1）钢屋架、钢天窗架在构件厂制作，运到现场后发生拼装的应按相应拼装定额执行；运到现场后不发生拼装，不得套用该拼装定额。

2）凡在现场制作的钢屋架、钢天窗架不论拼与不拼均不得套用拼装定额。

7.8.2.3　构件安装项目机械的规定

（1）是按履带式起重机或塔式起重机编制的，如施工组织设计中用轮胎式起重机或汽车式起重机，经建设单位认可后，可按履带式起重机相应项目套用，其中人工、吊装机械乘以系数 1.18；轮胎式起重机或汽车起重机的起重吨位，按履带式起重机相近的起重吨位套用，台班单价换算。

（2）履带式起重机安装点高度以 20m 内为准，超过 20m 且在 30m 内，人工、吊装机械台班（子目中履带式起重机小于 25t 者应调整到 25t）乘以系数 1.20；超过 30m 且在 40m 内，人工、吊装机械台班（子目中履带式起重机小于 50t 者应调整到 50t）乘以系数 1.40；超过 40m，按实际情况处理。

（3）单层厂房屋盖系统构件如必须在跨外安装时，按相应构件安装定额中的人工、吊装机械台班乘以系数 1.18。用塔吊安装时，不需乘以此系数。

7.8.3　工程量的计算规则

（1）一般场外运输、安装工程量计算方法与构件制作工程量计算方法相同（即运输、安装工程量＝制作工程量）。但对天窗架、天窗端壁、桁条、支撑、踏步板、板类及厚度在 50mm 内的薄形构件，由于在运输、安装过程中易发生损耗（损耗率见表 7-39），工程量按下列规定计算：

$$制作、场外运输工程量＝设计工程量×1.018$$
$$安装工程量＝设计工程量×1.01$$

表 7-39　　　　　预制钢筋混凝土构件场内、外运输及安装损耗率　　　　　％

名　称	场外运输	场内运输	安装
天窗架、天窗端壁、桁条、支撑、踏步板、板类及厚度在 50mm 内的薄形构件	0.8	0.5	0.5

（2）加气混凝土板（块）、硅酸盐块运输每立方米折合钢筋混凝土体积 0.4m³ 按 Ⅱ 类构件运输计算。

（3）木门窗运输按门窗洞口的面积（包括框、扇在内）以 100m² 计算，带纱扇另增洞口面积的 40% 计算。

（4）预制构件安装后接头灌缝工程量均按预制钢筋混凝土构件实体积计算，柱与柱基的接头灌缝按单根柱的体积计算。

（5）组合屋架安装，以混凝土实际体积计算，钢拉杆部分不另计算。

【例7-32】 某工程按施工图计算混凝土天窗架和天窗端壁共计50m³，加工厂制作，场外运输10km，场内运输500m。请计算混凝土天窗架和天窗端壁运输、安装工程量，并套用子目，计算定额综合单价及合价。

分析： 加工厂预制构件安装子目中包含了500m内的场内运输，故本例不需另行计算场内运输费。

解：（1）列项目：构件场外运输（7—15）、构件安装（7—80）。

（2）计算工程量。

混凝土天窗架场外运输工程量：$50 \times 1.018 = 50.9$m³

混凝土天窗架安装工程量：$50 \times 1.01 = 50.5$m³

（3）套定额，计算结果见表7-40。

表7-40　　　　　　　　　　计　算　结　果

序号	定额编号	项目名称	计量单位	工程量	综合单价（元）	合价（元）
1	7—15	Ⅲ类预制构件运输10km以内	m³	50.9	165.16	8406.64
2	7—80	天窗架、端壁安装	m³	50.5	470.88	23779.44
合计						32186.08

答： 混凝土天窗架和天窗端壁运输工程量为50.9m³，安装工程量为50.5m³，工程合价为32186.08元。

【例7-33】 某工程在构件厂制作钢屋架20榀，每榀重0.48t，从构件厂一次性将钢屋架运送到安装地点安装，距离为10km，安装高度25m，试计算钢屋架运输、安装（采用履带吊安装）的综合单价及合价。

分析： 履带式起重机安装点高度以20m内为准，超过20m且在30m内，人工、吊装机械台班（子目中履带式起重机小于25t者应调整到25t）乘以系数1.20。

解：（1）列项目：构件场外运输（7—27）、构件安装（7—122）。

（2）计算工程量（同制作工程量）。

安装工程量：$0.48 \times 20 = 9.6$t

运输工程量：$0.48 \times 20 = 9.6$t

（3）套定额，计算结果见表7-41。

表7-41　　　　　　　　　　计　算　结　果

序号	定额编号	项目名称	计量单位	工程量	综合单价（元）	合价（元）
1	7—27	Ⅰ类金属构件运输10km以内	t	9.6	74.35	713.76
2	7—122换	轻型屋架塔式起重机安装	t	9.6	893.18	8574.53
合计						9288.29

注 7—122换：$773.96 - 163.75 \times 1.37 + (164.32 \times 0.2 + 0.35 \times 1.2 \times 518.82) \times 1.37 = 893.18$元/t。

答： 钢屋架运输、安装的合价为9288.29元。

7.9　木　结　构　工　程

本节主要内容包括厂库房大门、特种门，木结构，以及附表 3 部分。

（1）厂库房大门、特种门包括：①厂库房大门；②特种门。

（2）木结构包括：①木屋架；②屋面木基层；③木柱、木梁、木楼梯。

（3）附表为厂库房大门、特种门五金、铁件配件表。

7.9.1　有关规定

（1）金属防火、冷藏、保温门等由于建安工程管理相关规定，必须由专业生产厂家负责制安，承包企业不得制作安装，仅作为预算、标底和投标报价的参考，决算时按市场价格另行计算，不再套用定额计算。计价表中成品门扇已包括一般五金费在内。

（2）本节中均以一、二类木种为准，如采用三、四类木种，木门制作人工和机械费乘以系数 1.3，木门安装人工乘以系数 1.15，其他项目人工和机械费乘以系数 1.35，木材分类见表 7 - 42。

表 7 - 42　　　　　　　　　　　　木 材 分 类 表

一类	红松、水桐木、樟子松
二类	白松、杉木（方杉、冷杉）、杨木、铁杉、柳木、花旗松、椴木
三类	青松、黄花松、秋子松、马尾松、东北榆木、柏木、苦楝木、梓木、黄菠萝、椿木、楠木（桢楠、润楠）、柚木、樟木、山毛榉、栓木、白木、云香木、枫木
四类	栎木（柞木）、檀木、色木、槐木、荔木、麻栗木（麻栎、青刚）、桦木、荷木、水曲柳、柳桉、华北榆木、核桃楸、克隆、门格里斯

（3）木材规格是按已成型的两个切断面规格料编制的，两个切断面以前的锯缝损耗按本书 4.3.2 中有关规定应另外计算。

（4）本节中注明的木材断面或厚度均以毛料为准，如设计图纸注明的断面或厚度为净料时，应增加断面刨光损耗：一面刨光加 3mm，两面刨光加 5mm，原木按直径增加 5mm。

（5）本节中的木材是以自然干燥条件下的木材编制的，需要烘干时，其烘干费用及损耗由各市确定。

（6）本节定额中所有铁件含量与设计不符，均应调整。

（7）木屋架制安项目中的型钢、钢拉杆、铁件设计与定额不符时，应调整。

（8）各种门的五金应单独列项计算。但计价表成品门扇（计价表项目 8—32、8—33）定额中已包括一般五金费在内，若装锁（特殊五金）则另行计算。（附表中的五金铁件是按标准图用量列出，仅作备料参考）

7.9.2　工程量计算规则

7.9.2.1　门

门制作、安装工程量按门洞口面积计算。无框厂库房大门、特种门按设计门扇外围面积计算。

7. 9. 2. 2　木屋架

木屋架的制作安装工程量，按以下规定计算。

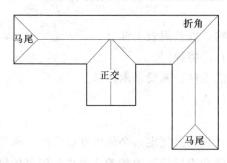

图 7 - 37　屋架平面图

（1）木屋架不论圆木还是方木，其制作安装均按设计断面以立方米（m³）计算，分别套相应子目，其后配长度及配制损耗已包括在子目内不另外计算（游沿木、风撑、剪刀撑、水平撑、夹板、垫木等木料并入相应屋架体积内）；气楼屋架、马尾、折角和正交部分半屋架（见图 7 - 37，其中马尾指四坡水屋架建筑物的两端屋面的端头坡面部分；折角指构成 L 形的坡屋顶建筑横向和竖向相交的部分；正交指构成丁字形的坡屋顶建筑横向和竖向相交的部分），在计算其体积时，不单独列项套定额，而应并入屋架的体积内计算，按屋架定额子目计算。

（2）圆木屋架刨光时，圆木按直径增加 5mm 计算，附属于屋架的夹板、垫木等已并入相应的屋架制作项目中，不另计算；与屋架连接的挑檐木、支撑等工程量并入屋架体积内计算。但圆木屋架连接的挑檐木、支撑等为方木时，方木部分按矩形檩木计算。

7. 9. 2. 3　屋面木基层

（1）檩木按立方米（m³）计算，简支檩木长度按设计图示中距离增加 200mm 计算，如两端出山，檩条长度算至博风板。连续檩条的长度按设计长度计算，接头长度按全部连续檩木的总体积的 5％计算。檩条托木已包括在子目内，不另列项目计算。檩托木（或垫木）并入檩木计算。

定额中檩木未进行刨光处理，如檩木刨光者，其定额人工乘以系数 1.4。檩木上钉三角木按 50mm×75mm 对开考虑，规格不符时，木材换算，其他不变。

（2）屋面木基层，按屋面斜面积计算，不扣除附墙烟囱、风道、风帽底座和屋顶小气窗所占面积，小气窗出檐与木基层重叠部分亦不增加，气楼屋面的屋檐突出部分的面积并入计算。

屋面木基层是指铺设在屋架上面的檩条、椽子、屋面板等，这些构件有的起承重作用，有的起围护及承重作用。屋面木基层的构造要根据其屋面防水材料种类而定。例如：平瓦屋面木基层，它的基本构造是在屋架上铺设檩条，檩条上铺屋面板（或钉椽子），屋面板上铺油毡（椽子、顺水条）、挂瓦等。

椽子定额亦未考虑刨光，如刨光，每 10m² 增加人工 0.12 工日。计价表 8—52 方木椽子为 40mm×50mm@400mm（其中椽子料为 0.059m³，挂瓦条为 0.019m³，规格为 25mm×20mm@300mm），如改用圆木椽子，减去成材 0.059m³，增加圆木 0.078m³（ϕ70 对开，中距 300mm），铁钉 0.27kg、人工 0.06 工日；计价表 8—53 方木椽子为 40mm×60mm@200mm；计价表 8—54 半圆椽为 ϕ70 对开@200mm，如与设计不符，可按比例换算椽子料。

（3）封檐板按图示檐口外围长度计算，博风板按水平投影长度乘以屋面坡度系数 C 后，单坡加 300mm，双坡加 500mm 计算。

封檐板：在平瓦屋面的檐口部分，往往是将附木挑出又称挑檐木，各挑檐木间钉上檐口檩条，在檐口檩条外侧钉有通长的封檐板，或者将椽子伸出，在椽子端头处也可钉通长的封檐板。封檐板可用宽 200～250mm，厚 20mm 的木板。定额中是按 200mm×20mm 考虑的，规格不符时，木材换算，其他不变。

博风板：在房屋端部，将檩条端部挑出山墙，为了美观，可在檩条端部处钉通长的博风板（又称封山板），博风板的规格与封檐板相同。

7.9.2.4　木柱、木梁、木楼梯

（1）木柱、木梁制作安装均按设计断面竣工木料以立方米（m³）计算，其后备长度及配制损耗已包括在子目内。

木柱、木梁定额中木料以混水为准，如刨光，人工乘以系数 1.4；木柱、木梁定额中安装考虑采用铁件安装，实际不用铁件，取消铁件，另增加铁钉 3.5kg。

（2）木楼梯（包括休息平台和靠墙踢脚板）按水平投影面积计算，不扣除宽度小于 200mm 的楼梯井，伸入墙内部分的面积亦不另计算。

【例 7-34】　某单层房屋的黏土瓦屋面如图 7-38 所示，屋面坡度为 1∶2，连续方木檩条断面为 120mm×180mm@1000mm（每个支承点下放置檩条托木，断面为 120mm×120mm×240mm），上钉方木椽子，断面为 40mm×60mm@400mm，挂瓦条断面为 30mm×30mm@330mm，端头钉三角木，断面为 60mm×75mm 对开，封檐板和博风板断面为 200mm×20mm。请计算该屋面木基层的工程量和综合单价及合价。

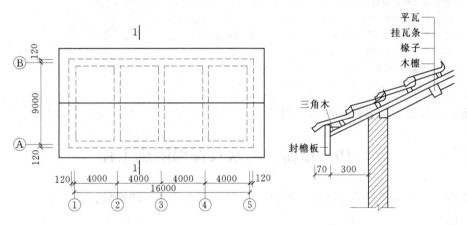

图 7-38　屋面木基层

解：（1）列项目：檩条（8—42）、椽子及挂瓦条（8—52）、三角木（8—55）、封檐板和博风板（8—59）。

（2）计算工程量。

1）檩条。

根数：$9 \times \sqrt{5}/2 \div 1 + 1 = 11$ 根

檩条体积：$0.12 \times 0.18 \times (16.24 + 2 \times 0.3) \times 11 \times 1.05$（接头）$= 4.201$m³

檩条托木体积：$0.12 \times 0.12 \times 0.24 \times 11 \times 5 = 0.190$m³

小计：4.39m³

2）椽子及挂瓦条。

$$(16.24 + 2 \times 0.3) \times (9.24 + 2 \times 0.3) \times \sqrt{5}/2 = 185.26 \text{m}^2$$

3）三角木。

$$(16.24 + 0.6) \times 2 = 33.68 \text{m}$$

4）封檐板和博风板。

封檐板：$(16.24 + 2 \times 0.30) \times 2 = 33.68 \text{m}$

博风板：$[(9.24 + 2 \times 0.32) \times \sqrt{5}/2 + 0.5] \times 2 = 23.092 \text{m}$

小计：56.77m

（3）套定额，计算结果见表 7-43。

表 7-43　　　　计　算　结　果

序号	定额编号	项　目　名　称	计量单位	工程量	综合单价 （元）	合价 （元）
1	8—42	方木檩条 120mm×180mm@1000m	m³	4.39	1837.67	8067.37
2	8—52 换	椽子及挂瓦条	10m²	18.526	180.48	3343.57
3	8—55 换	檩木上钉三角木 60×75 对开	10m	3.368	39.30	132.36
4	8—59	封檐板、博风板不带落水线	10m	5.677	92.78	526.71
合计						12070.01

注　1. 方木椽子断面换算：$40 \times 50 : 40 \times 60 = 0.059 : x$，$x = 0.0708 \text{m}^3$。
　　2. 挂瓦条断面换算 $25 \times 20 : 30 \times 30 = 0.019 : y$，$y = 0.0342 \text{m}^3$。
　　3. 挂瓦条间距换算 $300 : 330 = z : 0.0342$，$z = 0.0311 \text{m}^3$。
　　4. 换算后普通成材用量 $0.0708 + 0.0311 = 0.102 \text{m}^3$。
　　5. 8—52 换：$142.10 + (0.102 - 0.078) \times 1599 = 180.48$ 元/10m²。
　　6. 8—55 换：$35.30 + (0.06 \times 0.075 \div 2 \times 10 - 0.02) \times 1599 = 39.30$ 元/10m。

答：该屋面木基层合价 12070.01 元。

7.10　屋面、防水及保温隔热工程

本节主要内容包括屋面防水，平面、立面及其他防水，伸缩缝、止水带，屋面排水，保温、隔热。

（1）屋面防水包括：①瓦屋面及彩钢板屋面；②卷材屋面；③刚性防水屋面；④涂膜屋面。

（2）平面、立面及其他防水包括：①涂刷油类；②防水砂浆；③粘贴卷材、纤维布。

（3）伸缩缝、止水带包括：①伸缩缝；②盖缝；③止水带。

（4）屋面排水包括：①PVC 排水管；②铸铁管排水；③玻璃钢管排水。

（5）保温、隔热包括：①屋、楼地面；②墙、柱、天棚及其他。

7.10.1　有关规定

7.10.1.1　屋面防水

（1）卷材屋面均包括天沟、泛水、屋脊、檐口等处的附加层在内。

（2）高聚物、高分子防水卷材粘贴，实际使用的黏结剂与本定额不同，单价可以换算，其他不变。

（3）冷胶"二布三涂"项目，其"三涂"是指涂膜构成的防水层数，并非指涂刷遍数，每一涂层的厚度必须符合规范（每一涂层刷两至三遍）要求。

（4）关于卷材铺贴方式的规定：

满铺：即为满粘法（全粘法），铺贴防水卷材时，卷材与基层采用全部粘贴的施工方法。

空铺：铺贴防水卷材时，卷材与基层仅在四周一定宽度内粘贴，其余部分不粘贴的施工方法。

条铺：铺贴防水卷材时，卷材与基层采用条状粘贴的施工方法，每幅卷材与基层粘贴面不少于两条，每条宽度不小于 150mm。

点铺：铺贴防水卷材时，卷材与基层采用点状粘贴的施工方法。每平方米粘贴不少于 5 个点，每个点面积为 100mm×100mm。

（5）刚性防水层屋面定额项目是按苏 J9501 图集做法编制，防水砂浆、细石混凝土、水泥砂浆有分隔缝项目中均已包括分隔缝及嵌缝油膏在内，细石混凝土项目中还包括了干铺油毡滑动层，设计要求与图集不符时应按定额规定换算。

7.10.1.2　平面、立面及其他防水

平面、立面及其他防水是指楼地面及墙面的防水，既适用于建筑物（包括地下室）又适用于构筑物。

各种卷材的防水层均已包括刷冷底子油一遍和平、立面交界处的附加层工料在内。

7.10.1.3　在黏结层上单撒绿豆砂

在黏结层上单撒绿豆砂者（定额中已包括绿豆砂的项目除外），每 $10m^2$ 铺洒面积增加 0.066 工日，绿豆砂 0.078t，合计 6.62 元。

7.10.1.4　伸缩缝项目

伸缩缝项目中，除已注明规格可调整外，其余项目均不调整。

7.10.1.5　保温、隔热

（1）玻璃棉、矿棉包装材料和人工均已包括在定额内。

（2）凡保温、隔热工程用于地面时，增加电动夯实机 0.04 台班/m^3。

7.10.2　工程量计算规则

7.10.2.1　屋面防水

（1）瓦屋面按图示尺寸的水平投影面积乘以屋面坡度系数 C 以平方米（m^2）计算（瓦出线已包括在内），不扣除房上烟囱、风帽底座、风道、屋面小气窗、斜沟等所占面积，屋面小气窗的出檐部分也不增加，但天窗出檐与屋面重叠的面积，应并入所在屋面工程量内，屋面坡度系数示意如图7-39所示。

瓦材规格与定额不同时，瓦的数量可以换算，

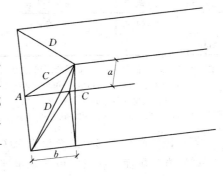

图 7-39　屋面坡度系数示意图

其他不变。换算公式为

$$[10\text{m}^2/(\text{瓦有效长度} \times \text{有效宽度})] \times 1.025(\text{操作损耗})$$

（2）瓦屋面的屋脊、蝴蝶瓦的檐口花边、滴水应另列项目按延长米计算，四坡屋面斜脊长度中的 b 乘以隔延长系数 D 以延长米计算，山墙泛水长度＝$A \cdot C$，瓦穿铁丝、钉铁钉、水泥砂浆粉挂瓦条按每 10m^2 斜面积计算，屋面坡度延长米系数见表 7-44。

表 7-44　　　　　　　　　　　屋面坡度延长米系数表

坡度比例 a/b	角度 Q	延长系数 C	隔延长系数 D
1/1	45°	1.4142	1.7321
1/1.5	33°40¹	1.2015	1.5620
1/2	26°34¹	1.1180	1.5000
1/2.5	21°48¹	1.0770	1.4697
1/3	18°26¹	1.0541	1.4530

注　屋面坡度大于 45° 时，按设计斜面积计算。

（3）彩钢夹芯板、彩钢复合板屋面按实铺面积以平方米（m^2）计算，支架、槽铝、角铝等均包括在定额内。

（4）彩板屋脊、天沟、泛水、包角、山头按设计长度以延长米计算，堵头已包含在定额内。

【例 7-35】　图 7-38 所示屋面黏土平瓦规格为 420mm×332mm，单价为 0.8 元/块，长向搭接 75mm，宽向搭接 32mm，脊瓦规格为 432mm×228mm，长向搭接 75mm，单价 2.0 元/块。请计算平瓦屋面的工程量、综合单价及合价。

解：（1）列项目：平瓦屋面（9—1）、脊瓦（9—2）。

（2）计算工程量。

瓦屋面面积＝$(16.24 + 2 \times 0.37) \times (9.24 + 2 \times 0.37) \times 1.118 = 189.46\text{m}^2$

脊瓦长度＝$16.24 + 2 \times 0.37 = 16.98\text{m}$

（3）套定额，计算结果见表 7-45。

表 7-45　　　　　　　　　　　计　算　结　果

序号	定额编号	项　目　名　称	计量单位	工程量	综合单价（元）	合价（元）
1	9—1 换	铺黏土平瓦	10m^2	18.946	96.90	1835.87
2	9—2 换	铺脊瓦	10m	1.698	83.66	142.05
合计						1977.92

注　1. 黏土平瓦的数量：每 10m^2 ＝$[10/ (0.42-0.075) \times (0.332-0.032)] \times 1.025 = 99.03 \approx 99$ 块。

2. 9—1 换：$113.82 - 96.12 + 0.99 \times 80 = 96.90$ 元/10m^2。

3. 脊瓦的数量：每 $10\text{m} = 10\text{m}/ (0.432-0.075) \times 1.025 = 28.71 \approx 29$ 块/10m。

4. 9—2 换：$72.93 - 47.27 + 0.29 \times 200 = 83.66$ 元/10m。

答：该屋面平瓦部分的合价为 1977.92 元。

（5）卷材屋面工程量按以下规定计算。

1）卷材屋面按图示尺寸的水平投影面积乘以规定的坡度系数以平方米（m^2）计算，

但不扣除房上烟囱，风帽底座、风道所占面积。女儿墙、伸缩缝、天窗等处的弯起高度按图示尺寸计算并入屋面工程量内；如图纸无规定时，伸缩缝、女儿墙的弯起高度按 250mm 计算，天窗弯起高度按 500mm 计算并入屋面工程量内；檐沟、天沟按展开面积并入屋面工程量内。

2）聚乙烯丙纶复合卷材屋面水泥 801 胶粘贴，计价表 9—59、9—60 子目是相应做在水泥 801 胶、1:2 水泥砂浆找平层上的。

（6）刚性屋面、涂膜屋面工程量计算同卷材屋面。

7.10.2.2　平面、立面及其他防水工程

平面、立面及其他防水工程量按以下规定计算。

（1）涂刷油类防水按设计涂刷面积计算。

（2）防水砂浆防水按设计抹灰面积计算，扣除凸出地面的构筑物、设备基础及室内铁道所占的面积。不扣除附墙垛、柱、间壁墙、附墙烟囱及 0.3m² 以内孔洞所占的面积。

（3）粘贴卷材、布类。

1）平面：建筑物地面、地下室防水层按主墙（承重墙）间净面积以平方米（m²）计算，扣除凸出地面的构筑物、柱、设备基础等所占面积，不扣除附墙垛、间壁墙、附墙烟囱及 0.3m² 以内孔洞所占的面积。与墙间连接处高度在 500mm 以内者，按展开面积计算并入平面工程量内，超过 500mm 时，按立面防水层计算。

2）立面：墙身防水层按图示尺寸扣除立面孔洞所占面积（0.3m² 以内孔洞不扣）以平方米（m³）计算。

3）构筑物防水层按实铺面积计算，不扣除 0.3m² 以内孔洞面积。

7.10.2.3　伸缩缝、盖缝、止水带

伸缩缝、盖缝、止水带按延长米计算，外墙伸缩缝在墙内、外双面填缝者，工程量应按双面计算。

7.10.2.4　屋面排水工程

屋面排水工程量按以下规定计算。

（1）铁皮排水项目：水落管按檐口滴水处算至设计室外地坪的高度以延长米计算，檐口处伸长部分（即马腿弯伸长）、勒脚和泄水口的弯起均不增加，但水落管遇到外墙腰线（需弯起时）按每条腰线增加长度 25cm 计算。檐沟、天沟均以图示延长米计算。白铁斜沟、泛水长度可按水平长度乘以延长系数或隔延长系数计算。水斗以个计算。

（2）铸铁、PVC、玻璃钢水落管工程量计算，应区别不同直径按图示尺寸以延长米计算。雨水口、水斗、弯头、以个计，分别套用不同的定额。

（3）屋面排水定额中，阳台 PVC 管通落水管按只计算，阳台出水口至落水管中心线斜长按 1m 计算（内含两只 135 弯头，1 只异径三通），设计斜长不同，调整定额中 PVC 塑料管的用料，规格不同应调整，使用只数应与阳台只数配套。

7.10.2.5　保温隔热工程

保温隔热工程量按以下规定计算。

（1）保温隔热层按隔热材料净厚度（不包括胶结材料厚度）乘实铺面积按立方米（m³）计算。

（2）地墙隔热层，按围护结构墙体内净面积计算，不扣除 $0.3m^2$ 以内孔洞所占的面积。

（3）软木、聚苯乙烯泡沫板铺贴平顶以图示长乘宽乘厚的体积按立方米（m^3）计算。

（4）屋面架空隔热板、天棚保温（沥青贴软木除外）层，按图示尺寸实铺面积计算。

（5）墙体隔热：外墙按隔热层中心线，内墙按隔热层净长乘图示尺寸的高度（如图纸无注明高度时，则下部由地坪隔热层算起，带阁楼时算至阁楼板顶面止；无阁楼时则算至檐口）及厚度以立方米（m^3）计算，应扣除冷藏门洞口和管道穿墙洞口所占的体积。

（6）门口周围的隔热部分，按图示部位，分别套用墙体或地坪的相应定额以立方米（m^3）计算。

（7）软木、泡沫塑料板铺贴柱帽、梁面，以图示尺寸按立方米（m^3）计算。

（8）梁头、管道周围及其他零星隔热工程，均按实际尺寸以立方米（m^3）计算，套用柱帽、梁面定额。

（9）池槽隔热层按图示池槽保温隔热层的长度、宽度及厚度以立方米（m^3）计算，其中池壁按墙面计算，池底按地面计算。

（10）包柱隔热层，按图示柱的隔热层中心线的展开长度乘以图示尺寸高度及厚度以立方米（m^3）计算。

【例 7-36】　试计算某三类工程，采用檐沟外排水的六根 $\phi100$ 铸铁水落管的工程量（檐口滴水处标高 12.8m，室外地面 -0.3m），并计算综合单价及合价。

解：（1）列项目 9—193、9—196、9—198。

（2）计算工程量。

$\phi100$ 铸铁水落管：（12.80+0.3）×6=78.60m

$\phi100$ 铸铁落水口：6 只

$\phi100$ 铸铁水斗：6 只

（3）套定额，计算结果见表 7-46。

表 7-46　　　　　　　　　　　计　算　结　果

序号	定额编号	项　目　名　称	计量单位	工程量	综合单价（元）	合价（元）
1	9—193	铸铁水落管	10m	7.86	319.16	2508.60
2	9—196	铸铁落水口	10 只	0.6	172.65	103.59
3	9—198	铸铁水斗	10 只	0.6	530.91	318.55
合计						2930.74

答：该水落管部分的合价为 2930.74 元。

7.11　防　腐　耐　酸　工　程

本节主要内容包括：①整体面层；②平面砌块料面层；③池、沟砌块料；④耐酸防腐涂料；⑤烟囱、烟道内涂刷隔绝层。

7.11.1　有关规定

（1）整体面层和平面块料面层，适用于楼地面、平台的防腐面层。整体面层厚度、砌块料面层的规格、结合层厚度、灰缝宽度、各种胶泥、砂浆、混凝土配合比，设计与定额不符应换算，但人工、机械不变。

块料面层贴结合层厚度、灰缝宽度取定见表 7-47。

（2）块料面层以平面为准，立面铺砌人工乘以系数 1.38，踢脚板人工乘以系数 1.56，块料乘以系数 1.01，其他不变。

（3）本节中浇灌混凝土的项目需立模时，按混凝土垫层项目的含模量计算，按带形基础定额执行。

表 7-47　块料面层贴结合层厚度、灰缝宽度表

类　型	结合层厚度（mm）	灰缝宽度（mm）
树脂胶泥、树脂砂浆	6	3
水玻璃胶泥水玻璃砂浆	6	4
硫磺胶泥、硫磺砂浆	6	5
花岗岩及其他条石	15	8

7.11.2　工程量计算规则

（1）防腐工程项目应区分不同防腐材料种类及厚度，按设计实铺面积以平方米（m^2）计算，应扣除凸出地面的构筑物、设备基础所占的面积。砖垛等突出墙面部分，按展开面积计算并入墙面防腐工程量内。

（2）踢脚板按实铺长度乘以高度按平方米（m^2）计算。应扣除门洞所占面积并相应增加侧壁展开面积。

（3）平面砌筑双层耐酸块料时，按单层面积乘以系数 2.0 计算。

（4）防腐卷材接缝附加层收头等工料，已计入定额中，不另行计算。

（5）烟囱内表面涂抹隔绝层，按筒身内壁的面积计算，并扣除孔洞面积。

（6）块料面层的计算：

$$每 10m^2 \text{ 块料用量} = \frac{10m^2}{（块料长+缝宽）×（块料宽+缝宽）}（1+损耗率）$$

（7）粘贴层、缝道用胶泥的计算：

$$每 10m^2 \text{ 粘贴层用量} = 10m^2 × 粘贴厚度 × （1+损耗率）$$

$$每 10m^2 \text{ 缝道用胶泥} = （10m^2 - 块料净面积）× 缝深 × （1+损耗率）$$

【例 7-37】　某耐酸池平面及断面如图 7-40 所示，在 350mm 厚的钢筋混凝土基层上粉刷 25mm 耐酸沥青砂浆，用 6mm 厚的耐酸沥青胶泥结合层贴耐酸瓷砖，树脂胶泥勾缝，瓷砖规格 230mm×113mm×65mm，灰缝宽度 3mm，其余与定额规定相同。请计算

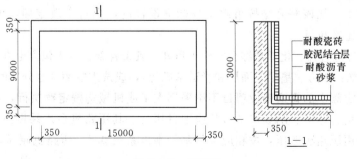

图 7-40　耐酸池

工程量和定额综合单价及合价。

分析：防腐工程项目应区分不同防腐材料种类及厚度，按设计实铺面积以平方米（m²）计算，即工程量应按照建筑尺寸进行计算。（主要针对立面，平面一般还按结构尺寸计算）

解：（1）列项目：耐酸砂浆（10—13—10—14）、池底贴耐酸瓷砖（10—108）、池壁贴到耐酸瓷砖（10—108）。

（2）计算工程量。

耐酸沥青砂浆：$15.0 \times 9.0 + (15.0 + 9.0) \times 2 \times (3.0 - 0.35 - 0.025) = 261.00 \text{m}^2$

池底贴耐酸瓷砖：$15.0 \times 9.0 = 135.00 \text{m}^2$

池壁贴耐酸瓷砖：$(15.0 + 9.0 - 0.096 \times 2) \times 2 \times (3.0 - 0.35 - 0.096) = 121.61 \text{m}^2$

（3）套定额，计算结果见表 7—48。

表 7 - 48　　　　　　　　　　　计　算　结　果

序号	定额编号	项 目 名 称	计量单位	工程量	综合单价（元）	合价（元）
1	10—13—10—14	耐酸沥青砂浆 25mm	10m²	26.10	346.08	9032.69
2	10—108	池底贴耐酸瓷砖	10m²	13.50	2515.83	33963.71
3	10—108 换	池壁贴耐酸瓷砖	10m²	12.161	2669.07	32458.56
合计						75454.96

注　10—108 换（立面人工乘以 1.38，块料乘以 1.01）：$2515.83 + 262.08 \times 0.38 \times (1 + 25\% + 12\%) + 0.01 \times 1680.59 = 2669.07$ 元/10m²。

答：该耐酸池工程合价 75454.96 元。

7.12　厂区道路及排水工程

本节主要内容包括：①整理路床、路肩及边沟砌筑；②道路垫层；③铺预制混凝土块、道板面层；④铺设预制混凝土路牙沿、混凝土面层；⑤排水系统中钢筋混凝土井、池、其他；⑥排水系统中砖砌窨井、化（储）粪池；⑦井、池壁抹灰、道路伸缩缝；⑧混凝土排水管铺设；⑨PVC 排水管铺设；⑩各种检查井、化粪池综合定额。

7.12.1　有关规定

（1）本定额适用于一般工业与民用建筑物（构筑物）所在的厂区或住宅小区内的道路、广场及排水。如该部分是按市政工程标准设计的，执行市政定额，设计图纸未注明的，仍按本节定额执行。

（2）除各种检查井、化粪池综合定额子目外，其余各部分中未包含土方和管道基础，未包括的项目（如：土方、垫层、面层和管道基础等），应按本定额其他分部的相应项目执行。

（3）本节定额中的管道铺设项目不论采用人工或机械均按定额执行，不调整。

（4）停车场、球场、晒场按本节相应项目执行，其压路机台班乘以系数 1.2，其他不变。整理路床用压路机碾压，按相应项目基价乘以系数 0.5，压路机碾压按计价表第一章相应项目执行。

（5）本节第⑤、⑥部分中的钢筋混凝土井池壁和砖砌井池壁项目中未包括井池壁内需安装的 U 形铁爬梯和琵琶弯材料费（但安装的人工费已包括在内），执行定额时 U 形铁爬梯及琵琶弯材料应按实另外计算。

（6）道路伸缩缝定额锯缝机锯缝应注意按设计深度变化执行定额，同时聚氯乙烯胶泥嵌缝应注意按缝断面比例换算（基价按比例换算）。

（7）化粪池综合子目按江苏省标 S9401 图集做法，考虑工作面宽 800mm（每边），不考虑放坡。检查井、化粪池综合子目中，按计价表规范规定脚手架、模板为措施项目，所以以括号内的形式表现，未计入综合单价中，套用时，该部分费用应列入措施费中。

7.12.2　工程量计算规则

（1）整理路床、路肩和道路垫层、面层均按设计规定以平方米（m²）计算。路牙（沿）以延长米计算。

（2）钢筋混凝土井（池）底、壁、顶和砖砌井（池）壁不分厚度以实体积计算，池壁与排水管道连接的壁上孔洞其排水管径在 300mm 以内所占的壁体积不予扣除；超过 300mm 时，应予扣除。所有井池壁孔洞上部砖碳已包含在定额内，不另计算。井池底、壁抹灰合并计算。

（3）路面伸缩缝锯缝、嵌缝均按延长米计算。

（4）混凝土、PVC 排水管工程量按不同管径分别按延长米计算，长度按两井间净长度计算。

【例 7-38】　某单位施工停车场（土方不考虑），该停车场面积为 30m×120m，做法为：片石垫层 25cm 厚，道渣垫层 15cm 厚，C30 混凝土面层 15cm 厚，路床用 12t 光轮压路机碾压，长边方向每间隔 20m 留伸缩缝（锯缝），深度 100mm，采用聚氯乙烯胶泥嵌缝，嵌缝断面 100mm×6mm 请计算其工程量和定额综合单价及合价。

分析：停车场、球场、晒场按本节相应项目执行，其压路机台班乘以系数 1.2；整理路床用压路机碾压，按相应项目基价乘以系数 0.5。

解：（1）列项：路床原土碾压（1—270）、片石垫层（11—5+11—6×5）、道渣垫层（11—7+11—8×5）、混凝土面层（11—18+11—19×5）、锯缝机锯缝（11—31+11—32×5）、胶泥嵌缝（11—33）。

（2）计算工程量。

路床原土碾压、片石垫层、道渣垫层、混凝土面层：30×120＝3600m²

锯缝、嵌缝：30×（120÷20—1）＝150m

（3）套定额，计算结果见表 7-49。

表 7-49　　　　　　　　　　　计　算　结　果

序号	定　额　编　号	项　目　名　称	计量单位	工程量	综合单价（元）	合价（元）
1	1—270 换	路床原土碾压	1000m²	3.6	49.37	177.73
2	11—5 换＋11—6 换×5	道路片石垫层 20cm	10m²	360	218.51	78663.60
3	11—7 换＋11—8 换×5	道渣垫层 10cm	10m²	360	120.34	43322.40

序号	定 额 编 号	项 目 名 称	计量单位	工程量	综合单价 （元）	合价 （元）
4	11—18+11—19×5	C30 混凝土面层 10cm	10m²	360	411.27	148057.20
5	11—31+11—32×5	锯缝机锯缝深度 5cm	10m	15	79.56	1193.40
6	11—33 换	胶泥嵌缝	10m	15	27.10	406.50
合计						271820.83

注　1.1—270 换：98.74×0.5＝49.37 元/1000m²。

　　2.11—5 换：175.53+0.2×4.3×1.37＝176.71 元/10m²。

　　3.11—6 换：8.29+0.2×0.27×1.37＝8.36 元/10m²。

　　4.11—7 换：81.51+0.2×4.3×1.37＝82.69 元/10m²。

　　5.11—8 换：7.46+0.2×0.27×1.37＝7.53 元/10m²。

　　6.11—33 换：11.29×100×6/（50×5）＝27.10 元/10m。

答：该停车场复价合计 271820.83 元。

7.13　建筑物超高增加费用

本节主要内容包括建筑物超高增加费和单独装饰工程超高部分人工降效分段增加系数计算表两部分。这里主要介绍第一部分建筑物超高增加费，第二部分单独装饰工程超高部分人工降效在装饰工程计价中（见第 8 章）介绍。

7.13.1　有关规定

（1）超高费内容目前包括：人工降效、高压水泵摊销、临时垃圾管道等费用。人工降效属于分部分项项目，而高压水泵摊销、临时垃圾管道等费用属于措施项目，应分别计列。超高费包干使用，不论实际发生多少，均按本定额执行，不调整。

（2）建筑物设计室外地面至檐口的高度（不包括女儿墙、屋顶水箱、突出屋面的电梯间、楼梯间等的高度）超过 20m 时，应计算超高费。

（3）超高费按下列规定计算。

1）整层超高费：楼层整个超过 20m 的应按其超过部分的建筑面积计算整层超高费。

2）层高超高费：楼层整个超过 20m 且该层层高超过 3.6m，每增高 0.1m 按增高 1m 的比例换算（不足 0.1m 按 0.1m 计算），按相应项目执行，计算层高超高费。

3）每米增高超高费：楼层楼面未超过 20m，而顶面超过 20m 时，则该楼层在 20m 以上部分仅能计算每增高 1m 的增加费。

（4）同一建筑物中有两个或两个以上的不同檐口高度时，应分别按不同高度竖向切面的建筑面积套用定额。

（5）单层建筑物（无楼隔层者）高度超过 20m，其超过部分除构件安装按计价表第七章的规定执行外，另再按本节相应项目计算每增高 1m 的层高超高费。

（6）建筑工程人工降效幅度为 20～30m 降效幅度 5％，20～40m 降效幅度 7.5％，20～50m 降效幅度 10％，以上每增 10m 降效幅度增加 2.5％。

7.13.2　工程量计算规则

本节工程量计算相对比较简单，建筑物超高费以超过 20m 部分的建筑面积（m²）计算。

【例 7 - 39】　某六层建筑，每层高度均大于 2.2m，面积均为 1000m²，图 7 - 41 给出了房屋高度的分布情况和有关标高，计算该建筑的超高费。

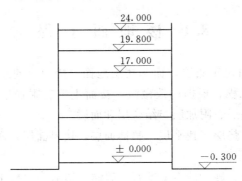

图 7 - 41　房屋分层高度

解：（1）列项目：整层超高费（18—1）、层高超高费（18—1）、每米增高超高费（18—1）。

（2）计算工程量：1000m²。

（3）套定额，计算结果见表 7 - 50。

表 7 - 50　　　　　　　　　　计　算　结　果

序号	定额编号	项 目 名 称	计量单位	工程量	综合单价（元）	合价（元）
1	18—1	建筑物高度 20～30m 以内超高	m²	1000	13.41	13410.0
2	18—1 换×0.6	层高超高 0.6m 的超高费	m²	1000	1.608	1608.0
3	18—1 换×0.1	增高 0.1m 的超高费	m²	1000	0.268	268.0
合计						15286.0

注　18—1 换：13.41×0.2=2.68 元/m²。

答：该建筑的超高费合计 15286.0 元。

第8章 装饰工程费用的计算

8.1 楼地面工程

楼地面是工业与民用建筑底层地面和楼层地面（楼面）的总称，包括室外散水、台阶、明沟、坡道等附属工程。根据构造做法，楼面主要有附加层、找平层、结合层和面层，地面主要有基层、垫层、附加层、结合层和面层。

本节主要内容包括：垫层，找平层，整体面层，块料面层，木地板、栏杆、扶手，散水、斜坡、明沟6部分。

（1）垫层收录了灰土、砂、砂石、毛石、碎砖、道渣、混凝土及商品混凝土的内容。

（2）找平层收录了水泥砂浆、细石混凝土和沥青砂浆的内容。

（3）整体面层收录了水泥砂浆、无砂面层、水磨石面层、水泥豆石浆、钢屑水泥浆、菱苦土、环氧地坪和抗静电地坪的楼地面、楼梯、台阶、踢脚线部分的内容。

（4）块料面层包括：①大理石；②花岗岩；③大理石、花岗岩多色简单图案镶贴；④缸砖；⑤马赛克；⑥凹凸假麻石块；⑦地砖；⑧塑料、橡胶板；⑨玻璃地面；⑩镶嵌铜条；⑪镶贴面酸洗、打蜡。

（5）木地板、栏杆、扶手包括：①木扶手；②硬木踢脚线；③抗静电活动地板；④地毯；⑤栏杆、扶手。

（6）散水、斜坡、明沟包括混凝土散水、混凝土斜坡、斜坡蹾蹉、混凝土和砖明沟等内容。

8.1.1 有关规定

本章中各种混凝土、砂浆强度等级、抹灰厚度，设计与定额规定不同时，可以换算。

8.1.1.1 垫层的规定

（1）除去混凝土垫层，其余材料垫层的夯实定额采用的是电动夯实机，如设计采用压路机碾压时，每立方米相应的垫层材料乘以系数1.15，人工乘以系数0.9，增加8t光轮压路机0.022台班，扣除电动打夯机。

（2）在原土上需打底夯者应另按土方工程中的打底夯定额执行。

（3）12—9碎石干铺子目，如设计碎石干铺需灌砂浆时另增人工0.25工日，砂浆0.32m³，水0.3m³，200L灰浆搅拌机0.064台班，同时扣除定额中5～16mm碎石0.12t，5～40mm碎石0.04t。

8.1.1.2 找平层的规定

（1）本部分内容用于单独计算找平层的内容，定额子目中已含找平层内容的，不得再计算找平层部分的内容。

（2）细石混凝土找平层中设计有钢筋者，钢筋按计价表第四章钢筋工程的相应项目执行。

8.1.1.3　整体面层的规定

（1）本章整体面层子目中均包括基层（找平层、结合层）与装饰面层。找平层砂浆设计厚度不同，按每增、减 5mm 找平层调整。黏结层砂浆厚度与定额不符时，按设计厚度调整。地面防潮层按计价表第十七章的相应项目执行。

（2）整体面层中的楼地面项目，均不包括踢脚线工料。整体面层中踢脚线的高度是按 150mm 编制的，如设计高度与定额不同，不调整。

（3）水泥砂浆、水磨石楼梯包括踏步、踢脚板、踢脚线、平台、堵头，不包括楼梯底抹灰（楼梯底抹灰另按计价表第十四章天棚工程的相应项目执行）。

（4）螺旋形、圆弧形楼梯整体面层按楼梯定额执行，人工乘以系数 1.2，其他不变。

（5）看台台阶、阶梯教室地面整体面层执行地面面层相应项目，人工乘以系数 1.6。看台台阶、阶梯教室地面做的是水磨石时按 12—30 白石子浆不嵌条水磨石楼地面子目执行，人工乘以系数 2.2，磨石机乘以系数 0.4，其他不变。

（6）拱形楼板上表面粉面按地面相应定额人工乘以系数 2。

（7）定额中彩色镜面水磨石系高级工艺，除质量要求达到规范外，其工艺必须按"五浆五磨"、"七抛光"施工。

（8）彩色水磨石已按氧化铁红颜料编制，如采用氧化铁黄或氧化铬绿彩色石子浆，颜料单价应调整。

（9）水磨石包括找平层砂浆在内，面层厚度设计与定额不符时，水泥石子浆每增减 1mm 增减 0.01m³，其余不变。

（10）水磨石整体面层项目定额按嵌玻璃条计算，设计用金属嵌条，应扣除定额中的玻璃条材料，金属嵌条按设计长度以 10 延长米执行计价表 12—116 子目（12—116 定额子目内人工费是按金属嵌条与玻璃嵌条补差方法编制的），金属嵌条品种、规格不同时，其材料单价应换算。

（11）菱苦土、水磨石面层定额项目已包括酸洗打蜡工料，设计不做酸洗打蜡，应扣除定额中的酸洗打蜡材料费及人工 0.51 工日/10m²，其余项目均不包括酸洗打蜡，应另列项目计算。

8.1.1.4　块料面层的有关规定

1. 石材镶贴

（1）块料面层中的楼地面项目，不包括踢脚线工料。块料面层的踢脚线是按 150mm 编制的，块料面层（不包括粘贴砂浆材料）设计高度与定额高度不符，按比例调整，其他不变。

（2）大理石、花岗岩面层镶贴不分品种、拼色均执行相应定额。包括镶贴一道墙四周的镶边线（阴、阳角处含 45°角），设计有两条或两条以上镶边者，按相应定额子目人工乘以系数 1.10（工程量按镶边的工程量计算），矩形分色镶贴的小方块，仍按定额执行。

（3）花岗岩、大理石板局部切除并分色镶贴成折线图案称为"简单图案镶贴"。切除分色镶贴成弧线形图案称为"复杂图案镶贴"，该两种图案镶贴应分别套用定额。定额中直接设置了"简单图案镶贴"的子目，对于"复杂图案镶贴"采用"简单图案镶贴"子目换算而得。换算方式为：人工乘以系数 1.20，其弧形部分的石材损耗可按实调整。凡市场供应的拼花石材成品铺贴，按 12—69 拼花石材定额执行。

（4）花岗岩、大理石镶贴及切割费用已包括在定额内，但石材磨边未包括在内。设计磨边者，按计价表第十七章相应子目执行。

（5）块料面层设计弧形贴面时，其弧形部分的石材损耗可按实调整，并按弧形图示长度每 10m 另外增加切割人工 0.6 工日，合金钢切割锯片 0.14 片，石料切割机 0.60 台班。

（6）螺旋形、圆弧形楼梯贴块料面层按相应项目人工乘以系数 1.2，块料面层材料乘以系数 1.1，粘贴砂浆数量不变。

（7）花岗岩地面、台阶中的花岗岩是以成品镶贴为准的。若为现场五面剁斧，地面斩凿，现场加工后镶贴，人工乘以系数 1.65，其他不变。

2. 缸砖、地砖

（1）定额中贴缸砖采用的是 152mm×152mm 的缸砖，分为勾缝和不勾缝两种做法。如贴 100mm×100mm 缸砖，勾缝的做法应在定额基础上人工乘以系数 1.43，缸砖改为 843 块，1∶1 水泥砂浆改为 0.074m³；不勾缝的做法应在定额基础上人工乘以系数 1.43，缸砖改为 981 块。

（2）定额中地砖采用的是同质地砖，如采用镜面同质地砖仍执行本定额，地砖单价换算，其他不变。

（3）如设计地砖规格与定额不符，按设计用量加 2% 损耗进行换算。

（4）当地面遇到弧形墙面时，其弧形部分的地砖损耗可按实调整，并按弧形图示尺寸每 10m 增加切贴人工 0.3 工日。

（5）地砖结合层若用干硬性水泥砂浆，取消子目中 1∶2 及 1∶3 水泥砂浆，另增 32.5 水泥 45.97kg，干硬性水泥砂浆 0.303m³。

（6）地砖也收录了多色简单图案镶贴的子目，如采用多色复杂图案镶贴，人工乘以系数 1.2，其弧形部分的地砖损耗可按实调整。

3. 镶嵌铜条

（1）楼梯、台阶、地面上切割石材面嵌铜条均执行镶嵌铜条相应子目。嵌入的铜条规格不符，单价应换算。如切割石材面嵌弧形铜条，人工、合金钢切割锯片、石料切割机乘以系数 1.20。

（2）防滑条定额中金刚砂防滑条以单线为准，双线单价乘以系数 2.0；马赛克、阳角缸砖防滑条均套用缸砖防滑条定额，马赛克防滑条增加马赛克 0.41m²（两块马赛克宽），宽度不同，马赛克按比例换算；设计贴角缸砖防滑条（150mm×65mm）每 10m 增加角缸砖 68 块；取消 152mm×152mm 缸砖勾缝者 49 块，不勾缝者 55 块。

4. 成品保护材料

对花岗岩地面或特殊地面要求需成品保护者，不论采用何种材料进行保护，均按计价表第十七章相应项目执行，但必须是实际发生时才能计算。

8.1.1.5　木地板、栏杆、扶手

1. 木地板

（1）木地板中的楞木按苏 J9501—19/3，其中楞木 0.082m³，横撑 0.033m³，木垫块

0.02m³（预埋铅丝土建单位已埋入），设计与定额不符，按比例调整用量或按设计用量加 6％损耗与定额进行调整，将该用量代进定额，其他不变即可。不设木垫块应扣除此项。

木楞与混凝土楼板用膨胀螺栓连接，按设计用量另增膨胀螺栓、电锤 0.4 台班。

坞龙骨水泥砂浆厚度为 50mm，设计与定额不符时，砂浆用量按比例调整。

（2）木地板悬浮安装是在毛地板或水泥砂浆基层上拼装。

（3）硬木拼花地板中的拼花包括方格、人字形等在内。

2. 木踢脚线

（1）定额中踢脚线按 150mm×20mm 毛料计算，设计断面不同，材积按比例换算。

（2）设计踢脚线安装在墙面木龙骨上时，应扣除木砖成材 0.091m³。

3. 地毯

（1）标准客房铺设地毯设计不拼接时，定额中地毯应按房间主墙间净面积调整含量，其他不变。

（2）地毯分色、镶边无专门子目，分别套用普通定额子目，人工乘以系数 1.10；定额中地毯收口采用铝收口条，设计不用铝收口条者，应扣除铝收口条及钢钉，其他不变。

（3）地毯压棍安装中的压棍、材料若不同也应换算；楼梯地毯压铜防滑板按镶嵌铜条有关项目执行。

4. 栏杆、扶手

（1）扶手、栏杆、栏板适用于楼梯、走廊及其他装饰性栏杆、栏板扶手，栏杆定额项目中包括了弯头的制作、安装。

设计栏杆、栏板的材料、规格、用量与定额不同时，可以调整。定额中栏杆、栏板与楼梯踏步的连接是按预埋焊接考虑的，设计用膨胀螺栓连接时，每 10m 另增人工 0.35 工日，M10×100mm 膨胀螺栓 10 只，铁件 1.25kg，合金钢钻头 0.13 只，电锤 0.13 台班。

（2）硬木扶手制作按苏 J9505⑦/22（净料 150mm×50mm，扁铁按 40mm×3mm）编制的，弯头材积已包括在内（损耗为 12％）。设计断面不符时，材积按比例换算。扁铁可调整（设计用量加 6％）损耗。

（3）靠墙木扶手按 125mm×55mm 编制，设计与定额不符时，按比例换算。

（4）设计成品木扶手安装，每 10m 按相应定额扣除制作人工 2.85 工日，定额中硬木成材扣除，按括号内的价格换算。

（5）铜管扶手按不锈钢扶手定额执行，按铜管价格换算，其他不变。

（6）计价表 12—164 木栏杆木材含量 0.35m³，其中每 10m 用量按木栏杆 0.1m³，木扶手每 10m 包括弯头按 0.09m³ 计算，剩余的是小立柱，如果设计用量不符，含量调整；若不用硬木，含量不变，单价换算。

（7）不锈钢管扶手分不锈钢杆、半玻栏板、全玻栏板、靠墙扶手，其中半玻、全玻栏板采用钢化玻璃，不考虑有机玻璃、茶色玻璃材料，发生时可以换算，定额中不锈钢管和钢化玻璃可以换算调整。计价表 12—150 子目是有机玻璃半玻栏板，有机玻璃全玻栏板也执行本定额，仅把 6.37 含量调整为 8.24 即可，其余不变。铝合金型材、玻璃的含量按设计用量调整。

型材的调整方法：按设计图纸计算出长度乘以 1.06（6％余头损耗）等于设计长度；

按建筑装饰五金手册,查出理论重量;设计长度乘以理论重量等于总重量;总重量除以按规定计算的长度乘以 10m 调整定额含量(规定计算长度见计算规则);将定额的含量换算成调整定额含量,即可组成换算定额。人工、其他材料、机械不变。

8.1.1.6 散水、斜坡、明沟

(1)混凝土散水、混凝土斜坡、混凝土明沟是按苏 J9508 图集编制,采用其他图集时,材料可以调整,其他不变。大门斜坡抹灰设计蹿蹑者,另增 1:2 水泥砂浆 0.068m³,人工 1.75 工日,拌和机 0.01 台班。

(2)散水带明沟者,散水、明沟应分别套用。明沟带混凝土预制盖板,其盖板应另行计算(明沟排水口处有沟头者,沟头另计)。

8.1.2 工程量计算规则

8.1.2.1 地面垫层

地面垫层按主墙间净面积乘以设计厚度以立方米(m³)计算,应扣除凸出地面的构筑物、设备基础、室内铁道、地沟等所占体积,不扣除柱、垛、间壁墙、附墙烟囱及面积在 0.3m² 以内孔洞所占体积,但门洞、空圈、暖气包槽、壁龛的开口部分亦不增加。

8.1.2.2 找平层、整体面层

(1)均按主墙间净空面积以平方米(m²)计算,应扣除凸出地面建筑物、设备基础、地沟等所占面积,不扣除柱、垛、间壁墙、附墙烟囱及面积在 0.3m² 以内孔洞所占面积,但门洞、空圈、暖气包槽、壁龛的开口部分亦不增加。看台台阶、阶梯教室地面整体面层按展开后的净面积计算。

(2)抹灰楼梯按水平投影面积计算,包括踏步、踢脚板、踢脚线、平台、堵头抹面。楼梯井宽在 200mm 以内者不扣除,超过 200mm 者,应扣除其面积,楼梯间与走廊连接的,应算至楼梯梁的外侧。

(3)台阶(包括踏步及最上一步踏步口外延 300mm)整体面层按水平投影面积以平方米(m²)计算。

(4)水泥砂浆、水磨石踢脚线按延长米计算。其洞口、门口长度不予扣除,但洞口、门口、垛、附墙烟囱等侧壁也不增加。

8.1.2.3 块料面层

(1)大理石、花岗岩镶贴地面分为现场切割石材镶贴和成品拼花镶贴两种,前者又分为普通镶贴、简单图案镶贴和复杂图案镶贴三种形式。

1)普通镶贴:按图示尺寸实铺面积以平方米计算。应扣除凸出地面的构筑物、设备基础、柱、间壁墙等不做面层的部分,0.3m² 以内的孔洞面积不扣除。门洞、空圈、暖气包槽、壁龛的开口部分的工程量另增并入相应的面层计算。

2)简单、复杂图案镶贴:按简单复杂图案的矩形面积计算,在计算该图案之外的面积时,也按矩形面积扣除。

3)成品拼花石材铺贴:按设计图案的面积计算,在计算该图案之外的面积时,也按设计图案面积扣除。

(2)楼梯、台阶按展开面积计算,应将楼梯踏步板、踢脚板、休息平台、端头踢脚线、端部两个三角形堵头工程量合并计算,套楼梯相应定额。台阶应将水平面、垂直面合并计算，套台阶相应定额。

（3）块料面层踢脚线，按图示尺寸以实贴延长米计算，门洞扣除，侧壁另加。

（4）楼地面铺设木地板、地毯以实铺面积计算。楼梯地毯压棍安装以套计算。

（5）酸洗打蜡工程量计算同块料面层的相应项目（即展开面积）。

8.1.2.4　其他

（1）栏杆、扶手、扶手下托板均按扶手的延长米计算，楼梯踏步部分的栏杆与扶手应按水平投影长度乘以系数 1.18。

（2）斜坡、散水、蹉蹉均按水平投影面积以平方米（m^2）计算，明沟与散水连在一起，明沟按宽 300mm 计算，其余为散水，散水、明沟应分开计算。散水、明沟应扣除踏步、斜坡、花台等的长度。

（3）明沟按图示尺寸以延长米计算。

（4）地面、石材面嵌金属和楼梯防滑条均按延长米计算。

【例 8 - 1】　某一层建筑平面图如图 8-1 所示，室内地坪标高 ±0.00，室外地坪标高 −0.45m，土方堆积地距离房屋 150m。该地面做法：1:2 水泥砂浆面层 20mm，C15 混凝土垫层 80mm，碎石垫层 100mm，夯填地面土；踢脚线：120mm 高水泥砂浆踢脚线；Z：300mm×300mm；M1：1200mm×2000mm；台阶：100mm 碎石垫层，C15 混凝土，1:2 水泥砂浆面层；散水：C15 混凝土 600mm 宽，按苏 J9508 图集施工（不考虑模板）；踏步高 150mm。求地面部分工程量和综合单价及合价。

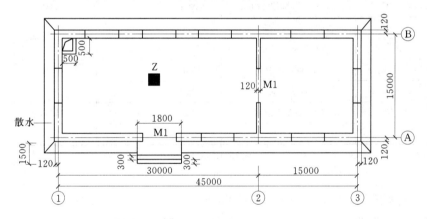

图 8-1　地面工程

分析：平台的工程量合并到地面中一并计算；水泥砂浆踢脚线高度与定额不符，不换算。计算工程量时，按照统筹的原则，最好先算面积，再算体积。

解：（1）列项目：挖回填（1—1）、人工运回填土（1—92＋1—95×2）、夯填地面土（1—102）、碎石垫层（12—9）、混凝土垫层（12—11）、水泥砂浆面层（12—22）、水泥砂浆踢脚线（12—27）、台阶原土打底夯（1—99）、台阶碎石垫层（12—9）、混凝土台阶（5—51）、台阶面层（12—25）、混凝土散水（12—172）。

（2）计算工程量。

水泥砂浆地面：$S=(45-0.24)\times(15-0.24)+0.6\times1.8=661.70m^2$

挖回填土、人工运回填土、夯填地面土 $V_1 = S \times (0.45 - 0.1 - 0.08 - 0.02) = 165.43 \text{m}^3$

碎石垫层：$V_2 = S \times 0.1 = 66.17 \text{m}^3$

混凝土垫层：$V_3 = S \times 0.08 = 52.94 \text{m}^3$

水泥砂浆踢脚线：$(45 - 0.24 - 0.12) \times 2 + (15 - 0.24) \times 4 = 148.3 \text{m}$

台阶地面原土打底夯、混凝土台阶、台阶粉面：$1.8 \times 0.9 = 1.62 \text{m}^2$

台阶碎石垫层：$1.62 \times 0.1 = 0.16 \text{m}^3$（小数点后保留两位有效数字）

混凝土散水：$0.6 \times [(45.24 + 0.6 + 15.24 + 0.6) \times 2 - 1.8] = 72.94 \text{m}^2$

（3）套定额，计算结果见表 8-1。

表 8-1　　　　　　　　　　　　　计 算 结 果

序号	定额编号	项 目 名 称	计量单位	工程量	综合单价 （元）	合　价 （元）
1	1—1	人工挖一类回填土	m³	165.43	3.95	653.45
2	1—92+1—95×2	人工运土 150m 以内	m³	165.43	8.61	1424.35
3	1—102	夯填地面土	m³	165.43	9.44	1561.66
4	12—9	碎石垫层	m³	66.17	82.53	5461.01
5	12—11 换	C15 混凝土垫层	m³	52.94	215.79	11423.92
6	12—22	水泥砂浆地面厚 20mm	10m²	66.17	80.63	5335.29
7	12—27	水泥砂浆踢脚线 120mm	10m	14.83	25.07	371.79
8	1—99	台阶地面原土打底夯	10m²	0.162	4.65	0.75
9	12—9	台阶碎石垫层	m³	0.16	82.53	13.20
10	5—51 换	C15 混凝土台阶	10m²	0.162	379.18	61.43
11	12—25	台阶粉面	10m²	0.162	180.19	29.19
12	12—172	C15 混凝土散水	10m²	7.294	276.50	2016.79
合计						28352.83

注　5—51 换：$410.92 - 289.18 + 1.63 \times 157.94 = 379.18$ 元/10m²。

　　12—11 换：$213.08 - 156.81 + 159.52 = 215.79$ 元/m³。

答：该地面部分工程的合价为 28352.83 元。

【例 8-2】　如图 8-1 所示地面、平台及台阶粘贴镜面同质地砖，设计的构造为：素水泥浆一道；20mm 厚 1:3 水泥砂浆找平层；5mm 厚 1:2 水泥砂浆粘贴 500mm×500mm×5mm 镜面同质地砖（预算价 35 元/块）；踢脚线 150mm 高；台阶及平台侧面不贴同质砖，粉 15mm 底层，5mm 面层。同质砖面层进行酸洗打蜡。用计价表计算同质地砖的工程量、综合单价及合价。

解：（1）列项目：地面贴地砖（12—94）、台阶贴地砖（12—101）、同质砖踢脚线（12—102）、地面酸洗打蜡（12—121）、台阶酸洗打蜡（12—122）。

（2）计算工程量。

地面同质砖、酸洗打蜡：$(45 - 0.24 - 0.12) \times (15 - 0.24) - 0.3 \times 0.3 - 0.5 \times 0.5 + 1.2 \times 0.12 + 1.2 \times 0.24 + 1.8 \times 0.6 = 660.06 \text{m}^2$

台阶同质砖、酸洗打蜡：$1.8 \times (3 \times 0.3 + 3 \times 0.15) = 2.43 m^2$

踢脚线：$(45 - 0.24 - 0.12) \times 2 + (15 - 0.24) \times 4 - 3 \times 1.2 + 2 \times 0.12 + 2 \times 0.24$
$= 145.44 m$

（3）套定额，计算结果见表 8 - 2。

表 8 - 2　　　　　　　　　　　计 算 结 果

序号	定额编号	项 目 名 称	计量单位	工程量	综合单价（元）	合价（元）
1	12—94 换	地面 500mm×500mm 镜面同质砖	$10m^2$	66.006	1631.9	107715.19
2	12—101 换	台阶同质地砖	$10m^2$	0.243	1783.67	433.43
3	12—102 换	同质砖踢脚线 150mm	10m	14.544	266.86	3881.21
4	12—121	地面酸洗打蜡	$10m^2$	66.006	22.73	1500.32
5	12—122	台阶酸洗打蜡	$10m^2$	0.243	31.09	7.55
合计						113537.70

注　1. 地面镜面同质地砖块数：$10 \div (0.5 \times 0.5) \times 1.02 = 41$ 块。

　　2. 12—94 换：$414.98 - 218.08 + 41 \times 35 = 1631.9$ 元/$10m^2$。

　　3. 12—101 换：$584.42 - 274.95 + (0.3 \times 0.3) \div (0.5 \times 0.5) \times 117 \times 35 = 1783.67$ 元/$10m^2$。

　　4. 12—102 换：$92.61 - 39.95 + 0.3^2 \div 0.5^2 \times 17 \times 35 = 266.86$ 元/10m。

答：该块料面层的合价为 113537.70 元。

8.2　墙 柱 面 工 程

本节主要内容包括：一般抹灰、装饰抹灰、镶贴块料面层和木装修及其他四部分。

（1）一般抹灰包括：①纸筋石灰砂浆；②水泥砂浆；③混合砂浆；④其他砂浆；⑤砖石墙面勾缝。

（2）装饰抹灰包括：①水刷石；②干粘石；③斩假石；④嵌缝及其他。

（3）镶嵌块料面层包括：①大理石板；②花岗岩板；③瓷砖；④外墙釉面砖、⑤陶瓷锦砖；⑥凹凸假麻石；⑦波形面砖；⑧文化石。

（4）木装修及其他包括：①钢木龙骨；②隔墙龙骨；③夹板龙骨；④各种面层；⑤幕墙；⑥网塑夹芯板墙；⑦彩钢夹芯板墙。

8.2.1　有关规定

8.2.1.1　一般规定

（1）本节按中级抹灰考虑，设计砂浆品种、饰面材料规格如与定额取定不同时，应按设计调整，但人工数量不变。

（2）本节均不包括抹灰脚手架费用，脚手架费用按计价表第十九章相应子目执行。

8.2.1.2　柱墙面装饰

（1）抹灰砂浆和镶贴块料面层的砂浆，其砂浆的种类（混合砂浆、水泥砂浆、普通白水泥石子浆、白水泥彩色石子浆或白水泥加颜料的彩色石子浆）和配合比（1∶2、1∶3、1∶2.5 等）、规格（每块的尺寸）与设计不同，应调整单价。内墙贴瓷砖，外墙面釉面砖定额黏结层是按 1：0.1：2.5 混合砂浆编制的，也编制了用素水泥浆作黏结层的定额，可根据实际情况分别套用定额。

（2）一般抹灰阳台、雨篷项目为单项定额中的综合子目，定额内容包括平面、侧面、底面（天棚面）及挑出墙面的梁抹灰。

（3）在圆弧形墙面、梁面抹灰或镶贴块料面层（包括挂贴、干挂大理石、花岗岩板），按相应定额项目人工乘以系数 1.18（工程量按其弧形面积计算）。块料面层中带有弧边的石材损耗，应按实调整，每 10m 弧形部分，切贴人工增加 0.6 工日，合金钢切割片 0.14 片，石料切割机 0.6 台班。

（4）花岗岩、大理石块料面层均不包括阳角处磨边，设计要求磨边或墙、柱面贴石材装饰线条者，按相应章节相应项目执行。设计线条重叠数次，套相应"装饰线条"数次。

花岗岩、大理石板的磨边、墙、柱面设计贴石材线条应按计价表第十七章的相应项目执行。

（5）外墙面窗间墙、窗下墙同时抹灰，按外墙抹灰相应子目执行，单独圈梁抹灰（包括门、窗洞口顶部）按腰线子目执行，附着在混凝土梁上的混凝土线条抹灰按混凝土装饰线条抹灰子目执行。但窗间墙单独抹灰或镶贴块料面层，按相应人工乘以系数 1.15。

（6）内外墙贴面砖的规格与定额取定规格不符，数量应按下式确定：

$$实际数量 = \frac{10m^2 \times (1 + 相应损耗率)}{(砖长 + 灰缝宽) \times (砖宽 + 灰缝厚)}$$

（7）高在 3.60m 以内的围墙抹灰均按内墙面相应抹灰子目执行。

（8）计价表 13—83、13—84 子目仅适用于干粉型粘贴大理石。干挂花岗岩，大理石板的钻孔成槽已经包括在相应定额中，如供应商已将钻孔成槽完成，则定额中应扣除 10% 的人工费和 10 元/10m² 的其他机械费。干挂大理石、花岗岩板中的不锈钢连接件、连接螺栓、插棍数量按设计用量加 2% 的损耗进行调整。墙、柱面挂、贴大理石（花岗岩）板材的定额中，已包括酸洗打蜡费用。

（9）墙、柱面灌浆挂贴金山石（成品）按挂贴花岗岩［金山石（120mm）是花岗岩的一种］相应定额子目将铜丝乘以系数 3.0，人工乘以系数 1.4；墙、柱面干挂金山石按相应干挂花岗岩板的项目执行，人工乘以系数 1.2，取消切割机与切割锯片，花岗岩单价换算，其他不变。

干挂大理石勾缝中的缝以 2cm 以内为准，干挂花岗岩勾缝中的缝以 6mm 以内为准，若超过按大理石、花岗岩密封胶用量换算。

挂贴大理石、花岗岩的钢筋用量，设计与定额不同，按设计用量加 2% 损耗后进行调整。

在金山石（12cm）面上需剁斧时，按计价表第三章相应项目执行，本节斩假石已包括底、面抹灰砂浆在内。

（10）本节混凝土墙、柱、梁面的抹灰底层已包括刷一道素水泥浆在内，设计刷两道，每增一道按计价表 13－71、13－72 相应项目执行。

（11）外墙内表面的抹灰按内墙面抹灰子目执行；砌块墙面的抹灰按混凝土墙面相应抹灰子目执行。

8.2.1.3　内墙、柱面木装饰及柱面包钢板

（1）本节定额中各种隔断、墙裙的龙骨、衬板基层、面层是按一般常用做法编制的。其防潮层、龙骨、基层、面层均应分开列项。墙面防潮层按计价表第九章相应项目执行，面层的装饰线条（如墙裙压顶线、压条、踢脚线、阴角线、阳角线、门窗贴脸等）均应按计价表第十七章的有关项目执行。

墙面、墙裙（计价表 13—155 子目）子目中的普通成材由龙骨 0.053m³，木砖 0.057m³ 组成，断面、间距不同要调整龙骨含量，龙骨与墙面的固定不用木砖，而用木砖固定者，应扣除木砖与木针的差额 0.04m³ 的普通成材。

龙骨含量调整方法如下：

断面不同按正比例调整材积；间距不同的按反比例调整材积（该定额材积是指有断面调整时应按断面调整以后的材积）。

（2）隔墙龙骨分为轻钢龙骨、铝合金龙骨、型钢龙骨、木龙骨四种，使用时应分别套用定额并注意其龙骨规格、断面、间距，与定额不符应按定额规定调整含量，应分清什么是隔墙，什么是隔断。轻钢、铝合金隔墙龙骨设计用量与定额不符应按下式调整：

$$竖（横）龙骨用量＝单位工程中竖（横）龙骨设计用量/单位工程隔墙面积$$

$$×（1＋规定损耗率）×10m^2$$

式中：规定损耗率，轻钢龙骨为 6%，铝合金龙骨为 7%。

（3）计价表 581 页的多层夹板基层是指在龙骨与面层之间设置的一层基层，夹板基层直接钉在木龙骨上还是钉在承重墙面的木砖上，应按设计图纸来判断，有的木装饰墙面、墙裙是有凹凸起伏的立体感，他是由于在夹板基层上局部再钉或多次再钉一层或多层夹板形成的。故凡有凹凸面的墙面、墙裙木装饰，按凸出面的面积计算，每 10m² 另加 1.9 工日，夹板按 10.5m² 计算，其他均不再增加。

（4）墙、柱梁面木装饰的各种面层，应按设计图纸要求列项，并分别套用定额。在使用这些定额时，应注意定额项目内容及下面的注解要求。

（5）镜面玻璃贴在柱、墙面的夹板基层上还是水泥砂浆基层上，应按设计图纸而定，分别套用定额。

（6）墙面和门窗的侧面进行同标准的木装饰，则墙面与门窗侧面的工程量合并计算，执行墙面定额。如单独门、窗套木装修，应按计价表第十七章的相应子目执行。工程量按图示展开面积计算。

（7）木饰面子目的木基层均未含防火材料，设计要求刷防火漆，按计价表第十六章中相应子目执行。

（8）装饰面层中均未包括墙裙压顶线、压条、踢脚线、门窗贴脸等装饰线，设计有要求者，应按相应章节子目执行。

（9）一般的玻璃幕墙要算 3 个项目，包括幕墙，幕墙与自然楼层的连接，幕墙与建筑物的顶端、侧面封边。

铝合金幕墙龙骨含量、装饰板的品种设计要求与定额不同时应调整，但人工、机械不变。铝合金骨架型材应按下式调整

每 10m² 骨架含量＝单位工程幕墙竖筋、横筋设计长度之和（横筋长按竖筋中心到中心的距离计算）/单位幕墙面积×10m²×1.07。

（10）铝合金玻璃幕墙（计价表 13—222～13—231）项目中的避雷焊接，已在安装定额中考虑，故本项目中不含避雷焊接的人工及材料费。

（11）不锈钢镜面板包柱，其钢板成型加工费绝大部分施工企业都无法加工，应到当地有关部门加工厂进行加工，其加工费应按当地市场价格另行计算。

（12）网塑夹芯板之间设置加固方钢立柱、横梁应根据设计要求按相应章节子目执行。

（13）本定额未包括玻璃、石材的车边、磨边费用。石材车边、磨边按相应章节子目执行；玻璃车边费用按市场加工费另行计算。

8.2.2　工程量计算规则

8.2.2.1　内墙面抹灰

（1）内墙面抹灰面积应扣除门窗洞口和空圈所占的面积，不扣除踢脚线、挂镜线、0.3m² 以内的孔洞和墙与构件交接处的面积，但其洞口侧壁和顶面抹灰亦不增加。垛的侧面抹灰面积应并入内墙面工程量内计算。

内墙面抹灰长度，以主墙间的图示净长（结构尺寸）计算，不扣除间壁所占的面积。其高度确定时，不论有无踢脚线，高度均自室内地坪面或楼面算至天棚底面。

（2）石灰砂浆、混合砂浆粉刷中已包括水泥护角线，不另行计算。

（3）柱和单梁的抹灰按结构展开面积计算，柱与梁或梁与梁接头的面积不予扣除。砖墙面中平墙面的混凝土柱、梁等的抹灰（包括侧壁）应并入墙面抹灰工程量内计算。凸出墙面的混凝土柱、梁面（包括侧壁）抹灰工程量应单独计算，按相应子目执行。

（4）厕所、浴室隔断抹灰工程量，按单面垂直投影面积乘以系数 2.3 计算。

8.2.2.2　外墙面抹灰

（1）外墙面抹灰面积按外墙面的垂直投影面积计算，应扣除门窗洞口和空圈所占的面积，不扣除 0.3m² 以内的孔洞面积。但门窗洞口、空圈的侧壁、顶面及垛等抹灰，应按结构展开面积并入墙面抹灰中计算。外墙面不同品种砂浆抹灰，应分别按相应子目执行。

（2）外墙窗间墙与窗下墙均抹灰，以展开面积计算。

（3）挑檐、天沟、腰线、扶手、单独门窗套、窗台线、压顶等，均以结构尺寸展开面积计算。窗台线与腰线连接时，并入腰线内计算。

（4）外窗台抹灰长度，如设计图纸无规定时，可按窗洞口宽度两边共加 20cm 计算。窗台展开宽度一砖墙按 36cm 计算，每增加半砖墙则累增 12cm。

单独圈梁抹灰（包括门、窗洞口顶部）、附着在混凝土梁上的混凝土装饰线条抹灰均以展开面积以平方米（m²）计算。

（5）阳台、雨篷抹灰按水平投影面积计算。定额中已包括顶面、底面、侧面及牛腿的全部抹灰面积。阳台栏杆、栏板、垂直遮阳板抹灰另列项目计算。栏板以单面垂直投影面积乘以系数 2.1。

（6）水平遮阳板顶面、侧面抹灰按其水平投影面积乘以系数 1.5，板底面积并入天棚

抹灰内计算。

(7) 勾缝按墙面垂直投影面积计算，应扣除墙裙、腰线和挑檐的抹灰面积，不扣除门、窗套、零星抹灰和门、窗洞口等面积，但垛的侧面、门窗洞侧壁和顶面的面积亦不增加。

8.2.2.3　镶贴块料面层及花岗岩（大理石）板挂贴

(1) 内、外墙面，柱梁面，零星项目镶贴块料面层均按块料面层的建筑尺寸（各块料面层加上粘贴砂浆等于 25mm）面积计算。门窗洞口面积应扣除，侧壁、附垛贴面应并入墙面工程量中，内墙面腰线花砖按延长米计算。

(2) 窗台、腰线、门窗套、天沟、挑檐、盥洗槽、池脚等块料面层镶贴，均以建筑尺寸的展开面积（包括砂浆及块料面层厚度）按零星项目计算。

(3) 花岗岩、大理石板砂浆粘贴、挂贴均按面层的建筑尺寸（包括干挂空间、砂浆、板厚度）展开面积计算。

(4) 贴花岗岩或大理石板材的圆柱定额，分一个独立柱 4 拼或 6 拼贴两个子目，其工程量按贴好后的石材面外围周长乘以柱高计算（有柱帽、柱脚时，柱高应扣除），石材柱墩、柱帽的工程量应按其结构的直径加上 100mm 后的周长乘其柱墩、柱帽的高度计算，圆柱腰线按石材柱面的周长计算。柱身、柱墩、柱帽及柱腰线均应分别另列子目计算。

8.2.2.4　内墙、柱木装饰及柱包不锈钢镜面

(1) 内墙、内墙裙、柱（梁）面的计算。

木装饰龙骨、衬板、面层及粘贴切片板按净面积计算，并扣除门、窗洞口及 $0.3m^2$ 以上的孔洞所占的面积，附墙垛及门、窗侧壁并入墙面工程量内计算。

单独门、窗套按相应章节的相应子目计算。

柱、梁按展开宽度乘以净长计算。

(2) 不锈钢镜面、各种装饰板面的计算。

方柱、圆柱、方柱包圆柱的面层，按周长乘地面（楼面）至天棚底面的图示高度计算，若地面天棚面有柱帽、底脚时，则高度应从柱脚上表面至柱帽下表面计算。柱帽、柱脚，按面层的展开面积以平方米（m^2）计算，套柱帽、柱脚子目。

(3) 玻璃幕墙以框外围面积的计算。

幕墙与建筑顶端、两端的封边按图示尺寸以平方米（m^2）计算，自然层的水平隔离与建筑物的连接按延长米计算（连接层包括上、下镀锌钢板在内）。幕墙上下设计有窗者，计算幕墙面积时，窗面积不扣除，但每 $10m^2$ 窗面积另增加幕墙框料 25kg、人工 5 工日（幕墙上铝合金窗不再另外计算）。

石材圆柱面按石材面外周周长乘以柱高（或扣除柱墩、帽高度）以平方米（m^2）计算。石材柱墩、柱帽按结构柱直径加 100mm 后的周长乘其高度以平方米（m^2）计算。圆柱腰线按石材面周长计算。

【例 8-3】　某一层建筑如图 8-2，Z 直径为 600mm，M1 洞口尺寸 1200mm ×2000mm，C1 尺寸 1200mm×1500mm×80mm，墙内部采用 15mm1：1：6 混合砂浆找平，5mm1：0.3：3 混合砂浆抹面，外部墙面和柱采用 12mm1：3 水泥砂浆找平，8mm

1：2.5 水泥砂浆抹面，外墙抹灰面内采用 3mm 玻璃条分隔嵌缝，用计价表计算墙、柱面部分粉刷的工程量和综合单价及合价。

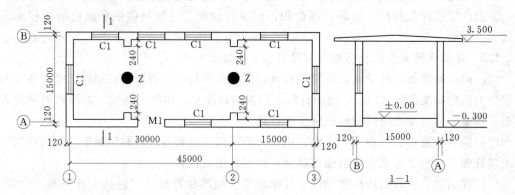

图 8-2　墙、柱面工程图

解：（1）列项目：外墙内表面抹混合砂浆（13—31）、柱面抹水泥砂浆（13—28）、外墙外表面抹水泥砂浆（13—11）、外墙抹灰面玻璃条嵌缝（13—69）。

（2）计算工程量。

外墙内表面抹混合砂浆：$[(45-0.24+15-0.24)\times2+8\times0.24]\times3.5-1.2\times1.5\times8-1.2\times2=467.04m^2$

柱面抹水泥砂浆：$3.1416\times0.6\times3.5\times2=13.19m^2$

外墙外表面抹水泥砂浆：$(45.24+15.24)\times2\times3.8-1.2\times1.5\times8-1.2\times2+2\times(1.2+1.5)\times0.24\times8+(1.2+2\times2)\times0.24=454.46m^2$

墙面嵌缝：$(45.24+15.24)\times2\times3.8=459.65m^2$

（3）套定额，计算结果见表 8-3。

表 8-3　　　　　　　　　　计 算 结 果

序号	定额编号	项目名称	计量单位	工程量	综合单价（元）	合价（元）
1	13—31	外墙内表面抹混合砂浆	10m²	46.704	87.06	4066.05
2	13—28	柱面抹水泥砂浆	10m²	1.319	152.18	200.73
3	13—11	外墙外表面抹水泥砂浆	10m²	45.446	111.19	5053.14
4	13—69	外墙抹灰面玻璃条嵌缝	10m²	45.965	21.68	996.52
合计						10316.44

答：该墙、柱面抹灰工程的合价为 10316.44 元。

【例 8-4】　上图墙面和柱面均采用湿挂花岗岩（采用 1：2.5 水泥砂浆灌缝 50mm 厚，花岗岩板 25mm 厚），柱面采用 6 拼，石材面进行酸洗打蜡（门窗洞口不考虑装饰）。用计价表计算墙、柱面装饰的工程量和综合单价及合价。

分析：墙、柱面挂贴花岗岩板材的项目中，已包含酸洗打蜡的费用。

解：（1）列项目：砖墙面湿挂花岗岩（13—89）、圆柱面湿挂花岗岩（13—105）。

（2）计算工程量。

1）墙面花岗岩。

内表面：$[(45-0.24-2\times0.05+15-0.24-2\times0.075)\times2+8\times0.24]\times3.5-1.2\times1.5\times8-1.2\times2=404.81m^2$

外表面：$(45.24+2\times0.05+15.24+2\times0.075)\times2\times3.8-1.2\times1.5\times8-1.2\times2=443.04m^2$

小计：$847.85m^2$

2）圆柱面花岗岩。

$$3.14\times(0.6+2\times0.075)\times3.5\times2=16.49m^2$$

（3）套定额，计算结果见表 8-4。

表 8-4　　　　　　　　　　计 算 结 果

序号	定额编号	项 目 名 称	计量单位	工程量	综合单价（元）	合价（元）
1	13—89	墙面挂贴花岗岩	$10m^2$	84.785	3070.19	260306.06
2	13—105 换	圆柱面六拼挂贴花岗岩	$10m^2$	1.649	15689.52	25872.02
合计						286178.08

注　13—105 换：$15696.93-119.39+0.562\times199.26=15689.52$ 元$/10m^2$。

答：该墙、柱面装饰工程合价为 286178.08 元。

8.3 天 棚 工 程

本节主要内容包括：天棚龙骨，天棚面层及饰面，扣板雨篷、采光天棚，天棚检修道，天棚抹灰五部分。

（1）天棚龙骨包括：①方木龙骨；②轻钢龙骨；③铝合金龙骨；④铝合金方板龙骨；⑤铝合金条板龙骨；⑥天棚吊筋。

（2）天棚面层及饰面包括：①三、五夹板面层；②钙塑板面层；③纸面石膏板面层；④切片板面层；⑤铝合金方板面层；⑥铝合金条板面层；⑦其他饰面。

（3）扣板雨篷、采光天棚包括：①铝合金扣板雨篷；②采光天棚。

（4）天棚抹灰包括：①抹灰面层；②预制板底勾缝及装饰线。

8.3.1 有关规定

8.3.1.1 天棚的骨架基层

天棚的骨架（龙骨）基层分为简单型和复杂型两种。

（1）简单型：每间面层在同一标高上为简单型。

（2）复杂型：每间面层不在同一标高平面上，但必须同时满足以下两个条件。

1）高差在 100mm 或 100mm 以上。

2）少数面积占该间面积 15% 以上，满足这两个条件，其天棚龙骨就按复杂型定额执行。

8.3.1.2 天棚吊筋、龙骨和面层

天棚吊筋、龙骨与面层应分开计算，按设计套用相应定额。

1. 吊筋

（1）钢吊筋。本定额吊筋是按膨胀螺栓连接在楼板上的钢吊筋考虑的，天棚钢吊筋按 13 根/10m² 计算，定额吊筋高度按 1m（面层至混凝土板底表面）计算，高度不同按每增减 10cm（不足 10cm 四舍五入）进行调整，但吊筋根数不得调整，吊筋规格的取定应按设计图纸选用。不论吊筋与事先预埋好的铁件焊接还是用膨胀螺栓打洞连接，均按本定额天棚吊筋定额执行。吊筋的安装人工 0.67 工日/10m² 已经包括在相应定额的龙骨安装人工中。设计小房间（厨房、厕所）内不用吊筋时，不能计算吊筋项目，并扣除相应定额中人工含量 0.67 工日/10m²。

（2）木吊筋。木龙骨中已包含木吊筋的内容。设计采用钢吊筋，应扣除定额中木吊筋及大龙骨含量，钢筋吊筋按天棚吊筋子目执行。

木吊筋高度的取定：计价表 14—1、14—2 子目为 450mm，断面按 50mm×50mm，计价表 14—3、14—4 子目为 300mm，断面按 50mm×40mm 设计高度，断面不同，按比例调整吊筋用量。

本定额中木吊筋按简单型考虑，复杂型按相应项目人工乘以系数 1.20，增加普通成材 0.02m³/10m²。

2. 龙骨

（1）方木龙骨。本定额中主、次龙骨间距、断面的规定如下。

1）计价表 14—1、14—2 子目（木龙骨断面搁在墙上）中主龙骨断面按 50mm×70mm@500mm 考虑，中龙骨断面按 50mm×50mm@500mm 考虑。

2）计价表 14—3 子目（木龙骨吊在混凝土板下）中主龙骨断面按 50mm×40mm@600mm 考虑，中龙骨断面按 50mm×40mm@300mm 考虑。

3）计价表 14—4 子目中（木龙骨吊在混凝土板下）中主龙骨断面按 50mm×40mm@800mm 考虑，中龙骨断面按 50mm×40mm@400mm 考虑。

设计断面不同，按设计用量加 6% 损耗调整龙骨含量，木吊筋按定额比例调整。

计价表 14—1～14—4 子目中未包括刨光人工及机械，如龙骨需要单面刨光时，每 10m² 增加人工 0.06 工日，机械单面压刨机 0.07 个台班。

（2）U 形轻钢龙骨、T 形铝合金龙骨。定额中大、中、小龙骨断面的规定如下。

U 形轻钢龙骨上人型 $\begin{cases} 大龙骨\ 60mm×27mm×1.5mm（高×宽×厚）\\ 中龙骨\ 50mm×20mm×0.5mm（高×宽×厚）\\ 小龙骨\ 25mm×20mm×0.5mm（高×宽×厚） \end{cases}$

U 形轻钢龙骨不上人型 $\begin{cases} 大龙骨\ 45mm×15mm×1.2mm（高×宽×厚）\\ 中龙骨\ 50mm×20mm×0.5mm（高×宽×厚）\\ 小龙骨\ 25mm×20mm×0.5mm（高×宽×厚） \end{cases}$

T 形铝合金龙骨上人型 $\begin{cases} 轻钢大龙骨\ 60mm×27mm×1.5mm（高×宽×厚）\\ 铝合金\ T\ 形主龙骨\ 20mm×35mm×0.8mm（高×宽×厚）\\ 铝合金\ T\ 形副龙骨\ 20mm×22mm×0.6mm（高×宽×厚） \end{cases}$

T 形铝合金龙骨不上人型 $\begin{cases} 轻钢大龙骨\ 45mm×15mm×1.2mm（高×宽×厚）\\ 铝合金\ T\ 形主龙骨\ 20mm×35mm×0.8mm（高×宽×厚）\\ 铝合金\ T\ 形副龙骨\ 20mm×22mm×0.6mm（高×宽×厚） \end{cases}$

设计与定额不符，应按设计长度用量轻钢龙骨加 6%、铝合金龙骨加 7% 损耗调整定额中的含量。

（3）本定额轻钢、铝合金龙骨是按双层编制的，设计为单层龙骨（大、中龙骨均在同一平面上）在套用定额时，应扣除定额中的小（副）龙骨及配件，人工乘以系数 0.87，其他不变，设计小（副）龙骨用中龙骨代替时，其单价应调整。

（4）定额中各种大、中、小龙骨的含量是按面层龙骨的方格尺寸取定的，因此套用定额时应按设计面层的龙骨方格选用，当设计面层的龙骨方格尺寸在无法套用定额的情况下，可按下列方法调整定额中龙骨含量，其他不变。

木龙骨含量调整如下。

1）计算出设计图纸，大、中、小龙骨（含横撑）的普通成材材积。

2）按工程量计算规则计算出该天棚的龙骨面积。

3）计算每 10m² 的天棚的龙骨含量。

$$龙骨含量 = \frac{设计普通成材材积 \times 1.06}{天棚龙骨面积} \times 10$$

4）将计算出大、中、小龙骨每 10m² 的含量带入相应定额，重新组合天棚龙骨的综合单价即可。

U 形轻钢龙骨及 T 形铝合金龙骨的调整如下。

1）按房间号计算出主墙间的水平投影面积。

2）按图纸和规范要求，计算出相应房号内大、中、小龙骨的长度用量。

3）计算每 10m² 的大、中、小铝合金龙骨含量。

$$大龙骨含量 = \frac{计算的大龙骨长度 \times 1.07}{计算的房间面积} \times 10$$

中、小龙骨含量计算方法同大龙骨。

（5）方板、条板铝合金龙骨的使用。凡方板天棚应配套使用方板铝合金龙骨，龙骨项目以面板的尺寸确定。凡条板天棚面层均配套使用条板铝合金龙骨。

3. 装饰面层

定额中面层安装设有凹凸子目的，凹凸指的是龙筋不在同一平面上。例如，防火板、宝丽板是按平面贴板考虑的，如在凹凸面上贴板，人工乘以系数 1.20，板损耗增加 5%。

塑料扣板面层子目中已包括木龙骨在内，但未包括吊筋，设计钢筋吊筋，套用天棚吊筋子目。

胶合板面层在现场钻吸音孔时，按钻孔板部分的面积，每 10m² 增加人工 0.64 工日计算。

4. 木质骨架及面层

木质骨架及面层的上表面，未包括刷防火漆，设计要求刷防火漆时，应按计价表第十六章相应定额子目计算。天棚面层中回光槽按计价表第十七章定额执行。

8.3.1.3 天棚检修道

（1）上人型天棚吊顶检修道，分为固定、活动两种，应按设计分别套用定额。

（2）固定走道板的铁件按设计用量进行调整，走道板宽按 500mm 计算，厚按 30mm 计算，不同可换算。

（3）活动走道板每 10m 按 5m 长计算，前后可以移动（间隔放置），设计不同应调整。

8.3.1.4　抹灰面层

（1）天棚面的抹灰按中级抹灰考虑，所取定的砂浆品种、厚度见定额附录七。设计砂浆品种（纸筋石灰浆除外）厚度与定额不同均应按比例调整，但人工数量不变。

（2）天棚与墙面交接处，如抹小圆角，人工已包括在定额中，每 $10m^2$ 天棚抹面增加砂浆 $0.005m^3$，200L 砂浆搅拌机 0.001 台班。

（3）拱形楼板天棚面抹灰按相应定额人工乘以系数 1.5。

8.3.2　工程量计算规则

8.3.2.1　天棚饰面

本定额天棚饰面的面积按净面积计算，不扣除间壁墙、检修孔、附墙烟囱、柱垛和管道所占面积，但应扣除独立柱、$0.3m^2$ 以上灯饰面积（石膏板、夹板天棚面层的灯饰面积不扣除）及与天棚连接的窗帘盒面积。

天棚面层按净面积计算，净面积包括以下两种含义。

（1）主墙间的净面积。

（2）有叠线、折线、假梁等圆弧形、拱形、特殊艺术形式的天棚饰面按展开面积计算，但定额天棚每间以在同一平面上为准。天棚面层设计有圆弧形、拱形时，其圆弧形、拱形部分的面积在套用天棚面层定额人工应增加系数，圆弧形人工增加 15%、拱形（双曲弧形）人工增加 50%。在使用三夹、五夹、切片板凹凸面层定额时，应将凹凸部分（按展开面积）与平面部分工程量合并执行凹凸定额。

8.3.2.2　天棚龙骨

天棚龙骨的面积按主墙间的水平投影面积计算。天棚龙骨的吊筋按每 $10m^2$ 龙骨面积套相应子目计算。圆弧形、拱形的天棚龙骨应按其弧形或拱形部分的水平投影面积计算套用复杂型子目，龙骨用量按设计进行调整，人工和机械按复杂型天棚子目乘以系数 1.8。

8.3.2.3　铝合金扣板、雨篷

铝合金扣板、雨篷均按水平投影面积计算。

8.3.2.4　天棚面抹灰

（1）天棚面抹灰按主墙间天棚水平投影面积计算，不扣除间壁墙、垛、柱、附墙烟囱、检查洞、通风洞、管道等所占面积。

（2）密肋梁、井字梁、带梁天棚抹灰面积，按展开面积计算，并入天棚抹灰工程量内。斜天棚抹灰按斜面积计算。

（3）天棚抹面如抹小圆角者，人工已包括在定额中，材料、机械按附注增加，如带装饰线者，以延长米计算。

（4）楼梯底面、水平遮阳板底面和沿口天棚，并入相应的工程量计算。混凝土楼梯、螺旋楼梯的底板为斜板时，按其水平投影面积（包括休息平台）乘以系数 1.18，底板为锯齿形时（包括预制踏步板），按其水平投影面积乘以系数 1.5 计算。

【例 8-5】　某装饰企业承担某一层房屋的内装饰，其中，天棚为不上人型轻钢龙骨·

方格为 500mm×500mm，吊筋用 $\phi 6$，面层用纸面石膏板，地面至天棚面层净高为 3m，天棚面的阴、阳角线暂不考虑，平面尺寸及简易做法如图 8-3 所示。用计价表计算该企业完成天棚龙骨面层（不包括粘贴胶带及油漆）的综合单价及合价。（已知装饰企业的管理费率为 42%，利润率为 15%）

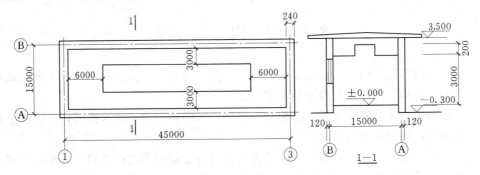

图 8-3 天棚工程

分析： 吊筋用量换算中，每根减 10cm 吊筋长度，调整吊筋用量时，要注意每 $10m^2$ 里按 13 根调整。本例题属于单独装饰工程，需要对管理费和利润进行换算。

解：（1）列项目：吊筋 1（14—41）、吊筋 2（14—41）、复杂型轻钢龙骨（14—10）、凹凸型天棚面层（14—55）。

（2）计算工程量。

吊筋 1：$(45-0.24-12) \times (15-0.24-6) = 286.98 m^2$

吊筋 2：$(45-0.24) \times (15-0.24) - 286.98 = 373.68 m^2$

轻钢龙骨：$(45-0.24) \times (15-0.24) = 660.66 m^2$

$286.98 \div 660.66 = 43.4\% \quad > 15\%$

纸面石膏板：$660.66 + 0.2 \times (45-12.24+15-6.24) \times 2 = 826.74 m^2$

（3）套定额，计算结果见表 8-5。

表 8-5 计 算 结 果

序号	定额编号	项 目 名 称	计量单位	工程量	综合单价（元）	合价（元）
1	14—41 换 1	吊筋 $h=0.3m$	$10m^2$	28.698	42.32	1214.50
2	14—41 换 2	吊筋 $h=0.5m$	$10m^2$	37.368	43.96	1642.70
3	14—10 换	不上人型轻钢龙骨 500mm×500mm	$10m^2$	66.066	384.70	25415.59
4	14—55 换	纸面石膏板	$10m^2$	82.674	233.61	19313.47
合计						47586.26

注 1. 14—41 换 1：$45.99 - 0.102 \times 7 \times 13 \times 0.222 \times 2.80 + 10.48 \times (42\% - 25\% + 15\% - 12\%) = 42.32$ 元/ $10m^2$。

2. 14—41 换 2：$45.99 - 0.102 \times 5 \times 13 \times 0.222 \times 2.80 + 10.48 \times (42\% - 25\% + 15\% - 12\%) = 43.96$ 元/ $10m^2$。

3. 14—10 换：$370.97 + (65.24 + 3.40) \times (42\% - 25\% + 15\% - 12\%) = 384.70$ 元/ $10m^2$。

4. 14—55 换：$225.27 + 41.72 \times (42\% - 25\% + 15\% - 12\%) = 233.61$ 元/ $10m^2$。

答： 该单独装饰工程天棚龙骨面层部分合价为 47586.26 元。

【例 8-6】 计算图 7-27 所示天棚的抹灰工程量。

解：顶棚面积：$(10.8-0.24) \times (6-0.24) = 60.83 \text{m}^2$

梁面积：$(0.5-0.1) \times (6-0.24) \times 4 = 9.22 \text{m}^2$

合计：70.05m^2

答：该图所示天棚的抹灰工程量为 70.05m^2。

8.4 门 窗 工 程

本节主要内容包括购入构件成品安装，铝合金门窗制作、安装，木门、窗框扇制作和安装，装饰木门扇，门、窗五金配件安装5部分。

（1）购入构件成品安装包括：①铝合金门窗；②塑钢门窗；③彩板门窗；④电子感应门；⑤卷帘门；⑥成品木门。

（2）铝合金门窗制作、安装包括：①古铜色门；②银白色门；③铝合金单扇全玻平开门；④铝合金单扇半玻平开门；⑤铝合金亮子双扇无框全玻地弹门；⑥古铜色窗；⑦银白色窗；⑧无框玻璃门扇；⑨门窗框包不锈钢板。

（3）木门、窗框扇制作和安装包括：①普通木窗；②纱窗扇；③工业木窗；④木百叶窗；⑤无框窗扇、圆形窗；⑥半玻木门；⑦镶板门；⑧胶合板门；⑨企口板门；⑩纱门扇；⑪全玻自由门、半截百叶门。

（4）装饰木门扇包括：①细木工板实芯门扇；②其他木门扇；③门扇上包金属软包面。

（5）门、窗五金配件安装包括：①门窗特殊五金；②铝合金五金配件；③木门窗五金配件。

8.4.1 有关规定

8.4.1.1 购入构件成品安装

（1）本节定额购入成品门窗安装子目中的门窗的玻璃及一般五金已包括在相应的成品单价中。套用单独"安装"子目时，不得另外再套用计价表15—356～15—362子目（门窗五金配件安装子目）。该子目适用于铝合金窗现场制作兼安装。

注意：成品单价中所含的五金为一般五金，如为特殊五金（地弹簧、管子拉手、锁等）应另按"门、窗五金配件安装"有关子目执行。

"门、窗五金配件安装"的子目中，五金规格、品种与设计不符均应调整。

（2）成品木门框扇的安装、制作是按机械和手工操作综合编制的。

8.4.1.2 铝合金门窗制作、安装

（1）铝合金门窗制作、安装是按在现场制作编制的，如在构件厂制作，也按本定额执行，但构件厂至现场的运输费用应按当地交通部门的规定运费执行（运费不进入取费基价）。

（2）铝合金门窗制作型材颜色分为古铜色和银白色两种，应按设计分别套用定额，除银白色以外的其他颜色均按古铜色定额执行。

（3）本节铝合金门窗用料定额附表（见计价表第734～750页）中的数量已包括6%损耗在内，表中加括号的用量即为本定额的取定用量。设计型材的规格与定额不符时，可按定额附表"铝合金门窗用料表"中相应型号的相同规格，调整铝合金型材用量，其他

不变。

【例 8 - 7】　双扇推拉窗，定额是按 90 系列，型材厚 1.35～1.4mm 型号制定，并取定外框尺寸 1450mm×1450mm 计算的，铝合金型材含量为 542.26kg。假若实际采用 90 系列 1.5mm 厚的型号，外框尺寸为 1450mm×1550mm，则铝合金型材含量应调整为 613.21kg（见定额中附表）。

（4）铝合金门窗的五金应按"门、窗五金配件安装"另列项目计算。

（5）门窗框与墙或柱的连接是按镀锌铁脚、膨胀螺栓连接考虑的，设计若不同，定额中的铁脚、螺栓应扣除，其他连接件另外增加。

8.4.1.3　木门、窗框扇制作和安装

（1）一般木门窗制作和安装。制作是按机械和手工操作综合编制的。

（2）本节均以一、二类木种为准，如采用三、四类木种（木材分类表见表 7 - 42），木门、窗制作人工和机械费乘以系数 1.30，木门、窗安装人工乘以系数 1.15。

（3）木材规格是按已成型的两个切断面规格料编制的，两个切断面以前的锯缝损耗按总说明规定应另外计算。

（4）本节中注明的木材断面或厚度均以毛料为准，如设计图纸注明的断面或厚度为净料时，应增加断面刨光损耗：一面刨光加 3mm，两面刨光加 5mm，圆木按直径增加 5mm。

（5）本节中的木材是以自然干燥条件下的木材为准编制的，需要烘干时，其烘干费用及损耗由各省、市、地区自行确定。

（6）本章中门、窗框扇断面除注明者外均是按苏 J73—2 常用项目的Ⅲ级断面编制的，其具体取定尺寸如表 8 - 6 所示。

表 8 - 6　　　　　　　　　　　门、窗扇断面取定尺寸表

门窗	门窗类型	边框断面（含刨光损耗）		扇立梃断面（含刨光损耗）	
		定额取定断面（mm）	截面积（cm²）	定额取定断面（mm）	截面积（cm²）
门	半截玻璃门	55×100	55	50×100	50
	冒头板门	55×100	55	45×100	45
	双面胶合板门	55×100	55	38×60	22.80
	纱门			35×100	35
	全玻自由门	70×140（Ⅰ级）	98	50×120	60
	拼板门	55×100	55	50×100	50
	平开、推拉木门			60×120	72
	平开窗	55×100	55	45×65	29.25
窗	纱窗			35×65	22.75
	工业木窗	55×120（Ⅱ级）	66		

设计框、扇断面与定额不同时，应按比例换算。框料以边立框断面为准（框裁口处如为钉条者，应加贴条断面），扇料以立梃断面为准，换算公式为（断面积均以 10m² 为计量单位）

$$\frac{设计断面积(净料加刨光损耗)}{定额断面积} \times 相应项目定额材积$$

或

$$(设计断面积 - 定额断面积) \times 相应项目框、扇每增减 10cm^2 的材积$$

（7）胶合板门的基价是按四八尺（1.22m×2.44m）编制的，剩余的边角料残值已考虑回收，如建设单位供应胶合板，按两倍门扇数量张数供应，每张裁下的边角料全部退还给建设单位（但残值回收取消）。若使用三七尺（0.91m×2.13m）胶合板，定额基价应按括号内的含量换算，并相应扣除定额中的胶合板边角料残值回收值。

【例 8-8】　某无腰单扇胶合板门，胶合板为甲供，其余同计价表规定，请计算该门扇制作的综合单价。

解：查计价表 15—233，取消残值回收。

胶合板们的综合单价：715.65＋22.48＝738.13 元/10m²

答：该门扇制作的综合单价为 738.13 元/10m²。

【例 8-9】　某无腰单扇胶合板门，胶合板为乙供三七尺板，其余同计价表规定，请计算该门扇制作的综合单价。

解：查计价表 15—233，将四八尺板换算成三七尺并取消残值回收。

胶合板们的综合单价：715.65－(273.64－22.48)＋195.70＝660.19 元/10m²

答：该门扇制作的综合单价为 660.19 元/10m²。

（8）门窗制作安装的五金、铁件配件按"门窗五金配件安装"相应项目执行，安装人工已包括在相应定额内。设计门、窗玻璃品种、厚度与定额不符，单价应调整，数量不变。

（9）木质送风口、回风口的制作安装按木质百叶窗定额执行。

（10）设计门、窗有艺术造型等特殊要求时，因设计差异变化较大，其制作、安装应按实际情况另行处理。

（11）"门窗框包不锈钢板"包括门窗骨架在内，应按其骨架的品种分别套用相应定额。

8.4.2　工程量计算规则

（1）购入成品的各种铝合金门窗安装，按门窗洞口面积以平方米（m²）计算，购入成品的木门扇安装，按购入门扇的净面积计算。

（2）现场铝合金门窗扇制作、安装工程量按其洞口面积以 10m² 计算。门带窗者，门的工程量算至门框外边线。平面为圆弧形或异形者按展开面积计算。

（3）各种卷帘门按洞口高度加 600mm 乘以卷帘门实际宽度的面积计算，卷帘门上有小门时，其卷帘门工程量应扣除小门面积。卷帘门上的小门按扇计算，套用计价表 15—25 子目。卷帘门上电动提升装置以套计算。计价表 15—24 子目仅适用于电动提升装置，不适用于手动装置，手动装置的材料、安装人工已包括在相应的定额内，不另增加。

（4）无框玻璃门按其洞口面积计算。无框玻璃门中，部分为固定门扇、部分为开启门扇时，工程量应分别计算。无框门上带亮子时，其亮子与固定门扇合并计算。

（5）门窗框包不锈钢板按不锈钢的展开面积以 10m² 计算，计价表 15—88 及 15—91

子目中均已综合了木框料及基层衬板所需消耗的工料，设计框料断面与定额不符，按设计用量加 5% 损耗调整含量。若仅单独包门窗框不锈钢板时，应按计价表 13—193 子目套用。

木门扇上包金属面或软包面均以门扇净面积计算。无框玻璃门上亮子与门扇之间的钢骨架横撑（外包不锈钢板），按横撑包不锈钢板的展开面积计算。

（6）门窗扇包镀锌铁皮，按门窗洞口面积以平方米（m^2）计算；门窗框包镀锌铁皮、钉橡皮条、钉毛毡按图示门窗洞口尺寸以延长米计算。

（7）木门窗框、扇制作、安装工程量按以下规定计算。

1）各类木门窗（包括纱门、纱窗）制作、安装工程量均按门窗洞口面积以平方米（m^2）计算。

2）连门窗的工程量应分别计算，套用相应门、窗定额，窗的宽度算至门框外侧。

3）普通窗上部带有半圆窗的工程量应按普通窗和半圆窗分别计算，其分界线以普通窗和半圆窗之间的横框上边线为准。

4）无框窗扇按扇的外围面积计算。

【例 8-10】 已知某一层建筑的 M1 为有腰单扇无纱五冒镶板门，规格为 900mm×2700mm，框设计断面为 60mm×120mm，共 10 樘，现场制作安装，门扇规格与定额相同，框设计断面均指净料，全部安装球形执手锁，用计价表计算门的工程量和综合单价及合价。

解：（1）列项目：门框制作（15—196）、门扇制作（15—197）、门框安装（15—198）、门扇安装（15—199）、一般五金件（15—377）、门锁（15—346）。

（2）计算工程量。

门框制作安装、门扇制作安装：$0.9×2.7×10=24.3m^2$

五金配件、球形锁：10 樘（把）

（3）套定额，计算结果见表 8-7。

表 8-7　　　　　　　　　计 算 结 果

序号	定额编号	项 目 名 称	计量单位	工程量	综合单价（元）	合价（元）
1	15—196 换	门框制作	10m²	2.43	541.50	1315.85
2	15—197	门扇制作	10m²	2.43	633.47	1539.33
3	15—198	门框安装	10m²	2.43	29.64	72.03
4	15—199	门扇安装	10m²	2.43	96.17	233.69
5	15—377	五金配件	樘	10	11.31	113.1
6	15—346	球形执手锁	把	10	39.77	397.7
合计						3671.70

注 15—196 换：$412.38-299.01+（63×125）÷（55×100）×0.187×1599=541.50 元/10m^2$。

答：该门的合价为 3671.70 元。

8.5　油漆、涂料、裱糊工程

本节主要内容包括油漆、涂料和裱糊饰面两部分。

（1）油漆、涂料包括：①木材面油漆；②金属面油漆；③抹灰面油漆、涂料。

（2）裱糊饰面包括：①墙纸；②墙布。

8.5.1　有关规定

（1）本定额中涂料、油漆工程均采用手工操作，喷塑、喷涂、喷油采用机械喷枪操作，实际施工操作方法不同时，均按本定额执行。

（2）油漆项目中，已包括钉眼刷防锈漆的工、料并综合了各种油漆的颜色，设计油漆颜色与定额不符时，人工、材料均不调整。

（3）本定额已综合考虑分色及门窗内外分色的因素，如果需做美术图案者，可按实计算。

（4）定额中规定的喷、涂刷的遍数，如与设计不同时，可按每增减一遍相应定额子目执行。

（5）本定额对硝基清漆磨退出亮定额子目未具体要求刷理遍数，但应达到漆膜面上的白雾光消除、出亮为止，实际施工中不得因刷理遍数不同而调整本定额。

（6）色聚氨酯漆已经综合考虑不同色彩的因素，均按本定额执行。

（7）本定额抹灰面乳胶漆、裱糊墙纸饰面是根据现行工艺，将墙面封油刮腻子、清油封底、乳胶漆涂刷及墙纸裱糊分列子目，乳胶漆、裱糊墙纸子目已包括再次找补腻子在内。

（8）定额中收录了墙面批腻子、刷乳胶漆两遍的子目，每增批一遍腻子，人工增加0.165工日，腻子材料增加30％；每增刷一遍乳胶漆，人工增加0.165工日，乳胶漆增加1.2kg。如在柱、梁、天棚面上批腻子、刷乳胶漆按墙面定额执行，人工乘系数1.10，其余不变。

（9）喷塑（一塑三油）底油、装饰漆、面油的规格划分如下。

1）大压花：喷点找平，点面积在1.2cm² 以上。

2）中压花：喷点找平，点面积在1～1.2cm²。

3）喷中点、小点：喷点面积在1cm² 以下。

（10）浮雕喷涂料小点、大点规格划分如下。

1）小点：点面积在1.2cm² 以下。

2）大点：点面积在1.2cm² 以上（含1.2cm²）。

（11）涂料定额是按常规品种编制的，设计用的品种与定额不符时，单价可以换算，其余不变。

（12）裱糊织锦缎定额中，已包括宣纸的裱糊工料在内，不得另计。

（13）木材面油漆设计有漂白处理时，由甲、乙双方另行协商。

8.5.2　工程量计算规则

8.5.2.1　木材面油漆

各种木材面的油漆工程量按构件的工程量乘以相应系数计算，其具体系数如下。

（1）套用单层木门定额的项目工程量乘以下列系数，见表8-8。

（2）套用单层木窗定额的项目工程量乘以下列系数，见表8-9。

表 8 - 8 单 层 木 门 油 漆 系 数

项目名称	系数	工程量计算方法
单层木门	1.00	
带上亮木门	0.96	
双层（一玻一纱）木门	1.36	
单层全玻门	0.83	
单层半玻门	0.90	
不包括门套的单层门扇	0.81	按洞口面积计算
凹凸线条几何图案造型单层木门	1.05	
木百叶门	1.50	
半木百叶门	1.25	
厂库房大门、钢木大门	1.30	
双层（单裁口）木门	2.00	

注 1. 门、窗贴脸、批水条、盖口条的油漆已包括在相应定额内，不予调整。

2. 双扇木门按相应单扇木门项目乘以系数 0.9。

3. 厂库房大门、钢木大门上的钢骨架、零星铁件油漆已包含在系数内，不另计算。

表 8 - 9 单 层 木 窗 油 漆 系 数

项目名称	系数	工程量计算方法
单层玻璃窗	1.00	
双层（一玻一纱）窗	1.36	
双层（单裁口）窗	2.00	
三层（二玻一纱）窗	2.60	
单层组合窗	0.83	按洞口面积计算
双层组合窗	1.13	
木百叶窗	1.50	
不包括窗套的单层木窗扇	0.81	

（3）套用木扶手定额的项目工程量乘以下列系数，见表 8 - 10。

表 8 - 10 木 扶 手 油 漆 系 数

项 目 名 称	系数	工程量计算方法
木扶手（不带托板）	1.00	
木扶手（带托板）	2.60	
窗帘盒（箱）	2.04	
窗帘棍	0.35	按延长米
装饰线缝宽在 150mm 内	0.35	
装饰线缝宽在 150mm 外	0.52	
封檐板、顺水板	1.74	

（4）套用其他木材面定额的项目工程量乘以下列系数，见表8-11。

表8-11　　　　　　　　　　　　　　其他木材面油漆系数

项 目 名 称	系数	工程量计算方法
纤维板、木板、胶合板天棚	1.00	长×宽
木方格吊顶天棚	1.20	
鱼鳞板墙	2.48	
暖气罩	1.28	
木间壁木隔断	1.90	外围面积 长（斜长）×高
玻璃间壁露明墙筋	1.65	
木栅栏、木栏杆（带扶手）	1.82	
零星木装修	1.10	展开面积

（5）套用木墙裙定额的项目工程量乘以下列系数，见表8-12。

（6）踢脚线按延长米计算，如踢脚线与墙裙油漆材料相同，应合并在墙裙工程量中。

（7）橱、台、柜工程量按展开面积计算。零星木装修、梁、柱饰面按展开面积计算。

（8）窗台板、筒子板（门、窗套），不论有无拼花图案和线条均按展开面积计算。

（9）套用木地板定额的项目工程量乘以下列系数，见表8-13。

表8-12　　　　木墙裙油漆系数

项目名称	系数	工程量计算方法
木墙裙	1.00	净长×高
有凹凸、线条几何图案的木墙裙	1.05	

表8-13　　　　木地板油漆系数

项目名称	系数	工程量计算方法
木地板	1.00	长×宽
木楼梯（不包括底面）	2.30	水平投影面积

8.5.2.2　金属面油漆

（1）套用金属单层钢门窗定额的项目工程量乘以下列系数，见表8-14。

表8-14　　　　　　　　　　　　　金属单层钢门窗油漆系数

项 目 名 称	系数	工程量计算方法
单层钢门窗	1.00	洞口面积
双层钢门窗	1.50	
单钢门窗带纱门窗扇	1.10	
钢百叶门窗	2.74	
半截百叶钢门	2.22	
满钢门或包铁皮门	1.63	
钢折叠门	2.30	
射线防护门	3.00	框（扇）外围面积
厂库房平开、推拉门	1.70	

续表

项 目 名 称	系数	工程量计算方法
间壁	1.90	长×宽
平板屋面	0.74	斜长×宽
瓦垄板屋面	0.89	
镀锌铁皮排水、伸缩缝盖板	0.78	展开面积
吸气罩	1.63	水平投影面积

（2）套用其他金属面定额的项目工程量乘以下列系数，见表 8－15。

表 8－15　　　　　　　其他金属面油漆系数

项 目 名 称	系 数	工程量计算方法
钢屋架、天窗架、挡风架、屋架梁、支撑、檩条	1.00	重量（t）
墙架（空腹式）	0.50	
墙架（格板式）	0.82	
钢柱、吊车梁、花式梁、柱、空花构件	0.63	
操作台、平台、制动梁、钢梁车挡	0.71	
钢栅栏门、栏杆、窗栅	1.71	
钢爬梯	1.20	
轻型屋架	1.42	
踏步式钢扶梯	1.10	
零星铁件	1.30	

注　钢柱、梁、屋架、天窗架等构件因点焊安装，应另增刷铁红防锈漆一遍，按上列系数增加 10% 计算。

8.5.2.3　抹灰面、构件面油漆、涂料、刷浆

（1）抹灰面的油漆、涂料、刷浆工程量按抹灰的工程量计算。

（2）混凝土板底、预制混凝土构件仅油漆、涂料、刷浆工程量按表 8－16 所示方法计算套抹灰面定额相应项目。

表 8－16　　　　　抹灰面、构件面油漆、涂料、刷浆系数

项 目 名 称		系 数	工程量计算方法
槽形板、混凝土折板底面		1.30	长×宽
有梁板底（含梁底、侧面）		1.30	
混凝土板底楼梯底（斜板）		1.18	水平投影面积
混凝土板底楼梯底（锯齿形）		1.50	
混凝土花格窗、栏杆		2.00	长×宽
遮阳板、栏板		2.10	长×宽（高）
混凝土预制构件	屋架、天窗架	40m²	每立方米构件
	柱、梁、支撑	12m²	
	其他	20m²	

8.5.2.4 防火漆

(1) 隔壁、护壁木龙骨按其面层正立面投影面积计算。

(2) 柱木龙骨按其面层外围面积计算。

(3) 天棚龙骨按其水平投影面积计算。

(4) 木地板中木龙骨及木龙骨带毛地板按地板面积计算。

(5) 隔壁、护壁、柱、天棚面层及木地板刷防火漆，执行其他木材面刷防火漆相应子目。

【例 8 - 11】 对［例 8 - 10］的门采用聚氨酯漆油漆三遍，计算该门的油漆工程量。

解：油漆工程量 $= 0.9 \times 2.7 \times 10 \times 0.96 = 23.328 \text{m}^2$

答：该门的油漆工程量为 23.328m^2。

【例 8 - 12】 对［例 8 - 5］的顶棚纸面石膏板刷乳胶漆（土建三类），工作内容为：板缝自粘胶带 700m、清油封底、满批腻子二遍、乳胶漆二遍。求该天棚油漆工程的工程量和综合单价及合价。

分析：在夹板面上批腻子、刷乳胶漆不分墙面还是天棚面，执行相同定额。

解：(1) 列项目：天棚自粘胶带（16—306）、清油封底（16—305）、天棚面满批腻子二遍（16—303）、天棚面乳胶漆二遍（16—311）。

(2) 计算工程量。

$$油漆面积 = 天棚面层面积 = 826.74 \text{m}^2$$

(3) 套定额，计算结果见表 8 - 17。

表 8 - 17　　　　　　　　　　　　计　算　结　果

序号	定额编号	项 目 名 称	计量单位	工程量	综合单价（元）	合价（元）
1	16—306	天棚贴自粘胶带	10m	70	17.95	1256.5
2	16—305	清油封底	10m^2	82.674	20.14	1665.05
3	16—303	满批腻子二遍	10m^2	82.674	40.57	3354.08
4	16—311	乳胶漆二遍	10m^2	82.674	36.93	3053.15
合计						9328.78

答：该天棚油漆工程的合价为 9328.78 元。

8.6 其他零星工程

本节主要内容包括：①招牌、灯箱基层；②招牌、灯箱面层；③美术字安装；④压条、装饰线条；⑤镜面玻璃；⑥卫生间配件；⑦窗帘盒、窗帘轨、窗台板、门窗套制作安装；⑧木盖板、木搁板、固定式玻璃黑板；⑨暖气罩；⑩天棚面零星项目；⑪窗帘装饰布制作安装；⑫墙、地面成品防护；⑬隔断；⑭柜类、货架。

8.6.1 有关规定

(1) 本定额中除铁件、钢骨架已包括刷防锈漆一遍外，其余均未包括油漆、防火漆的工料，如设计涂刷油漆、防火漆按油漆相应定额子目套用。

(2) 本定额招牌分为平面型、箱体型两种，在此基础上又分为简单、复杂型。平面型是指厚度在 120mm 以内在一个平面上有招牌。箱体型是指厚度超过 120mm，一个平面上有招牌或多面有招牌。沿雨篷、檐口、阳台走向立式招牌，按平面招牌复杂项目执行。

简单型招牌是指矩形或多边形、面层平整无凹凸面。复杂招牌是指圆弧形或面层有凹凸造型的，不论安装在建筑物的何种部位均按相应项目定额执行。

（3）招牌、灯箱内灯具未包括在内。

（4）字体安装均以成品安装为准，不分字体均执行本定额。即使是外文或拼音字母，也应以中文意译的单字或单词进行计量，不应以字符计量。

（5）本定额装饰线条安装为线条成品安装，定额均以安装在墙面上为准。设计安装在天棚面层时，按以下规定执行（但墙、顶交界处的角线除外）：钉在木龙骨基层上，其人工按相应定额乘以系数 1.34；钉在钢龙骨基层上乘以系数 1.68；钉木装饰线条图案者人工乘以系数 1.50（木龙骨基层上）及 1.80（钢龙骨基层上）。设计装饰线条成品规格与定额不同应换算，但含量不变。

（6）石材装饰线条均以成品安装为准。石材装饰线条磨边、磨圆边均包括在成品的单价中，不再另计。

（7）本定额中的石材磨边是按在现场制作加工编制的，实际由外单位加工时，应另行计算。

（8）成品保护是指对已做好的项目面层上覆盖保护层，保护层的材料不同不得换算，实际施工中未覆盖的不得计算成品保护。

（9）货柜、柜类定额中未考虑面板拼花及饰面板上贴其他材料的花饰、造型艺术品，货架、柜类图见计价表 17—139 后。

8.6.2　工程量计算规则

（1）平面型招牌基层按正立面投影面积计算，箱体式钢结构招牌基层按外围体积计算。灯箱的面层按展开面积以平方米（m²）计算。

（2）沿雨篷、檐口或阳台走向的立式招牌基层，按平面招牌复杂型执行时，应按展开面积计算。

（3）招牌字按每个字面积在 0.2m² 内、0.5m² 内、0.5m² 外三个子目划分，字安装不论安装在何种墙面或其他部位均按字的个数计算。以字体尺寸的最大外围面积计算。

（4）单线木压条、木花式线条、木曲线条、金属装饰条及多线木装饰条、石材线等安装均按延长米计算。

（5）石材线磨边加工及石材板缝嵌云石胶按延长米计算。

（6）门窗套、筒子板按面层展开面积计算。窗台板按平方米（m²）计算，如图纸未注明窗台板长度时，可按窗框外围两边共加 100mm 计算；窗口凸出墙面的宽度，按抹灰面另加 30mm 计算。

（7）门窗贴脸按门窗洞口尺寸外围长度以延长米计算，双面钉贴脸者工程量乘以 2；挂镜线按设计长度以延长米计算，暖气罩、玻璃黑板按外框投影面积计算。

（8）窗帘盒及窗帘轨按延长米计算，如设计图纸未注明尺寸可按洞口尺寸加 30cm 计算。

（9）窗帘装饰布。

1）窗帘布、窗纱布、垂直窗帘的工程量按展开面积计算。

2）窗水波幔帘按延长米计算。

（10）石膏浮雕灯盘、角花按个数计算，检修孔、灯孔、开洞按个数计算，灯带按延长米计算，灯槽按中心线延长米计算。

（11）防潮层按实铺面积计算。成品保护层按相应子目工程量计算，台阶、楼梯按水平投影面积计算。

（12）卫生间配件。

1）大理石洗漱台板工程量按平方米（m²）计算。

2）浴帘杆、浴缸拉手及毛巾架按副计算。

3）镜面玻璃带框，按框的外围面积计算；不带框的镜面玻璃按玻璃面积计算。

（13）隔断的计算。

1）半玻璃隔断是指上部为玻璃隔断，下部为其他墙体，其工程量按半玻璃设计边框外边线以平方米（m²）计算。

2）全玻璃隔断是指其高度自下横档底算至上横档顶面，宽度按两边立框外边以平方米（m²）计算。

3）玻璃砖隔断按玻璃砖格式框外围面积计算。

4）花式隔断、网眼木格隔断（木葡萄架）均以框外围面积计算。

5）浴厕木隔断，其高度自下横档底算至上横档顶面以平方米（m²）计算。门扇面积并入隔断面积内计算。

6）塑钢隔断按框外围面积计算。

（14）货架、柜橱类均以正立面的高（包括脚的高度在内）乘以宽以平方米（m²）计算。收银台以个计算，其他以延长米为单位计算。

【例 8-13】 图 8-3 所示天棚与墙相接处采用 60mm×60mm 红松阴角线条，凹凸处阴角采用 15mm×15mm 阴角线条，线条均为成品，安装完成后采用清漆油漆二遍。计算线条安装的工程量和综合单价及合价（按土建三类计取管理费和利润）。

解： （1）列项：15mm×15mm 阴角线（17—27）、60mm×60mm 阴角线（17—29）、清漆二遍（16—55）。

（2）计算工程量。

15mm×15mm 阴角线：$[(45-0.24-12)+(15-0.24-6)]×2=83.04m$

60mm×60mm 阴角线：$[(45-0.24)+(15-0.24)]×2=119.04m$

油漆工程量：$(83.04+119.04)×0.35=70.728m$

（3）套定额，计算结果见表 8-18。

表 8-18　　　　计　算　结　果

序号	定额编号	项目名称	计量单位	工程量	综合单价（元）	合价（元）
1	17—27 换	15mm×15mm 红松阴角线	100m	0.8304	338.69	281.25
2	17—29	60mm×60mm 红松阴角线	100m	1.1904	822.00	978.51
3	16—55	清漆二遍	10m	7.0728	23.01	162.75
合计						1422.51

注 17—27 换=278.69+0.68×64.40×1.37=338.69 元/100m（钉在钢龙骨基层上的换算）。

答：该线条安装工程的合价为 1422.51 元。

【例 8-14】　图 8-4 为图 8-2 中门窗的内部装饰详图（土建三类），门做筒子板和贴脸，窗在内部做筒子板和贴脸，贴脸采用 5mm×5mm 成品木线条（3 元/m），45°斜角连接，门、窗筒子板采用木针与墙面固定，胶合板三夹底、普通切片三夹板面，筒子板与贴脸采用清漆油漆二遍。计算门窗内部装饰的工程量和综合单价及合价。

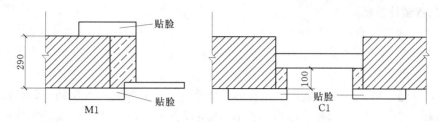

图 8-4　筒子板及贴脸

解：（1）列项目：贴脸安装（17—21）、筒子板安装（17—60）、筒子板油漆（16—57）。

（2）计算工程量。

1）贴脸。

M1 贴脸：（2×2＋1.2＋0.05×2）×2＝10.6m

C1 贴脸：（1.2＋1.5＋0.05×2）×2×8＝44.8m

小计：55.4m

2）筒子板。

门：（1.2＋2×2）×0.29＝1.51m²

窗：（1.2＋1.5）×0.1×2×8＝4.32m²

小计：5.83m²

3）油漆：5.83m²（贴脸部分油漆含在门窗油漆中，不另计算）。

（3）套定额，计算结果见表 8-19。

表 8-19　　　　　　　　　　　　　计　算　结　果

序号	定额编号	项 目 名 称	计量单位	工程量	综合单价（元）	合价（元）
1	17—21 换	贴脸条宽在 50mm 内	100m	0.536	439.35	243.40
2	17—60	筒子板	10m²	0.583	673.09	392.41
3	16—57	筒子板油漆	10m²	0.583	65.03	37.91
合计						673.72

注　17—21 换＝424.23－308.88＋108×3＝439.35 元/100m。

答：该门窗内部装饰的合价为 673.72 元。

8.7　高层施工人工降效

8.7.1　单独装饰工程超高人工降效

由于在 20m 以上施工时，人工耗用比 20m 以下的人工是要高些的，故每增加 10m 高度，相应计算段人工增加一定比例。

（1）"高度"和"层高"，只要其中一个指标达到规定，即可套用该项目。

（2）当同一个楼层中的楼面和天棚不在同一计算段内，以天棚面标高段为准计算。

（3）装饰工程的高层施工人工降效系数应列入相关项目的综合单价中，一般不单独列项。

8.7.2　工程量计算规则

（1）单独装饰工程超高部分人工降效以超过 20m 部分的人工费分段计算。

（2）计价表的计算表所列建筑物高度为 200m，超过此高度按比上个计算段的比例基数递增 2.5% 推算。

【例 8-15】　例 8-14 如果是单独装饰三类企业，在建筑物的九层施工，已知该层楼面相对标高为 26.4m，室内外高差为 0.6m，该层板底净高为 3.2m，计算该工程的综合单价及合价。

解：（1）天棚板底至室外地坪总高为 26.4＋0.6＋3.2＝30.2＞30m，人工降效按18—20 计算。

（2）套定额，计算结果见表 8-20。

表 8-20 计　算　结　果

序号	定额编号	项　目　名　称	计量单位	工程量	综合单价（元）	合价（元）
1	17—21 换	贴脸条宽在 50mm 内	100m	0.554	462.55	256.25
2	17—60 换	筒子板	10m²	0.583	706.37	411.81
3	16—57 换	筒子板油漆	10m²	0.583	76.95	44.86
合计						712.92

注　1. 17—21 换＝439.35＋63.56×7.5%×（1＋42%＋15%）＋（63.56＋15）×（42%－25%＋15%－12%）
＝462.55 元/100m。

2. 17—60 换＝673.09＋103.04×7.5%×1.57＋（103.04＋2.7）×0.2＝706.37 元/10m²。

3. 16—57 换＝65.03＋37.52×7.5%×1.57＋（37.52＋0）×0.12＝76.95 元/10m²。

答：该工程合价为 712.92 元。

第 9 章　措施项目费用的计算

9.1　脚 手 架 工 程

自从使用 1985 年建筑工程单位估价表起至今 20 年间，定额经历了多次修编改版，此间江苏省编制出版了综合预算定额，并将这种综合定额的形式一直保留沿用至今。在这几版定额中对脚手架这一章，均使用了民用建筑使用综合脚手架与工业建筑使用单项脚手架并列的编制方式。本计价表中，未收录综合预算定额中的综合脚手架部分，维持原估价表中的脚手架内容。此外，从原先超高费内容中分出了 20m 以上脚手架材料增加费。

本节主要包括脚手架工程和建筑物檐高超过 20m 脚手架材料增加费两部分内容。

脚手架工程包括：①砌墙脚手架、斜道；②满堂脚手架、抹灰脚手架；③高压线防护架、烟囱、水塔脚手架、金属过道防护棚；④电梯井字架。

9.1.1　有关规定

9.1.1.1　脚手架工程

该部分子目的应用见表 9-1。

表 9-1　　　　　　　　　　　脚手架工程的分类和适用

脚手架工程	砌墙脚手架（高度超过1.5m计算）	高度3.6m以内	里脚手架		
		高度3.6m以外	外脚手架		单排脚手架
					双排脚手架
	抹灰脚手架（高度超过1.5m计算）	高度3.6m以内	墙、顶棚、柱、梁等需抹灰		3.6m以内抹灰脚手架
		高度3.6m以外	顶棚需要抹灰	墙、柱也抹灰	满堂脚手架
				墙、柱不抹灰	满堂脚手架×0.7
			墙、柱抹灰，顶棚不需要抹灰		3.6m以上抹灰脚手架
	浇捣混凝土脚手架（高度超过3.6m计算）	基础混凝土	深度超过1.5m，带形基础底宽超过3.0m，独立基础或满堂基础及大型设备基础的底面积超过16m²		5m内满堂脚手架×0.3
		上部结构混凝土	独立柱、梁、墙高度超过3.6m		3.6m以上混凝土浇捣脚手架
			层高超过3.6m框架结构	楼板现浇	满堂脚手架×0.3
				楼板预制	满堂脚手架×0.4
	斜道	高12m以内	只用于行走，斜道基价×0.6		超过20m有专门的施工电梯和垂直运输机械，不需设斜道
		高20m以内			
	钉天棚、钉间壁	高度3.6m以内	钉天棚、间壁及抹灰		3.6m以内抹灰脚手架
		高度3.6m以外	钉天棚、间壁及抹灰		满堂脚手架
			钉间壁及抹灰		3.6m以上抹灰脚手架
			天棚面层在3.6m内，楼板底在3.6m以上		满堂脚手架×0.6

续表

脚手架工程	刷浆、油漆脚手架	高度 3.6m 以内	3.6m 以内抹灰脚手架×0.1
		高度 3.6m 以上	满堂脚手架×0.1
	外墙镶（挂）贴脚手架		吊篮脚手架
			双排外架子
	其他		高压线防护架，烟囱、水塔脚手架，金属过道防护棚，电梯井字架

注　1. 钉天棚、钉间壁和天棚、间壁抹灰合并计算一次脚手架。

　　2. 刷浆、油漆可另行计算一次脚手架。

（1）适用范围：凡工业与民用建筑、构筑物所需搭设的脚手架均按本定额执行。该项定额适用于檐高 20m 以内（不包括女儿墙、屋顶水箱、突出主体建筑的楼梯间等高度）的建筑物。前后檐高不同，按平均高度计算。檐高在 20m 以上的建筑物脚手架除按本定额计算外，其超过部分所需增加的脚手架加固措施等费用，均按超高脚手架材料增加费子目执行。构筑物、烟囱、水塔、电梯井按其相应子目执行。

（2）本定额已按扣件钢管脚手架与竹脚手架综合编制（钢管：毛竹＝90％：10％），实际施工中不论使用何种脚手架材料，均按本定额执行。

（3）砌墙脚手架。

1）凡砌筑高度超过 1.5m 的砌体均需计算砌墙脚手架。砌体高度在 3.60m 以内者，套用里脚手架；高度超过 3.60m，套用外脚手架。砌墙外脚手架在计价表中分为高度在 12m 内的单排脚手架、高度在 12m 内的双排脚手架和高度在 20m 内的双排脚手架。

2）砖基础自设计室外地坪至垫层（或混凝土基础）上表面的深度超过 1.50m 时，按相应砌墙脚手架执行。

3）山墙自设计室外地坪至山尖 1/2 处高度超过 3.60m 时，该整个外山墙按相应外脚手架计算，内山墙按单排外架子计算。

4）独立砖（石）柱高度在 3.60m 以内者，执行砌墙里脚手架；柱高超过 3.60m 者，执行砌墙外脚手架（单排）。

5）砌石墙到顶的脚手架，工程量按砌墙相应脚手架乘以系数 1.50。

6）外墙脚手架包括一面抹灰脚手架在内，另一面墙可计算抹灰脚手架。

7）突出屋面部分的烟囱，高度超过 1.50m 时，其脚手架按 12m 内单排外脚手架计算。

（4）斜道。计价表按高 12m 以内和高 20m 以内分套不同的子目，用于行走和运送材料，如斜道只用于行走而不运送材料，其费用按斜道基价乘以系数 0.6。

（5）抹灰脚手架。

1）高度在 3.60m 以内的墙面、天棚、柱、梁抹灰（包括钉间壁、钉天棚）用的脚手架费用套用 3.60m 以内的抹灰脚手架；室内天棚面层净高 3.60m 以内的钉天棚、钉间壁的脚手架与其抹灰的脚手架合并计算一次脚手架，套用 3.60m 以内的抹灰脚手架。

2）室内（包括地下室）净高超过 3.60m 时，天棚需抹灰（包括钉天棚）应按满堂脚手架计算，但其内墙抹灰不再计算脚手架；如室内净高超过 3.60m，单独天棚抹灰，按满堂脚手架相应项目乘以系数 0.7。室内天棚面层净高超过 3.60m，天棚吊筋与面层计算一次满堂脚手架；天棚面层高度在 3.60m 内，吊筋与楼层的连接点高度超过 3.60m，应按满堂脚手架相应项目基价乘以 0.60 计算。室内天棚面层净高超过 3.60m 钉天棚、钉间壁的脚手架与其抹灰的脚手架合并计算一次满堂脚手架。

3）高度在 3.60m 以上的内墙面抹灰，如无满堂脚手架可以利用时，根据高度套用 5m 以内或 12m 以内的抹灰脚手架。高度在 3.60m 以上的钉板间壁，如无满堂脚手架可以利用时，根据高度套用 5m 以内或 12m 以内的抹灰脚手架。

4）室内天棚净高超过 3.60m 的板下勾缝、刷浆、油漆可另行计算一次脚手架费用，按满堂脚手架相应项目乘以 0.10 计算；净高超过 3.60m 的墙、柱梁面刷浆、油漆的脚手架按抹灰脚手架相应项目乘以 0.10 计算。

5）单独用于 3.6m 以内粘贴、干挂花岗岩（大理石）的脚手架套用 3.6m 以内抹灰脚手架，在柱面粘贴、干挂花岗岩（大理石）的其子目中材料费乘以系数 6，其他部位的子目乘以系数 3。

6）抹灰脚手架搭设高度在 12m 以上时，高度每增加 1m，按 12m 以内定额子目基价乘以系数 1.05 进行递增。

（6）混凝土浇捣脚手架。

1）钢筋混凝土基础自设计室外地坪至垫层上表面的深度超过 1.50m，同时带形基础底宽超过 3.0m、独立基础或满堂基础及大型设备基础的底面积超过 16m² 的混凝土浇捣脚手架，按高 5m 以内的满堂脚手架相应定额乘以系数 0.3 计算脚手架费用。

2）现浇钢筋混凝土独立柱、单梁、墙高度超过 3.60m 应计算浇捣脚手架。该脚手架子目中包括支模、扎筋所用的脚手架在内。

3）层高超过 3.60m 的钢筋混凝土柱、墙（楼板、屋面板为现浇板）所增加的混凝土浇捣脚手架费用，按满堂脚手架相应子目乘以系数 0.3 执行；层高超过 3.60m 的钢筋混凝土框架柱、梁、墙（楼板、屋面板为预制空心板）所增加的混凝土浇捣脚手架费用，按满堂脚手架相应子目乘以系数 0.4 执行。

（7）高压线防护架。高压线防护架是按宽 5m、高 13m 为准，如高、宽度不同时，可按比例换算。施工期按 5 个月计算，每增减 1 个月，每 10m 增减费用 88.54 元。

（8）烟囱、水塔脚手。烟囱、水塔高度在 30m 以下，其下口直径按 5m 计算；在 30m 以上，下口直径按 8m 计算。如直径大于 5m 或 8m，每增加直径 1m 按其相应基价乘以系数 1.1。

（9）金属过道防护棚。

1）金属过道防护棚以一面利用外脚手架计算，如搭设独立防护棚，乘以系数 1.13。

2）金属过道防护棚以铺单层竹笆片计算，如施工高层建筑搭设双层竹笆片，则每 10m² 增加 74.15 元，施工期每增减一个月每 10m² 增减费用 10.60 元。

（10）电梯井字架。当结构施工搭设的电梯井脚手架延续至电梯设备安装使用时，套用安装用电梯井脚手架时应扣除定额中的人工及机械。

（11）构件吊装脚手架按表 9-2 执行。

表 9-2　　　　　　　　　　　　　　构 件 吊 装 脚 手 架

混凝土构件（元/m³）				钢构件（元/t）			
柱	梁	屋架	其他	柱	梁	屋架	其他
1.58	1.65	3.20	2.30	0.70	1.00	1.5	1.00

（12）瓦屋面坡度大于45°时，屋面基层、盖瓦的脚手架费用应另按实计算。

9.1.1.2　超高脚手架材料增加费

（1）本定额中脚手架是按建筑物檐高在20m以内编制的，檐高超过20m时应计算脚手架材料增加费。

（2）檐高超过20m脚手材料增加费内容包括：脚手架使用周期延长摊销费、脚手架加固。脚手架材料增加费包干使用，无论实际发生多少，均按本章执行，不调整。

（3）檐高超过20m脚手材料增加费按下列规定计算：

1）整层超高费。楼层整个超过20m的，应按其超过部分的建筑面积计算脚手架材料增加费。

2）层高超高费。楼层整个超过20m且该层层高超过3.6m的，每增高0.1m按增高1m的比例换算（不足0.1m按0.1m计算），按相应项目执行，计算脚手架材料增加费。

3）每米增高超高费。楼层楼面未超过20m，而顶面超过20m时，则该楼层在20m以上部分仅能计算每增高1m的增加费。

4）同一建筑物中有2个或2个以上的不同檐口高度时，应分别按不同高度竖向切面的建筑面积套用相应子目。

5）单层建筑物（无楼隔层者）高度超过20m，其超过部分除构件安装按第七章的规定执行外，另再按本章相应项目计算每增高1m的脚手架材料增加费。

9.1.2　工程量计算规则

9.1.2.1　砌筑脚手架工程量计算规则

（1）砌墙脚手架均按墙面（单面）垂直投影面积以平方米（m²）计算。不扣除门、窗洞口、空圈、车辆通道、变形缝等所占面积。同一建筑物高度不同时，按建筑物的竖向不同高度计算。

（2）外墙脚手架按外墙外边线长度（如外墙有挑阳台，则每只阳台计算一个侧面宽度，计入外墙面长度内，二户阳台连在一起的也算一个侧面）乘以外墙高度以平方米（m²）计算。外墙高度指室外设计地坪至檐口（或女儿墙上表面）高度，坡屋面至屋面板下（或椽子顶面）墙中心高度。

（3）内墙脚手架以内墙净长乘以内墙净高计算。有山尖者算至山尖1/2处的高度；有地下室时，自地下室室内地坪至墙顶面高度。

（4）独立砖（石）柱高度在3.6m以内者，脚手架以柱的结构外围周长乘以柱高计算；柱高超过3.6m者，以柱的结构外围周长加3.6m乘以柱高计算。

（5）突出屋面部分的烟囱，其脚手架按外围周长加3.6m乘以实砌高度计算。

9.1.2.2　抹灰脚手架工程量计算规则

（1）钢筋混凝土单梁、柱、墙，按以下规定计算脚手架：

1) 单梁：以梁净长乘以地坪（或楼面）至梁顶面高度计算。

2) 柱：以柱结构外围周长加 3.6m 乘以柱高计算。

3) 墙：以墙净长乘以地坪（或楼面）至板底高度计算。

（2）墙面抹灰：以墙净长乘以净高计算。

（3）天棚抹灰高度在 3.6m 以内，按天棚抹灰面（不扣除柱、梁所占面积）以平方米（m²）计算。

9.1.2.3　现浇钢筋混凝土脚手架工程量计算规则

（1）钢筋混凝土基础的混凝土浇捣脚手架应按槽、坑土方规定放工作面后的底面积计算工程量。

（2）现浇钢筋混凝土独立柱的浇捣脚手架以柱的结构周长加 3.6m 乘以柱高计算；梁的浇捣脚手架按梁的净长乘以地面（或楼面）至梁顶面的高度计算；墙的浇捣脚手架以墙的净长乘以墙高计算。

（3）现浇框架结构超过 3.6m 的脚手架工程量，按每 10m² 框架轴线水平投影面积计算。

9.1.2.4　满堂脚手架工程量计算规则

（1）按室内净面积计算满堂脚手架，不扣除柱、垛、附墙烟囱所占面积。

1) 基本层：高度在 8m 以内计算基本层。

2) 增加层：高度超过 8m，每增加 2m，计算一层增加层；余数在 0.6m 以内，不计算增加层，超过 0.6m，按增加一层计算。

（2）满堂脚手架高度以室内地坪面（或楼面）至天棚面或屋面板的底面为准（斜的天棚或屋面板按平均高度计算）。室内挑台栏板外侧共享空间的装饰如无满堂脚手架利用时，按地面（或楼面）至顶层栏板顶面高度乘以栏板长度以平方米（m²）计算，套相应抹灰脚手架定额。

9.1.2.5　贮仓脚手架工程量计算规则

贮仓脚手架，不分单筒或贮仓组，高度超过 3.6m，均按外边线周长乘以设计室外地坪至储仓上口之间高度以平方米（m²）计算。高度在 12m 内，套双排外脚手架，乘系数 0.7 执行；高度超过 12m 套 20m 内双排外脚手架乘系数 0.7 执行（均包括外表面抹灰脚手架在内）。贮仓内表面抹灰按抹灰脚手架工程量计算规则执行。

9.1.2.6　其他脚手架工程量计算规则

（1）高压线防护架按搭设长度以延长米计算。

（2）金属过道防护棚按搭设水平投影面积以平方米（m²）计算。

（3）斜道、烟囱、水塔、电梯井脚手架区别不同高度以座计算。滑升摸板施工的烟囱、水塔，其脚手架费用已包括在滑模计价表内，不另计算脚手架。烟囱内壁抹灰是否搭设脚手架，按施工组织设计规定办理，其费用按相应满堂脚手架执行，人工增加 20%，其余不变。

（4）高度超过 3.6m 的贮水（油）池，其混凝土浇捣脚手架按外壁周长乘以池的壁高以平方米（m²）计算，按池壁混凝土浇捣脚手架项目执行，抹灰者按抹灰脚手架另计。

9.1.2.7　檐高超过20m脚手架材料增加费的计算规则

建筑物檐高超过20m，即可计算脚手架材料增加费，建筑物檐高超过20m，脚手架材料增加费，以建筑物超过20m部分建筑面积计算。

【例9-1】　图9-1为某一层砖混房屋，计算该房屋的地面以上部分砌墙、墙体粉刷和天棚粉刷脚手架工程量和综合单价及合价。

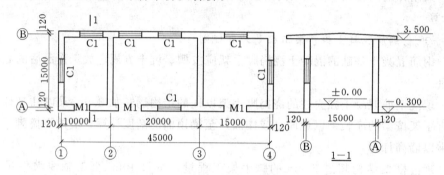

图9-1　砌墙脚手架

解：（1）列项目：砌墙外架子（19—2）、砌墙里架子（19—1）、3.6m以内抹灰脚手架（19—10）。

（2）计算工程量。

砌墙外架子：$(45.24+15.24)\times2\times(3.5+0.3)=459.65m^2$

砌墙里架子：$(15-0.24)\times2\times3.5=103.32m^2$

内墙粉刷脚手架（包括外墙内部粉刷）：

$[(45-0.24-0.24\times2)\times2+(15-0.24)\times6]\times3.5=619.92m^2$

天棚粉刷脚手架：$(45-0.24-0.24\times2)\times(15-0.24)=653.57m^2$

3.6m以内抹灰脚手架：$619.920+653.573=1273.49m^2$

（3）套定额，计算结果见表9-3。

表9-3　　　　　　　　　　　　　计　算　结　果

序号	定额编号	项 目 名 称	计量单位	工程量	综合单价（元）	合价（元）
1	19—2	砌筑外墙脚手架	10m²	45.965	65.26	2999.68
2	19—1	砌筑内墙脚手架	10m²	10.332	6.88	71.08
3	19—10	3.6m以内墙粉刷脚手架	10m²	61.992	2.05	127.08
合计						3331.83

注　外墙外侧的粉刷脚手架含在外墙砌筑脚手架中。

答：该脚手架工程的复价合计3331.83元。

【例9-2】　将上例中檐口标高改为9m，计算该房屋的地面以上部分砌墙、墙体粉刷和天棚粉刷脚手架工程量和综合单价及合价。

分析：天棚抹灰高度超过3.6m，计算满堂脚手架；有满堂脚手架可以利用，就不再计算墙面抹灰脚手架。满堂脚手架基本层在8m以内，$(9-8)\div2=0.5<0.6m$，不计增加层。

解：（1）列项目：砌墙外架子（19—2）、满堂脚手架高8m以内（19—8）。

（2）计算工程量。

砌墙外架子：$(45.24+15.24)\times2\times(3.5+0.3)+(15-0.24)\times2\times3.5=562.97\text{m}^2$

满堂脚手架：$(45-0.24-0.24\times2)\times(15-0.24)=653.57\text{m}^2$

（3）套定额，计算结果见表 9-4。

表 9-4　　　　　　　　　　　　　　　计　算　结　果

序号	定额编号	项　目　名　称	计量单位	工程量	综合单价（元）	合价（元）
1	19—2	砌墙外架子	10m^2	56.297	65.26	3673.94
1	19—8	满堂脚手架高 8m 以内	10m^2	65.357	79.12	5171.05
合计						8844.99

答：该粉刷工程的脚手架合价为 8844.99 元。

【**例 9-3**】　计算图 7-32 所示框架主体结构工程的柱、梁、板的混凝土浇捣脚手架工程量和综合单价及合价。

分析：层高超过 3.6m 的钢筋混凝土柱、墙（楼板、屋面板为现浇板）所增加的混凝土浇捣脚手架费用，以每 10m^2 框架轴线水平投影面积，按满堂脚手架相应子目乘以系数 0.3 执行。

解：（1）列项目。混凝土浇捣脚手架（19—7）。

（2）计算工程量。

$$6\times9\times2=108\text{m}^2$$

（3）套定额，计算结果见表 9-5。

表 9-5　　　　　　　　　　　　　　　计　算　结　果

序号	定额编号	项　目　名　称	计量单位	工程量	综合单价（元）	合价（元）
1	19—7 换	混凝土浇捣脚手架 5m 以内	10m^2	10.8	18.97	204.88
合计						204.88

注　19—7 换：$63.23\times0.3=18.97$ 元/10m^2。

答：该工程的混凝土浇捣脚手架合价为 204.88 元。

9.2　模　板　工　程

根据江苏省情况，现场预制构件的底模按砖底模考虑，侧模分别编制了组合钢模板和复合木模板；加工厂预制构件的底模按混凝土底模考虑，侧模则按定型钢模板或组合钢模板列人子目；现浇构件除部分项目采用全木模和塑壳模外，均编制了组合钢模板和复合木模板两种。投标报价时，施工企业可根据自己的施工方案选择使用，特殊现浇构件实际用砖侧模时，可在竣工结算时进行调整。

本节主要内容包括：现浇构件模板、现场预制构件模板、加工厂预制构件模板和构筑物工程模板四部分。

（1）现浇构件模板包括：①基础；②柱；③梁；④墙；⑤板；⑥其他；⑦混凝土、砖底胎模及砖侧模。

（2）现场预制构件模板包括：①桩、柱；②梁；③屋架、天窗架及端壁；④板、楼梯段及其他。

（3）加工厂预制构件模板包括：①一般构件；②预应力构件。

（4）构筑物工程模板包括：①烟囱；②水塔；③贮水（油）池；④贮仓；⑤钢筋混凝土支架及地沟；⑥栈桥。

9.2.1 有关规定

9.2.1.1 基本规定

（1）现浇构件模板子目按不同构件分别编制了组合钢模板配钢支撑、复合木模板配钢支撑，使用时，任选一种套用。

（2）预制构件模板子目，按不同构件，分别以组合钢模板、复合木模板、木模板、定型钢模板、长线台钢拉模、加工厂预制构件配混凝土地模、现场预制构件配砖胎模、长线台配混凝土地胎模编制，使用其他模板时，不予换算。

（3）模板工程内容包括清理、场内运输、安装、刷隔离剂、浇灌混凝土时模板维护、拆模、集中堆放、场外运输。木模板包括制作（预制构件包括刨光、现浇构件不包括刨光）；组合钢模板、复合木模板包括装箱。

（4）现浇钢筋混凝土柱、梁、墙、板的支模高度以净高（底层无地下室者高度需另加室内外高差）在 3.6m 以内为准，净高超过 3.6m 的构件其钢支撑、零星卡具及模板人工分别乘以表 9-6 所列的系数，但其脚手架费用另按脚手架工程有关规定执行。

表 9-6　　　　　　　　　净高超过 3.6m 的人工、材料系数表

增 加 内 容	层　　高			
	5m 以内	8m 以内	12m 以内	12m 以上
独立柱、梁、板钢支撑及零星卡具	1.10	1.30	1.50	2.00
框架柱（墙）、梁、板钢支撑及零星卡具	1.07	1.15	1.40	1.60
模板人工（不分框架和独立柱梁板）	1.05	1.15	1.30	1.40

注 轴线未形成封闭框架的柱、梁、板称独立柱、梁、板。

（5）支模高度净高。

1）柱、梁、板支模高度净高，若无地下室底层均指设计室外地面至上层板底面、楼层板顶面至上层板底面。

2）墙支模高度净高是指整板基础板顶面（或反梁顶面）至上层板底面、楼层板顶面至上层板底面。

（6）设计 L 形、⊥形、十字形柱，其单面每边宽在 1000mm 内按 L 形、⊥形、十字形柱相应子目执行，每根柱两边之和超过 2000mm，则该柱按直形墙相应定额执行。L形、⊥形、十字形柱边的确定如图 9-2 所示。

（7）模板项目中，仅列出周转木材而无钢支撑的项目，其支撑量已含在周转木材中，模板与支撑按 7：3 拆分。

（8）模板材料已包含砂浆垫块与钢筋绑扎用的 22 号镀锌铁丝在内，现浇构件和现场

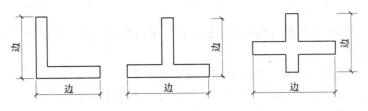

图 9-2　L 形、⊥形、十字形柱

预制构件不用砂浆垫块，而改用塑料卡，每 10m² 模板另加塑料卡费用每只 0.2 元，计 30 只，合计 6.00 元。

（9）本节的混凝土、钢筋混凝土地沟是指建筑物室外的地沟，室内钢筋混凝土地沟按计价表相应项目执行。

（10）现浇有梁板、无梁板、平板、楼梯、雨篷及阳台，底面设计不抹灰者，增加模板缝贴胶带纸人工 0.27 工日/10m²，计 7.02 元。

9.2.1.2　现浇构件模板有关规定

（1）基础。

1）现浇条形基础中未设置弧形条基的子目，弧形条基按复合模板的相应子目执行，人工、复合模板乘以系数 1.3，其余不变。

2）凸出整板基础上、下表面的弧形梁，按复合木模板子目执行，人工、复合木模板乘以系数 1.3，其他不变；下表面的弧形反梁采用砖侧模，则按相应定额执行，砖侧模增加人工 0.55 工日/10m²。

3）满堂基础在 1000m² 内，有梁式满堂基础及反梁用砖侧模，则砖侧模费用另计，同时应扣除相同面积的模板面积，但其总量不得超过总含模量；如满堂基础在 1000m² 以上时，反梁用砖侧模，则砖侧模及边模的组合钢模板应分别另列项目计算。

（2）柱。

周长大于 3.6m 的柱，每 10m² 模板应另增加对拉螺栓 7.46kg。

（3）梁。

1）基础梁的含模量数据中考虑了底模。

2）斜梁坡度大于 10°时，人工乘以系数 1.15，支撑乘以系数 1.2，其他不变。

3）砖墙基上带形防潮层模板按圈梁定额执行。圈梁未设置弧形圈梁的子目，弧形圈梁按复合模板合计工日乘以系数 1.5，周转木材乘以系数 3，其余不变。

4）有梁板中的弧形梁模板按弧形梁定额执行（含模量等于肋形板含模量）其弧形板部分的模板按板定额执行。砖墙基上带形防潮层模板按圈梁定额执行。

（4）墙。

1）地上墙、地下室内墙定额中对拉螺栓是周转使用的摊销量，因考虑了 PVC 穿墙套管；地下室外墙、屋面水箱按止水螺栓考虑，以一次性使用量列入定额。

2）地下室外墙墙厚每增减 50mm，增减止水螺栓 0.83kg。

3）地下室后浇墙带的模板应按已审定的施工组织设计另行计算，但混凝土墙体模板含量不扣。

（5）板。

1）坡度大于 10°的斜板（包括肋形板）人工乘以系数 1.3、支撑乘以系数 1.5；若大于 45°，另行处理。

2）现浇无梁板遇有柱帽，每个柱帽不分大小另增 1.18 工日。

3）有梁板中的弧形梁模板按弧形梁定额执行（含模量＝肋形板含模量），其弧形板部分的模板按板定额进行。

4）阶梯教室、体育看台板（包括斜梁、板或斜梁、锯齿形板）按计价表中相应板厚子目执行，人工乘以系数 1.2，支撑及零星卡具乘以系数 1.1，超过 3.6m 高部分不再执行本节基本规定中第 4 条的说明。

5）本节中双向密肋塑料模板（计价表 20—64、20—65）是根据江苏省地方补充定额含量加以调整编制的，其塑料模板是按租赁形式列入的，模板租用按每天 1.10 元/m² 计算，往返运费按模板租赁费的 10％计算，并综合考虑相应塑料模板的破损费用。定额中肋梁模板已计算在内，不再另外计算费用。

$$每只塑料模板租赁费＝每只塑模的面积×使用天数×塑模每平方米租费及往返运费$$
$$＋每只塑模摊销的损耗$$

6）后浇板带模板、支撑增加费子目（计价表 20—67、20—68）中已将后浇带的垃圾清理防护费包括在内。整板基础后浇带仅计算垃圾清理防护费 40.85 元/10m。

后浇板带工期按立最底层的支撑开始至拆最高层的支撑止（不足半个月不计算工期，超过半个月算一个月工期）。

（6）其他。

1）雨篷挑出超过 1.5m 者，其柱、梁、板按相应定额执行。复式雨篷的翻边内口从篷上表面到翻边顶端超过 250mm 时，其超过部分按天沟定额执行（超过部分的含模量也按天沟含模量计算）。

2）栏杆设计为木扶手，其木扶手应另外增加，模板工、料、机不扣。

3）砖侧模不抹灰应扣除定额中 1∶2 水泥砂浆用量，其余不变。

9.2.1.3　加工厂预制构件模板有关规定

（1）弧形梁按矩形梁相应项目人工乘以系数 1.5，增加木模 0.063m³、圆钉 0.52kg；定额中钢模板、零星卡具、钢支撑及回库修理费取消。

（2）零星构件适用于洗脸盆、水槽及体积小于 0.05m³ 的小型构件。

9.2.1.4　构筑物工程模板有关规定

（1）钢筋混凝土水塔、砖水塔基础采用毛石混凝土、混凝土基础时按烟囱相应项目执行。

（2）烟囱钢滑升模板项目均已包括烟囱筒身、牛腿、烟道口；水塔滑升模板均已包括直筒、门窗洞口等模板用量。

（3）倒锥壳水塔塔身钢滑升模板项目，也适用于一般水塔塔身滑升模板工程。

（4）用钢滑升模板施工的烟囱、水塔、贮仓使用的钢提升杆是按 $\phi25$ 一次性用量编制的，设计要求不同时，另行换算。施工是按无井架计算的，并综合了操作平台，不再计算脚手架和竖井架。

（5）贮水（油）池的钢筋混凝土池壁高度超过 3.6m，则每 $10m^2$ 模板增加人工圆形壁 0.46 工日，矩形壁 0.29 工日；贮水（油）池的钢筋混凝土池盖高度超过 3.6m，每 $10m^2$ 模板人工乘系数 1.1，池盖中包括了进人孔及透气管的内容。

（6）无梁盖池柱子目包括了柱帽及柱座的内容；壁基梁指池壁与坡底或锥形底上口相衔接的池壁基础梁。

（7）贮仓的圆形立壁按贮水（油）池圆形壁相应子目执行，贮仓的圆形漏斗按矩形漏斗模板乘 1.10 系数执行。

（8）钢筋混凝土现浇支架不分形状均执行本子目，支架操作台上的栏杆、扶梯应另按有关分部相应子目计算。

（9）钢筋混凝土烟道按地沟子目执行，当顶板为拱形时，组合钢模板扣除，周转木材增加 $0.06m^3$，人工增加 0.58 工日。

（10）栈桥子目适用于现浇矩形柱、矩形连梁、有梁斜板栈桥，其超过 3.6m 支撑按本章有关说明执行。

9.2.2　工程量计算规则

9.2.2.1　现浇混凝土构件模板工程量计算规则

（1）现浇混凝土及钢筋混凝土模板工程量除另有规定者外，均按混凝土与模板的接触面积以平方米（m^2）计算。若使用含模量计算模板接触面积，其工程量等于构件体积乘以相应项目含模量（含模量详见计价表中的附录）。在计价表附录一中列出了混凝土构件的模板含量表，此表主要为提供快速报价服务。在编制工程预结算时，通常应按照模板接触面积计算工程量。特别要注意这两种模板工程量的计算方法在同一份预算书中不得混用，只能选取其一。

（2）满堂基础预算时采用含模量计算模板工程量，施工中部分模板采用砖侧模，结算方法：混凝土底板面积在 $1000m^2$ 内，有梁式满堂基础的反梁或地下室墙侧面如用砖侧模时，砖侧模的费用应另外增加，同时扣除相应的模板面积，但其总量不得超过总含模量；超过 $1000m^2$ 时，反梁用砖侧模，则砖侧模及边模的组合钢模板应分别另列项目计算。

【例 9-4】 某有梁式满堂基础混凝土底板面积为 $860m^2$，采用组合钢模板，预算时施工方按含模量计算该满堂基础的模板面积为 $392m^2$，实际施工时反梁采用标准砖半砖侧模，接触面积为 $280m^2$，组合钢模板接触面积为 $30m^2$ 其余不计。问应如何结算该满堂基础的模板费。

答： 在原工程造价的基础上增加 $280m^2$ 的标准砖半砖侧模的费用，扣除 $280m^2$ 的组合钢模板的费用。

【例 9-5】 某有梁式满堂基础混凝土底板面积为 $860m^2$，采用组合钢模板，预算时施工方按含模量计算该满堂基础的模板面积为 $392m^2$，实际施工时反梁采用标准砖半砖侧模，接触面积为 $420m^2$，组合钢模板接触面积为 $30m^2$ 其余不计。问应如何结算该满堂基础的模板费。

答： 在原工程造价的基础上增加 $420m^2$ 的标准砖半砖侧模的费用，扣除 $392m^2$ 的组合钢模板的费用。

【例 9-6】 某有梁式满堂基础混凝土底板面积为 $1200m^2$，采用组合钢模板，预算时施工方按含模量计算该满堂基础的模板面积为 620m²，实际施工时反梁采用标准砖半砖侧模，接触面积为 520m²，组合钢模板接触面积为 120m²，其余不计。问应如何结算该满堂基础的模板费。

答： 在原工程造价的基础上增加 520m² 的标准砖半砖侧模的费用和 120m² 的组合钢模板的费用，扣除 620m² 的组合钢模板的费用。

（3）钢筋混凝土墙、板上单孔面积在 0.3m² 以内的孔洞，不予扣除，洞侧壁模板不另增加，但突出墙面的侧壁模板应相应增加。单孔面积在 0.3m² 以外的孔洞，应予扣除，洞侧壁模板面积并入墙、板模板工程量之内计算。

（4）现浇钢筋混凝土框架分别按柱、梁、墙、板有关规定计算，墙上单面附墙柱并入墙内工程量计算，双面附墙柱按柱计算，但后浇墙、板带的工程量不扣除。

（5）设备螺栓套孔或设备螺栓分别按不同深度以"个"计算；二次灌浆，按实灌体积以立方米（m³）计算。

（6）预制混凝土板间或边补现浇板缝，缝宽在 100mm 以上者，模板按平板定额计算。

（7）构造柱外露均应按图示外露部分计算面积（锯齿形，则按锯齿形最宽面计算模板宽度），构造柱与墙接触面不计算模板面积。

（8）现浇混凝土雨篷、阳台、水平挑板，按图示挑出墙面以外板底尺寸的水平投影面积计算（附在阳台梁上的混凝土线条不计算水平投影面积）。挑出墙外的牛腿及板边模板已包括在内。复式雨篷挑口内侧净高超过 250mm 时，其超过部分按挑檐定额计算（超过部分的含模量按天沟含模量计算）。竖向挑板按 100mm 内墙定额执行。

（9）整体直形楼梯包括楼梯段、中间休息平台、平台梁、斜梁及楼梯与楼板连结的梁，按水平投影面积计算，不扣除宽度小于 200mm 的楼梯井，伸入墙内部分不另增加。

（10）圆弧形楼梯按楼梯的水平投影面积以平方米（m²）计算，包括圆弧形梯段、休息平台、平台梁、斜梁及楼梯与楼板连接的梁。

（11）楼板后浇带以延长米计算（整板基础的后浇带不包括在内）。

（12）现浇圆弧形构件除定额已注明者外，均按垂直圆弧形的面积计算。

（13）栏杆按扶手的延长米计算，栏板竖向挑板按模板接触面积以平方米（m²）计算。栏杆、栏板的斜长按水平投影长度乘以系数 1.18 计算。

（14）劲性混凝土柱模板，按现浇柱定额执行。

（15）砖侧模分不同厚度，按实砌面积以平方米（m²）计算。

【例 9-7】 用计价表按接触面积计算图 7-32 所示工程的模板工程量和综合单价及合价。

分析： 现浇钢筋混凝土柱、梁、墙、板的支模高度以净高（底层无地下室者高需另加室内外高差）在 3.6m 以内为准，净高超过 3.6m 的构件，其钢支撑、零星卡具及模板人工应乘以系数进行调整。

解：（1）列项目：矩形柱组合钢模板（20—25）、有梁板组合钢模板（20—56）。

（2）计算工程量。

1）现浇柱。

$6\times4\times0.4\times(8.5+1.85-0.4-0.35-2\times0.1)-0.3\times0.3\times14\times2=87.72m^2$

2）现浇有梁板。

KL-1：$3\times0.3\times(6-0.4)\times3\times2-0.25\times0.2\times4\times2=29.84m^2$

KL-2：$0.3\times3\times(4.5-2\times0.2)\times4\times2=29.52m^2$

KL-3：$(0.2\times2+0.25)\times(4.5+0.2-0.3-0.15)\times2\times2=11.05m^2$

B：$[6.4\times9.4-0.4\times0.4\times6-0.3\times5.6\times3-0.3\times4.1\times4-0.25\times4.25\times2+(6.4\times2+9.4\times2)\times0.1]\times2=100.55m^2$

小计：$29.84+29.52+11.05+100.55=170.96m^2$

（3）套定额，计算结果见表 9-7。

表 9-7　　　　　　　计　算　结　果

序号	定额编号	项　目　名　称	计量单位	工程量	综合单价（元）	合价（元）
1	20-25 换	矩形柱组合钢模板	$10m^2$	8.772	280.26	2458.44
2	20-56 换	C30 有梁板组合钢模板	$10m^2$	17.096	239.16	4088.68
合计						6547.12

注　1. 20-25 换：$271.36+0.07\times(11.07+13.49)+0.05\times104.78\times1.37=280.26$ 元/$10m^2$。
　　2. 20-56 换：$232.04+0.07\times(17.95+13.76)+0.05\times71.50\times1.37=239.16$ 元/$10m^2$。

答：现浇柱模板面积 $87.72m^2$，现浇有梁板模板面积 $170.96m^2$，模板部分的合价共计 6547.12 元。

【例 9-8】　用计价表按含模量计算图 7-32 所示工程的模板工程量。

解：查计价表附录一得：矩形柱的含模量 $13.33m^2/m^3$；有梁板的含模量 $10.70m^2/m^3$。

由 [例 7-28] 得：现浇柱体积 $9.021m^3$；现浇有梁板体积 $18.86m^3$。

现浇柱模板：$13.33\times9.021=120.24m^2$

现浇有梁板模板：$10.70\times18.86=201.80m^2$

答：用含模量计算得，现浇柱模板 $120.24m^2$，现浇有梁板模板 $201.80m^2$。

9.2.2.2　现场预制混凝土构件模板工程量计算规则

（1）现场预制构件模板工程量，除另有规定者外，均按模板接触面积以平方米（m^2）计算。若使用含模量计算模板面积者，其工程量等于构件体积乘以相应项目的含模量。砖地模费用已包括在定额含量中，不再另行计算。

（2）预制桩不扣除桩尖虚体积。

（3）漏空花格窗、花格芯按外围面积计算。

（4）加工厂预制构件有此项目，而现场预制无此项目，实际在现场预制时模板按加工厂预制模板子目执行。现场预制构件有此项目，加工厂预制构件无此项目，实际在加工厂预制时，其模板按现场预制模板子目执行。

9.2.2.3　加工厂预制构件的模板工程量计算规则

加工厂预制构件的模板工程量，除漏空花格窗、花格芯外，均按构件的体积以立方米

（m³）计算。

（1）混凝土构件体积一律按施工图的几何尺寸以实体积计算，空腹构件应扣除空腹体积。

（2）漏空花格窗、花格芯按外围面积计算。

9.2.2.4 构筑物工程模板计算

（1）烟囱。

1）烟囱基础：钢筋混凝土烟囱基础包括基础底板及筒座，筒座以上为筒身，烟囱基础按接触面积计算。

2）混凝土烟囱筒身。

a. 不分方形、圆形均按立方米（m³）计算，筒身体积应以筒壁平均中心线长度乘以厚度。圆筒壁周长不同时，可分段计算后取其和。

b. 砖烟囱的钢筋混凝土圈梁和过梁，按接触面积计算，套用本节现浇钢筋混凝土构件的相应项目。

c. 烟囱的钢筋混凝土集灰斗（包括分隔墙、水平隔墙、柱、梁等）应按本节现浇钢筋混凝土构件相应项目计算、套用。

d. 烟道中的其他钢筋混凝土构件模板，应按本节相应钢筋混凝土构件的相应定额计算、套用。

e. 钢筋混凝土烟道，可按本节地沟定额计算，但架空烟道不能套用。

（2）水塔。

1）基础：各种基础均以接触面积计算（包括基础底板和筒座），筒座以上为筒身，以下为基础。

2）筒身。

a. 钢筋混凝土筒式塔身以筒座上表面或基础底板上表面为分界线；柱式塔身以柱脚与基础底板或梁交界处为分界线，与基础底板相连接的梁并入基础内计算。

b. 钢筋混凝土筒式塔身与水箱的分界是以水箱底部的圈梁为准，圈梁底以下为筒式塔身。水箱的槽底（包括圈梁）、塔顶、水箱（槽）壁工程量均应按接触面积计算。

c. 钢筋混凝土筒式塔身以接触面积计算。应扣除门窗面积，依附于筒身的过梁、雨篷、挑檐等工程量并入筒壁面积内按筒式塔身计算；柱式塔身不分斜柱、直柱和梁，均按接触面积合并计算，按柱式塔身子目执行。

d. 钢筋混凝土、砖塔身内设置的钢筋混凝土平台、回廊以接触面积计算。

e. 砖砌筒身设置的钢筋混凝土圈梁以接触面积计算，按本节相应项目执行。

3）塔顶及槽底。钢筋混凝土塔顶及槽底的工程量合并计算。塔顶包括顶板和圈梁，槽底包括底板、挑出斜壁和圈梁。槽底不分平底、拱底，塔顶不分锥形、球形均按本定额执行。回廊及平台另行计算。

4）水槽内、外壁。与塔顶、槽底（或斜壁）相连系的圈梁之间的直壁为水槽内外壁；设保温水槽的外保护壁为外壁；直接承受水侧压力的水槽壁为内壁。非保温水箱的水槽壁按内壁计算。

水槽内、外壁均以图示接触面积计算；依附于外壁的柱、梁等并入外壁面积中计算。

5）倒锥形水塔。基础按相应水塔基础的规定计算，其筒身、水箱、环梁按混凝土的体积以 m³ 计算。环梁以混凝土接触面积计算。水箱提升按不同容积和不同的提升高度，分别套用定额，以"座"计算。

（3）贮水（油）池。

1）池底为平底执行平底子目，其平底体积应包括池壁下部的扩大部分；池底有斜坡者，执行锥形底子目。均按图示尺寸的接触面积计算。

2）池壁有壁基梁时，锥形底应算壁基梁底面，池壁应从壁基梁上口开始，壁基梁应从锥形底上表面算至池壁下口；无壁基梁时锥形底算至坡上表面，池壁应从锥形底的上表面开始。

3）无梁池盖柱的柱高，应由池底上表面算至池盖的下表面，包括柱帽、柱座的模板面积。

4）池壁应按圆形壁、矩形壁分别计算，其高度不包括池壁上下处的扩大部分，无扩大部分时，则自池底上表面（或壁基梁上表面）至池盖下表面。

5）无梁盖应包括与池壁相连的扩大部分的面积；肋形盖应包括主、次梁及盖板部分的面积；球形盖应自池壁顶面以上，包括边侧梁的面积在内。

6）沉淀池水槽指池壁上的环形溢水槽及纵横、U 形水槽，但不包括与水槽相连接的矩形梁。矩形梁可按现浇构件矩形梁子目计算。

（4）贮仓。

1）矩形仓：分立壁和漏斗，各按不同厚度计算接触面积，立壁和漏斗按相互交点的水平线为分界线；壁上圈梁并入漏斗工程量内。基础、支撑漏斗的柱和柱间的连系梁分别按现浇构件的相应子目计算。

2）圆筒仓。

a. 本定额适用于高度在 30m 以下、库壁厚度不变、上下断面一致、采用钢滑模施工工艺的圆形贮仓，如盐仓、粮仓、水泥库等。

b. 圆形仓工程量应分仓底板、顶板、仓壁 3 部分计算。底板、顶板按接触面积计算，仓壁按实体积以立方米（m³）计算。

c. 圆形仓底板以下的钢筋混凝土柱、梁、基础按现浇构件的相应项目计算。

d. 仓顶板的梁与仓顶板合并计算，按仓顶板子目执行。

e. 仓壁高度应自仓壁底面算至顶板底面计算，扣除 0.05m² 以上的孔洞。

（5）地沟及支架。

1）本定额适用于室外的方形（封闭式）、槽形（开口式）、阶梯形（变截面式）的地沟。底、壁、顶应分别按接触面积计算。

2）沟壁与底的分界，以底板上表面为界。沟壁与顶的分界以顶板下表面为界。八字角部分的数量并入沟壁工程量内。

3）地沟预制顶板，按预制结构分部相应子目计算。

4）支架均以接触面积计算（包括支架各组成部分），框架型或 A 字形支架应将柱、梁的体积合并计算；支架带操作平台者，其支架与操作台的体积亦合并计算。

5）支架基础应按本节的相应子目计算。

（6）栈桥。

1）柱、连系梁（包括斜梁）接触面积合并、肋梁与板的面积合并均按图示尺寸以接触面积计算。

2）栈桥斜桥部分不论板顶高度如何均按板高在 12m 内子目执行。

3）板顶高度超过 20m，每增加 2m 仅指柱、连系梁（不包括有梁板）。

4）栈桥柱、梁、板的混凝土浇捣脚手架按计价表第十九章相应子目执行（工程量按相应规定）。

（7）使用滑升模板施工的均以混凝土体积以立方米（m³）计算，其构件划分依照上述计算规则执行。

9.3 施工排水、降水、深基坑支护

本节主要内容包括：①施工排水；②施工降水；③深基坑支护。

9.3.1 有关规定

9.3.1.1 施工排水

（1）人工土方施工排水是在人工开挖湿土、淤泥、流沙等施工过程中的地下水排放发生的机械排水台班费用。

（2）基坑排水（计价表21—4）：是指在地下常水位以下、基坑底面积超过 20m²，需要注意的是以上两个条件必须同时具备的条件下，土方开挖以后，在基础或地下室施工期间所发生的排水包干费用。但如有设计要求待框架、墙体完成以后再回填基坑土方等情况，在 ±0.00 以上施工期间的排水则不包括在内。

（3）强夯法加固地基坑内排水是指击点坑内的积水排抽台班费用。

（4）机械土方工作面中的排水费已包括在土方中，但地下水位以下的施工排水费不包括，如发生，依据施工组织设计规定，排水人工、机械费用另行计算。

9.3.1.2 井点降水

（1）井点降水项目适用于地下水位较高的粉砂土、砂质粉土或淤泥质夹薄层砂性土的地层。一般情况下，降水深度在 6m 以内。井点降水使用时间按施工组织设计确定。井点降水材料使用摊销费中已包括井点拆除时材料损耗量。井点间距根据地质和降水要求由施工组织设计确定，一般轻型井点管间距为 1.2m。

（2）井点降水成孔工程中产生的泥水处理及挖沟排水工作应另行计算。井点降水必须保证连续供电；在电源无保证的情况下，使用备用电源的费用另计，同时应扣除定额机械台班中的电费。

（3）井点降水中实际砂用量不同时应调整；实际采用的施工方案不同时可以调整；遇有天然水源可用的，不计水费。

9.3.1.3 深基坑支护

（1）基坑钢管支撑的使用时间以全部安装完成起到开始拆除止四个月的日历天为准，超过四个月按每延长一天执行。

（2）基坑钢管支撑为周转摊销材料，其场内运输、回库保养费均已包括在内，以坑内的钢立柱、支撑、围檩、接头、法兰、预埋铁件等重量合并计算。支撑处需挖运土方、围檩与基坑护壁间的填充混凝土未包括在内，发生时应按实另行计算。场外运输则按计价表第 7 章中金属 III 类构件计算。

（3）打、拔钢板桩单位工程打桩工程量小于 50t 时，人工、机械乘 1.25 的系数。场内运输超过 300m 时，应按相应构件（金属构件 II 类构朴）运输子目执行，并扣除打桩子目中的场内运输费。

（4）打临时性钢板桩租金应另行计算，但钢板摊销量应扣除。若钢板打入超过一年或基底为基岩者，另行处理。

（5）打槽钢或钢轨，其机械使用费乘系数 0.77，钢板桩单价换算，数量不变。

（6）钢板桩施工中安、拆导向夹具定额中使用的是震拔打拔桩机，如用轨道式柴油打桩机施工时，应换算机械费。

9.3.2　工程量计算规则

（1）人工土方施工排水不分土壤类别、挖土深度，按挖湿土工程量以立方米（m^3）计算。

（2）人工挖淤泥、流砂施工排水按挖淤泥、流砂工程量以立方米（m^3）计算。

（3）基坑、地下室排水按土方基坑的底面积以平方米（m^2）计算。

（4）强夯法加固地基坑内排水，按强夯法加固地基工程量以平方米（m^2）计算。

（5）井点降水 50 根为一套，累计根数不足一套按一套计算，井点使用定额单位为套天，一天按 24h 计算。井管的安装、拆除以"根"计算。

（6）基坑钢管支撑以坑内的钢立柱、支撑、围檩、活络接头、法兰盘、预埋铁件的合并重量计算。

（7）打、拔钢板桩按设计钢板桩重量以吨（t）计算。

（8）安拆导向夹具按 10 延长米计算。

【例 9-9】　某三类建筑工程整板基础，基坑底面尺寸 12.8m×15.8m，室外地面标高 −0.3m，基础底面标高 −1.70m，整板基础下采用 C10 混凝土垫层 100 厚，地下常水位 −1.00m，采用人工挖土，土壤为三类土。用计价表计算施工排水工程量和综合单价及合价。

解：（1）列项目：人工挖湿土排水（21—1）、基坑排水（21—4）。

（2）计算工程量，施工考虑不放坡、留工作面（从垫层边开始留工作面）。

挖湿土：12.8×15.8×0.8=161.8m^3

基坑排水：12.8×15.8=202.2m^2

（3）套定额，计算结果见表 9-8。

表 9-8　　　　　　　　　　　　　计　算　结　果

序号	定额编号	项　目　名　称	计量单位	工程量	综合单价（元）	合价（元）
1	21—1	挖湿土施工排水	m^3	161.8	5.63	910.93
2	21—4	基坑排水	$10m^2$	20.22	297.77	6020.91
合计						6931.84

答：该施工排水合价为 6931.84 元。

【例 9 - 10】 某三类建筑工程，基坑采用轻型井点降水，基础形式同上例，采用 60 根井点管降水 30 天，计算施工降水工程量、综合单价及合价。

分析： 采用基坑排水可以同时计算挖湿土的排水费用，采用井点降水不可以再计算挖湿土的排水费用。

解：（1）列项目：安装井点管（21—13）、拆除井点管（21—14）、井点降水（21—15）。

（2）计算工程量。

安装、拆除井点管：60 根

井点降水：2 套×30 天＝60 套天

（3）套定额，计算结果见表 9 - 9。

表 9 - 9　　　　　　　　　　计 算 结 果

序号	定额编号	项 目 名 称	计量单位	工程量	综合单价（元）	合价（元）
1	21—13	安装井点管	10 根	6	346.97	2081.82
2	21—14	拆除井点管	10 根	6	109.15	654.90
3	21—15	井点降水	套天	60	481.93	28915.80
合计						31652.52

答： 该施工降水合价为 31652.52 元。

9.4　垂直运输机械费

本节主要内容包括：①建筑物垂直运输；②单独装饰工程垂直运输；③烟囱、水塔、筒仓垂直运输；④施工塔吊、电梯基础、塔吊及电梯与建筑物连接件。其中，建筑物垂直运输包括卷扬机施工和塔式起重机施工两部分。

垂直运输费包括：垂直运输机械台班单价费、多层建筑用高层机械差价分摊费、机械降效、外脚手架垂直运输费、上下通信联络费用等。

9.4.1　有关规定

9.4.1.1　建筑物垂直运输

（1）"檐高"是指设计室外地坪至檐口的高度，突出主体建筑物顶的女儿墙、电梯间、楼梯间、水箱等不计入檐口高度以内；"层数"指地面以上建筑物的高度。

（2）本定额工作内容包括江苏省调整后的国家工期定额内完成单位工程全部工程项目所需的垂直运输机械台班，不包括机械的场外运输、一次安装、拆卸、路基铺垫和轨道铺拆等费用。施工塔吊与电梯基础、施工塔吊和电梯与建筑物连接的费用单独计算。

根据江苏省建设厅苏建定〔2000〕283 号《关于贯彻执行〈全国统一建筑安装工程工期定额〉的通知》，江苏省工期调整如下：

1）民用建筑工程中单项工程：

±0.00m 以下工程调减 5％。

$\pm 0.00\text{m}$ 以上工程中的宾馆、饭店、影剧院、体育馆调减 5%。

2）民用建筑工程中单位工程：

$\pm 0.00\text{m}$ 以下结构工程调减 5%；$\pm 0.00\text{m}$ 以上结构工程，宾馆、饭店及其他建筑的装修工程调减 10%。

3）工业建筑工程均调减 10%。

4）其他建筑工程均调减 5%。

5）设备安装工程中除电梯安装外均调减 5%。

6）其他工程均按国家工期定额标准执行。

（3）本定额项目划分是以建筑物"檐高"、"层数"两个指标界定的，只要其中一个指标达到定额规定，即可套用该定额子目。

（4）一个工程，出现两个或两个以上檐口高度（层数），使用同一台垂直运输机械时，定额不作调整；使用不同垂直运输机械时，应依照国家工期定额规定结合施工合同的工期约定，分别计算。

（5）当建筑物垂直运输机械数量与定额不同时，可按比例调整定额含量。本定额按卷扬机施工配两台卷扬机，塔式起重机施工配一台塔吊一台卷扬机（施工电梯）考虑。

【例 9-11】　某三类现浇框架结构建筑工程，檐高 24m，6 层，配备一台 2～6t 的搭式起重机和两台带塔 1t（单）$H=40\text{m}$ 卷扬机用于垂直运输，计算该垂直运输费的综合单价。

解：查计价表 22—9，对机械数量进行换算

$$综合单价 = 349.77 + 92.35 \times 1.37 = 476.29 \text{ 元/天}$$

答：该垂直运输费的综合单价为 476.29 元/天。

（6）檐高 3.6m 以内的单层建筑物和围墙，不计算垂直运输机械台班。

（7）垂直运输高度小于 3.6m 的一层地下室不计算垂直运输机械台班。

（8）预制混凝土平板、空心板、小型构件的吊装机械费用已包括在本定额中。

（9）本定额中现浇框架指柱、梁、板全部为现浇的钢筋混凝土框架结构。如部分现浇、部分预制，按现浇框架乘以系数 0.96。

（10）柱、梁、墙、板构件全部现浇的钢筋混凝土框筒结构、框剪结构按现浇框架执行；筒体结构按剪力墙（滑模施工）执行。

（11）预制或现浇钢筋混凝土柱，预制屋架的单层厂房，按预制排架定额计算。

（12）单独地下室工程项目定额工期按不含打桩工期自基础挖土开始考虑。

（13）当建筑物以合同工期日历天计算时，在同口径条件下定额乘以下系数：

1+（国家工期定额日历天－合同工期日历天）/合同工期日历天

未承包施工的工程内容，如打桩、挖土等的工期，不能作为提前工期考虑。

（14）混凝土构件，使用泵送混凝土浇筑者，卷扬机施工定额台班乘以系数 0.96；塔式起重机施工定额中的塔式起重机台班含量乘以系数 0.92。

（15）建筑物高度超过定额取定高度，每增加 20m，人工、机械按最上两档之差递增。不足 20m 者，按 20m 计算。

（16）采用履带式、轮胎式、汽车式起重机（除塔式起重机外）吊（安）装预制大型构件的工程，除按本节规定计算垂直运输费外，另按计价表第七章有关规定计算构件吊（安）装费。

（17）施工塔吊、电梯基础的内容仅作编制预算时使用，竣工结算时应按施工现场实际情况调整钢筋、铁件（包括连接件）、混凝土含量，其余不变。不做基础时不计算此费用。

塔吊基础如遇下列情况，竣工结算时另行处理：①基础下面打桩者；②基础做在楼板面、楼面下加固者。

（18）塔吊与建筑物连接件，当建筑物檐高超过 20m 时，每增加 10m 高塔吊与建筑物连接铁件，另增铁件 0.04t。

（19）施工电梯与建筑物连接铁件檐高超过 30m 时才计算，30m 以上每增高 10m 按 0.04t 计算（计算高度等于建筑物檐高）。

9.4.1.2　构筑物垂直运输

烟囱、水塔、筒仓的"高度"指设计室外地坪至构筑物的顶面高度，突出构筑物主体顶的机房等高度，不计入构筑物高度内。

9.4.1.3　单独装饰工程垂直运输费

由于装饰工程的特点，一个单位工程的装饰可能有几个施工单位分块承包施工，既要考虑垂直运输高度又要兼顾操作面的因素，故采用分段计算。例如，7～10 层为甲单位承包施工——一个施工段；11～13 层为乙单位承包施工——一个施工段；14～16 层为丙单位承包施工——一个施工段。

材料从地面运到各个高度施工段的垂直运输费不一样，因而需要划分几个定额步距来计算，否则就会产生不合理现象了，故本节按此原则制定子目的划分，同时还应注意该项费用是以相应施工段工程量所含工日为计量单位的计算方式。

9.4.2　工程量计算规则

（1）建筑物垂直运输机械台班用量，区分不同结构类型、檐口高度（层数）按国家工期定额以日历天计算。

（2）单独装饰工程垂直运输机械台班，区分不同施工机械、垂直运输高度、层数，按定额工日分别计算。

（3）烟囱、水塔、筒仓垂直运输台班，以"座"计算。超过定额规定高度时，按每增高 1m 定额项目计算。高度不足 1m 按 1m 计算。

（4）施工塔吊、电梯基础、塔吊及电梯与建筑物连接件，按施工塔吊及电梯的不同型号以"台"计算。

【例 9 - 12】　某教学楼工程，要求按照国家定额工期提前 15% 竣工。该工程有 1 层地下室，建筑面积 1200m²，三类土、整板基础，上部现浇框架结构 5 层，每层建筑面积 1200m²，檐口高度 17.90m，使用泵送商品混凝土，配备 40t·m 塔式起重机、带塔卷扬机各一台。计算该工程合同工期和定额垂直运输费。

分析：混凝土构件，使用泵送混凝土浇筑者，塔式起重机施工定额中的塔式起重机台班含量乘以系数 0.92。

解：（1）列项目：垂直运输费（21—8）。

（2）计算工程量。

查《全国统一建筑安装工程工期定额》（参见本书第四章）得：

基础定额工期：1—12　115×0.95(省调整系数)＝109.25 天

上部定额工期：1—1012　250 天

定额工期合计：360 天

合同工期为：360×0.85＝306 天

（3）套定额，计算结果见表 9－10。

表 9 - 10　　　　　　　　　　　　计 算 结 果

序号	定额编号	项 目 名 称	计量单位	工程量	综合单价（元）	合价（元）
1	22—8 换	垂直运输费	天	360	293.63	105706.8
合计						105706.8

注　22—8 换：308.48−135.49×0.08×1.37＝293.63 元/天。

答：该工程合同工期为 306 天，定额垂直运输费 105706.8 元。

9.5 场内二次搬运费

本节主要内容包括：①机动翻斗车二次搬运；②单（双）轮车二次搬运。

9.5.1 有关规定

（1）场内二次搬运费的使用范围是市区沿街建筑在现场堆放材料有困难，汽车不能将材料运入巷内的建筑，材料不能直接运到单位工程周边需再次中转，建设单位不能按正常合理的施工组织设计提供材料、构件堆放场地和临时设施用地的工程而发生的二次搬运费用，执行本节规定。

（2）使用时应注意，在执行本定额时，应以工程所发生的第一次搬运为计算基数。

（3）水平运距的计算，分别以取料中心点为起点，以材料堆放中心为终点。超运距增加运距不足整数者，进位取整计算。

（4）运输道路 15％以内的坡度已考虑，超过时另行处理。

（5）松散材料运输不包括做方，但要求堆放整齐。如需做方者，应另行处理。

（6）机动翻斗车最大运距为 600m，单（双）轮车最大运距为 120m，超过时应另行处理。

9.5.2 工程量计算规则

（1）在使用定额时还应注意材料的计量单位，松散材料（砂子、石子、毛石、块石、炉渣、石灰膏）要按堆积体积计算工程量；混凝土构件及水泥制品按实体积计算；玻璃以标准箱计算。

（2）其他材料按表中计量单位计算。

【例 9 - 13】　某三类工程因施工现场狭窄，有 10 万块空心砖和 100t 砂子发生二次搬运，采用人力双轮车运输，运距 100m，计算该工程定额二次搬运费。

解：（1）列项目：空心砖二次搬运（23—31＋23—32）、砂子二次搬运（23—43＋23—44）。

（2）计算工程量。

空心砖：10 万块

砂子：100t

（3）套定额，计算结果见表 9－11。

表 9－11　　　　　　　　　　　　　计 算 结 果

序号	定额编号	项 目 名 称	计量单位	工程量	综合单价（元）	合价（元）
1	23—31＋23—32	空心砖运距100m 内	1000 块	1000	25.06	2506
2	23—43＋23—44	砂子运距100m 内	t	100	6.14	614
合计						3120

答：该工程定额二次搬运费为 3120.00 元。

9.6　大型机械设备进出场及安拆费

本节内容位于计价表的附录二中。江苏省计价表有九个附录：

附录一为混凝土及钢筋混凝土构件模板、钢筋含量表；

附录二为机械台班预算单价取定表（1. 单项机械台班预算单价取定表；2. 综合机械台班预算单价取定表；3. 大、特大机械场外运输、组装拆卸费）；

附录三为混凝土、特种混凝土配合比表；

附录四为砌筑砂浆、打灰砂浆、其他砂浆配合比表；

附录五为防腐耐酸砂浆配合比表；

附录六为主要建筑材料预算价格取定表；

附录七为抹灰分层厚度及砂浆种类表；

附录八为主要材料、半成品损耗率取定表；

附录九为常用钢材理论重量及形体公式计算表。

计算方法按不同机械分次计算。

9.7　其 他 措 施 项 目

采用费率计算法，参见本书 5.1.2 的内容。

第 10 章　工程量清单计价概述

10.1　《建设工程工程量清单计价规范》编制概况

《建设工程工程量清单计价规范》（GB 50500—2008，以下简称 08 计价规范）是根据《中华人民共和国建筑法》、《中华人民共和国合同法》、《中华人民共和国招标投标法》等法律以及最高人民法院《关于审理建设工程施工合同纠纷案件适用法律问题的解释》（法释〔2004〕14 号），按照我国工程造价管理改革的总体目标，本着国家宏观调控、市场竞争形成价格的原则制定的。

08 计价规范在总结了《建设工程工程量清单计价规范》（GB 50500—2003，以下简称 03 计价规范）实施以来的经验，针对执行中存在的问题，特别是清理拖欠工程款工作中普遍反映的，在工程实施阶段中有关工程价款调整、支付、结算等方面缺乏依据的问题，主要修编了 03 计价规范正文中不尽合理、可操作性不强的条款及表格格式，特别增加了采用工程量清单计价如何编制工程量清单和招标控制价、投标报价、合同价款约定以及工程计量与价款支付、工程价款调整、索赔、竣工结算、工程计价争议处理等内容，并增加了条文说明。

08 计价规范经中华人民共和国住房和城乡建设部批准为国家标准，于 2008 年 12 月 1 日正式施行。

10.1.1　实行工程量清单计价的目的、意义

（1）实行工程量清单计价，是工程造价深化改革的产物。

长期以来，我国承发包计价、定价以工程预算定额为主要依据。1992 年，为了适应建设市场改革的要求，针对工程预算定额编制和使用中存在的问题，提出了"控制量、指导价、竞争费"的改革措施，工程造价管理由静态管理模式逐步变为动态管理模式。其中对工程预算定额改革的主要思路和原则是：将工程预算定额中的人工、材料、机械的消耗量和相应的单价分离，人、材、机的消耗量是国家根据有关规范、标准以及社会的平均水平来确定。控制量的目的就是保证工程质量，指导价就是要逐步走向市场形成价格，这一措施在我国实行社会主义市场经济初期起到了积极的作用。但随着建设市场化进程的发展，这种做法仍然难以改变工程预算定额在中国指令性的状况，难以满足招标投标和评标的要求。因为，控制的量是反映的社会平均消耗水平，不能准确地反映各个企业的实际消耗量（个体水平），不能全面地体现企业技术装备水平、管理水平和劳动生产率，也不能充分体现市场公平竞争，而工程量清单计价将改革以工程预算定额为计价依据的计价模式。

（2）实行工程量清单计价，是规范建设市场秩序，适应社会主义市场经济发展的需要。

　　工程造价是工程建设的核心内容，也是建设市场运行的核心内容，建设市场上存在许多不规范行为，大多与工程造价有关。过去的工程预算定额在工程发包与承包工程计价中调节双方利益、反映市场价格等方面显得滞后，特别是在公开、公平、公正竞争方面，缺乏合理完善的机制，甚至出现了一些漏洞。实现建设市场的良性发展除了法律法规和行政监督以外，发挥市场规律中"竞争"和"价格"的作用也是治本之策。工程量清单计价是市场形成工程造价的主要形式，工程量清单计价有利于发挥企业自主报价的能力，实现政府定价的转变，也有利于规范业主在招标中的行为，有效改变招标单位在招标中盲目压价的行为，从而真正体现公开、公平、公正的原则，反映市场经济规律。

　　（3）实行工程量清单计价，是促进建设市场有序竞争和企业健康发展的需要。

　　采用工程量清单计价模式招标投标，对发包单位，由于工程量清单是招标文件的组成部分，招标单位必须编制出准确的工程量清单，并承担相应的风险，促进招标单位提高管理水平。由于工程量清单是公开的，所以可以避免工程招标中的弄虚作假、暗箱操作等不规范行为。对承包企业，采用工程量清单报价，必须对单位工程成本、利润进行分析，统筹考虑、精心选择施工方案，并根据企业的定额合理确定人工、材料、施工机械等要素的投入与配置，优化组合，合理控制现场费用和施工技术措施费用，确定投标价。改变过去过分依赖国家发布定额的状况，企业根据自身的条件编制出自己的企业定额。

　　工程量清单计价的实行，有利于规范建筑市场计价行为，规范建设市场秩序，促进建设市场有序竞争；有利于控制建设项目投资，合理利用资源；有利于促进技术进步，提高劳动生产率；有利于提高造价工程师的素质，使其成为懂技术、懂经济、懂管理的全面发展的复合型人才。

　　（4）实行工程量清单计价，有利于我国工程造价管理政府职能的转变。

　　按照政府部门"真正履行起经济调节、市场监管、社会管理和公共服务"职能的要求，政府对工程造价政府管理的模式要相应改变，将推行政府宏观调控、企业自主报价、市场竞争形成价格、社会全面监督的工程造价管理思路。实行工程量清单计价，将会有利于我国工程造价政府管理职能的转变，由过去政府控制的指令性定额转变为制定适应市场经济规律需要的工程量清单计价方法，由过去行政直接干预转变为对工程造价依法监管，有效地强化政府对工程造价的宏观调控。

　　（5）实行工程量清单计价，是适应我国加入 WTO，融入世界大市场的需要。

　　随着我国改革开放的进一步加快，中国经济日益融入全球市场，特别是我国加入WTO后，行业壁垒下降，建设市场将进一步对外开放。国外的企业以及投资的项目越来越多地进入国内市场，我国企业走出国门在海外投资和经营的项目也在增加。为了适应这种对外开放建设市场的形势，就必须与国际通行的计价方法相适应，为建设市场主体创造一个与国际惯例接轨的市场竞争环境。工程量清单计价是国际通行的计价做法，在我国实行工程量清单计价，有利于提高国内建设各方主体参与国际化竞争的能力，有利于提高工程建设的管理水平。

10.1.2　08 计价规范的构成和规定

10.1.2.1　08 计价规范的构成

　　08 计价规范共包括 5 章和 6 个附录。

第 1 章 "总则"；第 2 章 "术语"；第 3 章 "工程量清单编制"；第 4 章 "工程量清单计价"；第 5 章 "工程量清单计价表格"。

6 个附录分别为：附录 A "建筑工程工程量清单项目及计算规则"，适用于工业与民用建筑物和构筑物工程；附录 B "装饰装修工程工程量项目及计算规则"，适用于工业与民用建筑物和构筑物的装饰装修工程；附录 C "安装工程工程量清单项目及计算规则"，适用于工业与民用安装工程；附录 D "市政工程工程量清单项目及计算规则"，适用于城市市政建设工程；附录 E "园林绿化工程工程量清单项目及计算规则"，适用于园林绿化工程；附录 F "矿山工程工程量清单项目及计算规则"，适用于矿山工程。

附录 A 分为实体项目和措施项目两部分。实体项目内容包括：土（石）方工程；桩与地基基础工程；砌筑工程；混凝土及钢筋混凝土工程；厂库房大门、特种门、木结构工程；金属结构工程；屋面及防水工程；防腐、隔热、保温工程。措施项目内容包括：混凝土、钢筋混凝土模板及支架；脚手架；垂直运输机械。

附录 B 分为实体项目和措施项目两部分。实现项目内容包括：楼地面工程；墙、柱面工程；天棚工程；门窗工程；油漆、涂料、裱糊工程；其他工程。措施项目内容包括：脚手架；垂直运输机械；室内空气污染测试。

10.1.2.2　附录 A 和附录 B 的统一规定

1. 附录 A 共性问题的说明

（1）附录 A 清单项目中的工程量是按建筑物或构筑物的实体净量计算，施工中所发生的材料、成品、半成品的各种制作、运输、安装等的一切损耗，应包括在报价内。

（2）附录 A 清单项目中所发生的钢材（包括钢筋、型钢、钢管等）均按理论重量计算，其理论重量与实际重量的偏差，应包括在报价内。

（3）设计规定或施工组织设计规定的已完工产品保护发生的费用列入工程量清单措施项目费内。

（4）高层建筑所发生的人工降效、机械降效、施工用水加压等应包括在分项报价内；卫生用临时管道应考虑在临时设施费用内。

（5）施工中所发生的施工降水、土方支护结构、施工脚手架、模板及支撑费用、垂直运输费用等，应列在工程量清单措施项目费内。

2. 附录 B 共性问题的说明

（1）附录 B 清单项目中的材料、成品、半成品的各种制作、运输、安装等的一切损耗，应包括在报价内。

（2）设计规定或施工组织设计规定的已完产品保护发生的费用，应列入工程量清单措施项目费用。

（3）高层建筑物所发生的人工降效、机械降效、施工用水加压等应包括在各分项报价内。

3. 附录 A 和附录 B 与其他附录之间的衔接

（1）附录 A 的管沟土（石）方、基础、地沟等清单项目也适用于附录 C "安装工程工程量清单项目及计算规则"。

（2）附录 A 和附录 B 清单项目也适用于附录 E "园林绿化安装工程工程量清单项目

及计算规则”中未列项的清单项目。

（3）附录 A 与附录 B 中的垫层和门。

1）基础垫层含在附录 A 基础项目内；楼地面垫层含在附录 B.1.1（整体面层）、B.1.2（块料面层）、B.1.3（橡塑面层）、B.1.4（其他材料面层）、B.1.8（台阶装饰）项目内；

2）厂库房大门、特种门含在附录 A 表 A.5.1（厂库房大门、特种门）内；其他门含在附录 B.4（门窗工程）内。

4. 附录 A 和附录 B 与计价表之间的衔接

（1）工程量清单表格应按照计价规范规定设置，或者说按照计价规范的附录 A 和附录 B 的要求确定工程量；对应于该工程量的价格则是通过计价表的定额项目确定的。

（2）计价表是用来计算价格的，清单单价是采用清单总价与计价表总价相同的方法获得的。

$$清单工程量 \times 清单单价 = \sum 计价表工程量 \times 计价表单价$$

（3）工程量清单的工程量计量单位和计算规则应按照计价规范附录 A 和附录 B 的规定执行；清单项目中工程内容的工程量计量单位和计算规则应按照计价表规定执行。

10.2　工程量清单编制规定

10.2.1　一般规定

（1）工程量清单应由具有编制能力的招标人或受其委托的具有相应资质的工程造价咨询人编制。

（2）采用工程量清单方式招标，工程量清单必须作为招标文件的组成部分，其准确性和完整性由招标人负责。

（3）工程量清单是工程量清单计价的基础，应作为标准招标控制价、投标报价、计算工程量。支付工程款、调整合同价款、办理竣工结算以及工程索赔等的依据。

（4）工程量清单应由分部分项工程量清单、措施项目清单、其他项目清单、规费项目清单、税金项目清单组成。

（5）编制工程量清单的依据：

1）08 计价规范。

2）国家或省级、行业建设主管部门颁发的计价依据和方法。

3）建设工程设计文件。

4）与建设工程项目有关的标准、规范、技术资料。

5）招标文件及其补充通知、答疑纪要。

6）施工现场情况、工程特点及常规施工方案。

7）其他相关资料。

10.2.2　分部分项工程量清单规定

（1）分部分项工程量清单应包括项目编码、项目名称、项目特征、计量单位和工程量。

（2）分部分项工程量清单应根据附录规定的项目编码、项目名称、项目特征、计量单位和工程量计算规则进行编制。

（3）分部分项工程量清单的项目编码，应采用 12 位阿拉伯数字表示。1～9 位应按附录的规定设置，10～12 位应根据拟建工程的工程量清单项目名称设置，同一招标工程的项目编码不得有重码（一般自 001 起顺序编制）。

（4）分部分项工程量清单的项目名称应按附录的项目名称结合拟建工程的实际确定。

（5）分部分项工程量清单中所列工程量应按附录中规定的工程量计算规则计算。

（6）分部分项工程量清单的计量单位应按附录中规定的计量单位确定。

（7）分部分项工程量清单项目特征应按附录中规定的项目特征，结合拟建工程项目的实际予以描述。

（8）编制工程量清单出现附录中未包括的项目，编制人应作补充，并报省级或行业工程造价管理机构备案，省级或行业工程造价管理机构用汇总报住房和城乡建设部标准定额研究所。

补充项目的编码由附录的顺序码与 B 和三位阿拉伯数字组成，并应从×B001 起顺序编制，同一招标工程的项目不得重码。工程量清单中需附有补充项目的名称、项目特征、计量单位、工程量计算规则、工程内容。

（9）工程数量的有效位数应遵守下列规定：

以吨（t）为单位，应保留小数点后三位数字，第四位四舍五入。

以立方米（m^3）、平方米（m^2）、米（m）为单位，应保留小数点后两位数字，第三位四舍五入；

以"个"、"项"等为单位，应取整数。

10.2.3　措施项目清单的规定

（1）措施项目清单应根据拟建工程的实际情况列项，通用措施项目可按表 10-1 选择列项，专业工程的措施项目可按附录中规定的项目选择列项。若出现 08 计价规范未列的项目，可根据工程实际情况补充。

表 10-1　　　　　　　　　　　　通用措施项目一览表

序号	项 目 名 称
1	安全文明施工（含环境保护、文明施工、安全施工、临时设施）
2	夜间施工
3	二次搬运
4	冬雨季施工
5	大型机械设备进出场及安拆
6	施工排水
7	施工降水
8	地上、地下设施。建筑物的临时保护设施
9	已完工程及设备保护

（2）措施项目中可以计算工程量的项目清单宜采用分部分项工程量清单的方式编制，列出项目编码、项目名称、项目特征、计量单位和工程量计算规则；不能计算工程量的项目清单，以"项"为计量单位。

10.2.4　其他项目清单的规定

（1）其他项目清单应按照下列内容列项：

1）暂列金额。

2）暂估价：包括材料暂估价、专业工程暂估价。

3）计日工。

4）总承包服务费。

（2）编制其他项目清单，出现第（1）条未列的项目，可根据工程实际情况补充。

10.2.5　规费项目清单的规定

（1）规费项目清单应按照下列内容列项：

1）工程排污费。

2）工程定额测定费。

3）社会保障费：包括养老保险费、失业保险费、医疗保险费。

4）住房公积金。

5）危险作业意外伤害保险。

（2）编制规费项目清单，出现第（1）条未列的项目，应根据省级政府或省级有关权力部门的规定列项。

10.2.6　税金项目清单的规定

（1）税金项目清单应包括下列内容：

1）营业税。

2）城市维护建设税。

3）教育费附加。

（2）编制税金项目清单，出现第（1）条未列的项目，应根据税务部门的规定列项。

10.3　工程量清单计价规定

10.3.1　一般规定

（1）采用工程量清单计价，建设工程造价由分部分项工程费、措施项目费、其他项目费、规费和税金组成。

（2）分部分项工程量清单应采用综合单价计价。

（3）招标文件中的工程量清单标明的工程量是投标人投标报价的共同基础，竣工结算的工程量按发、承包双发在合同中的约定应予计量且实际完成的工程量确定。

（4）措施项目清单计价应根据拟建工程的施工组织设计，可以计算工程量的措施项目，应按分部分项工程量清单的方式采用综合单价计价；其余的措施项目可以"项"为单位的方式计价，应包括除规费、税金外的全部费用。

（5）措施项目清单中的安全文明施工费应按照国家或省级、行业建设主管部门的规定计价，不得作为竞争性费用。

（6）其他项目清单应根据工程特点和 08 计价规范的规定计价。

（7）招标人在工程量清单中提供了暂估价的材料和专业工程属于依法必须招标的，由承包人和招标人共同通过招标确定材料单价与专业工程分包价。

若材料不属于依法招标的，经发、承包双发协商确认单价后计价。

若专业工程不属于依法必须招标的，经发包人、总承包人与分包人按有关计价依据进行计价。

（8）规费和税金应按国家或省级、行业建设主管部门的规定计算，不得作为竞争性费用。

（9）采用工程量清单计价的工程，应在招标文件或合同中明确风险内容及其范围（幅度），不得采用无限风险、所有风险或类似语句规定风险内容及其范围（幅度）。

10.3.2　招标控制价

（1）国有资金投资的工程建设项目应实行工程量清单招标，并应编制招标控制价。招标控制价超过批准的概算时，招标人应将其报原概算部门审核。投标人的投标报价高于招标控制价的，其投标应予以拒绝。

（2）招标控制价应由具有编制能力的招标人，或受其委托的具有相应资质的工程造价咨询人编制。

（3）招标控制价应根据下列依据编制：

1）08 计价规范。

2）国家或省级、行业建设主管部门颁发的计价定额和计价办法。

3）建设工程设计文件及相关资料。

4）招标文件中的工程量清单及有关要求。

5）与建设项目相关的标准、规范、技术资料。

6）工程造价管理机构发布的工程造价信息；工程造价信息没有发布的参照市场价。

7）其他的相关资料。

（4）分部分项工程费应根据招标文件中的分部分项工程量清单项目的特征描述及有关要求，按 10.3.2 中第（3）条的规定确定综合单价计算。

综合单价应包括招标文件中要求投标人承担的风险费用。

招标文件提供了暂估单价的材料，按暂估的单价计入综合单价。

（5）措施项目费应根据招标文件中的措施项目清单按 10.3.1 中第（4）、（5）条和 10.3.2 中第（3）条的规定计价。

（6）其他项目费应按下列规定计价：

1）暂列金额应根据工程特点，按有关计价规定估算。

2）暂估价中的材料单价应根据工程造价信息或参照市场价格估算；暂估价中的专业工程金额应分不同专业，按有关计价规定估算。

3）计日工应根据工程特点和有关计价依据计算。

4) 总承包服务费应根据招标文件列出的内容和要求估算。

(7) 规费和税金应按 10.3.1 中第 (8) 条的规定计算。

(8) 招标控制价应在招标时公布，不应上调或下浮，招标人应将招标控制价及有关资料报送工程所在地工程造价管理机构备查。

(9) 投标人经复核认为招标人公布的招标控制价未按照 08 计价规范的规定编制的，应在开标前 5 天向招投标监督机构或 (和) 工程造价管理机构投诉。

招投标监督机构应会同工程造价管理机构对投诉进行处理，发现有错误的，应责成招标人修改。

10.3.3 投标价

(1) 除 08 计价规范强制性规定外，投标价由投标人自主确定，但不得低于成本。投标价应由投标人或受其委托的具有相应资质的工程造价咨询人编制。

(2) 投标人应按招标人提供的工程量清单填报价格。填写的项目编码、项目名称、项目特征、计量单位、工程量必须与招标人提供的一致。

(3) 投标报价应根据下列依据编制：

1) 08 计价规范。

2) 国家或省级、行业建设主管部门颁发的计价办法。

3) 企业定额，国家或省级、行业建设主管部门颁发的计价定额。

4) 招标文件、工程量清单及其补充通知、答疑纪要。

5) 建设工程设计文件及相关资料。

6) 施工现场情况、工程特点及拟定的投标施工组织设计或施工方案。

7) 与建设项目相关的标准、规范等技术资料。

8) 市场价格信息或工程造价管理机构发布的工程造价信息。

9) 其他的相关资料。

(4) 分部分项工程费应依据 08 计价规范中规定的综合单价的组成内容（完成一个规定计量单位的分部分项工程量清单项目或措施清单项目所需的人工费、材料费、施工机械使用费和企业管理费与利润，以及一定范围内的风险费用），按招标文件中分部分项工程量清单项目的特征描述确定综合单价计算。

综合单价中应考虑招标文件中要求投标人承担的风险费用。

招标文件中提供了暂估单价的材料，按暂估的单价计入综合单价。

(5) 投标人可根据工程实际情况结合施工组织设计，对招标人所列的措施项目进行增补。

措施项目费应根据招标文件中的措施项目清单及投标时拟定的施工组织设计或施工方案按 10.3.1 中第 (4) 条的规定自主确定，其中安全文明施工费应按照 10.3.1 中第 (5) 条的规定确定。

(6) 其他项目费应按下列规定报价：

1) 暂列金额应按招标人在其他项目清单中列出的金额填写。

2) 材料暂估价应按招标人在其他项目清单中列出的单价计入综合单价；专业工程暂估价应按招标人在其他项目清单中列出的金额填写。

3）计日工按招标人在其他项目清单中列出的项目和数量，自主确定综合单价并计算计日工费用。

4）总承包服务费根据招标文件中列出的内容和提出的要求自主确定。

（7）规费和税金应按 10.3.1 中第（8）条的规定确定。

（8）投标总价应当与分部分项工程费、措施项目费、其他项目费和规费、税金的合计金额一致。

10.4　工程量清单计价表格

10.4.1　工程量清单计价表格组成

（1）封面。

1）工程量清单：封—1。

2）招标控制价：封—2。

3）投标总价：封—3。

4）竣工结算总价：封—4。

（2）总说明：表—01。

（3）汇总表。

1）工程项目招标控制价/投标报价汇总表：表—02。

2）单项工程招标控制价/投标报价汇总表：表—03。

3）单位工程招标控制价/投标报价汇总表：表—04。

4）工程项目竣工结算汇总表：表—05。

5）单项工程竣工结算汇总表：表—06。

6）单位工程竣工结算汇总表：表—07。

（4）分部分项工程量清单表。

1）分部分项工程量清单与计价表：表—08。

2）工程量清单综合单价分析表：表—09。

（5）措施项目清单表。

1）措施项目清单与计价表（以费率形式计算的措施项目）：表—10。

2）措施项目清单与计价表（以综合单价形式计算的措施项目）：表—11。

（6）其他项目清单表。

1）其他项目清单与计价汇总表：表—12。

2）暂列金额明细表：表—12—1。

3）材料暂估单价表：表—12—2。

4）专业工程暂估价表：表—12—3。

5）计日工表：表—12—4。

6）总承包服务费计价表：表—12—5。

7）索赔与现场签证计价汇总表：表—12—6。

8）费用索赔申请（核准）表：表—12—7。

9）现场签证表：表—12—8。

（7）规费、税金项目清单与计价表：表—13。

（8）工程款支付申请（核准）表：表—14。

10.4.2　计价表格使用规定

（1）工程量清单与计价宜采用统一格式。各省、自治区、直辖市建设行政主管部门和行业建设主管部门可根据本地区、本行业的实际情况，在 08 计价规范表格的基础上补充完善。

（2）工程量清单的编制应符合下列规定：

1）工程量清单编制使用表格包括：封—1、表—01、表—08、表—10、表—11、表—12（不含表 12—6～表 12—8）、表—13。

2）封面应按规定的内容填写、签字、盖章，造价员编制的工程量清单应有负责审核的造价工程师签字、盖章。

3）总说明应按下列内容填写：

a. 工程概况：建设规模、工程特征、计划工期、施工现场实际情况、自然地理条件、环境保护要求等。

b. 工程招标和分包范围。

c. 工程量清单编制依据。

d. 工程质量、材料、施工等的特殊要求。

e. 其他需要说明的问题。

（3）招标控制价、投标报价、竣工结算的编制应符合下列规定：

1）使用表格：

a. 招标控制价使用表格包括：封—2、表—01、表—02、表—03、表—04、表—08、表—09、表—10、表—11、表—12（不含表 12—6～表 12—8）、表—13。

b. 投标报价使用的表格包括：封—3、表—01、表—02、表—03、表—04、表—08、表—09、表—10、表—11、表—12（不含表 12—6～表 12—8）、表—13。

c. 竣工结算使用的表格包括：封—4、表—01、表—05、表—06、表—07、表—08、表—09、表—10、表—11、表—12、表—13、表—14。

2）封面应按规定的内容填写、签字、盖章，除承包人自行编制的投标报价和竣工结算外，受委托编制的招标控制价、投标报价、竣工结算若为造价员编制的，应有负责审核的造价工程师签字、盖章以及工程造价咨询人盖章。

3）总说明应按下列内容填写：

a. 工程概况：建设规模、工程特征、计划工期、合同工期、实际工期、施工现场及变化情况、施工组织设计的特点、自然地理条件、环境保护要求等。

b. 编制依据等。

（4）投标人应按照招标文件的要求，附工程量清单综合单价分析表。

（5）工程量清单与计价表中列明的所有需要填写的单价和合价，投标人均应填写，未填写单价和合价，视为此项费用已包含在工程量清单的其他单价和合价中。

10.4.3 工程量清单和工程量清单计价表格

_____工程

工 程 量 清 单

工程造价

招标人：_____   咨询人：_____

（单位盖章）   （单位资质专用章）

法定代表人   法定代表人

或其授权人：_____   或其授权人：_____

（签字或盖章）   （签字或盖章）

编制人：_____   复核人：_____

（造价人员签字盖专用章）   （造价工程师签字盖专用章）

编制时间：   年 月 日 复核时间：   年 月 日

封—1

_____工程

招 标 控 制 价

招标控制价(小写): _____

（大写）: _____

招标人: _____ 工程造价
咨询人: _____
（单位盖章）   （单位资质专用章）

法定代表人   法定代表人
或其授权人: _____ 或其授权人: _____
（签字或盖章）   （签字或盖章）

编制人: _____ 复核人: _____
（造价人员签字盖专用章）   （造价工程师签字盖专用章）

编制时间: 年 月 日   复核时间: 年 月 日

封—2

投　标　总　价

招　标　人：_____

工　程　名　称：_____

投标总价(小写)：_____

（大写）：_____

投　标　人：_____
（单位盖章）

法定代表人
或其授权人：_____
（签字或盖章）

编　制　人：_____
（造价人员签字盖专用章）

编制时间：　年　月　日

封—3

_____工程

竣 工 结 算 总 价

中标价（小写）：_____ （大写）：_____

结算价（大写）：_____ （大写）：_____

工 程 造 价
发 包 人：_____ 承 包 人：_____ 咨 询 人：_____
（单位盖章）　　　　　　　（单位盖章）　　　　　　　（单位资质专用章）

法定代表人　　　　　　　法定代表人　　　　　　　法定代表人
或其授权人：_____　　或其授权人：_____　　或其授权人：_____
（签字或盖章）　　　　　　（签字或盖章）　　　　　　（签字或盖章）

编 制 人：_____ 核 对 人：_____
（造价人员签字盖专用章）　　　　　（造价工程师签字盖专用章）

编制时间：　年 月 日　　复核时间：　年 月 日

封—4

总 说 明

工程名称：　　　　　　　　　　　　　　　　　　　　　　　　　　　第 页 共 页

表—01

工程项目招标控制价/投标报价汇总表

工程名称：   第 页 共 页

序号	单项工程名称	金额（元）	其 中		
			暂估价（元）	安全文明施工费（元）	规费（元）
	合计				

注 本表适用于工程项目招标控制价或投标报价的汇总。

表—02

单项工程招标控制价/投标报价汇总表

工程名称：

序号	单位工程名称	金额（元）	其 中		
			暂估价（元）	安全文明施工费（元）	规费（元）
	合计				

注 本表适用于单项工程招标控制价或投标报价的汇总。暂估价包括分部分项工程中的暂估价和专业工程暂估价。

表—03

单位工程招标控制价/投标报价汇总表

工程名称： 标段： 第 页 共 页

序号	汇 总 内 容	金额（元）	其中：暂估价（元）
1	分部分项工程		
1.1			
1.2			
1.3			
1.4			
1.5			
2	措施项目		
2.1	安全文明施工费		
3	其他项目		
3.1	暂列金额		
3.2	专业工程暂估价		
3.3	计日工		
3.4	总承包服务费		
4	规费		
5	税金		
招标控制价合计＝1＋2＋3＋4＋5			

注 本表适用于单位工程招标控制价或投标报价的汇总，如无单位工程划分，单项工程也使用本表汇总。

表—04

工程项目竣工结算汇总表

工程名称：　　　　　　　　　　　　　　　　　　　　第　页　共　页

序号	单项工程名称	金额（元）	其　中	
			安全文明施工费（元）	规费（元）
	合　计			

表—05

单项工程竣工结算汇总表

工程名称：　　　　　　　　　　　　　　　　　　　　第　页　共　页

序号	单位工程名称	金额（元）	其　中	
			安全文明施工费（元）	规费（元）
	合　计			

表—06

单位工程竣工结算汇总表

工程名称：　　　　　　　　标段：　　　　　　　　第　页　共　页

序　号	汇总内容	金额（元）
1	分部分项工程	
1.1		
1.2		
1.3		
1.4		
1.5		
2	措施项目	
2.1	安全文明施工费	
3	其他项目	
3.1	专业工程结算价	
3.2	计日工	
3.3	总承包服务费	
3.4	索赔与现场签证	
4	规费	
5	税金	
竣工结算总价合计＝1＋2＋3＋4＋5		

注　如无单位工程划分，单项工程也使用本表汇总。

表—07

分部分项工程量清单与计价表

工程名称： 标段： 第 页 共 页

序号	项目编码	项目名称	项目特征描述	计量单位	工程量	金 额（元）		
						综合单价	合价	其中：暂估价
	本页小计							
	合 计							

注 根据建设部、财政部发布的《建筑安装工程费用组成》（建标〔2003〕206 号）的规定，为计取规费等的使用，可在表中增设其中："直接费"、"人工费"或"人工费＋机械费"。

表—08

工程量清单综合单价分析表

工程名称：　　　　　　　　标段：　　　　　　　　　第　页　共　页

项目编码		项目名称		计量单位	

清单综合单价组成明细											
定额编号	定额名称	定额单位	数量	单　价				合　价			
				人工费	材料费	机械费	管理费和利润	人工费	材料费	机械费	管理费和利润
人工单价		小　计									
元/工日		未计价材料费									
清单项目综合单价											

材料费明细	主要材料名称、规格、型号	单位	数量	单价（元）	合价（元）	暂估单价（元）	暂估合价（元）
	其他材料费			—		—	
	材料费小计			—		—	

注　1. 如不使用省级或行业建设主管部门发布的计价依据，可不填定额项目、编号等。
　　2. 招标文件提供了暂估单价的材料，按暂估的单价填入表内"暂估单价"栏及"暂估合价"栏。

表—09

措施项目清单与计价表（一）

工程名称：　　　　　　标段：　　　　　　　第　页　共　页

序　号	项　目　名　称	计算基础	费率（％）	金额（元）
1	安全文明施工费			
2	夜间施工费			
3	二次搬运费			
4	冬雨季施工			
5	大型机械设备进出场及安拆费			
6	施工排水			
7	施工降水			
8	地上、地下设施、建筑物的临时保护设施			
9	已完工程及设备保护			
10	各专业工程的措施项目			
11				
12				
	合　计			

注　本表适用于以"项"计价的措施项目。

表—10

措施项目清单与计价表（二）

工程名称：　　　　　　　　标段：　　　　　　　　第　页　共　页

序号	项目编码	项目名称	项目特征描述	计量单位	工程量	金额（元）	
						综合单价	合价
	本页小计						
	合　　计						

注　本表适用于以综合单价形式计价的措施项目。

表—11

其他项目清单与计价汇总表

工程名称：   标段：   第 页 共 页

序 号	项目名称	计量单位	暂定金额（元）	备注
1	暂列金额			明细详见表—12—1
2	暂估价			
2.1	材料暂估价		—	明细详见表—12—2
2.2	专业工程暂估价			明细详见表—12—3
3	计日工			明细详见表—12—4
4	总承包服务费			明细详见表—12—5
5				
合计				—

注 材料暂估单价进入清单项目综合单价，此处不汇总。

表—12

暂 列 金 额 明 细 表

工程名称：　　　　　　　　标段：　　　　　　　　　第 页 共 页

序　号	项目名称	计量单位	暂定金额（元）	备　注
1				
2				
3				
4				
5				
6				
7				
8				
9				
10				
合计				—

注　此表由招标人填写，如不能详列，也可只列暂定金额总额，投标人应将上述暂列金额计入投标总价中。

表—12—1

材 料 暂 估 单 价 表

工程名称：　　　　　　　　　　标段：　　　　　　　　　　第　页　共　页

序　号	材料名称、规格、型号	计量单位	单价（元）	备　注

注　1. 此表由招标人填写，并在备注栏说明暂估价的材料拟用在哪些清单项目上，投标人应将上述材料暂估单价计入工程量清单综合单价报价中。

　　2. 材料包括原材料、燃料、构配件以及按规定应计入建筑安装工程造价的设备。

表—12—2

专 业 工 程 暂 估 价 表

工程名称：　　　　　　　　　　标段：　　　　　　　　第 页　共 页

序　号	工程名称	工程内容	金额（元）	备注
合计			—	

注　此表由招标人填写，投标人应将上述专业工程暂估价计入投标总价中。

表—12—3

计 日 工 表

工程名称：   标段：   第 页 共 页

编 号	项目名称	单位	暂定数量	综合单价	合价
一	人工				
1					
2					
3					
4					
	人 工 小 计				
二	材料				
1					
2					
3					
4					
5					
6					
	材 料 小 计				
三	施工机械				
1					
2					
3					
4					
	施工机械小计				
	合计				

注 此表项目名称、数量由招标人填写，编制招标控制价时。单价由招标人按有关计价规定确定；投
标时，单价由投标人自助报价，计入投标总价中。

表—12—4

总承包服务费计价表

工程名称：　　　　　　　　　标段：　　　　　　　　　第　页　共　页

序　号	工程名称	项目价值（元）	服务内容	费率（％）	金额（元）
1	发包人发包专业工程				
2	发包人供应材料				
合　计					

表—12—5

索赔与现场签证计价汇总表

工程名称：　　　　　　　　　标段：　　　　　　　第 页 共 页

序号	签证及索赔 项目名称	计量单位	数量	单价（元）	合价（元）	索赔及签证 依据
本页小计						—
合　计						—

注　签证及索赔依据是指经双发认可的签证单和索赔依据的编号。

表—12—6

费用索赔申请（核准）表

工程名称：　　　　　　　　　标段：　　　　　　　　　编号：

致：＿＿＿＿＿＿＿＿＿＿＿＿＿＿＿＿＿＿＿＿＿＿＿＿＿＿＿（发包人全称）

　　根据施工合同条款第＿＿＿＿＿＿条的约定，由于＿＿＿＿＿＿＿＿＿＿原因，我方要求

索赔金额（大写）＿＿＿＿＿＿＿＿＿＿元，（小写）＿＿＿＿＿＿＿＿＿元，请予核准。

附：1. 费用索赔的详细理由和依据：

　　2. 索赔金额的计算：

　　3. 证明材料：

承包人（章）

承包人代表＿＿＿＿＿＿

日　　期＿＿＿＿＿＿

复核意见：	复核意见：
根据施工合同条款第＿＿＿条的约定，你方提出的费用索赔申请经审核：	根据施工合同条款第＿＿＿条的约定，你方提出的费用索赔申请经复核，索赔金额为（大写）＿＿＿＿＿元，（小写）＿＿＿＿＿元。
□不同意此项索赔，具体意见见附件。	
□同意此项索赔，索赔金额的计算，由造价工程师复核。	
监理工程师＿＿＿＿＿＿　　　　　　　　　　日　　期＿＿＿＿＿＿	造价工程师＿＿＿＿＿＿　　　　　　　　　　日　　期＿＿＿＿＿＿

审核意见：

□不同意此项索赔。

□同意此项索赔，与本期进度款同期支付。

发包人（章）

发包人代表＿＿＿＿＿＿

日　　期＿＿＿＿＿＿

注　1. 在选择栏中的"□"内作标识"√"。

　　2. 本表一式四份，由承包人填写，发包人、监理人、造价咨询人、承包人各存一份。

表—12—7

现 场 签 证 表

工程名称： 标段： 编号：

施工单位		日期	

致：_____（发包人全称）
根据_____（指令人姓名） 年 月 日的口头指令或你方_____（或监理人）
年 月 日的书面通知，我方要求完成此项工作应支付价款金额为（大写）
_____元，（小写）_____元，请予核准。
附：1. 签证事由及原因：
　　2. 附图及计算式：

承包人（章）

承包人代表_____

日 期_____

复核意见： 　你方提出的此项签证申请申请经复核： 　□不同意此项签证，具体意见见附件。 　□同意此项签证，签证金额的计算，由造价工程师复核。 　　　　　监理工程师_____ 　　　　　日 期_____	复核意见： 　□此项签证按承包人中标的计日工单价计算，金额为（大写）_____元，（小写）_____元。 　□此项签证因无计日工单价，金额为（大写）（大写）_____元，（小写）_____元。 　　　　　造价工程师_____ 　　　　　日 期_____

审核意见：
　□不同意此项签证。
　□同意此项签证，价款与本期进度款同期支付。

发包人（章）

发包人代表_____

日 期_____

注 1. 在选择栏中的"□"内作标识"√"。
　　2. 本表一式四份，由承包人在收到收包人（监理人）的口头或书面通知后填写，发包人、监理人、造价咨询人、承包人各存一份。

表—12—8

规费、税金项目清单与计价表

工程名称： 　　　　　　标段： 　　　　　第　页　共　页

序　号	项目名称	计算基础	费率（％）	金额（元）
1	规费			
1.1	工程排污费			
1.2	社会保障费			
(1)	养老保险费			
(2)	失业保险费			
(3)	医疗保险费			
1.3	住房公积金			
1.4	危险作业意外伤害保险			
1.5	工程定额测定费			
2	税金	分部分项工程费＋措施项目费 ＋其他项目费＋规费		
	合　计			

表—13

工程款支付申请（核准）表

工程名称：　　　　　　　　　标段：　　　　　　　　编号：

致：＿＿＿＿＿＿＿＿＿＿＿＿＿＿＿＿＿＿＿＿＿＿＿＿＿（发包人全称）

　我方于＿＿＿＿＿＿＿至＿＿＿＿＿＿＿期间已完成了＿＿＿＿＿＿＿＿工作，根据施工合同的约定，现申请支付本期的工程价款为（大写）＿＿＿＿＿＿＿元，（小写）＿＿＿＿＿＿＿元，请予核准。

序号	名　称	金额（元）	备　注
1	累计已完成的工程价款		
2	累计已实际支付的工程价款		
3	本周期已完成的工程价款		
4	本周期完成的计日工金额		
5	本周期应增加和扣减的变更金额		
6	本周期应增加和扣减的索赔金额		
7	本周期应抵扣的预付款		
8	本周期应扣减的质保金		
9	本周期应增加或扣减的其他金额		
10	本周期实际应支付的工程价款		

承包人（章）

承包人代表＿＿＿＿＿＿

日　　期＿＿＿＿＿＿

复核意见：	复核意见：
□与实际施工情况不相符，修改意见见附件。 □与实际施工情况相符，具体金额由造价工程师复核。 监理工程师＿＿＿＿＿＿ 日　　期＿＿＿＿＿＿	你方提出的支付申请经复核，本周期已完成工程价款为（大写）＿＿＿＿＿＿元，（小写）＿＿＿＿＿＿元，本期间应支付金额为（大写）＿＿＿＿＿＿，（小写）＿＿＿＿＿＿。 造价工程师＿＿＿＿＿＿ 日　　期＿＿＿＿＿＿

审核意见：

□不同意。

□同意，支付时间为本表签发后的 15 天内。

发包人（章）

发包人代表＿＿＿＿＿＿

日　　期＿＿＿＿＿＿

注　1. 在选择栏中的"□"内作标识"√"。

　2. 本表一式四份，由承包人填报，发包人、监理人、造价咨询人、承包人各存一份。

表—14

第 11 章　建筑工程分部分项工程量清单计价

建筑工程工程量清单计价根据工程的情况，主要可分为：①土（石）方工程；②地基与桩基础工程；③砌筑工程；④混凝土及钢筋混凝土工程；⑤厂库房大门、特种门、木结构工程；⑥金属结构工程；⑦屋面及防水工程；⑧防腐、隔热、保温工程。

11.1　土（石）方工程清单计价

11.1.1　土（石）方工程工程量清单的编制

本节主要内容包括：①土方工程；②石方工程；③土（石）方回填。

11.1.1.1　有关规定

（1）土壤、岩石及干湿土的划分同计价表，淤泥、流沙区分如下。

淤泥：在海湾、湖沼或河湾等静水或缓慢流水环境中沉积，经生物化学作用形成，天然含水量大于液限的软土，富含有机物，常呈灰黑色，有臭味，呈不易成形的稀软状，并常有气泡由水中冒出的泥土。

流沙：饱含水的疏松砂性土，特别是粉砂和细砂土，在震动动力或水动压力作用下发生液化、流动的现象。当在坑内抽水时，坑底的土会呈流动状态，随地下水涌出，这种土无承载力边挖边冒，无法挖深，强挖会掏空邻近地基。

挖方出现流沙、淤泥时，可根据实际情况由发包人与承包人双方认证。

（2）土（石）方体积应按挖掘前的天然密实体积计算，这条规定同计价表。

（3）挖土方平均厚度应按自然地面测量标高至设计地坪标高间的平均厚度确定。基础土（石）方开挖深度应按基础垫层底表面标高至交付施工场地标高确定，无交付施工场地标高时，应按自然地面标高确定。桩间挖土方工程量不扣除桩所占体积。

（4）挖基础土方包括带形基础、独立基础、满堂基础（包括地下室基础）及设备基础、人工挖孔桩等的挖方。带形基础应按不同底宽和深度，独立基础和满堂基础应按不同底面积和深度分别编码列项（第五级编码）。

（5）土（石）方清单内容中包含土（石）方的运输，"指定范围内的运输"是指由招标人指定的弃土地点或取土地点的运距，若招标文件规定由投标人确定弃土地点或取土地点时，则此条件不必在工程量清单中进行描述，由投标人在投标报价的项目特征栏目内注明弃土或取土的运距。

（6）设计要求采用减震孔方式减弱爆破震动波时，应按预裂爆破项目编码列项。

预裂爆破，是指为降低爆震波对周围已有建筑物或构筑物的影响，按照设计的开挖边线，钻一排预裂炮眼，炮眼均需按设计规定药量装炸药，在开挖炮爆破前，预先炸裂一条缝，在开挖炮爆破时，这条缝能够反射、阻隔爆震波。

减震孔，与预裂爆破起相同作用，在设计开挖边线加密炮眼，缩小排间距离，不装炸药，起反射隔阻爆震波的作用。

（7）石方开挖中的光面爆破，是指按照设计要求，某一坡面（多为垂直面）需要实施光面爆破，在这个坡面设计开挖边线，加密炮眼和缩小排间距离，控制药量，达到爆破后该坡面比较规整的要求。

基底摊座，是指开挖炮爆破后，在需要设置基础的基底进行剔打找平，使基底达到设计标高要求，以便基础垫层的浇筑。

解小，是指石方爆破工程中，设计对爆破后的石块有最大粒径的规定，对超过设计规定的最大粒径的石块，或不便于装车运输的石块，进行再爆破，也称"二次爆破"。

11.1.1.2 工程量计算规则

1. 土方工程

（1）平整场地（010101001）项目适用于建筑场地在±30cm 以内的挖、填、运、找平。工程量按设计图示尺寸以建筑物首层面积计算。

注意：①平整场地中的"首层面积（实际也可以理解为占地面积）"应按建筑物外墙外边线计算；②落地阳台计算全面积，悬挑阳台不计算面积；③设地下室和半地下室的采光井等不计算建筑面积的部位也应计入平整场地的工程量；④地上无建筑物的地下停车场按地下停车场外墙外边线外围面积计算，包括出入口、通风竖井和采光井，一并计入平整场地的面积。

（2）挖土方（010101002）项目适用于±30cm 以外的竖向布置的挖土或山坡切土（指设计室外地坪标高以上的挖土），也包括指定范围内的土方运输。工程量按设计图示尺寸以体积计算。

注意：①由于地形起伏变化大，不能提供平均挖土厚度时应提供方格网法或断面法施工的设计文件；②设计标高以下的填土应按"土（石）方回填"项目编码列项。

（3）挖基础土方（010101003）项目适用于基础土方开挖（包括人工挖孔桩土方），指设计室外地坪标高以下的挖土，并包括指定范围内的土方运输。工程量按设计图示尺寸以基础垫层底面积乘以挖土深度计算。

注意：其工程内容中包含截桩头，截桩头包括剔打混凝土、钢筋清理、调直弯钩及清运弃渣、桩头。

（4）冻土开挖（010101004）按设计图示尺寸开挖面积乘以厚度以体积计算。

（5）挖淤泥、流沙（010101005）按设计图示位置、界限以体积计算。

（6）管沟土方（010101006）项目适用于管沟土方开挖、回填。工程量按设计图示以管道中心线长度计算。

注意：①管沟土方工程量不论有无管沟设计均按长度计算；②采用多管同一管沟直埋时，管间距离必须符合有关规范的要求。

2. 石方工程

（1）预裂爆破（010102001）按设计图示以钻孔总长度计算。

（2）石方开挖（010102002）项目适用于人工凿石、人工打眼爆破、机械打眼爆破等，并包括指定范围内的石方清除运输。工程量按设计图示尺寸以体积计算。

注意：设计规定需光面爆破的坡面、需摊座的基层，工程量清单中应进行描述。

（3）管沟石方（010102003）按设计图示以管道中心线长度计算。

3. 土（石）方回填

土（石）方回填（010103001）项目适用于场地回填、室内回填和基础回填，并包括指定范围内的运输以及取土回填的土方开挖。工程量按设计图示尺寸以体积计算。

（1）场地回填：回填面积乘以平均回填厚度。

（2）室内回填：主墙间净面积乘以回填厚度。

（3）基础回填：挖方体积减去设计室外地坪以下埋设的基础体积（包括基础垫层及其他构筑物）。

室内（房心）回填土工程量以主墙间净面积乘以填土厚度计算，这里的"主墙"是指结构厚度在 120mm 以上（不含 120mm）的各类墙体。

11.1.2　土（石）方工程工程量清单计价

11.1.2.1　土（石）方工程清单计价要点

（1）平整场地可能出现 ±30cm 以内的全部是挖方或全部是填方，需外运土方或取（购）土回填时，在工程量清单项目中应描述弃土运距（或弃土地点）或取土运距（或取土地点），这部分的运输应包括在平整场地项目报价内；如施工组织设计规定超面积平整场地时，超出部分面积的费用应包括在报价内。

（2）深基础的支护结构，如钢板桩、H 钢板、预制钢筋混凝土板桩、钻孔灌注混凝土排桩挡墙、预制钢筋混凝土排桩挡墙、人工挖孔灌注混凝土排桩挡墙、旋喷桩地下连续墙和基坑内的水平钢支撑、水平钢筋混凝土支撑、锚杆拉固、基坑外拉锚、排桩的圈梁、H 钢板之间的木挡土板以及施工降水等，应列入工程量清单措施项目费内。

（3）土（石）方清单项目报价应包括指定范围内的土（石）方一次或多次运输、装卸以及基底夯实、修理边坡、清理现场等全部施工工序。

（4）因地质情况变化或设计变更引起的土（石）方工程量的变更，由业主与承包人双方现场认证，依据合同条件进行调整。

11.1.2.2　土（石）方工程清单及计价示例

【例 11-1】　根据［例 7-2］、［例 7-5］的题意，计算土（石）方工程的工程量清单。

解：（1）列项目：挖基础土方 010101003001、基础土方回填 010103001001。

（2）计算工程量。

010101003 挖基础土方：$0.7 \times 2.2 \times (6 \times 2 + 8 \times 2 + 6 - 0.7) = 51.28 \text{m}^3$

010103001 基础土方回填：$51.28 - 19.88 = 31.40 \text{m}^3$

（3）工程量清单，见表 11-1。

表 11 – 1　　　　　　　　**工　程　量　清　单**

序号	项目编码	项目名称	项目特征	计量单位	工程数量
1	010101003001	挖基础土方	(1) 土壤类别：三类干土。 (2) 基础类型：条形基础。 (3) 基础垫层宽度：0.7m。 (4) 挖土深度：2.2m。 (5) 弃土距离：50m	m³	51.28
2	010103001001	基础土方回填	(1) 土壤类别：一类干土。 (2) 回填土运距：50m。 (3) 回填要求：密实度＞94%，碾压，粒径40mm以内	m³	31.40

【例 11 – 2】　根据[例 7 – 2]、[例 7 – 5]的题意，按计价表计算土（石）方工程的清单综合单价。

解：（1）列项目：010101003001（人工挖地槽 1—24、人工运出土 1—92）、010103001001（挖回填土 1—1、人工运回土 1—92、夯填基槽回填土 1—104）。

（2）计算工程量（见 [例 7 – 2]、[例 7 – 5]）。

人工挖地槽、人工运出土：145.75m³。

挖回填土、人工运回土、夯填基槽回填土：125.87m³。

（3）清单计价，见表 11 – 2。

表 11 – 2　　　　　　　　**清　单　计　价**

序号	项目编码	项目名称	计量单位	工程数量	金额（元）	
					综合单价	合价
1	010101003001	挖基础土方	m³	51.28	65.43	3355.17
	1—24	人工挖沟槽	m³	145.75	16.77	2444.23
	1—92	人工运出土运距50m	m³	145.75	6.25	910.94
2	010103001	基础土方回填	m³	31.40	83.78	2630.69
	1—1	人工挖一类回填土	m³	125.87	3.95	497.19
	1—92	人工运回土运距50m	m³	125.87	6.25	786.69
	1—104	基槽回填土	m³	125.87	10.70	1346.81

答：挖基础土方的清单综合单价为 65.43 元/m³，基础土方回填的清单综合单价为 83.78 元/m³。

11.2　桩与地基基础工程清单计价

11.2.1　桩与地基基础工程工程量清单的编制

本节主要内容包括：①混凝土桩；②其他桩；③地基与边坡处理。

11.2.1.1　有关规定

（1）本章各项目适用于工程实体，如：地下连续墙适用于构成建筑物、构筑物地下结构部分的永久性的复合型地下连续墙。若作为深基础支护结构，应列入清单措施项目费，在分部分项工程量清单中不反映其项目。

（2）桩的钢筋（如灌注桩的钢筋笼、地下连续墙的钢筋网、锚杆支护、土钉支护的钢筋网及预制桩头钢筋等）应按混凝土及钢筋混凝土有关项目编码列项。

（3）关于试桩，应按"相应桩"项目编码单独列项。

11.2.1.2　工程量计算规则

1. 混凝土桩

（1）预制钢筋混凝土桩（010201001）项目适用于预制钢筋混凝土方桩、管桩和板桩等。工程量按设计图示尺寸以桩长（包括桩尖）或根数计算。

注意：打钢筋混凝土预制板桩是指留滞原位（即不拔出）的板桩，板桩应在工程量清单中描述其桩垂直投影面积。

（2）接桩（010201002）项目适用于预制钢筋混凝土方桩、管桩和板桩的接桩。工程量按设计图示规定以接头数量（板桩按接头长度）计算。

注意：接桩应在工程量清单中描述接头材料。

（3）混凝土灌注桩（010201003）项目适用于人工挖孔灌注桩、钻孔灌注桩、夯扩灌注桩、打孔灌注桩、震动沉管灌注桩等。工程量按设计图示尺寸以桩长（包括桩尖）或根数计算。

注意：混凝土桩工程内容中的成孔与土（石）方工程中所说的人工挖孔桩以不重列为原则。如将人工挖孔桩列入"混凝土灌注桩"项目内，则不再列"挖基础土方"。如属两个结算单位施工，也可以分列。

2. 其他桩

（1）砂石灌注桩（010202001）适用于各种成孔方式（震动沉管、锤击沉管等）的砂石灌注桩。工程量按设计图示尺寸以桩长（包括桩尖）计算。

（2）灰土挤密桩（010202002）适用于各种成孔方式的灰土、石灰、水泥粉、煤灰、碎石等挤密桩。工程量按设计图示尺寸以桩长（包括桩尖）计算。

（3）旋喷桩（010202003）项目适用于水泥浆旋喷桩。工程量按设计图示尺寸以桩长（包括桩尖）计算。

（4）喷粉桩（010202004）项目适用于水泥、生石灰粉等喷粉桩。工程量按设计图示尺寸以桩长（包括桩尖）计算。

3. 地基及边坡处理

（1）地下连续墙（010203001）项目适用于各种导墙施工的复合型地下连续墙工程。工程量按设计图示墙中心线长度乘以厚度乘以槽深以体积计算。

（2）振冲灌注碎石（010203002）工程量按设计图示孔深乘以孔截面面积以体积计算。

（3）地基强夯（010203003）工程量按设计图示尺寸以面积计算。

（4）锚杆支护（010203004）项目适用于岩石高削坡混凝土支护挡墙和风化岩石混凝土、砂浆护坡。工程量按设计图示尺寸以支护面积计算。

注意：锚杆土钉应按混凝土及钢筋混凝土相关项目编码列项。

（5）土钉支护（010203005）项目适用于土层的锚固。工程量按设计图示尺寸以支护面积计算。

注意：锚杆土钉应按混凝土及钢筋混凝土相关项目编码列项。

11.2.2 桩与地基基础工程工程量清单计价

11.2.2.1 桩与地基基础工程清单计价要点

（1）试桩与打桩之间间歇时间和机械在现场的停置，应包括在打试桩的报价内。

（2）预制钢筋混凝土桩项目中预制桩刷防护材料应包括在报价内。

（3）混凝土灌注桩项目中人工挖孔时采用的护壁（如：砖砌护壁、预制钢筋混凝土护壁、现浇钢筋混凝土护壁、钢模周转护壁、钢护桶护壁等），应包括在报价内。

（4）钻孔护壁泥浆的搅拌运输，泥浆池、泥浆沟槽的砌筑、拆除，应包括在报价内。

（5）砂石灌注桩的砂石级配、密实系数均应包括在报价内。

（6）挤密桩的灰土级配、密实系数均应包括在报价内。

（7）地下连续墙项目中的导槽，由投标人考虑在地下连续墙综合单价内。

（8）锚杆支护项目中的钻孔、布筋、锚杆安装、灌浆、张拉等搭设的脚手架，应列入措施项目费内。

（9）各种桩（除预制钢筋混凝土桩）的充盈量，应包括在报价内。

（10）震动沉管、锤击沉管若使用预制钢筋混凝土桩尖时，桩尖应包括在报价内。

（11）爆扩桩扩大头的混凝土量，应包括在报价内。

11.2.2.2 桩与地基基础工程清单及计价示例

【例11-3】 根据［例7-15］的题意，计算桩基础工程的工程量清单。

解：（1）列项目：震动沉管灌注桩（010201003001）。

（2）计算工程量。

震动沉管灌注桩：20根。

（3）工程量清单，见表11-3。

表11-3   **工 程 量 清 单**

序号	项目编码	项目名称	项 目 特 征	计量单位	工程数量
1	010201003001	震动沉管灌注桩	（1）土壤类别：三类土。 （2）单桩长度、根数：18m、20根。 （3）桩直径：φ450。 （4）成孔方法：一次复打沉管、预制桩尖、桩顶标高在室外地坪以下1.80m。 （5）混凝土强度等级：C30	根	20

【例11-4】 根据［例7-15］的题意，按计价表计算桩基础工程的清单综合单价。

解：（1）列项目：010201003001（单打桩2—50、复打桩2—50、空沉管2—50、预制桩尖补）。

（2）计算工程量（见［例7-15］）。

2—50 换单打沉管灌注桩：56.41m³。

2—50 换复打沉管灌注桩：52.00m³。

2—50 换空沉管：4.42m³。

预制桩尖：40 个。

（3）清单计价，见表 11-4。

表 11-4　　　　　　　　　清　单　计　价

序号	项目编码	项目名称	计量单位	工程数量	金额（元）	
					综合单价	合价
1	010201003001	震动沉管灌注桩	根	20	1924.43	38488.71
	2—50 换	单打沉管灌注桩	m³	56.41	364.23	20546.21
	2—50 换	复打沉管灌注桩	m³	52.00	315.62	16412.24
	2—50 换	空沉管	m³	4.42	74.72	330.26
	补	预制桩尖	个	40	30	1200

答：该桩基础工程的清单综合单价为 1924.43 元/根。

11.3　砌筑工程清单计价

11.3.1　砌筑工程工程量清单的编制

本节主要内容包括：①砖基础；②砖砌体；③砖构筑物；④砌块砌体；⑤石砌体；⑥砖散水、地坪、地沟。

11.3.1.1　有关规定

（1）标准砖墙体按计价表规定计算。

（2）砌体内加筋的制作、安装按混凝土及钢筋混凝土相关项目编码列项。

（3）基础垫层包括在各类基础项目内，垫层的材料种类、厚度、材料的强度等级、配合比，应在工程量清单中进行描述。

（4）砖基础与墙身的分界同计价表规定。

（5）框架外表面的镶贴砖、空斗墙的窗间墙、窗台下、楼板下等的实砌部分，应按零星砌砖项目编码列项。其中的空斗墙一般使用标准砖砌筑，使墙体内形成许多空腔的墙体，如一斗一眠、二斗一眠、三斗一眠及无眠空斗等砌法。

（6）附墙烟囱、通风道、垃圾道，应按设计图示尺寸以体积（扣除孔洞所占体积）计算，并入所依附的墙体体积内。当设计规定孔洞内需抹灰时，应按装饰部分的墙柱面工程中相关项目编码列项。

11.3.1.2　工程量计算规则

1. 砖基础

砖基础（010301001）项目适用于各种类型砖基础，包括：柱基础、墙基础、烟囱基础、水塔基础、管道基础等。工程量按设计图示尺寸以体积计算，包括附墙垛基础宽出部分体积，扣除地梁（圈梁）、构造柱所占体积，不扣除基础大方脚 T 形接头处的重叠部分及嵌入基础内的钢筋、铁件、管道、基础砂浆防潮层和单个面积 0.3m² 以内的孔洞所占面积，靠墙暖气沟的挑檐不增加。基础长度：外墙按中心线，内墙按净长线计算。

注意： 对基础类型应在工程量清单中进行描述。

2. 砖砌体

（1）实心砖墙（010302001）项目适用于各种类型实心砖墙，包括：外墙、内墙、围墙、双面混水墙、双面清水墙、单面清水墙、直形墙、弧形墙等。工程量按设计图示尺寸以体积计算。扣除门窗洞口、过人洞、空圈、嵌入墙内的钢筋混凝土柱、梁、圈梁、挑梁、过梁及凹进墙内的壁龛、管槽、暖气槽、消火栓箱所占体积。不扣除梁头、板头、檩头、垫木、木楞头、沿椽木、木砖、门窗走头、砖墙内加固钢筋、木筋、铁件、钢管及单个面积 0.3m² 以内的孔洞所占体积。凸出墙面的腰线、挑檐、压顶、窗台线、虎头砖、门窗套的体积亦不增加。凸出墙面的砖垛并入墙体体积内计算。

1）墙长度：外墙按中心线，内墙按净长计算。

2）墙高度：

a. 外墙：斜（坡）屋面无檐口天棚者算至屋面板底；有屋架且室内外均有天棚者算至屋架下弦底另加 200mm；无天棚者算至屋架下弦底另加 300mm，出檐宽度超过 600mm 时按实砌高度计算；平屋面算至钢筋混凝土板底。

b. 内墙：位于屋架下弦者，算至屋架下弦底；无屋架者算至天棚底另加 100mm；有钢筋混凝土楼板隔层者算至楼板顶；有框架梁时算至梁底。

c. 女儿墙：从屋面板上表面算至女儿墙顶面（如有混凝土压顶时算至压顶下表面）。

d. 内、外山墙：按其平均高度计算。

3）围墙：高度算至压顶上表面（如有混凝土压顶时算至压顶下表面），围墙柱并入围墙体积内。

注意： ①不论三皮砖以下或三皮砖以上的腰线、挑檐突出墙面部分均不计算体积（与计价表三皮砖以上计算体积，三皮砖以内不计算体积的规定不一样）；②内墙算至楼板隔层板顶（与计价表算至楼板隔层板底的规定不同）；③女儿墙的砖压顶、围墙的砖压顶突出墙面部分不计算体积，压顶顶面凹进墙面的部分也不扣除（包括一般围墙的抽屉檐、棱角檐、仿瓦砖檐等）。

（2）空斗墙（010302002）项目适用于各种砌法的空斗墙。工程量按设计图示尺寸以空斗墙外形体积计算。墙角、内外墙交接处、门窗洞口立边、窗台砖、屋檐处的实砌部分体积并入空斗墙体积内。

注意： 窗间墙、窗下墙的实砌部分，应另行计算，按零星砌砖项目编码列项。

（3）空花墙（010302003）项目适用于各种类型空花墙。工程量按设计图示尺寸以空花部分外形体积计算，不扣除空洞部分体积。

注意： ①"空花部分的外形体积计算"应包括空花的外框；②使用混凝土花格砌筑的空花墙，分实砌墙体与混凝土花格分别计算工程量，混凝土花格按混凝土及钢筋混凝土预制零星构件编码列项。

(4) 填充墙（010302004）按设计图示尺寸以填充墙外形体积计算。

(5) 实心砖柱（010302005）项目适用于各种类型砖柱，包括：矩形柱、异形柱、圆柱、包柱等。工程量按设计图示尺寸以体积计算，扣除混凝土及钢筋混凝土梁垫、梁头、板头所占体积。

(6) 零星砌砖（010302006）项目适用于台阶、台阶挡墙、梯带、锅台、炉灶、蹲台、池槽、池槽腿、花台、花池、楼梯栏板、阳台栏板、地垄墙、屋面隔热板下的砖墩、$0.3m^2$ 孔洞填塞等。其工程量视不同情况可分别按体积、面积、长度和个计算。一般情况下，按下列规定计算。

1) 砖砌锅台与炉灶可按外形尺寸以个计算。

2) 砖砌台阶工程量可按水平投影面积以平方米（m^2）计算（不包括梯带或台阶挡墙）。

3) 砖砌小便槽、地垄墙等可按长度计算。

4) 其他工程量按立方米（m^3）计算。

3. 砖构筑物

(1) 砖烟囱、水塔（010303001）项目适用于各种类型砖烟囱和水塔。砖烟囱、水塔的工程量按设计图示筒壁平均中心线周长乘以厚度乘以高度以体积计算，扣除各种孔洞、钢筋混凝土圈梁、过梁等的体积。

(2) 砖烟道（010303002）项目适用于各种类型烟道，砖烟道按图示尺寸以体积计算。

注意：①烟囱内衬和烟道内衬以及隔热填充材料可与烟囱外壁、烟道外壁分别编码（第五级编码）；②烟囱、水塔爬梯按金属结构工程中钢构件相关项目编码列项；③砖水箱内外壁可按砖砌体相关项目编码列项。

(3) 砖窨井、检查井（010303003）、砖水池、化粪池（010303004）项目适用于各类砖砌窨井、检查井、砖水池、化粪池、沼气池、公厕生化池等。工程量均按设计图示数量计算。

注意：井、池内爬梯按金属结构工程中钢构件相关项目编码列项，设计图示构件内的钢筋按混凝土及钢筋混凝土相关项目编码列项。

4. 砌块砌体

(1) 空心砖墙、砌块墙（010304001）项目适用于各种规格的空心砖和砌块砌筑的各种类型的墙体。工程量按设计图示尺寸以体积计算。扣除门窗洞口、过人洞、空圈、嵌入墙内的钢筋混凝土柱、梁、圈梁、挑梁、过梁及凹进墙内的壁龛、管槽、暖气槽、消火栓箱所占体积，不扣除梁头、板头、檩头、垫木、木楞头、沿椽木、木砖、门窗走头、砖墙内加固钢筋、木筋、铁件、钢管及单个面积 $0.3m^2$ 以内的孔洞所占体积，凸出墙面的腰线、挑檐、压顶、窗台线、虎头砖、门窗套的体积不增加，凸出墙面的砖垛并入墙体体积内计算。墙长度、高度及围墙的计算请参照本书 P213 页"实心砖墙"部分。

注意：嵌入空心砖墙、砌块墙的实心砖不扣除。

(2) 空心砖柱、砌块柱（010304002）项目适用于各种类型砖、砌块柱，包括：矩形柱、方柱、异形柱、圆柱、包柱等。工程量按设计图示尺寸以体积计算，扣除混凝土及钢筋混凝土梁垫、梁头、板头所占体积。

注意：梁头、板头下镶嵌的实心砖体积不扣除。

5. 石砌体

(1) 石基础 (010305001) 项目适用于各种规格 (条石、块石等)、各种材质 (砂石、青石等) 和各种类型 (柱基、墙基、直形、弧形等) 基础。工程量按设计图示尺寸以体积计算。包括附墙垛基础宽出部分体积，不扣除基础砂浆防潮层和单个面积 $0.3m^2$ 以内的孔洞所占体积，靠墙暖气沟的挑檐不增加体积。基础长度：外墙按中心线，内墙按净长线计算。

(2) 石勒脚 (010305002) 项目适用于各种规格 (条石、块石等)、各种材质 (砂石、青石、大理石、花岗岩等) 和各种类型 (直形、弧形等) 的勒脚，工程量按设计图示尺寸以体积计算，扣除每个面积 $0.3m^2$ 以上的孔洞所占的体积。

(3) 石墙 (010305003) 项目适用于各种规格 (条石、块石等)、各种材质 (砂石、青石、大理石、花岗岩等) 和各种类型 (直形、弧形等) 的墙体。石墙工程量按设计图示尺寸以体积计算。扣除门窗洞口、过人洞、空圈、嵌入墙内的钢筋混凝土柱、梁、圈梁、挑梁、过梁及凹进墙内的壁龛、管槽、暖气槽、消火栓箱所占体积，不扣除梁头、板头、檩头、垫木、木楞头、沿椽木、木砖、门窗走头、砖墙内加固钢筋、木筋、铁件、钢管及单个面积 $0.3m^2$ 以内的孔洞所占体积，凸出墙面的腰线、挑檐、压顶、窗台线、虎头砖、门窗套的体积不增加，凸出墙面的砖垛并入墙体体积内计算。墙长度、高度及围墙的计算请参照本书 P213 页 "实心砖墙" 部分。

(4) 石挡土墙 (010305004) 项目适用于各种规格 (条石、块石、毛石、卵石等)、各种材质 (砂石、青石、石灰石等) 和各种类型 (直形、弧形、台阶形等) 挡土墙。工程量按设计图示尺寸以体积计算。

(5) 石柱 (010305005) 项目适用于各种规格、各种石质、各种类型的石柱。工程量按设计图示尺寸以体积计算。

注意：工程量应扣除混凝土梁头、板头和梁垫所占体积。

(6) 石栏杆 (010305006) 项目适用于无雕饰的一般石栏杆。工程量按设计图示以长度计算。

(7) 石护坡 (010305007) 项目适用于各种石质和各种石料 (条石、片石、毛石、块石、卵石等) 的护坡。工程量按设计图示尺寸以体积计算。

(8) 石台阶 (010305008) 项目包括石梯带，不包括石梯膀。工程量按设计图示尺寸以体积计算。

注意：石梯膀按石挡土墙项目编码。

石梯带：在石梯 (台阶) 的两侧 (或一侧)、与石梯斜度完全一致的石梯封头的条石。

石梯膀：石梯 (台阶) 的两侧面，形成的两直角三角形部分，古建筑中称为 "象眼"。石梯膀的工程量以石梯带下边线为斜边，与地坪相交的直线为一直角边，石梯与平台相交的垂线为另一直角边，形成一个三角形，三角形面积乘以砌石的宽度为石梯膀的工程量。

石墙勾缝，包括：平缝、半圆凹缝、平凹缝、平凸缝、半圆凸缝、三角凸缝。

(9) 石坡道 (010305009) 工程量按设计图示尺寸以水平投影面积计算。

(10) 石地沟、石明沟 (010305010) 工程量按设计图示以中心线长度计算。

6. 砖散水、地坪、地沟

（1）砖散水、地坪（010306001）工程量按设计图示尺寸以面积计算。

（2）砖地沟、明沟（010306002）工程量按设计图示以中心线长度计算。

11.3.2　砌筑工程工程量清单计价

11.3.2.1　砌筑工程清单计价要点

（1）实心砖墙项目中墙内砖平碨、砖拱碨、砖过梁的体积不扣除，应包括在报价内。

（2）砖窨井、检查井、砖水池、化粪池项目中包括挖土、运输、回填、井池底板、池壁、井池盖板、池内隔断、隔墙、隔栅小梁、隔板、滤板、内外粉刷等全部工程内容，应全部计入报价内。

（3）石基础项目包括剔打石料天、地座荒包等全部工序及搭拆简易起重架等应全部计入报价内。

（4）石勒脚、石墙项目中石料天、地座打平、拼缝打平、打扁口等工序包括在报价内。

（5）石挡土墙项目报价时应注意：①变形缝、泄水孔、压顶抹灰等应包括在项目内；②挡土墙若有滤水层要求的应包括在报价内；③搭、拆简易起重架应包括在报价内。

11.3.2.2　砌筑工程清单及计价示例

【例 11－5】　计算图 7－4 砖基础工程的工程量清单。

解：（1）列项目：砖基石（010301001001）。

（2）计算工程量（见［例 7－19］）。

砖基础：18.91m³（见［例 7－19］）。

（3）工程量清单，见表 11－5。

表 11－5　　　　　　　　　　**工 程 量 清 单**

序号	项目编码	项目名称	项目特征	计量单位	工程数量
1	010301001001	砖基础	（1）10cm 厚 C10 混凝土垫层。 （2）M5 水泥砂浆砌 MU10 标准砖基础。 （3）基础类型：条形基础、一层大放脚。 （4）基础底标高：－2.400m。 （5）室外地坪标高：－0.300m。 （6）－0.06m 标高处设 2cm 厚防水砂浆 1：2 防潮层	m³	18.91

【例 11－6】　按计价表计算图 7－4 砖基础工程的清单综合单价。

解：（1）列项目：010301001001（混凝土垫层 2—120、砖基础 3—1、砖基础超深增加补、防水砂浆防潮层 3—42）

（2）计算工程量（见［例 7－17］、［例 7－19］）。

混凝土垫层工程量：2.33m³。

砖基础工程量：18.91m³。

砖基础超深增加工程量：$18.91-1.8\times33.76\times0.24+1.116\div2.5\times1.8=5.13m^3$。

防水砂浆防潮层工程量：$0.24\times[33.76-0.24\times6]=7.76m^2$。

（3）清单计价，见表 11-6。

表 11-6　　　　　　　　　　　　清　单　计　价

序号	项目编码	项 目 名 称	计量单位	工程数量	金额（元）	
					综合单价	合价
1	010301001001	砖基础	m³	18.91	214.49	4063.56
	2—120	C10 混凝土垫层	m³	2.33	206.00	479.98
	3—1	M5 水泥砂浆砖基础	m³	18.91	185.80	3513.48
	补	砖基础超深增加费	m³	5.13	1.46	7.49
	3—42	2cm 防水砂浆防潮层	10m²	0.776	80.68	62.61

答：该砖基础工程的清单综合单价为 214.89 元/m³。

11.4　混凝土及钢筋混凝土工程清单计价

11.4.1　混凝土及钢筋混凝土工程量清单的编制

本节主要内容包括：①现浇混凝土基础；②现浇混凝土柱；③现浇混凝土梁；④现浇混凝土墙；⑤现浇混凝土板；⑥现浇混凝土楼梯；⑦现浇混凝土其他构件；⑧后浇带；⑨预制混凝土柱；⑩预制混凝土梁；⑪预制混凝土屋架；⑫预制混凝土板；⑬预制混凝土楼梯；⑭其他预制构件；⑮混凝土构筑物；⑯钢筋工程；⑰螺栓、铁件。

11.4.1.1　有关规定

（1）混凝土垫层包括在基础项目内。

（2）有肋带形基础、无肋带形基础应分别编码（第五级编码）列项，并注明肋高。

（3）箱式满堂基础，可按本节内容中的①～⑤部分中满堂基础、柱、梁、墙、板分别编码列项，也可利用现浇混凝土基础的第五级编码列项。

（4）框架式设备基础，可按本节内容中的①～⑤部分中设备基础、柱、梁、墙、板分别编码列项，也可利用现浇混凝土基础的第五级编码列项。

（5）构造柱应按现浇混凝土柱中矩形柱项目编码列项。

（6）现浇挑檐、天沟板、雨篷、阳台与板（包括屋面板、楼板）连接时，以外墙外边线为分界线；与圈梁（包括其他梁）连接时，以梁外边线为分界线。外边线以外为挑檐、天沟、雨篷或阳台。

（7）整体楼梯（包括直形楼梯、弧形楼梯）水平投影面积包括休息平台、平台梁、斜梁和楼梯的连接梁。当整体楼梯与现浇楼板无梯梁连接时，以楼梯的最后一个踏步边缘加 300mm 为界。

（8）现浇混凝土小型池槽、压顶、扶手、垫块、台阶、门框等，应按现浇混凝土其他构件中其他构件项目编码列项。

（9）三角形屋架应按预制混凝土屋架中折线型屋架项目编码列项。

（10）不带肋的预制遮阳板、雨篷板、挑檐板、栏板等，应按预制混凝土板中平板项目编码列项。

（11）预制 F 形板、双 T 形板、单肋板和带反挑檐的雨篷板、挑檐板、遮阳板等，应按预制混凝土板中带肋板项目编码列项。

（12）预制大型墙板、大型楼板、大型屋面板等，应按预制混凝土板中大型板项目编码列项。

（13）预制钢筋混凝土楼梯，可按斜梁、踏步分别编码（第五级编码）列项。

（14）预制钢筋混凝土小型池槽、压顶、扶手、垫块、隔热板、花格等，应按其他预制构件中其他构件项目编码列项。

（15）贮水（油）池的池底、池壁、池盖可分别编码（第五级编码）列项。有壁基梁的，应以壁基梁底为界，以上为池壁、以下为池底；无壁基梁的，锥形坡底应算至其上口，池壁下部的八字靴脚应并入池底体积内。无梁池盖的柱高应从池底上表面算至池盖下表面，柱帽和柱座应并在柱体积内。肋形池盖应包括主、次梁体积；球形池盖应以池壁顶面为界，边侧梁应并入球形池盖体积内。

（16）贮仓立壁和贮仓漏斗应分别编码（第五级编码）列项，应以相互交点水平线为界，壁上圈梁应并入漏斗体积内。

（17）滑模筒仓按混凝土构筑物中贮仓项目编码列项。

（18）水塔基础、塔身、水箱应分别编码（第五级编码）列项。筒式塔身应以筒座上表面或基础底板上表面为界；柱式（框架式）塔身应以柱脚与基础底板或梁顶为界，与基础板连接的梁应并入基础体积内。塔身与水箱应以箱底相连接的圈梁下表面为界，以上为水箱，以下为塔身。依附于塔身的过梁、雨篷、挑檐等，应并入塔身体积内；柱式塔身应不分柱、梁合并计算。依附于水箱壁的柱、梁，应并入水箱壁体积内。

（19）现浇构件中固定位置的支撑钢筋、双层钢筋用的"铁马"、伸出构件的锚固钢筋、预制构件的吊钩等，应并入钢筋工程量内。

（20）附录要求分别编码列项的项目（如：箱式满堂基础、框架式设备基础等），可在第五级编码上进行分项编码。如：框架式设备基础包括：设备基础（010401004001）、框架式设备基础柱（010401004002）、框架式设备基础梁（010401004003）、框架式设备基础墙（010401004004）、框架式设备基础板（010401004005）。这样列项就不必再翻后面的项目编码，而且一看就知道是框架式设备的基础，柱、梁、墙、板比较明了。

（21）招标人在编制钢筋清单项目时，根据工程的具体情况，可按照计价表的项目划分将不同种类、规格的钢筋分别编码列项。

（22）项目特征内的构件标高（如：梁底标高、板底标高等）、安装高度，不需要每个构件都注上标高和高度，而是要求选择关键部件注明，以便投标人选择吊装机械和垂直运输机械。

11.4.1.2　工程量计算规则

1．现浇混凝土基础

（1）带形基础（010401001）项目适用于各种带形基础，包括墙下的板式基础、浇筑在一字排桩上面的带形基础。工程量按设计图示尺寸以体积计算，不扣除构件内钢筋、预埋铁件和伸入承台基础的桩头所占体积。

注意：工程量不扣除浇入带形基础体积内的桩头所占体积。

（2）独立基础（010401002）项目适用于块体柱基、杯基、柱下的板式基础、无筋倒圆台基础、壳体基础、电梯井基础等。工程量按设计图示尺寸以体积计算，不扣除构件内钢筋、预埋铁件和伸入承台基础的桩头所占体积。

（3）满堂基础（010401003）项目适用于地下室的箱式基础底板、筏式基础等。工程量按设计图示尺寸以体积计算，不扣除构件内钢筋、预埋铁件和伸入承台基础的桩头所占体积。

（4）设备基础（010401004）项目适用于设备的块体基础、框架基础等。工程量按设计图示尺寸以体积计算，不扣除构件内钢筋、预埋铁件所占体积。

（5）桩承台基础项目适用于浇筑在组桩（如：梅花桩）上的承台。工程量按设计图示尺寸以体积计算，不扣除构件内钢筋、预埋铁件和伸入承台基础的桩头所占体积。

2. 现浇混凝土柱

矩形柱（010402001）、异型柱（010402002）项目适用于各种类型柱。工程量按设计图示尺寸以体积计算，不扣除构件内钢筋、预埋铁件所占体积。柱高的计算如下：

（1）有梁板的柱高，应按柱基上表面（或楼板上表面）至上一层楼板上表面之间的高度计算。

（2）无梁板的柱高，应按柱基上表面（或楼板上表面）至柱帽下表面之间的高度计算。

（3）框架柱的柱高，应按柱基上表面至柱顶高度计算。

（4）构造柱按全高计算，嵌接墙体部分并入柱身体积。

（5）依附柱上的牛腿和升板的柱帽，并入柱身体积计算。

注意：①单独的薄壁柱根据其截面形状，确定以异形柱或矩形柱的编码列项；②薄壁柱，也称隐蔽柱（也有的习惯称为"暗柱"），在框剪结构中，隐藏在墙体中的钢筋混凝土柱，抹灰后不再有柱的痕迹；③柱帽的工程量计算在无梁板体积内；④混凝土柱上的钢牛腿按规范金属结构工程中零星钢构件编码列项。

3. 现浇混凝土梁

基础梁（010403001）、矩形梁（010403002）、异形梁（010403003）、圈梁（010403004）、过梁（010403005）、弧形、拱形梁（010403006）等各种梁项目，工程量按设计图示尺寸以体积计算，不扣除构件内钢筋、预埋铁件所占体积，伸入墙内的梁头、梁垫并入梁体积内。梁长：梁与柱连接时，梁长算至柱侧面；主梁与次梁连接时，次梁长算至主梁侧面。

4. 现浇混凝土墙

直形墙（010404001）、弧形墙（010404002）项目也适用于电梯井。工程量按设计图示尺寸以体积计算，不扣除构件内钢筋、预埋铁件所占体积，扣除门窗洞口及单个面积 $0.3m^2$ 以外的孔洞所占体积，墙垛及突出墙面部分并入墙体体积计算。

注意：与墙相连接的薄壁柱按墙项目编码列项。

5. 现浇混凝土板

（1）有梁板（010405001）、无梁板（010405002）、平板（010405003）、拱板（010405004）、薄壳板（010405005）、栏板（010405006）等各种板，工程量按设计图示尺寸以体积计算，不扣除构件内钢筋、预埋铁件及单个面积 $0.3m^2$ 以内的孔洞所占体积，有梁板（包括主、次梁与板）按梁、板体积之和计算，无梁板按板和柱帽体积之和计算，各类板伸入墙内的板头并入板体积计算，薄壳板的肋、基梁并入薄壳体积内计算。

现浇有梁板是指现浇密肋板、井字梁板（即由同一平面内相互正交、斜交的梁与板所组成的结构构件）。

（2）天沟、挑檐板（010405007）工程量按设计图示尺寸以体积计算。

（3）雨篷、阳台板（010405008）工程量按设计图示尺寸以墙外部分体积计算。包括伸出墙外的牛腿和雨篷反挑檐的体积。

（4）其他板（010405009）工程量按设计图示尺寸以体积计算。

6. 现浇混凝土楼梯

直型楼梯（010406001）、弧型楼梯（010406002）的工程量按设计图示尺寸以水平投影面积计算，不扣除宽度小于 500mm 的楼梯井，伸入墙内部分不计算。

注意：单跑楼梯的工程量计算与之相同，单跑楼梯如无中间休息平台时，应在工程量清单中进行描述。

7. 现浇混凝土其他构件

（1）其他构件（010407001）项目中的压顶、扶手工程量可按长度计算，台阶工程量可按水平投影面积计算。

（2）散水、坡道（010407002）工程量按设计图示尺寸以面积计算，不扣除单个 $0.3m^2$ 以内的孔洞所占面积。

（3）电缆沟、地沟（010407003）工程量按设计图示以中心线长度计算。

8. 后浇带

后浇带项目适用于梁、墙、板的后浇带。工程量按设计图示尺寸以体积计算。

9. 预制混凝土柱

矩形柱（010409001）、异形柱（010409002）的工程量按设计图示尺寸以体积计算。不扣除构件内钢筋、预埋铁件所占体积。

有相同截面、长度的预制混凝土柱的工程量可按根数计算。

10. 预制混凝土梁

矩形梁（010410001）、异形梁（010410002）、过梁（010410003）、拱形梁（010410004）、鱼腹式吊车梁（010410005）、风道梁（010410006）的工程量按设计图示尺寸以体积计算。不扣除构件内钢筋、预埋铁件所占体积。

有相同截面、长度的预制混凝土梁的工程量可按根数计算。

11. 预制混凝土屋架

折线型屋架（010411001）、组合屋架（010411002）、薄腹屋架（010411003）、门式刚架屋架（010411004）、天窗架屋架（010411005）的工程量按设计图示尺寸以体积计算。

不扣除构件内钢筋、预埋铁件所占体积。

同类型、相同跨度的预制混凝土屋架的工程量可按榀数计算。

12. 预制混凝土板

(1) 平板（010412001）、空心板（010412002）、槽形板（010412003）、网架板（010412004）、折线板（010412005）、带肋板（010412006）、大型板（010412007）的工程量按设计图示尺寸以体积计算。不扣除构件内钢筋、预埋铁件及单个尺寸300mm×300mm以内的孔洞所占体积，扣除空心板空洞体积。

同类型相同构件尺寸的预制混凝土板的工程量可按块数计算。

(2) 沟盖板、井盖板、井圈（010412008）的工程量按设计图示尺寸以体积计算。不扣除构件内钢筋、预埋铁件所占体积。

同类型相同构件尺寸的预制混凝土沟盖板的工程量可按块数计算；混凝土井圈、井盖板工程量可按套数计算。

13. 预制混凝土楼梯

楼梯（010413001）的工程量按设计图示尺寸以体积计算。不扣除构件内钢筋、预埋铁件所占体积，扣除空心踏步板空洞体积。

14. 其他预制构件

烟道、垃圾道、通风道（010414001）、其他构件（010414002）、水磨石构件（010414003）的工程量按设计图示尺寸以体积计算。不扣除构件内钢筋、预埋铁件及单个尺寸300mm×300mm以内的孔洞所占体积，扣除烟道、垃圾道、通风道的孔洞所占体积。

15. 混凝土构筑物

贮水（油）池（010415001）、贮仓（010415002）、水塔（010415003）、烟囱（010415004）工程量按设计图示尺寸以体积计算。不扣除构件内钢筋、预埋铁件及单个面积0.3m² 以内的孔洞所占体积。

16. 钢筋工程

(1) 现浇混凝土钢筋（010416001）、预制构件钢筋（010416002）、钢筋网片（010416003）、钢筋笼（010416004）、先张法预应力钢筋（010416005）工程量按设计图示钢筋（网）长度（面积）乘以单位理论重量以吨（t）计算。

(2) 后张法预应力钢筋（010416006）、预应力钢丝（010416007）、预应力钢绞线（010416008）按设计图示钢筋（丝束、铰线）长度乘以单位理论重量计算。

1) 低合金钢筋两端均采用螺杆锚具时，钢筋长度按孔道长度减0.35m计算，螺杆另行计算。

2) 低合金钢筋一端采用墩头插片，另一端采用螺杆锚具时，钢筋长度按孔道长度计算，螺杆另行计算。

3) 低合金钢筋一端采用墩头插片，另一端采用帮条锚具时，钢筋长度按孔道长度增加0.15m计算；两端均用帮条锚具时，钢筋长度按孔道长度增加0.30m计算。

4) 低合金钢筋采用后张混凝土自锚时，钢筋长度按孔道长度增加0.35m计算。

5) 低合金钢筋（钢绞线）采用JM、XM、QM型锚具，孔道长度在20m以内时，钢筋长度按孔道长度增加1m计算；孔道长度在20m以外时，钢筋（钢绞线）长度按孔道长度增加 1.8m 计算。

　　6）碳素钢丝采用锥形锚具，孔道长度在 20m 以内时，钢丝束长度按孔道长度增加 1m 计算；孔道长度在 20m 以上时，钢丝束长度按孔道长度增加 1.8m 计算。

　　7）碳素钢丝采用墩头锚具时，钢丝束长度按孔道长度增加 0.35m 计算。

　　17. 螺栓、铁件

　　螺栓（010417001）、预埋铁件（010417002）的工程量按设计图示尺寸以质量吨（t）计算。

11.4.2　混凝土及钢筋混凝土工程工程量清单计价

11.4.2.1　混凝土及钢筋混凝土工程清单计价要点

　　（1）设备基础项目采用的螺栓孔灌浆包括在报价内。

　　（2）混凝土板采用浇筑复合高强薄型空心管时，其工程量应扣除空心管所占体积，复合高强薄型空心管应包括在报价内。采用轻质材料浇筑在有梁板内，轻质材料应包括在报价内。

　　（3）散水、坡道项目需抹灰时，应包括在报价内。

　　（4）水磨石构件需要打蜡抛光时，打蜡抛光的费用应包括在报价内。

　　（5）购入的商品构配件以商品价进入报价。

　　（6）钢筋的制作、安装、运输损耗由投标人考虑，包括在报价内。

　　（7）预制构件的吊装机械（除塔式起重机）包括在项目内，塔式起重机应列入措施项目费。

　　（8）滑模的提升设备（如千斤顶、液压操作台等）应列在模板及支撑费内。

　　（9）钢网架在地面组装后的整体提升、倒锥壳水箱在地面就位预制后的提升设备（如：液压千斤顶及操作台等）应列在措施项目（垂直运输费）内。

11.4.2.2　混凝土及钢筋混凝土工程清单及计价示例

　　【例 11－7】　计算图 7－32 现浇框架柱、梁、板混凝土及钢筋混凝土工程的工程量清单。

　　解：（1）列项目：现浇商品混凝土矩形柱（010402001001）、现浇商品混凝土有梁板（010405001001）、ϕ12 以内现浇构件钢筋（010416001001）、Φ 25 以内现浇构件钢筋（010416001002）。

　　（2）计算工程量（钢筋用含钢量计算）。

　　现浇商品混凝土矩形柱工程量：$6 \times 0.4 \times 0.4 \times (8.5 + 1.85 - 0.75) = 9.22 \mathrm{m}^3$

　　现浇商品混凝土有梁板工程量：$18.86 - 6 \times 0.4 \times 0.4 \times 0.1 \times 2 = 18.67 \mathrm{m}^3$

　　ϕ12 以内现浇构件钢筋工程量：$0.038 \times 9.22 + 0.03 \times 18.67 = 0.910 \mathrm{t}$

　　Φ 25 以内现浇构件钢筋工程量：$0.088 \times 9.22 + 0.07 \times 18.67 = 2.118 \mathrm{t}$

　　（3）工程量清单，见表 11－7。

表 11－7　　　　　　　　　　　**工　程　量　清　单**

序号	项目编码	项目名称	项目特征	计量单位	工程数量
1	010402001001	现浇矩形柱	（1）混凝土强度等级：C30 商品混凝土。 （2）柱截面：400mm×400mm。 （3）柱高度：4.50m、4.00m	m³	9.22

序号	项目编码	项目名称	项 目 特 征	计量单位	工程数量
2	010405001001	现浇有梁板	(1) 混凝土强度等级：C30 商品混凝土。 (2) 板厚度：100mm。 (3) 板底标高：—4.40m、—8.40m	m³	18.67
3	010416001001	现浇混凝土钢筋	φ12 以内 HPB235 级钢筋	t	0.910
4	010416001002	现浇混凝土钢筋	φ12～Φ25 HRB335 级钢筋	t	2.118

【例 11-8】　按计价表计算图 7-32 现浇框架柱、梁、板混凝土及钢筋混凝土工程的清单综合单价。

解：(1) 列项目：010402001001 (现浇商品混凝土矩形柱 5—181)、010405001001 (现浇商品混凝土有梁板 5—199)、010416001001 (现浇构件 φ12 以内钢筋 4—1)、010416001002 (现浇构件 Φ25 以内钢筋 4—2)。

(2) 计算工程量 (见 [例 7-28]、[例 11-7])。

现浇商品混凝土矩形柱工程量：9.02m³

现浇商品混凝土有梁板工程量：18.86m³

φ12 以内现浇构件钢筋工程量：0.910t

Φ25 以内现浇构件钢筋工程量：2.118t

(3) 清单计价，见表 11-8。

表 11-8　　　　　　　　　　　清 单 计 价

序号	项目编码	项目名称	计量单位	工程数量	金 额 （元）	
					综合单价	合价
1	010402001001	现浇矩形柱	m³	9.22	343.53	3167.37
	5—181	C30 矩形柱	m³	9.02	351.15	3167.37
2	010405001001	现浇有梁板	m³	18.67	351.79	6568.00
	5—199	C30 有梁板	m³	18.86	348.25	6568.00
3	010416001001	现浇混凝土钢筋	t	0.910	3435.06	3125.90
	4—1 换	φ12 以内钢筋	t	0.910	3435.06	3125.90
4	010416001002	现浇混凝土钢筋	t	2.118	3248.66	6880.66
	4—2 换	φ12～Φ25	t	2.118	3248.66	6880.66

答：该工程的清单综合单价分别为，柱 343.53 元/ m³，梁 351.79 元/ m³，φ12 以内钢筋 3435.6 元/ t，Φ25 以内钢筋 3248.66 元/ t。

11.5　厂库房大门、特种门、木结构工程清单计价

11.5.1　厂库房大门、特种门、木结构工程工程量清单的编制

本节主要内容包括：①厂库房大门、特种门；②木屋架；③木构件。

11.5.1.1　有关规定

(1) 冷藏门、冷冻间门、保温门、变电室门、隔音门、防射线门、人防门、金库门等，应按厂库房大门、特种门中特种门项目编码列项。

(2) 屋架的跨度应以上、下弦中心线两交点之间的距离计算。

(3) 带气楼的屋架和马尾、折角以及正交部分的半屋架，应按相关屋架项目编码列项。

(4) 木楼梯的栏杆（栏板）、扶手，应按装饰部分的栏杆、扶手、栏板装饰中相关项目列项。

11.5.1.2　工程量计算规则

1. 厂库房大门、特种门

(1) 木板大门 (010501001) 项目适用于厂库房的平开、推拉、带观察窗、不带观察窗等各类型木板大门。工程量按设计图示数量（樘）计算。

注意：需描述每樘门所含门扇数和有框或无框。

(2) 钢木大门 (010501002) 项目适用于厂库房的平开、推拉、单面铺木板、双面铺木板、防风型、保暖型等各类型钢木大门。工程量按设计图示数量（樘）计算。

注意：防风型钢木门应描述防风材料或保暖材料。

(3) 全钢板门 (010501003) 项目适用于厂库房的平开、推拉、折叠、单面铺钢板、双面铺钢板等各类型全钢板门。工程量按设计图示数量（樘）计算。

(4) 特种门 (010501004) 项目适用于各种防射线门、密闭门、保温门、隔音门、冷藏库门、冷藏冻结间门等特殊使用功能门。工程量按设计图示数量（樘）计算。

(5) 围墙铁丝门 (010501005) 项目适用于钢管骨架铁丝门、角钢骨架铁丝门、木骨架铁丝门等。工程量按设计图示数量（樘）计算。

2. 木屋架

(1) 木屋架 (010502001) 项目适用于各种方木、圆木屋架。工程量按设计图示数量（榀）计算。

(2) 钢木屋架 (010502002) 项目适用于各种方木、圆木的钢木组合屋架。工程量按设计图示数量（榀）计算。

3. 木构件

(1) 木柱 (010503001)、木梁 (010503002) 项目适用于建筑物各部位的柱、梁。工程量按设计图示尺寸以体积计算。

(2) 木楼梯 (010503003) 项目适用于楼梯和爬梯。工程量按设计图示尺寸以水平投影面积计算。不扣除宽度小于 300mm 的楼梯井，伸入墙内部分不计算。

(3) 其他木构件 (010503004) 项目适用于斜撑，传统民居的垂花、花芽子、封檐板、博风板等构件。工程量按设计图示尺寸以体积或长度计算。

11.5.2　厂库房大门、特种门、木结构工程工程量清单计价

11.5.2.1　厂库房、特种门、木结构工程清单计价要点

(1) 钢木大门项目的钢骨架制作安装包括在报价内。

(2) 木屋架项目中与屋架相连接的挑檐木应包括在木屋架报价内；钢夹板构件、连接螺栓应包括在报价内。

（3）钢木屋架项目中的钢拉杆（下弦拉杆）、受拉腹杆、钢夹板、连接螺栓应包括在报价内。

（4）木柱、木梁项目中的接地、嵌入墙内部分的防腐应包括在报价内。

（5）木楼梯项目中的防滑条应包括在报价内。

（6）设计规定使用干燥木材时，干燥损耗及干燥费应包括在报价内。

（7）木材的出材率应包括在报价内。

（8）木结构有防虫要求时，防虫药剂应包括在报价内。

11.5.2.2 厂库房大门、特种门、木结构工程清单及计价示例

【例 11-9】 计算图 7-38 木结构工程的工程量清单。

解：（1）列项目：封檐板、博风板（010503004001）。

（2）计算工程量。

封檐板、博风板工程量：$33.68+23.09-1=55.77$m

（3）工程量清单，见表 11-9。

表 11-9 工 程 量 清 单

序号	项目编码	项目名称	项目特征	计量单位	工程数量
1	010503004001	封檐板、博风板	（1）木材种类：杉木。 （2）刨光要求：露面部分刨光。 （3）截面：200mm×20mm。 （4）油漆：防火漆二遍，清漆二遍	m	55.77

【例 11-10】 按计价表计算图 7-38 木结构工程的清单综合单价。

解：（1）列项目：010503004001（封檐板、博风板 8—59、清漆二遍 16—55、防火漆二遍 16—211）。

（2）计算工程量。

封檐板、博风板工程量：56.77m

清漆、防火漆工程量：$56.77×1.74=98.78$m

（3）清单计价，见表 11-10。

表 11-10 清 单 计 价

序号	项目编码	项目名称	计量单位	工程数量	金额（元）	
					综合单价	合价
1	010503004001	封檐板、博风板	m	55.77	17.89	997.69
	8—59	封檐板、博风板 200mm×20mm	10m	5.677	92.78	526.71
	16—55	清漆二遍	10m	9.878	23.01	227.29
	16—211	防火漆二遍	10m	9.878	24.67	243.69

答： 该工程的封檐板、博风板清单综合单价为 17.89 元/m。

11.6 金属结构工程清单计价

11.6.1 金属结构工程工程量清单的编制

本节主要内容包括：①钢屋架、钢网架；②钢托架、钢桁架；③钢柱；④钢梁；⑤压型钢板楼板、墙板；⑥钢构件；⑦金属网。

11.6.1.1 有关规定

（1）型钢混凝土柱、梁浇注混凝土和压型钢板楼板上浇注钢筋混凝土，混凝土和钢筋应按混凝土及钢筋混凝土工程中相关项目编码列项。

（2）钢墙架项目包括墙架柱、墙架梁和连接杆件。

（3）加工铁件等小型构件，应按本部分钢构件中零星钢构件项目编码列项。

11.6.1.2 工程量计算规则

1. 钢屋架、钢网架

（1）钢屋架（010601001）项目适用于一般钢屋架和轻钢屋架、冷弯薄壁型钢屋架等。工程量按设计图示尺寸以质量计算，不扣除孔眼、切边、切肢的质量，焊条、铆钉、螺栓等不另增加质量，不规则或多边形钢板以其外接矩形面积乘以厚度乘以单位理论质量计算；也可以设计图纸数量（榀）计算。

（2）钢网架（010601002）项目适用于一般钢网架和不锈钢网架。不论节点形式（球形节点、板式节点等）和节点连接方式（焊接、丝结）等均使用该项目。工程量按设计图示尺寸以质量计算，不扣除孔眼、切边、切肢的质量，焊条、铆钉、螺栓等不另增加质量，不规则或多边形钢板以其外接矩形面积乘以厚度乘以单位理论质量计算；也可以设计图纸数量（榀）计算。

2. 钢托架、钢桁架

钢托架（010602001）、钢桁架（010602002）的工程量按设计图示尺寸以质量计算，不扣除孔眼、切边、切肢的质量，焊条、铆钉、螺栓等不另增加质量，不规则或多边形钢板以其外接矩形面积乘以厚度乘以单位理论质量计算。

3. 钢柱

（1）实腹柱（010603001）、空腹柱（010603002）项目分别适用于实腹钢柱、实腹式型钢混凝土柱和空腹钢柱、空腹式型钢混凝土柱。工程量按设计图示尺寸以质量计算，不扣除孔眼、切边、切肢的质量，焊条、铆钉、螺栓等不另增加质量，不规则或多边形钢板以其外接矩形面积乘以厚度乘以单位理论质量计算，依附在钢柱上的牛腿及悬臂梁等一并计入钢柱工程量内。

（2）钢管柱（010603003）项目适用于钢管柱和钢管混凝土柱。工程量按设计图示尺寸以质量计算，不扣除孔眼、切边、切肢的质量，焊条、铆钉、螺栓等不另增加质量，不规则或多边形钢板以其外接矩形面积乘以厚度乘以单位理论质量计算，钢管柱上的节点板、加强环、内衬管、牛腿等并入钢管柱工程量内。

4. 钢梁

（1）钢梁（010604001）项目适用于钢梁和实腹式型钢混凝土梁、空腹式型钢混凝土梁。工程量按设计图示尺寸以质量计算，不扣除孔眼、切边、切肢的质量，焊条、铆钉、螺栓等不另增加质量，不规则或多边形钢板以其外接矩形面积乘以厚度乘以单位理论质量计算。

（2）钢吊车梁（010604002）工程量按设计图示尺寸以质量计算，不扣除孔眼、切边、切肢的质量，焊条、铆钉、螺栓等不另增加质量，不规则或多边形钢板以其外接矩形面积乘以厚度乘以单位理论质量计算，制动梁、制动板、制动桁架、车挡并入钢吊车梁工程量内。

5. 压型钢板楼板、墙板

（1）压型钢板楼板（010605001）项目适用于现浇混凝土楼板，使用压型钢板作永久性模板，并与混凝土叠合后组成共同受力的构件。工程量按设计图示尺寸以铺设水平投影面积计算。不扣除柱、垛及单个 $0.3m^2$ 以内的孔洞所占面积。

（2）压型钢板墙板（010605002）工程量按设计图示尺寸以铺挂面积计算。不扣除单个 $0.3m^2$ 以内的孔洞所占面积，包角、包边、窗台泛水等不另加面积。

6. 钢构件

（1）钢支撑（010606001）、钢檩条（010606002）、钢天窗架（010606003）、钢挡风架（010606004）、钢墙架（010606005）、钢平台（010606006）、钢走道（010606007）、钢梯（010606008）、钢栏杆（010606009）、钢支架（010606011）、零星钢构件（010606012）工程量按设计图示尺寸以质量计算，不扣除孔眼、切边、切肢的质量，焊条、铆钉、螺栓等不另增加质量，不规则或多边形钢板以其外接矩形面积乘以厚度乘以单位理论质量计算。

（2）钢漏斗（010606010）项目的工程量按设计图示尺寸以质量计算，不扣除孔眼、切边、切肢的质量，焊条、铆钉、螺栓等不另增加质量，不规则或多边形钢板以其外接矩形面积乘以厚度乘以单位理论质量计算，依附漏斗的型钢并入漏斗工程量内。

7. 金属网

金属网（010607001）项目的工程量按设计图示尺寸以面积计算。

11.6.2　金属结构工程工程量清单计价

11.6.2.1　金属结构工程清单计价要点

（1）钢管柱项目中钢管混凝土柱的盖板、底板、穿心板、横隔板、加强环、明牛腿、暗牛腿应包括在报价内。

（2）钢构件的除锈刷漆包括在报价内。

（3）钢构件的拼装台的搭拆和材料摊销应列入措施项目费。

（4）钢构件需探伤（包括射线探伤、超声波探伤、磁粉探伤、金相探伤、着色探伤、荧光探伤等）应包括在报价内。

11.6.2.2　金属结构工程清单及计价示例

【例 11-11】　计算图 7-36 金属结构工程的工程量清单。

解：（1）列项目：钢栏杆（010606009001）。

（2）计算工程量。

栏杆重量：0.104t（见［例 7-31］）。

（3）工程量清单，见表 11-11。

表 11 - 11　　　　　　　　　　　　　　工 程 量 清 单

序号	项目编码	项目名称	项 目 特 征	计量单位	工程数量
1	010606009001	钢栏杆	（1）采用方钢管，立柱 30mm × 30mm × 1.5mm@300mm，横杆 50mm×50mm×3mm，长度 6.1m。 （2）立柱与预埋 60mm×60mm×1mm 钢板焊接连接。 （3）刷一遍红丹防锈漆	t	0.104

【例 11 - 12】　按计价表计算图 7 - 36 金属结构工程的清单综合单价。

解：（1）列项：010606009001（栏杆制作 6—28、栏杆安装 7—154、栏杆刷防锈漆 16—264）。

（2）计算工程量。

钢栏杆制作、安装工程量：0.104t

钢栏杆油漆工程量：0.104×1.71＝0.178t

（3）清单计价，见表 11 - 12。

表 11 - 12　　　　　　　　　　　　　　清 单 计 价

序号	项目编码	项 目 名 称	计量单位	工程数量	综合单价	合价
1	010606009001	钢栏杆	t	0.104	5559.71	578.21
	6—28	方钢管栏杆	t	0.104	5002.71	520.28
	7—154	钢栏杆安装	t	0.104	405.80	42.20
	16—264	金属面红丹防锈漆一遍	t	0.178	88.39	15.73

（金额栏标题为"金 额（元）"，下分"综合单价"与"合价"）

答：该钢栏杆工程的清单综合单价为 5559.71 元/ t。

11.7　屋面及防水工程清单计价

11.7.1　屋面及防水工程工程量清单的编制

本节主要内容包括：①瓦、型材屋面；②屋面防水；③墙、地面防水、防潮。

11.7.1.1　有关规定

（1）瓦屋面、型材屋面的木檩条、木椽子、木屋面板需刷防火涂料时，可按相关项目单独编码列项，也可包括在瓦屋面、型材屋面项目报价内。

（2）瓦屋面、型材屋面、膜结构屋面的钢檩条、钢支撑（柱、网架等）和拉结结构需刷防护材料时，可按相关项目单独编码列项，也可包括在瓦屋面、型材屋面、膜结构屋面项目报价内。

膜结构也称索膜结构，是一种以膜布与支撑（柱、网架等）和拉结结构（拉杆、钢丝绳等）组成的屋盖、篷顶结构。

（3）小青瓦、水泥平瓦、琉璃瓦等，应按瓦、型材屋面中瓦屋面项目编码列项。

（4）压型钢板、阳光板、玻璃钢等，应按瓦、型材屋面中型材屋面项目编码列项。

11.7.1.2　工程量计算规则

1. 瓦、型材屋面

（1）瓦屋面（010701001）项目适用于小青瓦、平瓦、筒瓦、玻璃钢瓦等；型材屋面（010701002）项目适用于压型钢板、金属压型夹芯板、阳光板、玻璃钢等。工程量按设计图示尺寸以斜面积计算。不扣除房上烟囱、风帽底座、风道、小气窗、斜沟等所占面积，小气窗的出檐部分不增加面积。

（2）膜结构屋面（010701003）项目适用于膜布屋面。工程量按设计图示尺寸以需要覆盖的水平面积计算。

注意：支撑柱的钢筋混凝土的柱基、锚固的钢筋混凝土基础以及地脚螺栓等按混凝土及钢筋混凝土相关项目编码列项。

2. 屋面防水

（1）屋面卷材防水（010702001）项目适用于利用胶结材料粘贴卷材进行防水的屋面；屋面涂膜防水（010702002）项目适用于厚质涂料、薄质涂料和有加增强材料或无加增强材料的涂膜防水屋面。工程量按设计图示尺寸以面积计算。斜屋面（不包括平屋面找坡）按斜屋面计算，平屋面按水平投影面积计算；不扣除房上烟囱、风帽底座、风道、屋面小气窗和斜沟所占面积；屋面是女儿墙、伸缩缝和天窗等处的弯起部分，并入屋面工程量内。

注意：水泥砂浆、细石混凝土保护层可包括在报价内，也可按相关项目编码列项。

（2）屋面刚性防水（010702003）项目适用于细石混凝土、补偿收缩（微膨胀）混凝土、块体混凝土、预应力混凝土和钢纤维混凝土刚性防水屋面。工程量按设计图示尺寸以面积计算，不扣除房上烟囱、风帽底座、风道等所占面积。

（3）屋面排水管（010702004）项目适用于各种排水管材（PVC 管、玻璃钢管、铸铁管等）。工程量按设计图示尺寸以长度计算。如设计未标注尺寸，以檐口至设计室外地面（散水上表面）垂直距离计算。

（4）屋面天沟、沿沟（010702005）项目适用于水泥砂浆天沟、细石混凝土天沟、预制混凝土天沟板、卷材天沟、玻璃钢天沟、镀锌铁皮天沟、塑料沿沟、镀锌铁皮沿沟、玻璃钢沿沟等。工程量按设计图示尺寸以面积计算。铁皮和卷材天沟按展开面积计算。

3. 墙、地面防水

（1）卷材防水（010703001）、涂膜防水（010703002）项目适用于基础、楼地面、墙面等部位的防水；砂浆防水（潮）（010703003）适用于地下、基础、楼地面、墙面等部位的防水防潮。工程量按设计图示尺寸以面积计算。

1）地面防水：按主墙间净空面积计算，扣除凸出地面的构筑物、设备基础等所占面积，不扣除间壁墙及单个面积在 $0.3m^2$ 以内的柱、垛、间壁墙、烟囱和孔洞所占面积。

2）墙基防水：外墙按中心线，内墙按净长乘以宽度计算。

（2）变形缝（010703004）项目适用于基础、墙体、屋面等部位的抗震缝、温度缝（伸缩缝）、沉降缝。工程量按设计图示以长度计算。

11.7.2　屋面及防水工程工程量清单计价

11.7.2.1　屋面及防水工程清单计价要点

（1）瓦屋面项目中屋面基层包括檩条、椽子、木屋面板、顺水条、挂瓦条等，应全部计入报价中。

（2）型材屋面的钢檩条或木檩条以及骨架、螺栓、挂钩等应包括在报价内。

（3）膜结构屋面项目中支撑和拉固膜布的钢柱、拉杆、金属网架、钢丝绳、锚固的锚头等应包括在报价内。

（4）屋面卷材防水项目报价时应注意以下几项。

1）抹屋面找平层、基层处理（清理修补、刷基层处理剂）等应包括在报价内。

2）檐沟、天沟、水落口、泛水收头、变形缝等处的卷材附加层应包括在报价内。

3）浅色、反射涂料保护层、绿豆砂保护层、细砂、云母及蛭石保护层应包括在报价内。

（5）屋面涂膜防水项目报价时应注意以下几项。

1）抹屋面找平层、基层处理（清理修补、刷基层处理剂）等应包括在报价内。

2）需加强材料的应包括在报价内。

3）檐沟、天沟、水落口、泛水收头、变形缝等处的附加层材料应包括在报价内。

4）浅色、反射涂料保护层、绿豆砂保护层、细砂、云母及蛭石保护层应包括在报价内。

（6）屋面刚性防水项目中的分隔缝、泛水、变形缝部位的防水卷材、密封材料、背衬材料、沥青麻丝等应包括在报价内。

（7）屋面排水管项目报价时应注意以下几项。

1）排水管、雨水口、篦子板、水斗等应包括在报价内。

2）埋设管卡箍、裁管、接嵌缝应包括在报价内。

（8）屋面天沟、沿沟项目报价时应注意以下几项。

1）天沟、沿沟固定卡件、支撑件应包括在报价内。

2）天沟、沿沟的接缝、嵌缝材料应包括在报价内。

（9）卷材防水、涂膜防水项目报价时应注意以下几项。

1）抹找平层、刷基础处理剂、刷胶黏剂、胶黏防水卷材应包括在报价内。

2）特殊处理部位（如管道的通道部位）的嵌缝材料、附加卷材衬垫等应包括在报价内。

（10）砂浆防水（潮）的外加剂应包括在报价内。

（11）变形缝项目中的止水带安装、盖板制作、安装应包括在报价内。

11.7.2.2　屋面及防水工程清单及计价示例

【例 11 - 13】　计算图 7 - 38 瓦屋面工程的工程量清单。

解：（1）列项目：屋瓦面（010701001001）。

（2）计算工程量。

瓦屋面工程量：$(16.24+2\times0.37)\times(9.24+2\times0.37)\times1.118=189.46m^2$

（3）工程量清单，见表 11 - 13。

表 11 - 13　　　　　　　　　　　工 程 量 清 单

序号	项目编码	项目名称	项 目 特 征	计量单位	工程数量
1	010701001001	瓦屋面	（1）瓦：黏土瓦 420mm×332mm，长向搭接 75mm，宽向搭接 32mm；脊瓦 432mm×228mm、长向搭接 75mm。 （2）基层：方木檩条 120mm×180mm@1m（托木 120mm×120mm×240mm）；椽子 40mm×60mm@0.4m；挂瓦条 30mm×30mm@0.33m；三角木 60mm×75mm 对开。 （3）木材材质：杉木	m²	189.46

【例 11 - 14】　按计价表计算图 7 - 38 瓦屋面工程的清单综合单价。

解：（1）列项目：010701001001（檩条 8—42、椽子及挂瓦条 8—52、三角木 8—55、铺黏土平瓦 9—1、铺脊瓦 9—2）。

（2）计算工程量（见［例 7 - 34］、［例 7 - 35］）。

（3）清单计价，见表 11 - 14。

表 11 - 14　　　　　　　　　　　清 单 计 价

序号	项目编码	项 目 名 称	计量单位	工程数量	金 额（元）	
					综合单价	合价
1	010701001001	瓦屋面	m²	189.46	71.37	13521.22
	8—42	檩条 120mm×180mm@1m	m³	4.39	1837.67	8067.37
	8—52 换	椽子及挂瓦条	10m²	1.10	180.48	198.53
	8—55 换	三角木 60mm×75mm 对开	10m	3.766	39.30	148.00
	9—1 换	铺黏土平瓦	10m²	18.946	96.90	1835.87
	9—2 换	铺脊瓦	10m	1.698	83.66	142.05

答：该瓦屋面的清单综合单价为 71.37 元/m²。

11.8　防腐、隔热、保温工程清单计价

11.8.1　防腐、隔热、保温工程工程量清单的编制

本节主要内容包括：①防腐面层；②其他防腐；③隔热、保温。

11.8.1.1　有关规定

（1）保温隔热墙的装饰面层，应按装饰部分中相关项目编码列项。

（2）柱帽保温隔热应并入天棚保温隔热工程量内。

（3）池槽保温隔热，池壁、池底应分别编码列项，池壁应并入墙面保温隔热工程量内，池底应并入地面保温隔热工程量内。

11.8.1.2　工程量计算规则

（1）防腐混凝土面层（010801001）、防腐砂浆面层（010801002）、胶泥防腐面层

（010801003）项目适用于平面或立面的水玻璃混凝土、水玻璃砂浆、水玻璃胶泥、沥青混凝土、沥青砂浆、沥青胶泥、树脂砂浆、树脂胶泥以及聚合物水泥砂浆等防腐工程。工程量计算按设计图示尺寸以面积计算。

　　1）平面防腐：扣除凸出地面的构筑物、设备基础等所占面积。

　　2）立面防腐：砖垛等突出部分按展开面积并入墙面积内。

　　注意：①因防腐材料不同价格上的差异，清单项目中必须列出混凝土、砂浆、胶泥的材料种类，如水玻璃混凝土、沥青混凝土等；②如遇池槽防腐，池底和池壁可合并列项，也可分为池底面积和池壁防腐面积，分别列项。

　　（2）玻璃钢防腐面层（010801004）项目适用于树脂胶料与增强材料（如玻璃纤维丝、布、玻璃纤维表面毡、玻璃纤维短切毡或涤纶布、涤纶毡、丙纶毡等）复合塑制而成的玻璃钢防腐。工程量计算按设计图示尺寸以面积计算。

　　1）平面防腐：扣除凸出地面的构筑物、设备基础等所占面积。

　　2）立面防腐：砖垛等突出部分按展开面积并入墙面积内。

　　注意：①项目名称应描述构成玻璃钢、树脂和增强材料名称，如环氧酚醛（树脂）玻璃钢、酚醛（树脂）玻璃钢、环氧煤焦油（树脂）玻璃钢、环氧呋喃（树脂）玻璃钢、不饱和聚酯（树脂）玻璃钢等，增强材料如玻璃纤维布、毡、涤纶布毡等；②应描述防腐部位和立面、平面。

　　（3）聚氯乙烯板面层（010801005）项目适用于地面、墙面的软、硬聚氯乙烯板防腐工程；块料防腐面层（010801006）项目适用于地面、沟槽、基础的各类块料防腐工程。工程量计算按设计图示尺寸以面积计算。

　　1）平面防腐：扣除凸出地面的构筑物、设备基础等所占面积。

　　2）立面防腐：砖垛等突出部分按展开面积并入墙面积内。

　　3）踢脚板防腐：扣除门洞所占面积并相应增加门洞侧壁面积。

　　注意：①防腐蚀块料粘贴部位（地面、沟槽、基础、踢脚线）应在清单项目中进行描述；②防腐蚀块料的规格、品种（瓷板、铸石板、天然石板等）应在清单项目中进行描述。

　　2. 其他防腐

　　（1）隔离层（010802001）项目适用于楼地面的沥青类、树脂玻璃钢类防腐工程隔离层；防腐涂料（010802003）项目适用于建筑物、构筑物以及钢结构的防腐。工程量计算按设计图示尺寸以面积计算。

　　1）平面防腐：扣除凸出地面的构筑物、设备基础等所占面积。

　　2）立面防腐：砖垛等突出部分按展开面积并入墙面积内。

　　（2）砌筑沥青浸渍砖（010802002）项目适用于浸渍标准砖。工程量按设计图示尺寸以体积计算。

　　3. 隔热、保温

　　（1）保温隔热屋面（010803001）项目适用于各种材料的屋面保温隔热；保温隔热天棚（010803002）项目适用于各种材料的下贴式或吊顶上搁置式的保温隔热的天棚；隔热楼地面（010803005）项目适用于各种材料的楼地面保温隔热。工程量按设计图示尺寸以面积计算，不扣除柱、垛所占面积。

注意： ①屋面保温隔热层上的防水层应按屋面的防水项目单独列项；②保温隔热材料需加药物防虫剂，应在清单中进行描述。

（2）保温隔热墙（010803003）项目适用于工业与民用建筑物外墙、内墙保温隔热工程。工程量按设计图示尺寸以面积计算，扣除门窗洞口所占面积，门窗洞口侧壁需作保温时，并入保温墙体工程量内。

（3）保温柱（010803004）的工程量按设计图示以保温层中心线展开长度乘以保温层高度计算。

11.8.2 防腐、隔热、保温工程工程量清单计价

11.8.2.1 防腐、隔热、保温工程清单计价要点

（1）聚氯乙烯面层项目中聚氯乙烯板的焊接应包括在报价内。

（2）防腐涂料项目需刮腻子时应包括在报价内。

（3）保温隔热屋面项目中屋面保温隔热的找坡、找平层应包括在报价内，如果屋面防水层项目包括找平层和找坡，屋面保温隔热不再计算，以免重复。

（4）保温隔热天棚项目下贴式如需底层抹灰时，应包括在报价内。

（5）保温隔热墙项目报价时应注意以下几项。

1）外墙内保温和外保温的面层应包括在报价内。

2）外墙内保温的内墙保温踢脚线应包括在报价内。

3）外墙外保温、内保温、内墙保温的基层抹灰或刮腻子应包括在报价内。

（6）防腐工程中需酸化处理时应包括在报价内。

（7）防腐工程中的养护应包括在报价内。

11.8.2.2 防腐、保温、隔热工程清单及计价示例

【例 11 - 15】 计算图 7 - 40 耐酸池工程的工程量清单。

解：（1）列项目：平面防腐块料（010801006001）、立方防腐块料（010801006002）。

（2）计算工程量（见［例 7 - 37］）。

平面防腐块料工程量：135.00m²

立面防腐块料工程量：121.61m²

（3）工程量清单，见表 11 - 15。

表 11 - 15   **工 程 量 清 单**

序号	项目编码	项目名称	项 目 特 征	计量单位	工程数量
1	010801006001	平面耐酸瓷砖	（1）防腐部位：池底。 （2）块料：230mm×113mm×65mm 耐酸瓷砖。 （3）找平层：25mm 耐酸沥青砂浆。 （4）结合层：6mm 耐酸沥青胶泥。 （5）勾缝：树脂胶泥勾缝，缝宽 3mm	m²	135.0

序号	项目编码	项目名称	项　目　特　征	计量单位	工程数量
2	010801006002	立面耐酸瓷砖	(1) 防腐部位：池壁。 (2) 块料：230mm×113mm×65mm 耐酸瓷砖。 (3) 找平层：25mm 耐酸沥青砂浆。 (4) 结合层：6mm 耐酸沥青胶泥。 (5) 勾缝：树脂胶泥勾缝，缝宽 3mm	m²	121.61

【例 11 - 16】　按计价表计算图 7 - 40 耐酸池工程的清单综合单价。

解：（1）列项目：010801006001（池底耐酸砂浆 10—13—10—14、池底贴耐酸瓷砖 10—108）、010801006002（池壁耐酸砂浆 10—13—10—14、池壁贴耐酸瓷砖 10—108）。

（2）计算工程量。

池底耐酸砂浆、池底耐酸瓷砖工程量：$15.0 \times 9.0 = 135.00 m^2$

池壁耐酸砂浆工程量：$(15.0 + 9.0) \times 2 \times (3.0 - 0.35 - 0.025) = 126.00 m^2$

池壁耐酸瓷砖：$121.61 m^2$

（3）清单计价，见表 11 - 16。

表 11 - 16　　　　　　　　　**清　单　计　价**

序号	项目编码	项　目　名　称	计量单位	工程数量	金　额　（元）综合单价	合价
1	010801006001	池底贴耐酸瓷砖	m²	133.80	286.19	38635.79
	10—13—10—14	耐酸沥青砂浆 25mm	10m²	13.50	346.08	4672.08
	10—108	池底贴耐酸瓷砖	10m²	13.50	2515.83	33963.71
2	010801006002	池壁贴耐酸瓷砖	m²	121.60	302.76	36819.17
	10—13—10—14	耐酸沥青砂浆 25mm	10m²	12.574	346.08	4351.61
	10—108 换	池壁贴耐酸瓷砖	10m²	12.161	2669.07	32458.56

答：该工程的清单综合单价分别为，池底贴耐酸瓷砖 286.19 元/ m²，池壁贴耐酸瓷砖 302.76 元/ m²。

第 12 章 装饰工程工程量清单计价

装饰工程工程量清单计价根据工程的情况，主要内容包括：①楼地面工程；②墙、柱面工程；③天棚工程；④门窗工程；⑤油漆、涂料、裱糊工程；⑥其他工程。

12.1 楼地面工程清单计价

12.1.1 楼地面工程工程量清单的编制

本节主要内容包括：①整体面层；②块料面层；③橡塑面层；④其他块料面层；⑤踢脚线；⑥楼梯装饰；⑦扶手、栏杆、栏板装饰。

12.1.1.1 有关规定

（1）楼梯、阳台、走廊、回廊及其他的装饰性扶手、栏杆、栏板，应按扶手、栏杆、栏板装饰项目编码列项。

（2）楼梯、台阶侧面装饰，0.5m² 以内少量分散的楼地面装修，应按零星装饰项目编码列项。

12.1.1.2 工程量计算规则

1. 整体面层

水泥砂浆楼地面（020101001）、现浇水磨石楼地面（020101002）、细石混凝土楼地面（020101003）、菱苦土楼地面（020101004）工程量按设计图示尺寸以面积计算。扣除凸出地面构筑物、设备基础、室内铁道、地沟等所占面积，不扣除间壁墙和 0.3m² 以内的柱、垛、附墙烟囱及孔洞所占面积，门洞、空圈、暖气包槽、壁龛的开口部分不增加面积。

2. 块料面层

石材楼地面（020102001）、块料楼地面（020102002）工程量按设计图示尺寸以面积计算。扣除凸出地面构筑物、设备基础、室内铁道、地沟等所占面积，不扣除间壁墙和 0.3m² 以内的柱、垛、附墙烟囱及孔洞所占面积，门洞、空圈、暖气包槽、壁龛的开口部分不增加面积。

注意：计价规范中无论整体面层还是块料面层，其计算规则都相同，而计价表中整体面层和块料面层的计算规则是不同的。同是整体面层，其规则也不同，计价规范的计算规则是"不扣除间壁墙和 0.3m² 以内的柱、垛、附墙烟囱及孔洞所占面积"；计价表则为"不扣除柱、垛、间壁墙及面积在 0.3m² 以内的孔洞面积"。块料面层的清单计算规则与计价表的区别则更为显著。

3. 橡塑面层

橡胶板楼地面（020103001）、橡胶卷材楼地面（020103002）、塑料板楼地面

（020103003）、塑料卷材楼地面（020103004）工程量按设计图示尺寸以面积计算。门洞、空圈、暖气包槽、壁龛的开口部分并入相应的工程量内。

4. 其他块料面层

楼地面地毯（020104001）、竹木地板（020104002）、防静电活动地板（020104003）、金属复合地板（020104004）工程量按设计图示尺寸以面积计算。门洞、空圈、暖气包槽、壁龛的开口部分并入相应的工程量内。

5. 踢脚线

水泥砂浆踢脚线（020105001）、石材踢脚线（020105002）、块料踢脚线（020105003）、现浇水磨石踢脚线（020105004）、塑料板踢脚线（020105005）、木质踢脚线（020105006）、金属踢脚线（020105007）防静电踢脚线（020105008）工程量按设计图示长度乘以高度以面积计算。

注意：计价规范与计价表的以米（m）为计算单位不同。

6. 楼梯装饰

石材楼梯面层（020106001）、块料楼梯面层（020106002）、水泥砂浆楼梯面（020106003）、现浇水磨石楼梯面（020106004）地毯楼梯面（020106005）、木板楼梯面（020106006）工程量按设计图示尺寸以楼梯（包括踏步、休息平台及 500mm 以内的楼梯井）水平投影面积计算。楼梯与楼地面相连时，算至梯口梁内侧边沿；无梯口梁者，算至最上一层踏步边沿并增加 300mm。

注意：清单中关于楼梯的计算不管是何种面层计算规则均是一样的，而计价表中就区分不同面层采用不同的计算规则。虽然计价表中整体面层也是按楼梯水平投影面积计算，与计价规范仍有区别，表现在①楼梯井范围不同。计价规范是 500mm 为控制指标，计价表以 200mm 为界限；②楼梯与楼地面相连时计价规范规定只算至楼梯梁内侧边缘，计价表规定应算至楼梯梁外侧面。

7. 扶手、栏杆、栏板装饰

金属扶手带栏杆、栏板（020107001）、硬木扶手带栏杆、栏板（020107002）、塑料扶手带栏杆、栏板（020107003）、金属靠墙扶手（020107004）、硬木靠墙扶手（020107005）、塑料靠墙扶手（020107006）工程量按设计图示以扶手中心线长度（包括弯头长度）计算。

注意：楼梯栏杆计价规范的计算是按实际展开长度计算，计价表中则规定楼梯踏步部分即楼梯段板的斜长部分的栏杆与扶手应按水平投影面积乘以系数 1.18 计算。

8. 台阶装饰

石材台阶面（020108001）、块料台阶面（020108002）、水泥砂浆台阶面（020108003）、现浇水磨石台阶面（020108004）、剁假石台阶面（020108005）工程量按设计图示尺寸以台阶（包括最上层踏步边沿加 300mm）水平投影面积计算。

9. 零星装饰项目

石材零星项目（020109001）、碎拼石材零星项目（020109002）、块料零星项目（020109003）、水泥砂浆零星项目（020109004）的工程量按设计图示尺寸以面积计算。

12.1.2 楼地面工程工程量清单计价

12.1.2.1 楼地面工程清单计价要点

（1）踢脚线：计价表中不论是整体还是块料面层楼梯均包括踢脚线在内，而计价规范未明确，在实际操作中为便于计算，可参照计价表把楼梯踢脚线合并在楼梯内报价，但在楼梯清单的项目特征一栏应把踢脚线描绘在内，在报价时不要漏掉。

（2）台阶：计价规范中无论是块料面层还是整体面层，均按水平投影面积计算；计价表中整体面层按水平投影面积计算，块料面层按展开（包括两侧）实铺面积计算。

注意：台阶面层与平台面层使用同一种材料时，平台计算面层后，台阶不再计算最上一层踏步面积，但应将最后一步台阶的踢脚板面层包括在报价内。

（3）有填充层和隔离层的楼地面往往有二层找平层，报价时应注意。

12.1.2.2 楼地面清单及计价示例

【例 12-1】 根据［例 8-2］的题意，计算楼地面工程的工程量清单。

解：（1）列项目：块料地面（020102002）、块料踢脚线（020105003）、块料台阶面（020108002）。

（2）计算工程量（见［例 8-1］）。

块料楼地面（同［例 8-1］中有关工程量）：661.70m²

块料踢脚线（长度见［例 8-2］中有关工程量）：145.44×0.15＝21.82m²

块料台阶面（同［例 8-1］中有关工程量）：0.9×1.8＝1.62m²

（3）工程量清单，见表 12-1。

表 12-1　　　　　　　　　　**工 程 量 清 单**

序号	项目编码	项目名称	项 目 特 征	计量单位	工程数量
1	020102002001	同质地砖楼地面	（1）找平层：20 厚 1∶3 水泥砂浆。 （2）结合层：5 厚 1∶2 水泥砂浆。 （3）面层：500mm×500mm 镜面同质地砖。 （4）酸洗打蜡、成品保护	m²	661.70
2	020105003001	同质地砖踢脚线	（1）找平层：20 厚 1∶3 水泥砂浆。 （2）结合层：5 厚 1∶2 水泥砂浆。 （3）面层：500mm×500mm 镜面同质地砖	m²	21.82
3	020108002001	同质地砖台阶面	（1）找平层：15 厚 1∶3 水泥砂浆。 （2）结合层：5 厚 1∶2 水泥砂浆。 （3）面层：500mm×500mm 镜面同质地砖。 （4）酸洗打蜡、成品保护	m²	1.62

【例 12-2】 根据［例 8-2］的题意，按计价表计算楼地面工程的清单综合单价。

解：（1）列项目：020102002001（地砖地面 12—94、地面酸洗打蜡 12—121、成品保护 17—93）、020108002001（地砖踢脚线 12—102）、020108002001（台阶地砖面 12—101、台阶酸洗打蜡 12—122、成品保护 17—93）。

（2）计算工程量（见［例 8 - 2］）。

地砖地面、酸洗打蜡、成品保护工程量：660.06m²

台阶地砖面、酸洗打蜡、成品保护工程量：2.43m²

踢脚线工程量：（长度见［例 8 - 2］中有关工程量）：145.44×0.15＝21.82m²

（3）清单计价，见表 12 - 2。

表 12 - 2　　　　　　　　　　清　单　计　价

序号	项目编码	项目名称	计量单位	工程数量	金　额　（元）	
					综合单价	合价
1	020102002001	同质地砖楼地面	m²	661.70	165.88	109765.34
	12—94 换	地面同质砖	10m²	66.006	1631.9	107715.19
	12—121	地面酸洗打蜡	10m²	66.006	22.73	1500.32
	17—93	成品保护	10m²	66.006	8.33	549.83
2	020108002001	地砖踢脚线	m²	21.82	177.87	3881.21
	12—102 换	同质地砖踢脚线	10m	14.544	266.86	3881.21
3	020108002001	同质地砖台阶面	m²	1.62	273.46	443.00
	12—101 换	台阶地砖面	10m²	0.243	1783.69	433.43
	12—122	台阶酸洗打蜡	10m²	0.243	31.09	7.55
	17—93	成品保护	10m²	0.243	8.33	2.02

答：同质地砖楼地面的清单综合单价为 165.88 元/ m²，地砖踢脚线的清单综合单价为 177.87 元/ m²，同质地砖台阶面的清单综合单价为 273.46 元/ m²。

12.2　墙、柱面工程清单计价

12.2.1　墙、柱面工程工程量清单的编制

本节主要内容包括：①墙面抹灰；②柱面抹灰；③零星抹灰；④墙面镶贴块料；⑤柱面镶贴块料；⑥零星镶贴块料；⑦墙饰面；⑧柱（梁）饰面；⑨隔断；⑩幕墙。

12.2.1.1　有关规定

（1）石灰砂浆、水泥砂浆、水泥混合砂浆、聚合物水泥砂浆、麻刀石灰、纸筋石灰、石灰膏等的抹灰应按墙面抹灰中一般抹灰项目编码列项；水刷石、斩假石（剁斧石、剁假石）、干粘石、假面砖等的抹灰应按墙面抹灰中装饰抹灰项目编码列项。

（2）柱面抹灰项目、石材柱面项目、块料柱面项目适用于矩形柱、异形柱（包括圆柱形、半圆柱形等）。

（3）0.5m² 以内少量分散的抹灰和镶贴块料面层，应按墙面抹灰和零星镶贴块料中相关项目列项。

12.2.1.2　工程量计算规则

1. 墙、柱面工程

墙面一般抹灰（020201001）、墙面装饰抹灰（020201002）、墙面勾缝（020201003）

工程量按设计图示尺寸以面积计算。扣除墙裙、门窗洞口及单个面积 0.3m² 以上的孔洞面积，不扣除踢脚线、挂镜线和墙与构件交接处的面积，门窗洞口和孔洞的侧壁及顶面不增加面积。附墙柱、梁、垛、烟囱侧壁并入相应的墙面面积内，其中：

(1) 外墙抹灰面积按外墙垂直投影面积计算。

(2) 外墙裙抹灰面积按其长度乘以高度计算。

(3) 内墙抹灰面积按主墙间的净长乘以高度计算。

1) 无墙裙的，高度按室内楼地面至天棚底面计算。

2) 有墙裙的，高度按墙裙顶至天棚底面计算。

(4) 内墙裙抹灰面按内墙净长乘以高度计算。

注意： 外墙面计价表中规定"门窗洞口、空圈的侧壁、顶面及垛应按结构展开面积并入墙面抹灰中计算"，应注意区分计价规范和计价表中规定的不同。

2. 柱面抹灰

柱面一般抹灰 (020202001)、柱面装饰抹灰 (020202002)、柱面勾缝 (020202003) 工程量按设计图示柱断面周长（结构断面周长）乘以高度以面积计算。

3. 零星抹灰

零星项目一般抹灰 (020203001)、零星项目装饰抹灰 (020203002) 工程量按设计图示尺寸以面积计算。

4. 墙面镶贴块料

(1) 石材墙面 (020204001)、拼碎石材墙面 (020204002)、块料墙面 (020204003) 工程量按设计图示尺寸以面积计算。

(2) 干挂石材钢骨架 (020204004) 工程量按设计图示以质量计算。

5. 柱面镶贴块料

石材柱面 (020205001)、拼碎石材柱面 (020205002)、块料柱面 (020205003)、石材梁面 (020205004)、块料梁面 (020205005) 工程量按设计图示尺寸以面积计算。

6. 零星镶贴块料

石材零星项目 (020206001)、拼碎石材零星项目 (020206002)、块料零星项目 (020206003) 工程量按设计图示尺寸以面积计算。

7. 墙饰面

装饰板墙面 (020207001) 按设计图示墙净长乘以净高以面积计算。扣除门窗洞口及单个 0.3m² 以上的孔洞所占面积。

8. 柱（梁）饰面

柱（梁）面装饰 (020208001) 按设计图示饰面外围尺寸（建筑尺寸）以面积计算。柱帽、柱墩并入相应柱饰面工程量内。

9. 隔断

隔断 (020209001) 按设计图示框外围尺寸以面积计算。不扣除门窗所占面积；扣除单个 0.3m² 以上的孔洞所占面积；浴厕侧门的材质与隔断相同时，门的面积并入隔断面积内。

10. 幕墙

(1) 带骨架幕墙 (020210001) 工程量按设计图示框外围尺寸以面积计算。与幕墙同种材质的门窗所占面积不扣除。

(2) 全玻幕墙 (020210002) 工程量按设计图示尺寸以面积计算。不扣除门窗所占面积，带肋全玻幕墙按展开面积计算（玻璃肋的工程量应合并在玻璃幕墙工程量内计算）。

12.2.2　墙、柱面工程工程量清单计价

12.2.2.1　墙、柱面工程清单计价要点

(1) 关于阳台、雨篷的抹灰：在计价规范中无一般阳台、雨篷抹灰列项，可参照计价表中有关阳台、雨篷粉刷的计算规则，以水平投影面积计算，并以补充清单编码的形式列入墙面抹灰中，并在项目特征一栏详细描述该粉刷部位的砂浆厚度（包括打底、面层）及砂浆的配合比。

(2) 装饰板墙面：计价规范中包括了龙骨、基层、面层和油漆，而计价表中是分别计算的，工程量计算规则都不尽相同。

(3) 柱 (梁) 面装饰：计价规范中不分矩形柱、圆柱均为一个项目，其柱帽、柱墩并入柱饰面工程量内；计价表分矩形柱、圆柱分别设子目，柱帽、柱墩也单独设子目，工程量也单独计算。

(4) 设置在隔断、幕墙上的门窗，可包括在隔断、幕墙项目报价内，也可单独编码列项，并在清单项目中进行描述。

12.2.2.2　墙、柱面清单及计价示例

【例 12 - 3】　根据 [例 8 - 4] 的题意，计算墙、柱面工程的工程量清单。

解：(1) 列项目：花岗岩墙面 (020204001001)、花岗岩柱面 (020205001001)。

(2) 计算工程量（见 [例 8 - 4]）。

花岗岩墙面工程量：847.85m^2

花岗岩柱面工程量：16.49m^2

(3) 工程量清单，见表 12 - 3。

表 12 - 3　　　　　　　　　　　　　工 程 量 清 单

序号	项目编码	项目名称	项 目 特 征	计量单位	工程数量
1	020204001001	花岗岩墙面	(1) 面层材料：现场确定。 (2) 砖墙面上采用 1：2.5 水泥砂浆灌缝 50mm 厚，面层酸洗打蜡	m^2	847.85
2	020205001001	花岗岩柱面	(1) 面层材料：现场确定。 (2) 混凝土柱面上采用 1：2.5 水泥砂浆灌缝 50mm 厚，面层酸洗打蜡	m^2	16.49

【例 12 - 4】　根据 [例 8 - 4] 的题意，按计价表计算墙、柱面工程的清单综合单价。

解：（1）列项目：020204001001（墙面湿挂花岗岩13—89）、020205001001（圆柱面湿挂花岗岩13—105）。

（2）计算工程量（见［例8-4］）。

墙面花岗岩工程量：847.85m²

圆柱面花岗岩工程量：16.49m²

（3）清单计价，见表12-4。

表 12-4　　　　　　　　　　　　　　清 单 计 价

序号	项目编码	项目名称	计量单位	工程数量	金　额　（元）	
					综合单价	合价
1	020204001001	花岗岩墙面	m²	847.85	307.02	260306.06
	13—89	墙面挂贴花岗岩	10m²	84.785	3070.19	260306.06
2	020205001001	花岗岩柱面	m²	16.49	1568.95	25872.02
	13—105 换	圆柱面六拼挂贴花岗岩	10m²	1.649	15689.52	25872.02

答：花岗岩墙面的清单综合单价为307.02元/m²，花岗岩柱面的清单综合单价为1568.95元/m²。

12.3　天 棚 工 程 清 单 计 价

12.3.1　天棚工程工程量清单的编制

本节主要内容包括：①天棚抹灰；②天棚吊顶；③天棚其他装饰。

12.3.1.1　有关规定

（1）采光天棚和天棚设保温隔热吸音层时，应按建筑工程中防腐、隔热、保温工程中相关项目编码列项。

（2）天棚的检查孔、天棚内的检修走道、灯槽等应包括在报价内。

（3）天棚吊顶的平面、跌级、锯齿形、阶梯形、吊挂式、藻井式以及矩形、弧形、拱形等应在清单项目中进行描述。

12.3.1.2　工程量计算规则

1. 天棚抹灰

天棚抹灰（020301001）工程量按设计图示尺寸以水平投影面积计算。不扣除间壁墙、垛、柱、附墙烟囱、检查口和管道所占的面积，带梁天棚、梁两侧抹灰面积并入天棚面积内，板式楼梯底面抹灰按斜面积计算，锯齿形楼梯底板抹灰按展开面积计算。

2. 天棚吊顶

（1）天棚吊顶（020302001）工程量按设计图示尺寸以水平投影面积计算。天棚面中的灯槽及跌级、锯齿形、吊挂式、藻井式天棚面积不展开计算。不扣除间壁墙、检查口、附墙烟囱、柱垛和管道所占面积，扣除单个0.3m²以上的孔洞、独立柱及与天棚相连的窗帘盒所占的面积。

(2) 格栅吊顶(020302002)、吊筒吊顶(020302003)、藤条造型悬挂吊顶(020302004)、织物软雕吊顶（020302005）、网架（装饰）吊顶（020302006）工程量按设计图示尺寸以水平投影面积计算。

3. 天棚其他装饰

(1) 灯带（020303001）工程量按设计图示尺寸以框外围面积计算。

(2) 送风口、回风口（020303002）按设计图示数量计算。

12.3.2　天棚工程工程量清单计价

12.3.2.1　天棚工程清单计价要点

(1) 楼梯天棚的抹灰，计价规范按实际粉刷面积计算，计价表则规定按投影面积乘以系数计算。

(2) 抹装饰线条线角的道数以一个突出的棱角为一道线。

12.3.2.2　天棚清单及计价示例

【例 12-5】　根据［例 8-5］的题意，计算天棚工程的工程量清单。

解：(1) 列项目：天棚吊顶（020302001001）。

(2) 计算工程量。

天棚吊顶工程量：$(45-0.24)\times(15-0.24)=660.66m^2$

(3) 工程量清单，见表 12-5。

表 12-5　　工程量清单

序号	项目编码	项目名称	项目特征	计量单位	工程数量
1	020302001001	天棚吊顶	(1) 天棚吊筋：$\phi6$。 (2) 龙骨：不上人轻钢龙骨 500mm×500mm。 (3) 面层：龙牌纸面石膏板。 (4) 凹凸型吊顶	m^2	660.66

【例 12-6】　根据［例 8-5］的题意，按计价表计算天棚工程的清单综合单价。

解：(1) 列项目：020302001001（吊筋 1 14—41、吊筋 2 14—41、复杂型龙骨 14—10、凹凸型面层 14—55）。

(2) 计算工程量（见［例 8-5］）。

吊筋 1 工程量：$286.98m^2$

吊筋 2 工程量：$373.68m^2$

轻钢龙骨工程量：$660.66m^2$

纸面石膏板工程量：$826.74m^2$

(3) 清单计价，见表 12-6。

表 12-6　　清单计价

序号	项目编码	项目名称	计量单位	工程数量	综合单价	合价
1	020302001001	天棚吊顶	m^2	660.66	72.03	47586.26
	14—41 换 1	吊筋 $h=0.3m$	$10m^2$	28.698	42.32	1214.50

序号	项目编码	项 目 名 称	计量单位	工程数量	金额（元）	
					综合单价	合价
	14—41 换 2	吊筋 $h=0.5m$	10m²	37.368	43.96	1642.70
	14—10 换	不上人轻钢龙骨 500mm×500mm	10m²	66.066	384.70	25415.59
	14—55 换	纸面石膏板	10m²	82.674	233.61	19313.47

答：天棚吊顶的清单综合单价为 72.03 元/ m²。

12.4　门 窗 工 程 清 单 计 价

12.4.1　门窗工程工程量清单的编制

本节主要内容包括：①木门；②金属门；③金属卷帘门；④其他门；⑤木窗；⑥金属窗；⑦门窗套；⑧窗帘盒、窗帘轨；⑨窗台板。

12.4.1.1　有关规定

（1）玻璃、百叶面积占其门扇面积一半以内者应计为半玻门或半百叶门，超过一半时应计为全玻门或全百叶门。

（2）木门五金应包括：折页、插销、风钩、弓背拉手、搭扣、木螺丝、弹簧折页（自动门）、管子拉手（自由门、地弹门）、地弹簧（地弹门）、铁角、门轧头（地弹门、自由门）等。

（3）木窗五金应包括：折页、插销、风钩、木螺丝、滑轮滑轨（推拉窗）等。

（4）铝合金窗五金应包括：卡锁、滑轮、铰拉、执手、拉把、拉手、风撑、角码、牛角制等。

（5）铝合金门五金包括：地弹簧、门锁、拉手、门插、门铰、螺丝等。

（6）其他门五金应包括 L 型执手插锁（双舌）、球形执手锁（单舌）、门轧头、地锁、防盗门扣、门眼（猫眼）、门碰珠、电子销（磁卡销）、闭门器、装饰拉手等。

（7）门窗套、贴脸板、筒子板和窗台板项目，包括底层抹灰，如底层抹灰已包括在墙、柱面底层抹灰内，应在工程量清单中进行描述。

12.4.1.2　工程量计算规则

1. 木门

镶板木门（020401001）、企口木板门（020401002）、实木装饰门（020401003）、胶合板门（020401004）、夹板装饰门（020401005）、木质防火门（020401006）、木纱门（020401007）、连窗门（020401008）工程量按设计图示数量以"樘"计算。

2. 金属门

金属平开门（020402001）、金属推拉门（020402002）、金属地弹门（020402003）、彩板门（020402004）、塑钢门（020402005）、防盗门（020402006）、钢质防火门（020402007）工程量按设计图示数量以"樘"计算。

3. 金属卷帘门

金属卷闸门（020403001）、金属格栅门（020403002）、防火卷帘门（020403003）工

程量按设计图示数量以"樘"计算。

4. 其他门

电子感应门（020404001）、转门（020404002）、电子对讲门（020404003）、电子伸缩门（020404004）、全玻门（带扇框）（020404005）、全玻自由门（无扇框）（020404006）、半玻门（带扇框）（020404007）、镜面不锈钢饰面门（020404008）工程量按设计图示数量以"樘"计算。

5. 木窗

木质平开窗（020405001）、木质推拉窗（020405002）、矩形木百叶窗（020405003）、异形木百叶窗（020405004）、木组合窗（020405005）、木天窗（020405006）、矩形木固定窗（020405007）、异形木固定窗（020405008）、装饰空花木窗（020405009）工程量按设计图示数量以"樘"计算。

6. 金属窗

（1）金属推拉窗（020406001）、金属平开窗（020406002）、金属固定窗（020406003）、金属百叶窗（020406004）、金属组合窗（020406005）、彩板窗（020406006）、塑钢窗（020406007）、金属防盗窗（020406008）、金属格栅窗（020406009）工程量按设计图示数量以"樘"计算。

（2）特殊五金（020406010）工程量按设计图示数量以"个"或"套"计算。

7. 门窗套

木门窗套（020407001）、金属门窗套（020407002）、石材门窗套（020407003）、门窗木贴脸（020407004）、硬木筒子板（020407005）、饰面夹板筒子板（020407006）工程量按设计图示尺寸以展开面积（铺钉面积）计算。

8. 窗帘盒、窗帘轨

木窗帘盒（020408001）、饰面夹板塑料窗帘盒（020408002）、金属窗帘盒（020408003）、窗帘轨（020408004）工程量按设计图示以长度计算。

9. 窗台板

木窗台板（020409001）、铝塑窗台板（020409002）、石材窗台板（020409003）、金属窗台板（020409004）工程量按设计图示以长度计算。

12.4.2 门窗工程工程量清单计价

12.4.2.1 门窗工程清单计价要点

门窗套、贴脸板、筒子板和窗台板等，计价规范中在门窗工程中设立项目编码，计价表中把它们归为零星项目设置（见计价表第十七章）。门窗贴脸在计价规范中的计量单位是"m²"，而在计价表中的计量单位是"10m"。窗台板计价规范中的计量单位是"m"，而在计价表中的计量单位是"10m²"。

12.4.2.2 门窗工程工程量清单及计价示例

【例 12-7】 根据［例 8-8］的题意，计算门窗工程的工程量清单。

解：（1）列项目：镶板木门（020401001001）。

（2）计算工程量。

镶板木门工程量：10 樘

（3）工程量清单，见表 12-7。

表 12-7　　　　工 程 量 清 单

序　号	项目编码	项目名称	项 目 特 征	计量单位	工程数量
1	020401001001	镶板木门	（1）门框边框断面：60mm×120mm，净料，现场制作安装。 （2）门扇立框断面：45mm×100mm，毛料，现场制作安装。 （3）油漆面层用底油、色油刷清漆二遍。 （4）五金件：铰链、球形执手锁。 （5）木材材质：杉木	樘	10

【例 12-8】　根据［例 8-8］的题意，按计价表计算门窗工程的清单综合单价。

解：（1）列项目：020401001001（门框制作 15—196、门扇制作 15—197、门框安装 15—198、门扇安装 15—199、普通五金件 15—377、球形执手锁 15—346、门油漆 16—53）。

（2）计算工程量（见［例 8-8］）。

门框制作安装、门扇制作安装工程量：24.3m²

五金配件：球形锁工程量：10 樘（把）

单层木门油漆工程量：0.9×2.7×10×0.96＝23.33m²

（3）清单计价，见表 12-8。

表 12-8　　　　清 单 计 价

序号	项目编码	项 目 名 称	计量单位	工程数量	金 额（元）	
					综合单价	合价
1	020401001001	镶板木门	樘	10	391.82	3918.23
	15—196 换	门框制作	10m²	2.43	541.50	1315.85
	15—197	门扇制作	10m²	2.43	633.47	1539.33
	15—198	门框安装	10m²	2.43	29.64	72.03
	15—199	门扇安装	10m²	2.43	96.17	233.69
	15—377	五金配件	樘	10	11.31	113.1
	15—346	球形执手锁	把	10	39.77	397.7
	16—53	单层木门清漆二遍	10m²	2.333	105.67	246.53

答：镶板木门的清单综合单价为 391.82 元/樘。

12.5　油漆、涂料、裱糊工程清单计价

12.5.1　油漆、涂料、裱糊工程工程量清单的编制

本节主要内容包括：①门油漆；②窗油漆；③木扶手及其他板条线条油漆；④木材面油漆；⑤金属面油漆；⑥抹灰面油漆；⑦喷塑、涂料；⑧花饰、线条刷涂料；⑨裱糊。

12.5.1.1 有关规定

（1）有关项目中已包括油漆、涂料的不再单独列项。

（2）连窗门可按门油漆项目编码列项。

（3）门油漆区分单层木门、双层（一玻一纱）木门、双层（单裁口）木门、全玻自由门、装饰门及有框门或无框门等，分别编码列项。

（4）窗油漆区分单层玻璃窗、双层（一玻一纱）木窗、双层框扇（单裁口）木窗、双层框三层（二玻一纱）木窗、单层组合窗、双层组合窗、木百叶窗、木推拉窗等，分别编码列项。

（5）木扶手区分带托板与不带托板，分别编码列项。

12.5.1.2 工程量计算规则

1. 门油漆

门油漆（020501001）工程量按设计图示数量以"樘"计算。

2. 窗油漆

窗油漆（020502001）工程量按设计图示数量以"樘"计算。

3. 木扶手及其他板条线条油漆

木扶手油漆（020503001）、窗帘盒油漆（020503002）、封檐板、顺水板油漆（020503003）、挂镜线、窗帘棍、单独木线油漆（020503005）工程量按设计图示以长度计算。

4. 木材面油漆

（1）木板、纤维板、胶合板油漆（020504001）、木护墙、木墙裙油漆（020504002）、窗台板、筒子板、盖板、门窗套、踢脚线油漆（020504003）、清水板条天棚、檐口油漆（020504004）、木方格吊顶天棚油漆（020504005）、吸音板墙面、天棚面油漆（020504006）、暖气罩油漆（020504007）工程量按设计图示尺寸以面积计算。

（2）木间壁、木隔断油漆（020504008）、玻璃间壁露明墙筋油漆（020504009）、木栅栏、木栏杆（带扶手）油漆（020504010）工程量按设计图示尺寸以单面外围面积计算。

（3）衣柜、壁柜油漆（020504011）、梁柱饰面油漆（020504012）、零星木装修油漆（020504013）工程量按设计图示尺寸以油漆部分展开面积计算。

（4）木地板油漆（020504014）、木地板烫硬蜡面（020504015）工程量按设计图示尺寸以面积计算。空洞、空圈、暖气包槽、壁龛的开口部分并入相应的工程量内。

5. 金属面油漆

金属面油漆（020505001）工程量按设计图示尺寸以质量计算。

6. 抹灰面油漆

抹灰面油漆（020506001）、抹灰线条油漆（020506002）工程量按设计图示尺寸以面积计算。

7. 喷塑、涂料

刷喷涂料（020507001）工程量按设计图示尺寸以面积计算。

8. 花饰、线条刷涂料

(1) 空花格、栏杆刷涂料 (020508001) 工程量按设计图示尺寸以单面外围面积计算。

(2) 线条刷涂料 (020508002) 工程量按设计图示尺寸以长度计算。

9. 裱糊

墙纸裱糊 (020509001)、织锦缎裱糊 (020509002) 工程量按设计图示尺寸以面积计算。

12.5.2　油漆、涂料、裱糊工程工程量清单计价

12.5.2.1　油漆、涂料、裱糊工程清单计价要点

(1) 计价规范中以 "樘"、面积、长度计算工程量, 与计价表中工程量需乘以折算系数是不同的。

(2) 有线角、线条、压条的油漆、涂料面的工料消耗应包括在报价内。

(3) 空花格、栏杆刷涂料工程量按外框单面垂直投影面积计算, 应注意其展开面积工料消耗应包括在报价内。

12.5.2.2　油漆、涂料、裱糊工程清单及计价示例

【例 12-9】　根据 [例 8-12] 的题意, 计算油漆工程的工程量清单。

解: (1) 列项目: 天棚面乳胶漆 (020504006001)。

(2) 计算工程量。

天棚面乳胶漆工程量: 826.74m^2

(3) 工程量清单, 见表 12-9。

表 12-9　　　　　　　　　　　　　**工 程 量 清 单**

序　号	项目编码	项目名称	项 目 特 征	计量单位	工程数量
1	020504006001	天棚面乳胶漆	(1) 板缝自黏胶带 700m。 (2) 清油封底、满批腻子二遍, 乳胶漆二遍	m^2	826.74

【例 12-10】　根据 [例 8-12] 的题意, 按计价表计算油漆工程的清单综合单价。

解: (1) 列项目: 020504006001 (天棚自粘胶带 16—306、清油封底 16—305、天棚面满批腻子二遍 16—303、天棚面乳胶漆二遍 16—311)。

(2) 计算工程量 (见 [例 8-12])。

(3) 清单计价, 见表 12-10。

表 12-10　　　　　　　　　　　　　**清 单 计 价**

序号	项目编码	项 目 名 称	计量单位	工程数量	综合单价	合价
1	020504006001	天棚面乳胶漆	m^2	826.74	11.28	9328.78
	16—306	天棚贴自黏胶带	10m	70	17.95	1256.5
	16—305	清油封底	10m^2	82.674	20.14	1665.05
	16—303	满批腻子二遍	10m^2	82.674	40.57	3354.08
	16—311	乳胶漆二遍	10m^2	82.674	36.93	3053.15

答: 天棚面乳胶漆的清单综合单价为 11.28 元/ m^2。

12.6　其他工程清单计价

12.6.1　其他工程工程量清单的编制

本节主要内容包括：①柜类、货架；②暖气罩；③浴厕配件；④压条、装饰线；⑤雨篷、旗杆；⑥招牌、灯箱；⑦美术字。

12.6.1.1　有关规定

（1）厨房壁柜和厨房吊柜的区别：嵌入墙内为壁柜，以支架固定在墙上的为吊柜。

（2）压条、装饰线项目已包括在门扇、墙柱面、天棚等项目内的，不再单独列项。

（3）洗漱台项目适用于石质（天然石材、人造石材等）、玻璃等。

（4）旗杆的砌砖或混凝土台座，台座的饰面可按相关附录的章节另行编码列项，也可纳入旗杆价内。

（5）美术字不分字体、按大小规格分类。

12.6.1.2　工程量计算规则

1. 柜类、货架

柜台（020601001）、酒柜（020601002）、衣柜（020601003）、存包柜（020601004）、鞋柜（020601005）、书柜（020601006）、厨房壁柜（020601007）、木壁柜（020601008）、厨房低柜（020601009）、厨房吊柜（020601010）、矮柜（020601011）、吧台背柜（020601012）、酒吧吊柜（020601013）、酒吧台（020601014）、展台（020601015）、收银台（020601016）、试衣间（020601017）、货架（020601018）、书架（020601019）、服务台（020601020）工程量按设计图示数量以"个"计算。

2. 暖气罩

饰面板暖气罩（020602001）、塑料板暖气罩（020602002）、金属暖气罩（020602003）按设计图示尺寸以垂直投影面积（不展开）计算。

3. 浴厕配件

（1）洗漱台（020603001）按设计图示尺寸以台面外接矩形面积计算。不扣除孔洞、挖弯、削角所占面积，挡板、吊沿板面积并入台面面积内。

（2）晒衣架（020603002）、帘子杆（020603003）、浴缸拉手（020603004）、毛巾杆（架）（020603005）按设计图示数量以"根"或"套"计算。

（3）毛巾环（020603006）按设计图示数量以"副"计算。

（4）卫生纸盒（020603007）、肥皂盒（020603008）、镜箱（020603010）按设计图示数量以"个"计算。

（5）镜面玻璃（020603009）按设计图示尺寸以边框外围面积计算。

4. 压条、装饰线

金属装饰线（020604001）、木质装饰线（020604002）、石材装饰线（020604003）、石膏装饰线（020604004）、镜面玻璃线（020604005）、铝塑装饰线（020604006）、塑料装饰线（020604007）按设计图示以长度计算。

5. 雨篷、旗杆

（1）雨篷吊挂饰面（020605001）按设计图示尺寸以水平投影面积计算。

（2）金属旗杆（020605002）按设计图示数量以"根"计算。

6. 招牌、灯箱

（1）平面、箱式招牌（020606001）按设计图示尺寸以正立面边框外围面积计算。复杂形的凹凸造型部分不增加面积。

（2）竖式标箱（020606002）、灯箱（020606003）按设计图示数量以"个"计算。

7. 美术字

泡沫塑料字（020607001）、有机玻璃字（020607002）、木质字（020607003）、金属字（020607004）按设计图示数量以"个"计算。

12.6.2　其他工程工程量清单计价

12.6.2.1　其他工程清单计价要点

（1）台柜项目以"个"计算，应按设计图纸或说明，包括台柜、台面材料（石材、皮革、金属、实木等）、内隔板材料、连接件、配件等，均应包括在报价内。

（2）洗漱台现场制作、切割、磨边等人工、机械的费用应包括在报价内。

（3）金属旗杆也可将旗杆台座及台座面层一并纳入报价。

12.6.2.2　其他工程清单及计价示例

【例 12-11】　根据［例 8-13］的题意，计算其他工程的工程量清单。

解：（1）列项目：15mm×15mm 阴角线（020604002001）、60mm×60mm 阴角线（020604002002）。

（2）计算工程量。

15mm×15mm 阴角线工程量：83.04m

60mm×60mm 阴角线工程量：119.04m

（3）工程量清单，见表 12-11。

表 12-11　　　　　　　　　　工 程 量 清 单

序　号	项目编码	项目名称	项 目 特 征	计量单位	工程数量
1	020604002001	成品阴角线	（1）规格：15mm×15mm，成品。 （2）油漆：刷底油、色油、清漆二遍	m	83.04
2	020604002002	成品阴角线	（1）规格：60mm×60mm，成品。 （2）油漆：刷底油、色油、清漆二遍	m	119.04

【例 12-12】　根据［例 8-13］的题意，按计价表计算其他工程的清单综合单价。

解：（1）列项目：020604002001（15mm×15mm 阴角线 17—27、清漆二遍 16—55）、020604002002（60mm×60mm 阴角线 17—29、清漆二遍 16—55）。

（2）计算工程量（见［例 8-13］）。

15mm×15mm 阴角线：83.04m

60mm×60mm 阴角线：119.04m

15mm×15mm 阴角线油漆：83.04×0.35＝29.06m

60mm×60mm 阴角线油漆：119.04×0.35＝41.66m

（3）清单计价，见表 12－12。

表 12－12   清 单 计 价

序号	项目编码	项 目 名 称	计量单位	工程数量	金 额（元）	
					综合单价	合价
1	020604002001	阴角线	m	83.04	4.19	348.12
	17—27 换	15mm×15mm 红松阴角线	100m	0.8304	338.69	281.25
	16—55	清漆二遍	10m	2.906	23.01	66.87
2	020604002002	阴角线	m	119.04	9.03	1074.37
	17—29	60mm×60mm 红松阴角线	100m	1.1904	822.00	978.51
	16—55	清漆二遍	10m	4.166	23.01	95.86

答：阴角线 15mm×15mm 的清单综合单价为 4.19 元/m，阴角线 60mm×60mm 的清单综合单价为 9.03 元/m。

第13章　清单法的计量、调整与支付

13.1　工程合同价款的约定

（1）实行招标的工程合同价款应在中标通知书发出之日起 30 日内，由发、承包人双方依据招标文件和中标人的投标文件在书面合同中约定。

不实行招标的工程合同价款，在发、承包人双发认可的工程价款基础上，由发、承包人双发在合同中约定。

（2）实行招标的工程，合同约定不得违背招、投标文件中关于工期、造价、质量等方面的实质性内容。招标文件与中标人投标文件不一致的地方，以投标文件为准。

（3）实行工程量清单计价的工程，宜采用单价合同。

（4）发、承包人双方应在合同条款中对下列事项进行约定：合同中没有约定或约定不明的，由双方协商确定；协商不能达成一致的按 08 计价规范执行。

1）预付工程款的数额、支付时间及抵扣方式。

2）工程计量与支付工程进度款的方式、数额及时间。

3）工程价款的调整因素、方法、程序、支付及时间。

4）索赔与现场签证的程序、金额确认与支付时间。

5）发生工程价款争议的解决方法及时间。

6）承担风险的内容、范围以及超出约定内容、范围的调整办法。

7）工程竣工价款结算编制与核对、支付及时间。

8）工程质量保证（保修）金的数额、预扣方式及时间。

9）与履行合同、支付价款有关的其他事项等。

13.2　工程计量与价款支付

（1）发包人应按照合同约定支付工程预付款。支付的工程预付款，按照合同约定在工程进度中抵扣。

（2）发包人支付工程进度款，应按照合同约定计量和支付，支付周期同计量周期。

（3）工程计量时，若发现工程量清单中出现漏项、工程量计算偏差，以及工程变更引起工程量的增加，应按承包人在履行合同义务过程中实际完成的工程量计算。

（4）承包人应按照合同约定，向发包人递交已完工程量报告。发包人应在接到报告后按合同约定进行核对。

（5）承包人应在每个付款周期末，向发包人递交进度款支付申请，并附相应的证明文件。除合同另有约定外，进度款支付申请应包括下列内容：

1）本周期已完成工程的价款。

2）累计已完成的工程价款。

3）累计已支付的工程价款。

4）本周期已完成计日工金额。

5）应增加和扣减的变更金额。

6）应增加和扣减的索赔金额。

7）应抵扣的工程预付款。

8）应扣减的质量保证金。

9）根据合同应增加和扣减的其他金额。

10）本付款周期实际应支付的工程价款。

（6）发包人在收到承包人递交的工程进度款支付申请及相应的证明文件后，应在合同约定时间内核对和支付工程进度款。发包人应扣回的工程预付款，与工程进度款同期结算抵扣。

（7）发包人未在合同约定时间内支付工程进度款，承包人应及时向发包人发出邀请付款的通知，发包人收到承包人通知后仍不按要求付款，可与承包人协商签订延期付款协议，经承包人同意后延期支付。协议应明确延期支付的时间和从付款申请生效后按同期银行贷款利率计算应付款的利息。

（8）发包人不按合同约定支付工程进度款，双方又未达成延期付款协议，导致施工无法进行时，承包人可停止施工，由发包人承担违约责任。

13.3　索赔与现场签证

（1）合同一方向另一方提出索赔，应有正当的索赔理由和有效证据，并应符合合同的相关约定。

（2）若承包人认为非承包人原因发生的时间造成了承包人的经济损失，承包人应在确认该事件发生后，按合同约定向发包人发出索赔通知。

（3）承包人索赔按下列程序处理：

1）承包人在合同约定的时间内向发包人递交费用索赔意向通知书。

2）发包人指定专人收集与索赔有关的资料。

3）承包人在合同约定的时间内向发包人递交费用索赔申请表。

4）发包人指定的专人初步审查费用索赔申请表，符合 13.3 中第（1）条规定的条件时予以受理。

5）发包人指定的专人进行费用索赔核对，经造价工程师复核索赔金额后，与承包人协商确定并由发包人批准。

6）发包人指定的专人应在合同约定的时间内签署费用索赔审批表，或发出要求承包人提交有关索赔的进一步详细资料的通知，待收到承包人提交的详细资料后，按 13.3 中第（4）、（5）条的程序进行。

（4）若承包人的费用索赔与工期延期索赔要求相关联时，发包人在作出费用索赔的批准决定时，应结合工程延期的批准，综合作出费用索赔与工程延期的决定。

（5）若发包人认为由于承包人的原因造成额外损失，发包人应在确认引起索赔的事件后，按合同约定向承包人发出索赔通知。

（6）承包人应发包人要求完成合同以外的零星工作或非承包人责任事件发生时，承包人应按合同约定及时向发包人提出现场签证。

（7）发、承包人双方确认的索赔与现场签证费用与工程进度款同期支付。

13.4 工 程 价 款 调 整

（1）招标工程以投标截止日前 28 天，非招标工程以合同签订前 28 天为基准日，其后国家的法律、法规、规章和政策变化影响工程造价的，应按省级或行业建设主管部门或其授权的工程造价管理机构发布的规定调整合同价款。

（2）若施工中出现施工图纸（含设计变更）与工程量清单项目特征描述不符的，发、承包双发应按新的项目特征确定相应工程量清单的综合单价。

（3）因分部分项工程量清单漏项或非承包人原因的工程变更，造成增加新的工程量清单项目，其对应的综合单价按下列办法确定：

1）合用中已有适用的综合单价，按合同中已有的综合单价确定。

2）合同中有类似的综合单价，参照类似的综合单价确定。

3）合同中没有适用或类似的综合单价，由承包人提出综合单价，经发包人确认后执行。

（4）因分部分项工程量清单漏项或非承包人原因的工程变更，引起措施项目发生变化，造成施工组织设计或施工方案变更，原措施费中已有的措施项目，按原有措施费的组价方法调整；原措施费中没有的措施项目，由承包人根据措施项目变更情况，提出适当的措施费变更，经发包人确认后调整。

（5）因非承包人原因引起的工程量增减，该项工程量变化在合同约定幅度以内的，应执行原有的综合单价；该项工程量变化在合同约定幅度以外的，其综合单价及措施费应予以调整。

（6）若施工期内市场价格波动超出一定幅度时，应按合同约定调整工程价款；合同没有约定或约定不明确的，应按省级或行业建设主管部门或其授权的工程造价管理机构的规定调整。

（7）因不可抗力事件导致的费用，发、承包双发应按以下原则分别承担并调整工程价款。

1）工程本身的损害、因工程损害导致第三方人员伤亡和财产损失以及运至施工现场用于施工的材料和待安装的设备的损害，由发包人承担。

2）发包人、承包人人员伤亡由其所在单位负责，并承担相应费用。

3）承包人的施工机械设备的损坏及停工损失，由承包人承担。

4）停工期间，承包人应发包人要求留在施工现场的必要的管理人员及保卫人员的用工费用，由发包人承担。

5）工程所需清理、修复费用，由发包人承担。

（8）工程价款调整报告应由受益方在合同约定时间内向合同的另一方提出，经对方确认后调整合同价款。受益方未在合同约定时间内提出工程价款调整报告的，视为不涉及合同价款的调整。

收到工程价款调整报告的一方应在合同约定时间内确认或提出协商意见，否则视为工程价款调整报告已经确认。

（9）经发、承包双发确定调整的工程价款，作为追加（减）合同价款与工程进度款同期支付。

13.5　竣　工　结　算

（1）工程完工后，发、承包双发应在合同约定时间内办理工程竣工结算。

（2）工程竣工结算由承包人或受其委托具有相应资质的工程造价咨询人编制，由发包人或受其委托具有相应资质的工程造价咨询人核对。

（3）工程竣工结算应依据以下内容：

1）08 计价规范。

2）施工合同。

3）工程竣工图纸及资料。

4）双发确认的工程量。

5）双发确认追加（减）的工程价款。

6）双发确认的索赔、现场签证事项及价款。

7）投标文件。

8）招标文件。

9）其他依据。

（4）分部分项工程费应依据双发确认的工程量、合同约定的综合单价计算；如发生调整的，以发、承包双发确认调整的综合单价计算。

（5）措施项目费应依据合同约定的项目和金额计算；如发生调整的，以发、承包双发确认调整的金额计算，其中安全文明施工费应按 10.3.1 中第（5）条的规定计算。

（6）其他项目费应按下列规定计算：

1）计日工应按发包人实际签证确认的事项计算。

2）暂估价中的材料单价应按发、承包双发最终确认价在综合单价中调整；专业工程暂估价应按中标价或发包人、承包人与分包人最终确认价计算。

3）总承包服务费应依据合同约定金额计算，如发生调整的，以发、承包双发确认调整的金额计算。

4）索赔费用应依据发、承包双发确认的索赔事项和金额计算。

5）现场签证费用应依据发、承包双发签证资料确认的金额计算。

6）暂列金额应减去工程价款调整与索赔、现场签证金额计算，如有余额归发包人。

（7）规费和税金应按 10.3.1 中第（8）条的规定计算。

（8）承包人应在合同约定时间内编制完成竣工结算书，经发包人催促后仍未提供或没有明确答复的，发包人可以根据已有资料办理结算。

（9）发包人在收到承包人递交的竣工结算书后，应按合同约定时间核对。

同一工程竣工结算核对完成，发、承包双发签字确认后，禁止发包人又要求承包人与另一个或多个工程造价咨询人重复核对竣工结算。

（10）发包人或受其委托的工程造价咨询人收到承包人递交的竣工结算书后，在合同约定时间内，不核对竣工结算或未提出核对意见的，视为承包人递交的竣工结算书已经认可，发包人应向承包人支付工程结算价款。

承包人在接到发包人提出的核对意见后，在合同约定时间内，不确认也未提出异议的，视为发包人提出的核对意见已经认可，竣工结算办理完毕。

（11）发包人应对承包人递交的竣工结算书签收，拒不签收的，承包人可以不交付竣工工程。

承包人未在合同约定时间内递交竣工结算书的，发包人要求交付竣工工程，承包人应当交付。

（12）竣工结算办理完毕，发包人应将竣工结算书报送工程所在地工程造价管理机构备案。竣工结算书作为工程竣工验收备案、交付使用的必备文件。

（13）竣工结算办理完毕，发包人应根据确认的竣工结算书在合同约定时间内向承包人支付工程竣工结算价款。

（14）发包人未在合同约定时间内向承包人支付工程结算价款的，承包人可催告发包人支付结算价款。如达成延期支付协议的，发包人应按同期银行同类贷款利息支付拖欠工程价款的利息。如未达成延期支付协议，承包人可以与发包人协商将该工程折价，或申请人民法院将该工程依法拍卖，承包人就该工程折价或者拍卖的价款优先受偿。

13.6　工程计价争议处理

（1）在工程计价中，对工程造价计价依据、办法以及相关政策规定发生争议事项的，由工程造价管理机构负责解释。

（2）发包人以对工程质量有异议，拒绝办理工程竣工结算的，已竣工验收或已竣工未验收但实际已投入使用的工程，其质量争议按该工程保修合同执行，竣工结算按合同约定办理；已竣工未验收且未实际投入使用的工程以及停工、停建工程的质量争议，双发应就有争议的部分委托有资质的检测鉴定机构进行检测，根据检测结果确定解决方案，或按工程质量监督机构的处理决定执行后办理竣工结算，无争议部分的竣工结算按合同约定办理。

（3）发、承包双发发生工程造价合同纠纷时，应通过下列办法解决：

1）双方协商确定。

2）提请调解，工程造价管理机构负责调解工程造价问题。

3）按合同约定向仲裁机构申请仲裁或向人民法院起诉。

（4）在合同纠纷案件处理中，需作工程造价鉴定的，应委托具有相应资质的工程造价咨询人进行。

第14章　建筑工程招标与投标

14.1　建筑工程招标的规定

14.1.1　建筑工程招标的基本要求

（1）工程施工招标人是依法提出施工招标项目、进行招标的法人或者其他组织。

（2）依法必须招标的工程建设项目，应当具备下列条件才能进行施工招标：

1）招标人已经依法成立。

2）初步设计及概算应当履行审批手续的，已经批准。

3）招标范围、招标方式和招标组织形式等应当履行核准手续的，已经核准。

4）有相应资金或资金来源已经落实。

5）有招标所需的设计图纸及技术资料。

（3）依法必须进行施工招标的工程建设项目，按工程建设项目审批管理规定，凡应报送项目审批部门审批的，招标人必须在报送的可行性研究报告中将招标范围、招标方式、招标组织形式等有关招标内容报项目审批部门核准。

14.1.2　建筑工程招标的方式

（1）工程施工招标分为公开招标和邀请招标。

1）应当采用公开招标的工程包括国务院发展计划部门确定的国家重点建设项目和各省、自治区、直辖市人民政府确定的地方重点建设项目，以及全部使用国有资金投资或者国有资金投资占控股或者主导地位的工程建设项目。

2）有下列情形之一的，经批准可以进行邀请招标：

a. 项目技术复杂或有特殊要求，只有少量几家潜在投标人可供选择的。

b. 受自然地域环境限制的。

c. 涉及国家安全、国家秘密或者抢险救灾，适宜招标但不宜公开招标的。

d. 拟公开招标的费用与项目的价值相比，不值得的。

e. 法律、法规规定不宜公开招标的。

国家重点建设项目的邀请招标，应当经国务院发展计划部门批准；地方重点建设项目的邀请招标，应当经各省、自治区、直辖市人民政府批准。

全部使用国有资金投资或者国有资金投资占控股或者主导地位的并需要审批的工程建设项目的邀请招标，应当经项目审批部门批准；当项目审批部门只审批立项的，应由有关行政监督部门审批。

（2）可以不进行施工招标的工程。

1）需要审批的工程建设项目，有下列情形之一的，由规定的审批部门批准，可以不进行施工招标：

a. 涉及国家安全、国家秘密或者抢险救灾而不适宜招标的。

b. 属于利用扶贫资金实行以工代赈需要使用农民工的。

c. 施工主要技术采用特定的专利或者专有技术的。

d. 施工企业自建自用的工程，且该施工企业资质等级符合工程要求的。

e. 在建工程追加的附属小型工程或者主体加层工程，原中标人仍具备承包能力的。

f. 法律、行政法规规定的其他情形。

2）不需要审批但依法必须招标的工程建设项目，有前款规定情形之一的，可以不进行施工招标。

14.1.3 施工公开招标的程序

（1）组织招标班子。

1）招标人符合法律规定的自行招标条件的，可以自行办理招标事宜。任何单位和个人不得强制其委托招标代理机构办理招标事宜。

2）招标人不符合自行招标条件的，应当委托招标代理机构办理招标事宜。

（2）向招投标办事机构提出招标申请书。

（3）编制招标文件和标底，并报招标投标办事机构审定。

1）招标人根据施工招标项目的特点和需要编制招标文件。招标文件一般包括下列内容：

a. 投标邀请书。

b. 投标人须知。

c. 合同主要条款。

d. 投标文件格式。

e. 采用工程量清单招标的，应当提供工程量清单。

f. 技术条款。

g. 设计图纸。

h. 评标标准和方法。

i. 投标辅助材料。

招标人应当在招标文件中规定实质性要求和条件，并用醒目的方式标明。

2）招标人可以要求投标人在提交符合招标文件规定要求的投标文件外，提交备选投标方案，但应当在招标文件中作出说明，并提出相应的评审和比较方法。

3）招标文件规定的各项技术标准应符合国家强制性标准。招标文件中规定的各项技术标准均不得要求或标明某一特定的专利、商标、名称、设计、原产地或生产供应者，不得含有倾向或者排斥潜在投标人的其他内容。如果必须引用某一生产供应者的技术标准才能准确或清楚地说明拟招标项目的技术标准时，则应当在参照后面加上"或相当于"的字样。

4）施工招标项目需要划分标段、确定工期的，招标人应当合理划分标段、确定工期，并在招标文件中载明。对工程技术上紧密相联、不可分割的单位工程不得分隔标段。招标人不得以不合理的标段或工期限制或者排斥潜在投标人或者投标人。

5）招标文件应当明确规定评标时除价格以外的所有评标因素，以及如何将这些因素量化或者据以进行评估。在评标过程中，不得改变招标文件中规定的评标标准、方法和中标条件。

6）招标文件应当规定一个适当的投标有效期，以保证招标人有足够的时间完成评标和与中标人签订合同。投标有效期从投标人提交投标文件截止之日起计算。

7）施工招标项目工期超过 12 个月的，招标文件中可以规定工程造价指数体系、价格调整因素和调整方法。

8）招标人应当确定投标人编制投标文件所需要的合理时间；但是，依法必须进行招标的项目，自招标文件开始发出之日起至投标人提交投标文件截止之日，最短不得少于20 日。

9）招标人可以根据项目特点决定是否编制标底。标底由招标人自行编制或委托中介机构编制，一个工程只能编制一个标底。

招标项目可以不设标底，进行无标底招标。任何单位或个人不得强制招标人编制或报审标底，或干预其确定标底。

（4）发布招标公告或发出招标邀请书。

1）采用公开招标方式的，招标人应当发布招标公告，邀请不特定的法人或者其他组织投标。依法必须进行施工招标项目的招标公告，应当在国家指定的报刊和信息网络上发布。

2）采用邀请招标方式的，招标人应当向三家以上具备承担施工招标项目的能力、资信良好的特定的法人或者其他组织发出投标邀请书。

3）招标公告或者投标邀请书应当至少载明下列内容：

a. 招标人的名称和地址。

b. 招标项目的内容、规模、资金来源。

c. 招标项目的实施地点和工期。

d. 获取招标文件或者资格预审文件的地点和时间。

e. 对招标文件或者资格预审文件收取的费用。

f. 对投标人的资质等级的要求。

4）招标人应当按照招标公告或者投标邀请书规定的时间、地点出售招标文件或资格预审文件。自招标文件或者资格预审文件出售之日起至停止出售之日止，最短不得少于 5个工作日。

（5）投标单位申请投标。

（6）对投标单位进行资格审查，并将审查结果通知各申请投标者。

资格审查分为资格预审和资格后审。资格预审，是指在投标前对潜在的投标人进行的资格审查；资格后审是指在开标后对投标人进行的资格审查。

（7）向合格的投标单位分发招标文件及设计图纸、技术资料等。

（8）组织投标单位踏勘现场，并对招标文件答疑。

（9）建立评标组织，制定评标、定标办法。

（10）召开开标会议，审查投标标书。

（11）组织评标，决定中标单位。

（12）发出中标通知书。

（13）建设单位与中标单位签订施工合同。

14.2 建筑工程投标的规定

（1）工程施工投标人是响应、参加投标竞争的法人或者其他组织。

（2）投标人应当按照招标文件的要求编制投标文件。投标文件应当对招标文件提出的实质性要求和条件作出响应。

投标文件一般包括下列内容：

1）投标函。

2）投标报价。

3）施工组织设计。

4）商务和技术偏差表。

（3）招标人要求投标人提交投标保证金的，投标人应当提交。投标保证金除现金外，可以是银行出具的银行保函、保兑支票、银行汇票或现金支票。

投标保证金一般不得超过投标总价的 2%，但最高不得超过 80 万元人民币。投标保证金有效期应当超出投标有效期 30 天。

投标人应当按照招标文件要求的方式和金额，将投标保证金随投标文件提交给招标人。投标人不按招标文件要求提交投标保证金的，该投标文件将被拒绝，作废标论处。

（4）投标人应当在招标文件要求提交投标文件的截止时间前，将投标文件密封送达投标地点。招标人收到投标文件后，应当向投标人出具标明签收人和签收时间的凭证，在开标前任何单位和个人不得开启投标文件。

在招标文件要求提交投标文件的截止时间后送达的投标文件，为无效的投标文件，招标人应当拒收。

提交投标文件的投标人少于 3 个的，招标人应当依法重新招标。重新招标后投标人仍少于 3 个的，属于必须审批的工程建设项目，报经原审批部门批准后可以不再进行招标；其他工程建设项目，招标人可自行决定不再进行招标。

（5）投标人在招标文件要求提交投标文件的截止时间前，可以补充、修改、替代或者撤回已提交的投标文件，并书面通知招标人。补充、修改的内容为投标文件的组成部分。

14.3 开标、评标、定标

14.3.1 建筑工程开标的规定

（1）开标应当在招标文件确定的提交投标文件截止时间的同一时间公开进行；开标地点应当为招标文件中确定的地点。

（2）投标文件有下列情形之一的，招标人不予受理：

1）逾期送达的或者未送达指定地点的。

2）未按招标文件要求密封的。

（3）投标文件有下列情形之一的，由评标委员会初审后按废标处理：

1）无单位盖章并无法定代表人或法定代表人授权的代理人签字或盖章的。

2）未按规定的格式填写，内容不全或关键字迹模糊、无法辨认的。

3）投标人递交两份或多份内容不同的投标文件，或在一份招标文件中对同一招标项目报有两个或多个报价，且未声明哪一个有效，按招标文件规定提交备选方案的除外。

4）投标人名称或组织结构与资格预审时不一致的。

5）未按招标文件要求提交投标保证金的。

6）联合体投标未附联合体各方共同投标协议的。

14.3.2　建筑工程评标的规定

（1）评标委员会可以书面形式要求投标人对投标文件中含义不明确、对同类问题表述不一致或者有明显文字和计算错误的内容作必要的澄清、说明或补正。

（2）投标文件不响应招标文件的实质性要求和条件的，招标人应当拒绝，并不允许投标人通过修正或撤销其不符合要求的差异或保留，使之成为具有响应性的投标。

（3）评标委员会在对实质性响应招标文件要求的投标进行报价评估时，除招标文件另有约定外，应当按下述原则进行修正：

1）用数字表示的数额与用文字表示的数额不一致时，以文字数额为准。

2）单价与工程量的乘积与总价之间不一致时，以单价为准。若单价有明显的小数点错位，应以总价为准，并修改单价。

按前款规定调整后的报价经投标人确认后产生约束力。

投标文件中没有列入的价格和优惠条件在评标时不予考虑。

（4）招标人设有标底的，标底在评标中应当作为参考，但不得作为评标的唯一依据。

（5）评标委员会完成评标后，应向招标人提出书面评标报告。评标报告由评标委员会全体成员签字。

14.3.3　建筑工程定标的规定

（1）评标委员会提出书面评标报告后，招标人一般应当在 15 日内确定中标人，但最迟应当在投标有效期结束日 30 个工作日前确定。中标通知书由招标人发出。

（2）评标委员会推荐的中标候选人应当限定在 1～3 人，并标明排列顺序。招标人应当接受评标委员会推荐的中标候选人，不得在评标委员会推荐的中标候选人之外确定中标人。

（3）依法必须进行招标的项目，招标人应当确定排名第一的中标候选人为中标人。排名第一的中标候选人放弃中标、因不可抗力提出不能履行合同，或者招标文件规定应当提交履约保证金而在规定的期限内未能提交的，招标人可以确定排名第二的中标候选人为中标人；排名第二的中标候选人因同样原因不能签订合同的，招标人可以确定排名第三的中标候选人为中标人。

招标人可以授权评标委员会直接确定中标人。

（4）招标人不得向中标人提出压低报价、增加工作量、缩短工期或其他违背中标人意愿的要求，以此作为发出中标通知书和签订合同的条件。

（5）中标通知书对招标人和中标人具有法律效力。中标通知书发出后，招标人改变中标结果的，或者中标人放弃中标项目的，应当依法承担法律责任。

（6）招标人和中标人应当自中标通知书发出之日起 30 日内，按照招标文件和中标人的投标文件订立书面合同。招标人和中标人不得再行订立背离合同实质性内容的其他协议。

招标文件要求中标人提交履约保证金或者其他形式履约担保的，中标人应当提交；拒绝提交的，视为放弃中标项目。招标人要求中标人提供履约保证金或其他形式履约担保的，招标人应当同时向中标人提供工程款支付担保。

招标人不得擅自提高履约保证金，不得强制要求中标人垫付中标项目建设资金。

（7）招标人与中标人签订合同后 5 个工作日内，应当向未中标的投标人退还投标保证金。

参 考 文 献

［1］ 中华人民共和国建设部，中华人民共和国国家质量监督检验检疫总局联合发布．建设工程工程量清单计价规范 GB 50500—2008．北京：中国计划出版社，2008．

［2］ 建设部标准定额研究所．《建设工程工程量清单计价规范》宣贯辅导教材．北京：中国计划出版社，2003．

［3］ 全国统一建筑安装工程工期定额．北京：中国计划出版社，2000．

［4］ 江苏省建设厅．江苏省建筑与装饰工程计价表．北京：知识产权出版社，2004．

［5］ 江苏省建设厅．江苏省建设工程工程量清单计价项目指引．北京：知识产权出版社，2004．

［6］ 江苏省建设厅．江苏省施工机械台班费用定额，2004．

［7］ 江苏省建设工程造价管理总站．建筑与装饰工程技术与计价，2009．

［8］ 江苏省建设工程造价管理总站．工程造价管理相关法规和文件汇编，2008．

［9］ 钱昆润，等．建筑工程定额与预算．南京：东南大学出版社，2003．

［10］ 卜龙章，等．装饰工程定额与预算．南京：东南大学出版社，2004．

［11］ 郭婧娟．建设工程定额及概预算．北京：清华大学出版社，北京交通大学出版社，2004．

［12］ 江苏省工程建设标准定额总站．2001 定额编制说明．南京：河海大学出版社，2002．

［13］ 刘宝生．建设工程概预算与造价控制．北京：中国建材工业出版社，2003．

［14］ 李希伦．建设工程工程量清单计价编制实用手册．北京：中国计划出版社，2003．

［15］ 李宏扬，等．建筑装饰装修工程量清单计价与投标报价．北京：中国建材出版社，2003．

［16］ 徐伟，郭晓民．建筑地基基础工程施工与验收手册．北京：中国建筑工业出版社，2006．